中国石化员工培训教材

油品储运调和操作工补充教材

中国石化员工培训教材编审指导委员会　组织编写
本书主编　郭建新

中国石化出版社

内 容 提 要

本教材坚持以职业技能活动为导向，以职业技能为核心，根据新的鉴定内容和鉴定点，结合油品销售企业生产实际，是对原《油品储运调和操作工》教材的补充。主要内容有计算机绘图、测量、自动控制系统、油库电气、测量仪表、成品油管道、检维修与施工安全、安全环保与健康等8章。本书适用于油品销售企业油库员工职业技能鉴定和员工技能培训，也可为技术人员和安全管理人员的具体工作提供参考。

图书在版编目(CIP)数据

油品储运调和操作工补充教材／郭建新主编．—北京：中国石化出版社，2013.8(2025.6重印)
中国石化员工培训教材
ISBN 978-7-5114-2307-8

Ⅰ.①油… Ⅱ.①郭… Ⅲ.①石油产品-石油与天然气储运-技术培训-教材 Ⅳ.①TE8

中国版本图书馆CIP数据核字(2013)第178226号

中国石化出版社出版发行
地址：北京市东城区安定门外大街58号
邮编：100011　电话：(010)57512500
发行部电话：(010)57512575
http://www.sinopec-press.com
E-mail:press@sinopec.com
北京科信印刷有限公司印刷
全国各地新华书店经销
*
787×1092毫米 16开本 21印张 518千字
2013年8月第1版　2025年6月第3次印刷
定价：60.00元

中国石化员工培训教材
编审指导委员会

主任：李春光

委员：戴　锭　谭克非　章治国　初　鹏

吕长江　张卫东　吕永健　徐　惠

张吉星　雍自强　寇建朝　张　征

蒋振盈　齐学忠　翟亚林　耿礼民

吕大鹏　郭安翔　何建英　石兴春

王妙云　徐跃华　孙久勤　吴文信

王德华　亓玉台　周志明　王子康

序

中国石化是上中下游一体化能源化工公司，经营规模大、业务链条长、员工数量多，在我国经济社会发展中具有举足轻重的作用。公司的发展，基础在队伍，关键在人才，根本在提高员工队伍整体素质。员工教育培训是建设高素质员工队伍的先导性、基础性、战略性工程，是加强人才队伍建设的重要途径。

当前，我们已开启了建设世界一流能源化工公司的新航程，加快转变发展方式的任务艰巨而繁重，这对进一步做好员工教育培训工作提出了新的更高要求。我们要以中国特色社会主义理论为指导，紧紧围绕企业改革发展、队伍建设和员工成长需要，以提高思想政治素质为根本，以能力建设为重点，积极构建符合中国石化实际的培训体系，加大重点和骨干人才培训力度，深入推进全员培训，不断提高教育培训的质量和效益，为打造世界一流提供有力的人才保证和智力支持。

培训教材是员工学习的工具。加强培训教材建设，能够有效反映和传递公司战略思想和企业文化，推动企业全员学习，促进学习型企业建设。中国石化员工培训教材编审指导委员会组织编写的这套系列教材，较好地反映了集团公司经营管理目标要求，总结了全体员工在实践中创造的好经验好做法，梳理了有关岗位工作职责和工作流程，分析研究了面临的新技术、新情况、新问题等，在此基础上进行了完善提升，具有很强的实践性、实用性和较高的理论性、思想性。这套系列培训教材的开发和出版，对推动全体员工进一步加强学习，进而提高全体员工的理论素养、知识水平和业务能力具有重要的意义。

学习的目的在于运用，希望全体员工大力弘扬理论联系实际的优良学风，紧密结合企业发展环境的新变化、新进展、新情况，学好用好培训教材，不断提高解决实际问题、做好本职工作的能力，真正做到学以致用、知行合一，把学习培训的成果切实转变为推进工作、促进改革创新的实际行动，为建设世界一流能源化工公司作出积极的贡献。

二〇一二年七月十六日

前　言

根据中国石化发展战略要求，为加强培训资源建设、推进全员培训的深入开展，集团公司人事部组织梳理了近些年培训教材开发成果，调研了企业培训教材需求，开展了中国石化员工培训课程体系研究。在此基础上，按职业素养、综合管理、专业技术、技能操作、国际化业务、新员工等六类，组织编写覆盖石油石化主要业务的系列培训教材，初步构建起中国石化特色的培训教材体系。这套系列教材围绕中国石化发展战略、队伍建设和员工成长的需要，以提高全体员工履行岗位职责的能力为重点，把研究和解决生产经营、改革发展面临的新挑战、新情况、新问题作为重要目标，把全体员工在实践中创造的好经验、好做法作为重要内容，具有较强的实践性、针对性。这套培训教材的开发工作由中国石化员工培训教材编审指导委员会组织，集团公司人事部统筹协调，总部各业务部门分工负责专业指导和质量把关，主编单位负责组织培训教材编写。在培训教材开发和编写的过程中，上下协同、团结合作，各级领导给予了高度重视和支持，许多管理专家、技术骨干、技能操作能手为培训教材编写贡献了智慧、付出了辛勤的劳动。

《油品储运调和操作工补充教材》为专业技术类型的教材，在编写时坚持以职业技能活动为导向，以职业技能为核心，以“实用、管用、够用”为原则，根据新的鉴定内容和鉴定点，结合油品销售企业生产实际，突出实用性、先进性、通用性。

《油品储运调和操作工补充教材》由中国石油化工股份有限公司油品销售事业部负责组织编写，主编郭建新(中国石化山西石油分公司)。竺柏康(浙江海洋学院)、张仁坤(浙江海洋学院)编写了第1章，李月红(中国石化北京石油分公司)编写了第2章，谭伟文(中国石化广东石油分公司)编写了第3章，胡建华(中国石化浙江石油分公司)编写了第4章，陈建鑫(中国石化河南石油分公司)编写了第5章，郭建新(中国石化山西石油分公司)编写了第6章、第7章，闫德林(中国石化北京石油分公司)、李月红(中国石化北京石油分公司)、郭建新(中国石化山西石油分公司)编写了第8章。

本教材已经由集团公司人事部组织审定通过，主审袁爱国，参加审定的人员有王靓、肖铁岩、孙伟森、赵亮、赵志海、汪珺、杨敏、刘栋、王鸿宇、杨昌群、张耀鸿、陈红、齐凤云、温华平，审定工作得到了中国石油化工股份有限公司油品销售事业部、中国石化山西石油分公司、中国石化销售华北分公司、中国石化销售华南分公司等的大力支持；中国石化出版社对教材的编写和出版工作给予了通力协作和配合，在此一并表示感谢。

由于本教材涵盖的内容较多，不同企业之间也存在着差别，编写难度较大，加之编写时间紧迫，不足之处在所难免，敬请各使用单位及个人对教材提出宝贵意见和建议，以便教材修订时补充更正。

目　　录

第 1 章　计算机绘图

计算机绘图是现代工程设计的基本方法，本章主要介绍计算机绘图(AutoCAD 绘图)的基本知识及如何利用 AutoCAD 通用绘图软件绘制油库工艺流程图和油库设备安装图的基本方法。

1.1　AutoCAD 绘图基本知识

1.1.1　AutoCAD 的基本功能

AutoCAD(Auto Computer Aided Design)是美国 Autodesk 公司首次于 1982 年开发的自动计算机辅助设计软件，用于二维绘图、详细绘制、设计文档和基本三维设计。现已经成为国际上广为流行的绘图工具。AutoCAD 具有良好的用户界面，通过交互菜单或命令行方式便可以进行各种操作。它的多文档设计环境，让非计算机专业人员也能很快地学会使用。在不断实践的过程中更好地掌握它的各种应用和开发技巧，从而不断提高工作效率。AutoCAD 具有广泛的适应性，它可以在各种操作系统支持的微型计算机和工作站上运行。

AutoCAD 是一款目前工程界最流行的平面图绘制软件，其版本也随着计算机操作系统的升级而升级，下面以较通行的 2008 版本为例进行介绍，其基本功能主要有以下几方面。

(1) 基本图形绘制

AutoCAD 能以多种方式创建直线、圆、椭圆、多边形、样条曲线等基本图形对象。

(2) 图形编辑功能

AutoCAD 具有强大的图形编辑功能，可以以移动、复制、旋转、阵列、拉伸、延长、修剪、缩放对象等编辑工具对基本图形进行修改编辑，从而进行复杂图形的绘制。

(3) 尺寸和文字的注写

AutoCAD 提供了完善的尺寸标注工具，可以创建多种类型尺寸，进行尺寸的标注。还可以进行文字的注写与编辑，能轻易在图形的任何位置、沿任何方向书写文字，可设定文字字体、倾斜角度及宽度缩放比例等属性。

(4) 其他特色功能

利用图层管理功能使图形对象位于某一图层上，可设定图层颜色、线型、线宽等特性。

另外，AutoCAD 有强大的绘图辅助功能，提供了正交、对象捕捉、极轴追踪、捕捉追踪等绘图辅助工具，大大提高了绘图的便利性。AutoCAD 还提供了诸如尺寸、面积查询等辅助设计工具，便于设计人员进行一些特殊工程参数的计算。

1.1.2　平面图形绘制

AutoCAD 能以多种方式创建直线、圆、椭圆等基本图形对象。在介绍基本绘图功能前我们先了解 AutoCAD 的界面及基本操作(以 2008 版为例)。

1.1.2.1 AutoCAD 工作界面

AutoCAD2008 经典模式界面主要由标题栏、菜单栏、工具栏、绘图窗口、状态栏、命令行等窗口元素构成。

(1) 标题栏

标题栏位于工作界面的最上面，用于显示 AutoCAD 2008 图标、程序名称及当前所操作的图形文件名。单击标题栏右侧的三个按钮，可分别实现 AutoCAD 2008 窗口的最小化、还原(或最大化)和关闭 AutoCAD 2008 等操作。

(2) 菜单栏

菜单栏位于标题栏下面，利用下拉菜单可以执行 AutoCAD 的大多数命令。在使用菜单命令时应注意以下几点。

① 菜单项右侧有“▶”，表示该命令还有子菜单。

② 菜单项右侧有“…”，表示选择该命令可打开一个对话框。

③ 菜单项右侧有快捷键，如“(Z)”，表示下拉菜单打开时，按下快捷键即可执行该命令。

④ 菜单项右侧有组合键，如“CTRL +0”，表示直接按组合键即可执行菜单命令。

(3) 工具栏

工具栏包含许多代表命令的图标按钮。AutoCAD 2008 提供了近 40 个工具栏，利用工具栏可以快捷、方便地调用 AutoCAD 大部分命令。在默认情况下，“标准”、“样式”、“工作空间”、“图层”、“特性”、“绘图”、“修改”等工具栏处于打开状态。将光标放置在任一工具栏上，单击鼠标右键，在弹出的快捷菜单上选择某工具栏名，即可显示或关闭该工具栏。另外，将光标放置于任一工具栏内，按住鼠标左键并移动鼠标，可以将该工具栏拖到界面内任何地方。

(4) 绘图窗口

绘图窗口又称绘图区，是用户绘图的工作区域，用户绘制的图形在此区域中显示。在绘图窗口中，除了显示当前绘图结果外，在左下方还显示一个坐标系图标，表示当前使用的坐标系类型以及坐标方向。绘图窗口底部有【模型】、【布局】选项卡，用以实现模型空间与图纸空间之间的切换。绘图窗口模型空间的底色默认是黑色，如果用户不习惯，可以将其改成白色，方法是：单击菜单【视图】⇨【选项】，弹出【选项】对话框，单击【显示】选项卡上的【颜色】按钮，弹出【图形窗口颜色】对话框，在该对话框中，将“二维模型空间”的“统一背景”设为白色。

(5) 命令窗口

命令窗口位于绘图区的底部，显示用户从键盘上输入的命令信息及用户在操作过程中程序给出的提示信息，是用户与 AutoCAD 程序进行对话的地方。命令窗口的最后一行称命令行。在绘图时，用户应密切注意命令窗口中的各种提示，根据提示进行相应的操作。命令窗口默认显示 3 行，可以通过拖拉窗口边框来改变窗口的大小。按 F2 键可以调出 AutoCAD 文本窗口，文本窗口与命令窗口类似，但在此窗口中能显示完整的命令历史。

(6) 状态栏

状态栏位于 AutoCAD 工作界面的底部，显示当前十字光标的坐标值以及“捕捉”、“栅格”、“正交”、“极轴”、“对象捕捉”、“对象追踪”、“DUCS”、“DYN"、“线宽”、“模型”10 个工具按钮。单击状态栏右侧的【状态栏菜单】按钮，在弹出的快捷菜单中选择某一工具，可以显示或隐藏该工具。部分状态栏工具按钮的功能、设置及其使用见后文叙述。

图 1 – 1 是 AutoCAD 2008 经典模式界面。

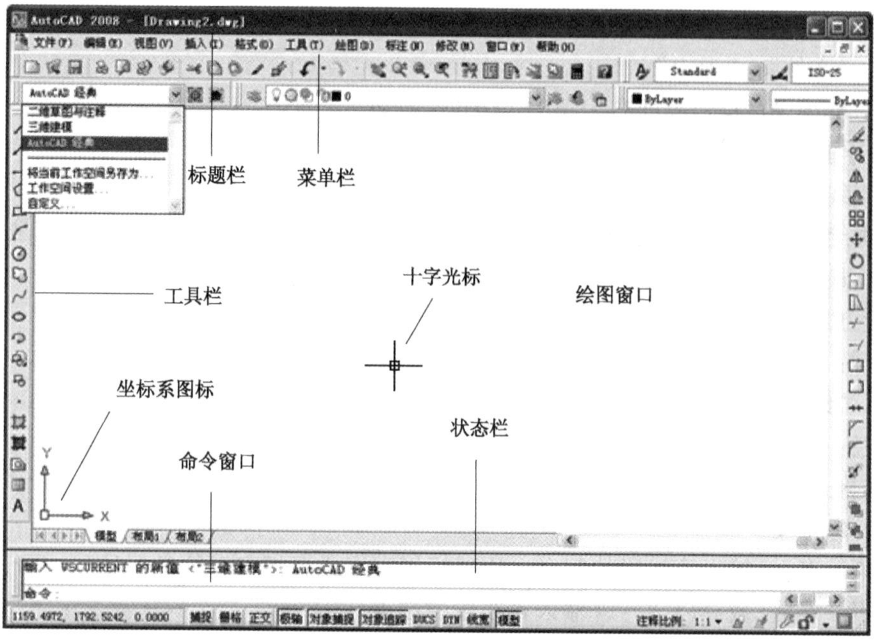

图 1 – 1　AutoCAD 2008 经典模式界面

1.1.2.2　基本操作

(1) 新建文件

【执行方式】

命令行：NEW

菜单："文件"→"新建"

工具栏："标准"→"新建"

普通的 AutoCAD 文件以 . dwg 为扩展名，也有 . dwt 等样板文件

(2)打开已有文件

【执行方式】

命令行：OPEN↙

菜单："文件"→"打开"

工具栏："标准"→"打开"

(3)保存文件

【执行方式】

命令行：QSAVE(或 SAVE)↙

菜单："文件"→"保存"

工具栏："标准"→"保存"

(4)另存文件

【执行方式】

命令行：SAVEAS↙

菜单："文件"→"另存为"

(5)退出

【执行方式】

命令行：QUIT 或 EXIT ↙

菜单："文件"→"退出"

按钮：AutoCAD 操作界面右上角的"关闭''按钮

1.1.2.3 平面图形绘制

(1) 直线类绘图命令

直线类绘图命令主要包括"直线"、"射线"和"构造线"等命令。这 3 个命令是 AutoCAD 中最简单、最常用的绘图命令。在实际绘图中以直线为多，其方式为：

【执行方式】

命令行：LINE

菜单："绘图"→"直线"

工具栏："绘图"→"直线"

【操作格式】

命令：LINE ↙

指定第一点：(输入直线段的起点，用鼠标指定点或者指定点的坐标)

指定下一点或[放弃(U)]：(输入直线段的端点)

指定下一点或[放弃(U)]：(输入下一直线段的端点。输入选项 U 表示放弃前面的输入；单击鼠标右键选择"确认"命令，或按 Enter 键，结束命令)

指定下一点或[闭合(C)/放弃(U)]：(输入下一直线段的端点，或输入选项 C 使图形闭合，结束命令)

提示：点的坐标输入方法可以是鼠标直接指定或输入坐标参数值，第二点开始可以以前一点为基准输入相对坐标(@x，y，z)值。

(2) 圆类绘图命令

圆类绘图命令主要包括"圆"、"圆弧"、"圆环"、"椭圆"以及"椭圆弧"等命令，这几个命令是 AutoCAD 中最简单最常用的曲线命令。

① 圆

【执行方式】

命令行：CIRCLE

菜单："绘图"→"圆"

工具栏："绘图"→"圆"

【操作格式】

命令行：CIRCLE ↙

指定圆的圆心或[三点(3P)/两点(2P)/相切、相切、半径(T)]：(指定圆心)

指定圆的半径或[直径(D)]：(直接输入半径数值或用鼠标指定半径长度)

指定圆的直径 <默认值>：(输入直径数值或用鼠标指定直径长度)

② 圆弧

【执行方式】

命令行：ARC(缩写名：A)

菜单："绘图"→"圆弧"

工具栏：“绘图”→“圆弧”

【操作格式】

命令：ARC ↙

指定圆弧的起点或[圆心(C)]：(指定起点)

指定圆弧的第二个点或[圆心(C)/端点(E)]：(指定第二点)

指定圆弧的端点：(指定端点)

③ 椭圆与椭圆弧

【执行方式】

命令行：ELLIPSE

菜单：“绘图”→“椭圆”→“圆弧,

工具栏：“绘图”→“椭圆”或“绘图”→“椭圆弧”

【操作格式】

命令行：ELLIPSE ↙

指定椭圆的轴端点或[圆弧(A)/中心点(C)]：(指定轴端点1)

指定轴的另一个端点：(指定轴端点2)

指定另一条半轴长度或[旋转(R)]：

※提示：不同选项绘制圆、圆弧及椭圆时，注意命令栏的提示步骤。

(3) 其他图形绘制

AutoCAD还提供了简单平面图形的绘制工具，如矩形绘制、任意正多边形绘制、包含直线和圆弧及宽度信息的多段线等。

1.1.3 图形对象编辑

任何复杂的工程图形其实都是由基本的图样元素点、线(直线、圆、圆弧、其他曲线)及基本图形组合而成，因此绘图过程需要对图样进行各种编辑或修改，AutoCAD具有强大的图形编辑功能，为设计绘图人员提供了极大的方便，这也是CAD绘图相比手工绘图的最大优势所在。下面介绍主要的图形编辑方法。

1.1.3.1 图形对象的选择

要进行图形编辑，必须进行编辑对象的选取，AutoCAD的对象选取方法可以归纳为：

(1) 直接选取

鼠标直接一一选择对象，此种方法直接明了，但不适合较多对象的选取。

(2) 窗口选取

又可以分为框选和关联选取。框选——按住鼠标左键，自左向右拖动鼠标，会在屏幕出现实线框，完全处于此框内的对象即被选中；关联选取——按住鼠标左键，自右向左拖动鼠标，会在屏幕出现虚线框，与此虚线框(整个)相关联(接触)的对象即被选中。窗口选取适合多个对象的批量选取，两种选取对象的方法各有特点，可以根据绘图情况灵活应用。

1.1.3.2 复制类命令

此类操作包括简单的对象复制及各种特殊复制，简要介绍如下

(1) 复制、粘贴

这项操作类似于word编辑中的复制、粘贴，只不过对象可以是图形也可以是文字及其他图样中的任何元素，操作方法为。

【执行方式】

命令行：COPYCLIP

菜单："编辑"→"复制"

工具栏："标准"→"复制"

快捷键：Ctrl + C

快捷菜单：在绘图区域右击鼠标，从打开的快捷菜单中选择"复制"命令

【操作格式】

命令：COPYCLIP↙

选择对象：选择要复制的实体

对象复制时往往可以选"带基点复制"，这样在粘贴时就有一个明确的基准点，便于准确地粘贴对象。

（2）"偏移"命令

偏移对象是指保持选择的对象的形状，在不同的位置以不同(或相同)的尺寸大小新建一个对象。

【执行方式】

命令行：OFFSET↙

菜单："修改"→"偏移"

工具栏："修改"→"偏移"

【操作格式】

命令：OFFSET↙

当前设置：删除源 = 否　图层 = 源　OFFSETGAPTYPE = 0

指定偏移距离或[通过(T)/删除(E)/图层(L)] <通过>：(指定距离值)

选择要偏移的对象，或[退出(E)/放弃(U)] <退出>：(选择要偏移的对象。回车会结束操作)

指定要偏移的那一侧上的点．或[退出(E)/多个(M)/放弃(U)] <退出>：(指定偏移方向)

选择要偏移的对象，或[退出(E)/放弃(U)] <退出>：如图 1 - 2 所示。

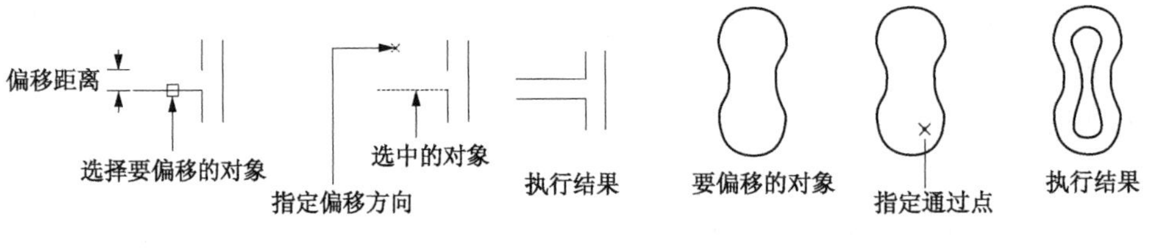

（a）指定偏移距离　　（b）通过点

图 1 - 2　偏移对象

（3）"镜像"命令

镜像对象是指把选择的对象相对一条镜像线做对称复制。镜像操作完成后，可以保留原对象也可以将其删除。复制后的对象与"源"对象的关系类似于照镜子的结果，故称为"镜像"。

【执行方式】

命令行：MIRROR

菜单：“修改”→“镜像”

工具栏：“修改”→“镜像”

【操作格式】

命令：MIRROR ↙

选择对象：（选择要镜像的对象）

指定镜像线的第一点：（指定镜像线的第一个点）

指定镜像线的第二点：（指定镜像线的第二个点）

要删除源对象吗？［是(Y)/否(N)］<N>：（确定是否删除源对象）

这两点确定一条镜像线，被选择的对象以该线为对称轴进行镜像。包含该线的镜像平面与用户坐标系统的 XY 平面垂直，即镜像操作工作在与用户坐标系统 XY 平面平行的平面上。如图 1－3 所示。

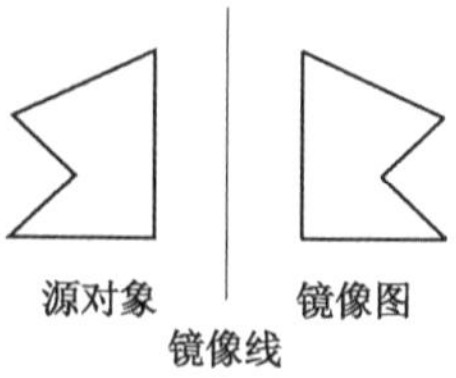

图 1－3　镜像操作

（4）阵列命令

建立阵列是指多重复制选择的对象，并把这些副本按矩形或环形排列。把副本按矩形排列称为建立矩形阵列，把副本按环形排列称为建立环形阵列。建立环形阵列时，应该控制复制对象的次数和对象是否被旋转；建立矩形阵列时，应该控制行和列的数量以及对象副本之间的距离。

AutoCAD2008 提供 ARRAY 命令建立阵列。用该命令可以建立矩形阵列、环形阵列（环形）和旋转的矩形阵列。

【执行方式】

命令行：ARRAY

菜单：“修改”→“阵列”

工具栏：“修改”→“阵列”

【操作格式】

命令：ARRAY ↙

输入上述命令后，系统打开“阵列”对话框，如图 1－4 所示。

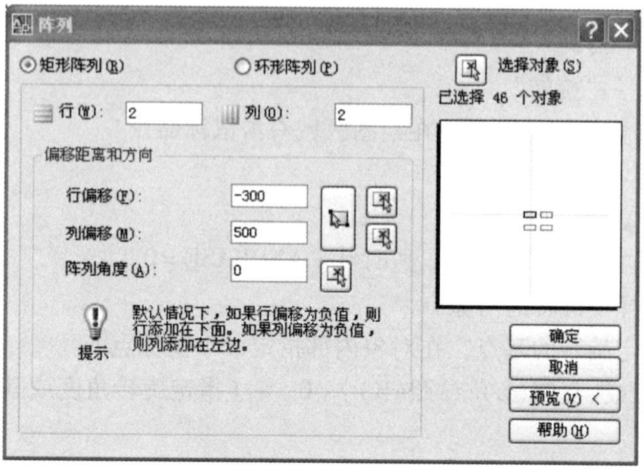

图 1－4　阵列命令窗口

图 1－5 所示为两类阵列操作的例子。

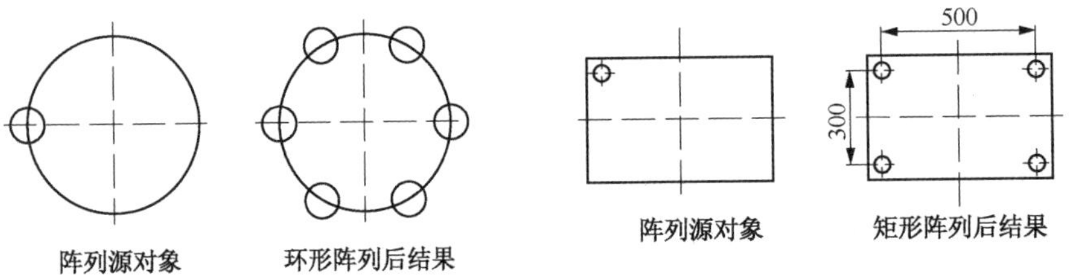

图 1-5　两类阵列

1.1.3.3　方位及大小改变命令

这一类编辑命令的功能是按照指定要求改变当前图形或图形某部分的位置或大小，主要包括移动、旋转和缩放等命令。

(1)“移动”命令

【执行方式】

命令行：MOVE

菜单：“修改”→“移动”

工具栏：“修改”→“移动”

快捷菜单：选择要复制的对象，在绘图区域右击鼠标，从打开的快捷菜单中选择“移动”命令。

【操作格式】

命令：MOVE↙

选择对象：(选择对象)

指定基点或[位移(d)]<位移>：(指定基点或位移)

指定第二点或<使用第一点作为位移>：

各选项功能与 Copy 命令相关选项功能相同。所不同的是，对象被移动后，原位置处的对象消失。

(2)“旋转”命令

【执行方式】

命令行：ROTATE

菜单：“修改”→“旋转”

工具栏：“修改”→“旋转”

快捷菜单：选择要旋转的对象，在绘图区域右击鼠标命令

【操作格式】

命令：ROTATE↙

USC 当前的正角方向：ANGDIR = 逆时针　ANGBASE = 0

选择对象：(选择要旋转的对象)

指定基点：(指定旋转的基点，在对象内部指定一个坐标点)

指定旋转角度，或[复制(C)/参照(R)]<0>：(指定旋转角度或其他选项)

(3)“缩放”命令

【执行方式】

命令行：SCALE

菜单：“修改”→“缩放”

工具栏：“修改”→“缩放”

快捷菜单：选择要缩放的对象，在绘图区域右击鼠标，从打开的快捷菜单中选择“缩放”命令。

【操作格式】

命令：SCALE ↙

选择对象：（选择要缩放的对象）

指定基点：（指定缩放操作的基点）

指定比例因子或[复制(C)/参照(R)] <1.0000>：

此类命令还包括拉长、拉伸等，读者可自行学习。

1.1.3.4 改变几何特性类命令

这一类编辑命令在对指定对象进行编辑后，被编辑对象的几何特性将发生改变。包括修剪、延伸、圆角、倒角、打断、打断于点、分解、合并功能等命令。

(1)“修剪”命令

【执行方式】

命令行：TRIM

菜单：“修改”→“修剪”

工具栏：“修改”→“修剪”

【操作格式】

命令：TRIM ↙

当前设置：投影 = UCS，边 = 无

选择剪切边...

选择对象或〈全部选择〉：（选择一个或多个对象并按 Enter 键，选择所有显示的对象）

回车结束对象选择，系统提示：

选择要修剪的对象，或按 Shift 键选择要延伸的对象，或[栏选(F)/窗交(C)/投影(P)/边(E)/删除(R)/放弃(U)]：

(2)“延伸”命令

延伸对象是指延伸对象直至另一个对象的边界线。

【执行方式】

命令行：EXTEND

菜单：“修改”→“延伸”

工具栏：“修改”→“延伸”

【操作格式】

命令：EXTEND ↙

当前设置：投影 = UCS

选择边界的边...

选择对象或 <全部选择>：（选择一个或多个对象并按 Enter 键，或者按 Enter 键选择所有显示的对象）

此时可以选择对象来定义边界。若直接回车，则选择所有对象作为可能的边界对象。

选择边界对象后，系统继续提示：

选择要延伸的对象，或按住 Shift 键选择要修剪的对象，或[栏选(F)/窗交(C)/投影

(P)/边(E)/放弃(U)]：

其他还有圆角、倒角、拉伸、拉长、打断等命令，限于篇幅不一一介绍，读者可自行根据提示操作。

1.1.3.5 删除及恢复类命令

这类命令主要用于删除图形的某部分或对已被删除的部分进行恢复。包括删除、放弃、清除等命令。

(1)“删除”命令

如果所绘制的图形不符合要求或不小心错绘了图形，可以使用删除命令 ERASE 把它删除。

【执行方式】

命令行：ERASE

菜单：“修改”→“删除”

工具栏：“修改”→“删除”

快捷菜单：选择要删除的对象，在绘图区域右击鼠标，从打开的快捷菜单中选择“删除”命令

【操作格式】

命令：ERASE↙

可以先选择对象，然后调用“删除”命令，也可以先调用“删除”命令对象，选择对象时可以使用前面介绍的各种选择对象的方法。

当选择了多个对象时，多个对象会同时被删除。

(2)“放弃”命令

若不小心误删除了图形，可以使用恢复命令“OOPS”恢复误删除的对象。

【执行方式】

命令行：OOPS 或 U

工具栏：“标准”→“放弃”

快捷键：Ctrl + Z

【操作格式】

命令：OOPS↙

(3)“清除”命令

此命令与“删除”命令功能完全相同。

【执行方式】

菜单：“编辑”→“清除”

快捷键：Del

【操作格式】

选择菜单或快捷键后，系统提示：选择对象：(选择要清除的对象，按回车键执行清除命令)

※提示：各种编辑工具的使用中，一定要注意命令行(文本窗口)的提示!

1.1.4 文字输入和尺寸标注

文字注释是图形中很重要的一部分内容，进行各种设计时，通常不仅要给出图形，还要

在图形中标注一些文字，如技术要求、注释说明等，对图形对象加以解释。尺寸标注是绘图设计过程中相当重要的一个环节。由于图形的主要作用是表达物体的形状，而物体各部分的真实大小和各部分之间的确切位置只能通过尺寸标注来表达，因此，没有正确的尺寸标注，绘制出的图纸对于加工制造就没有什么意义。

1.1.4.1 文字输入

(1) 文字样式

文字样式是用来控制文字基本形状的一组设置。所有 AutoCAD 图形中的文字都有与其相对应的文字样式。当输入文字对象时，AutoCAD 将使用当前设置的文字样式。AutoCAD 以 STANDARD 为设定的默认文字样式。目前工程设计中汉字以一种叫“大字体”的样式为最常用，字体样式名称为 hzdx. txt。

定义文字样式的方法为：

【执行方式】

命令行：STYLE 或 DDSTYLE

菜单：“格式”→“文字样式”

工具栏：“文字”→“文字样式”

【操作格式】

命令：STYLE ↙

AutoCAD 打开“文字样式”对话框，如图 1 -6 所示。

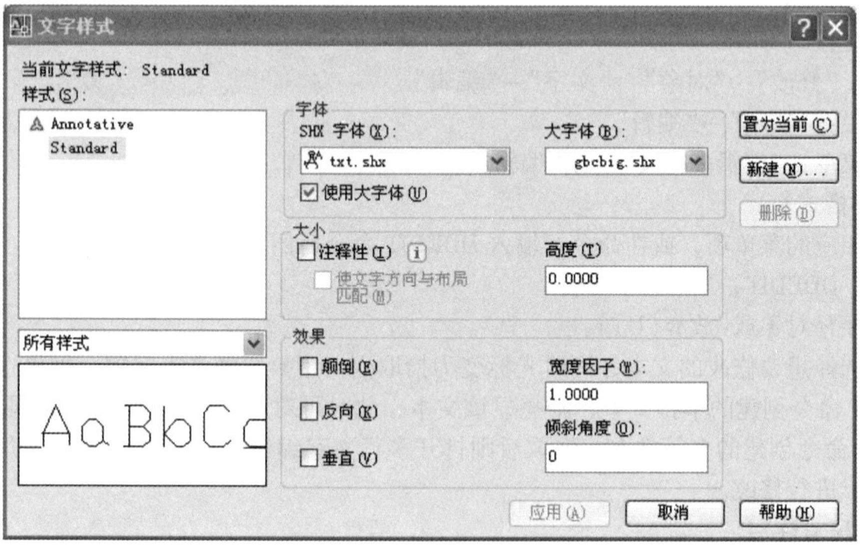

图 1 -6 标注样式管理器

(2) 文本标注

文本注写分为单行文字和多行文字，可以利用 TEXT 命令创建单行文本。用 MTEXT 命令创建多行文本。

① 单行文本标注：

【执行方式】

命令行：TEXT 或 MTEXT

菜单：“绘图”→“文字”→“单行文字”

工具栏：“文字”→“单行文字”

【操作格式】

命令：TEXT↙

选择相应的菜单项或在命令行输入 TEXT 命令后回车，AutoCAD 提示：

当前文字样式："standard"当前文字高度：0.2000

指定文字的起点或[对正(O)/样式(S)]：

② 多行文本标注：

【执行方式】

命令行：MTEXT

菜单："绘图"→"文字"→"多行文字"

工具栏："绘图"→"多行文字"或"文字"→"多行文字"

【操作格式】

命令：MTEXT↙

选择相应的菜单项或单击相应的按钮，或在命令行输入 MTEXT 命令后回车，AutoCAD 提示：

当前文字样式："standard"当前文字高度：1.9122

指定对角点或[高度(H)/对正(J)/行距(L)/旋转(R)/样式(S)/宽度(W)]：

(3) 编辑文本

用"编辑"命令编辑。

【执行方式】

命令行：DDEDIT

菜单："修改"→"对象"→"文字"→"编辑"

工具栏："文字"→"编辑"

快捷菜单："编辑多行文字"或"编辑文字"

【操作格式】

选择相应的菜单项，或在命令行输入 DDEDIT 命令后回车，AutoCAD 提示：

命令：DDEDIT↙

选择注释对象或[放弃(U)]：

要求选择想要修改的文本，同时光标变为拾取框。用拾取框点击对象，如果选取的文本是用 TEXT 命令创建的单行文本，则亮显该文本，此时可对其进行修改，如果选取的文本是用 MTEXT 命令创建的多行文本，选取后则打开多行文字编辑器，可根据前面的介绍对各项设置或内容进行修改。

1.1.4.2 尺寸注写

(1) 尺寸标注的规则与组成

在"工程制图国家标准"中，对尺寸标注的规则做出了一些规则，要求尺寸标注必须遵守以下基本规则：

① 物体的真实大小应以图形上所标注的尺寸数值为依据，与图形的显示大小和绘图的精确度无关。

② 图形中的尺寸以毫米为单位时，不需要标注尺寸单位的代号或名称。如果采用其他单位，则必须注明尺寸单位的代号或名称，如度、厘米、英寸等。

③ 图形中所标注的尺寸为图形所表示的物体的最后完工尺寸，如果是中间过程的尺寸，则须另加说明。

④ 物体的每一尺寸，一般只标注一次，并应标注在在最能够反映该结构的视图上。

一个完整的尺寸标注由尺寸线、尺寸界线、尺寸箭头和尺寸文本组成，AutoCAD 将构成一个尺寸的尺寸线、尺寸界线、尺寸箭头和尺寸文本以图块的形式放在图形文件内，因此可以把一个尺寸看成一个对象。

(2) 标注样式设置

尺寸标注需要事先设定一定的样式，CAD 系统使用默认名称为 standard 的样式。如果用户认为使用的标注样式某些设置不合适，也可以修改标注样式。样式主要是针对不同尺寸类型、不同比例图样二设置。

【执行方式】

命令行：DIMSTYLE

菜单："格式"→"标注尺寸"或"标注"→"标注样式"

工具栏："标注"→"标注样式"

【操作格式】

命令：DIMSTYLE ↙

AutoCAD 引开"标注样式管理器"对话框，如图 1-7 所示。利用此对话框可方便直观地设置和浏览尺寸标注样式，包括建立新的标注样式、修改已存在的样式、设置当前尺寸标注样式、样式重命名以及删除一个已存在的样式等。

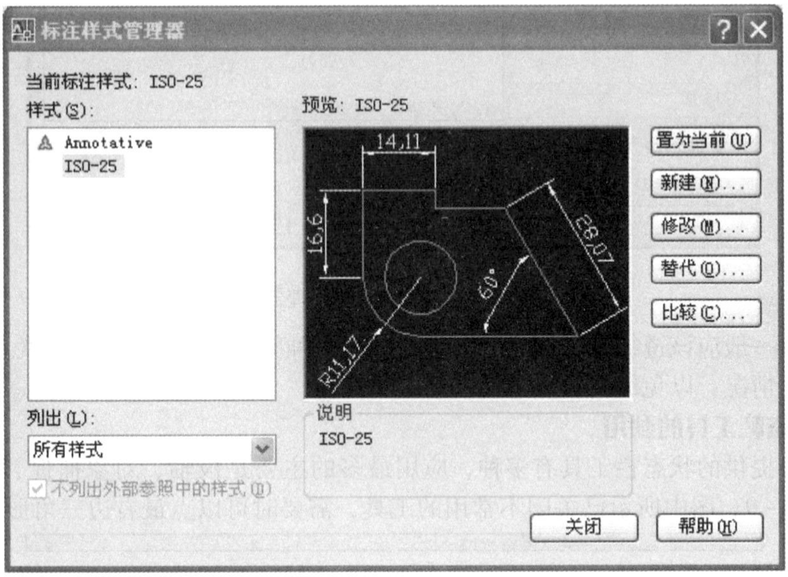

图 1-7　标注样式管理器

(3) 尺寸标注

尺寸标注一般在设置好标注格式后直接利用标注工具栏的标注工具，主要有线性尺寸、对齐标注(指所标线性尺寸为非水平或垂直方向)、角度尺寸、圆(圆弧)的直径和半径尺寸等，一般只需根据提示标注即可，在此不再赘述。

(4) 尺寸的编辑

在某些情况下，需要对尺寸数字进行修改或编辑，如修改尺寸数字、加入某些注释文字等，最快捷的方法是利用命令"DEDIT"即可，其方法类似于文字的编辑，见前。

※提示：文字注写和尺寸标注中都会遇到字体大小及尺寸线箭头与图样相匹配的问题，一个简单的设置方法是：图样采用 1:1 出图打印时，以默认的大小或略大即可，如果出图非 1:1，

譬如是1:10，那么就放大10倍，其余类推。

1.1.5 CAD辅助工具及文件输出

为了方便绘图，CAD提供了诸多辅助绘图工具，熟练利用这些工具将大大提高绘图的速度和便捷性，下面介绍几种常见的工具。

1.1.5.1 图层设置

图层就像一层层透明的纸张，各层之间完全对齐，用户可以对每一图层指定在该层上绘图用的线型、线宽和颜色，将具有相同线型和颜色的图形对象在同一图层上绘制，一个完整的图形就是将它所包含的所有图层上的对象叠加在一起，每个图层各自独立，可以单独“开”、“关”、“显示”、“冻结”等便于复杂图形的编辑操作。

图层的设置与修改可以采用图1－8所示的图层特性管理器的相关工具。

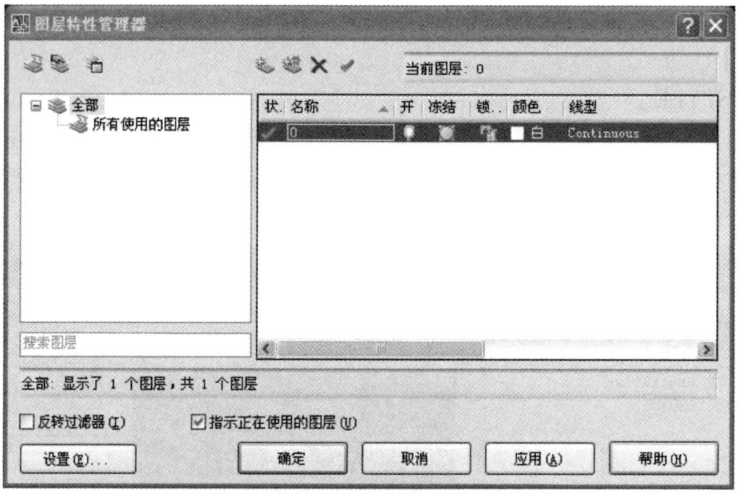

图1－8 图层特性管理器

图层设置一般应该遵循一个图层——一种线型——一种颜色的原则，尽量避免同一图层多种颜色、线型的情况，以免编辑操作的混乱。

1.1.5.2 状态栏工具的利用

AutoCAD提供的状态栏工具有多种，应用最多的主要是极轴、对象捕捉、对象追踪等，状态栏如图1－9，图中所示已关闭不常用的工具，需要时可以点最右边三角形符号。

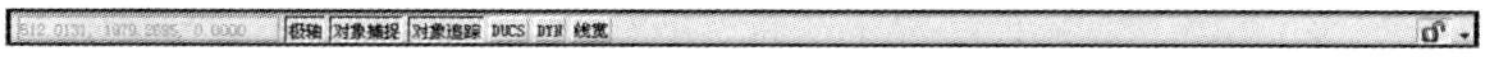

图1－9 状态栏

（1）对象捕捉

绘图时，当在命令行中提示输入一点时，可利用对象捕捉功能准确地捕捉到所需要的点。最简单方法是：利用工具栏实现对象捕捉，当命令行提示输入一点时，从“对象捕捉”工具栏上单击相应的按钮，然后根据提示操作即可。其设置方法是右键点击“对象捕捉”工具，弹出如图1－10所示的草图设置窗口选中所需捕捉对象即可。

（2）极轴和对象追踪

极轴工具相当于提供了设置自身需要角度的极轴，在极轴方向可以直接输入尺寸大小，其设置方法同样在草图设置窗口，选“极轴追踪”即可进行设置，如图1－11。对象追踪功能类似于以x，y轴两个方向坐标进行定位的“雷达追踪”。

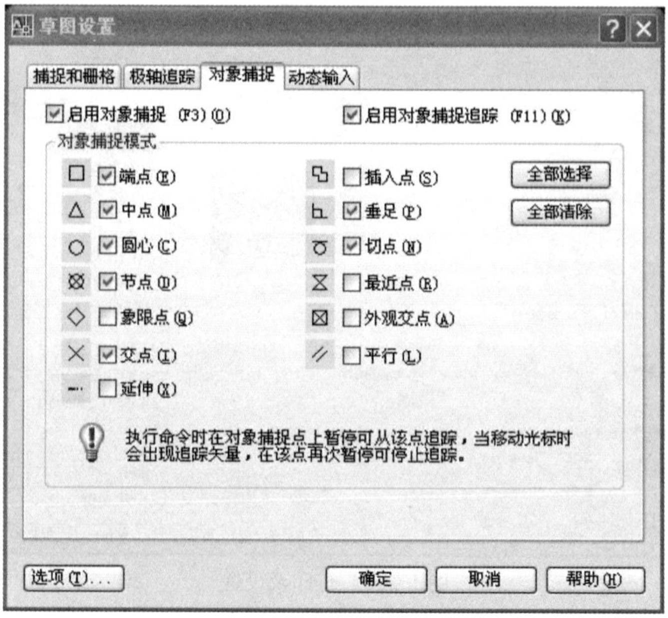

图 1－10　草图设置对象捕捉

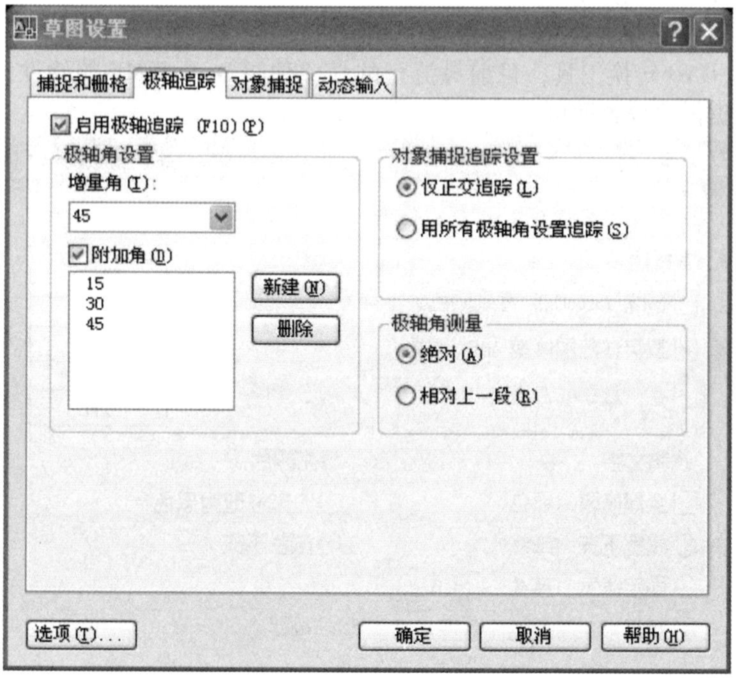

图 1－11　草图设置极轴追踪

1.1.5.3　图形输出

AutoCAD 的图形输出一般指打印图样和作为图片输出到其他文档。

(1) 图样打印

通过菜单栏或快捷工具的“打印”弹出如图 1－12 所示的打印窗口，操作时要注意图纸幅面及格式的选择，并选择绘图时预计的打印比例，另外注意是彩色打印还是全部打印成黑色，交付打印前建议先预览，预览检查无误后再确认打印。

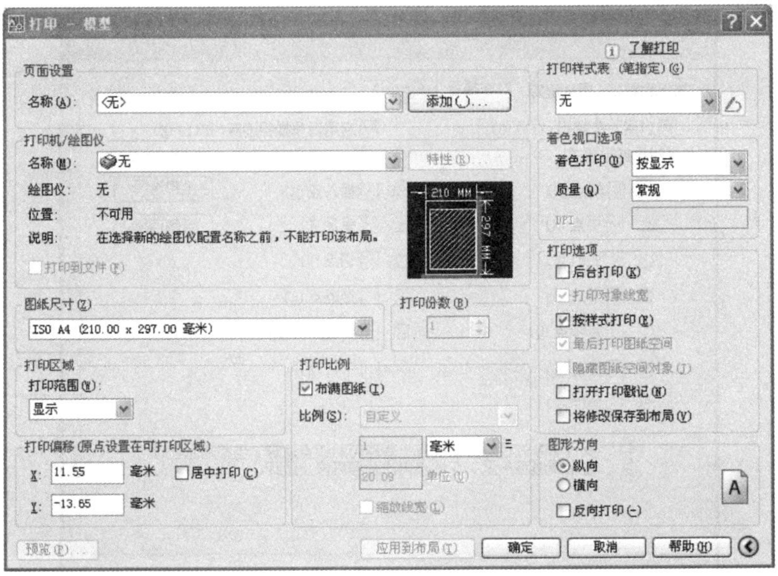

图 1 - 12　打印及设置

（2）以图片文件的输出

CAD 文件可以直接用“复制”命令，拷贝到诸如 word 文档中，但直接复制、粘贴的结果图形范围是整个绘图区域，且将绘图背景一并带入，因此往往还需要剪辑图片，甚为不便，建议采用辅助的 CAD 转换工具，目前最流行的是一种叫 BetterWMF 的软件，安装启动如图 1 - 13 所示，根据需要设置即可。

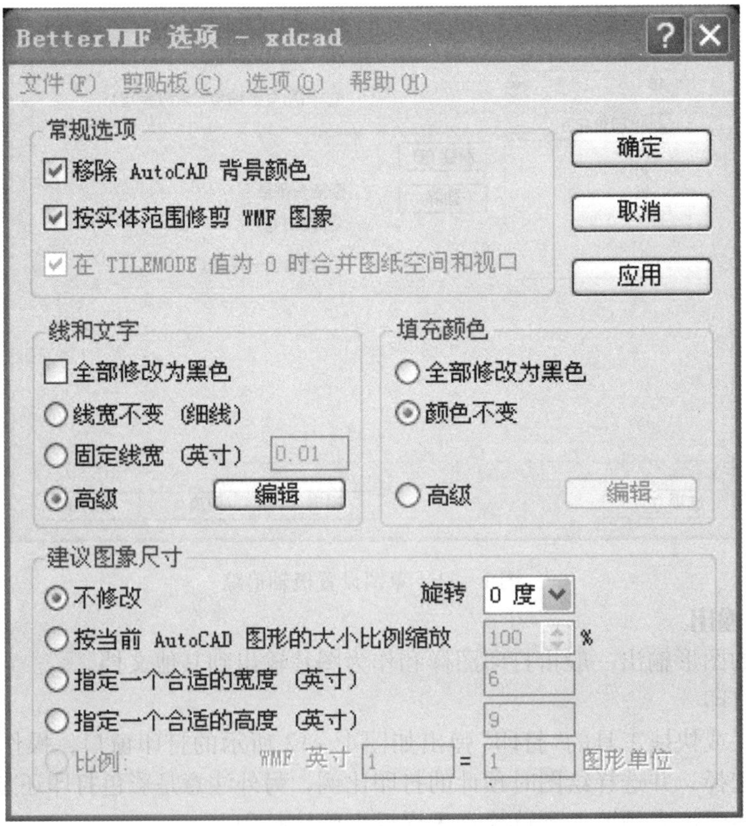

图 1 - 13　CAD 图形输出到文档

1.1.5.4　辅助设计工具

AutoCAD 除了绘图，还提供了一些辅助设计工具，常用的主要有查询工具，如图 1－14 所示的是查询工具栏，也可以利用菜单："工具"→"查询"进行更多查询，如绘图时间等。利用查询工具可以进行两点的距离、封闭图形的面积等的查询，这为工程设计中复杂形状的面积计算提供了极大的方便，

图 1－14　查询工具

※提示：AutoCAD 的功能及操作工具是相当复杂的，限于篇幅只能做简单的介绍，读者可以借助软件菜单中的"帮助"菜单了解详细的功能，随时查询，关键的一点是如何熟练掌握有关操作，这需要大量的练习。

1.2　工艺流程图绘制

石油库工艺流程图是反映石油库工艺流程的图纸。石油库工艺流程图一般不按比例绘出，但各区域内设备方位尽可能与实际情况一致，与总平面布置图相符，以便与总图联系和取得比较形象的效果。有关绘制的基本要求、画法、图例等见教材相关部分，这里以实例介绍如何用 AutoCAD 来绘制各个部位的局部工艺流程图。

工艺流程图一般分为总体工艺图和局部工艺流程图，绘制方法相似，只是其表达重点不同。局部工艺流程图中应突出表达主要内容，图例内容的比例可以有所区别，即主要部分可适当放大，下面分别以常见的 3 个局部工艺图为例进行说明。

1.2.1　铁路卸油局部工艺

图 1－15 是某铁路卸油系统的图片，从鹤管经集油管到泵房分 3 部分，据此来绘制其流程图。

图 1－15　轻油卸油工艺图片

① 以左上图的从槽罐开始，以潜油泵经鹤管到集油管，绘出局部图如图 1－16 所示。

② 绘制集油管和真空扫舱系统，如图 1－17 所示。

③ 绘制泵房工艺，如图 1－18 所示。

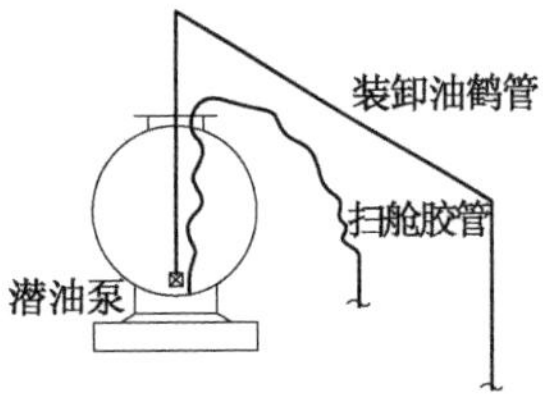

图 1－16　鹤管及扫舱管

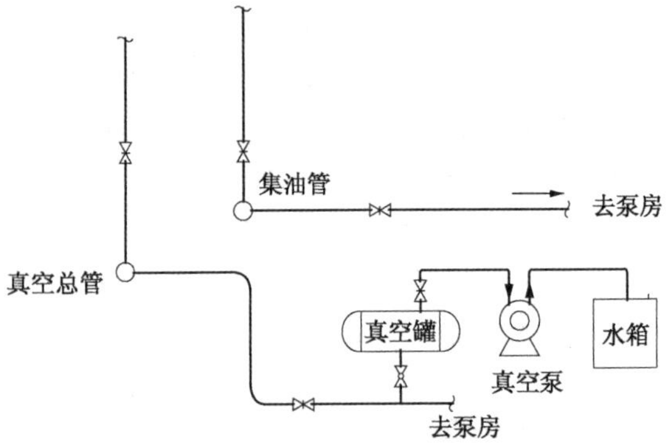

图 1－17　集油管及真空系统

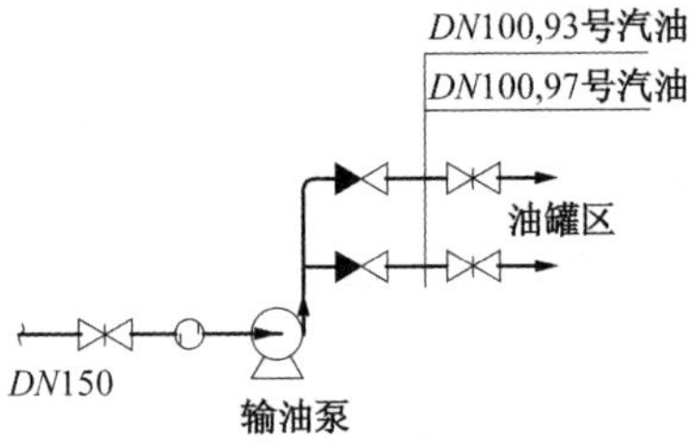

图 1－18　泵房

④ 组合完成整个工艺流程图，如图 1－19 所示。

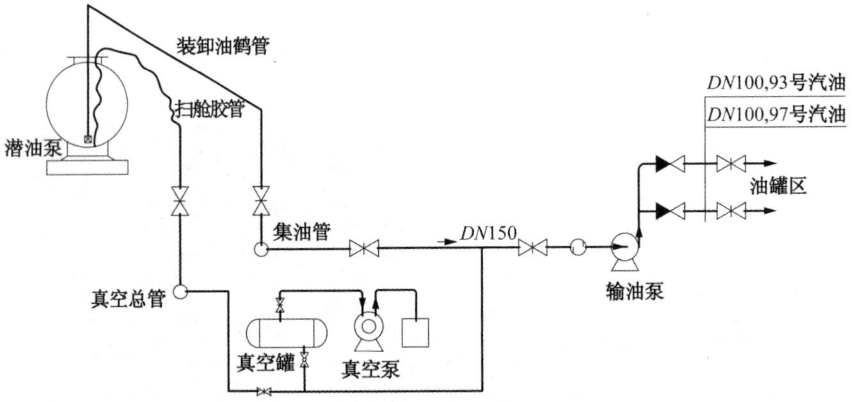

图 1－19　铁路卸油工艺图

在绘制过程中应注意以下几点：

① 插入或绘制图中各个设备的图例，图例大小符合图幅规格，必要时可以缩放以与图幅相适应。

② 用粗实线绘制管线，其长短及间距与图例相匹配。

③ 组合图例与管线，完成图样。

④ 对于标准图例，可以建立图库，保存在自己的电脑文件夹中，绘图时直接调用。

⑤ 图例大小没有硬性规定，但注意比例协调；工艺管线用粗实线绘制，管路附件及设备一律用细实线绘制；组合时，要充分利用 AutoCAD 的“对象捕捉”、“对象追踪”等工具，以使上下左右的对齐、协调。这几点在其他工艺图中同样适用。

提示：图中主要设备的文字在实际图上可以不注写，一般以图例列表的方式说明。

1.2.2 码头发油局部工艺

码头发油局部工艺相对简单，一般由泵、过滤器、球阀、流量计等设备组成，图 1－20～图 1－23 为某码头发油房的图片。

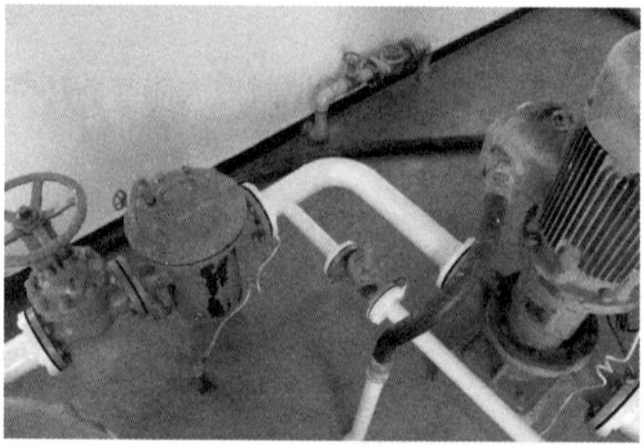

图 1－20　某码头发油房(一)

图 1－21　某码头发油房(二)

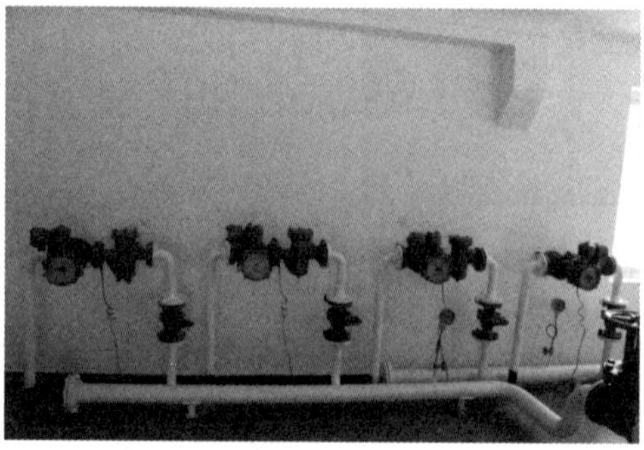

图 1－22　某码头发油房(三)

图 1－23　某码头发油房(四)

其绘制的基本步骤：

① 绘制按图 1－20 和图 1－21 所示从库区来油部分经闸阀、过滤器、管道泵到发油段的流程图，如图 1－24 所示。

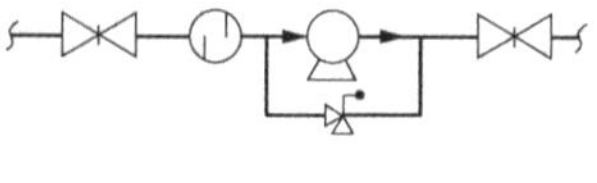

图 1－24　码头发油泵房工艺流程图(一)

② 再绘制如图 1－22 所示，经泵到计量部分，见图 1－25。

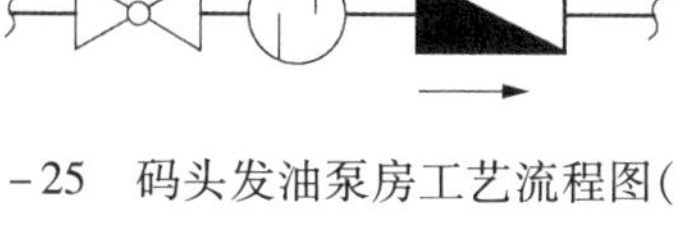

图 1－25　码头发油泵房工艺流程图(二)

③ 上述两部分合并后的结果如图 1－26 所示。

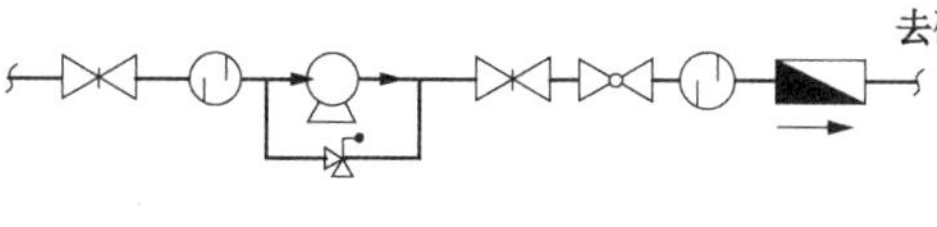

图 1－26　码头发油泵房工艺流程图(三)

其绘制方法及步骤：

a. 根据图片显示实际安装的管件设备，从图库插入闸阀、过滤器、流量计、球阀等图例。

b. 将各管件用粗实线相连绘制出如图 1－26 所示的工艺流程图。

1.2.3 公路发油工艺

公路发油即以发油台的方式进行，管路附件中一般带有电液阀，其他附件大体与前述类似。图 1－27 ~ 图 1－29 为某公路发油台的实景图片，属于目前较流行的下装发油。

图 1－27　某油库发油台(一)

图 1－28　某油库发油台(二)

图 1－29　某油库发油台(三)

其罐区来油经由 2 根输油管线，可以进行 2 种油品的切换发油，经由闸阀、过滤器、管道泵、止回阀、过滤器、电液阀、流量计到发油接口，泵的进出口端有带安全阀旁通回路。其工艺流程图的绘制方法与前述类似，只需将上述设备图例依照流程顺序用管线相连即可，如图 1－30 为其工艺流程图。

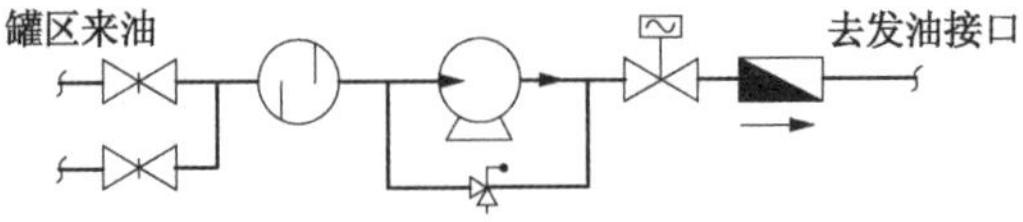

图 1－30　发油台工艺流程图

上述例子发油采用的是下装式发油，下面的图 1 – 31 所示是传统鹤管发油的发油台，其工艺流程与下装式发油类似，大家可以自行练习。

图 1 – 31　鹤管发油公路发油台

1.2.4　中转泵站工艺流程图

图 1 – 32 是某油库中转泵站的一部分，图中以管道泵配合罐区管道实现油品的中转，绘制的工艺流程图如图 1 – 33 所示，方法同前。

图 1 – 32　某油库中转泵站

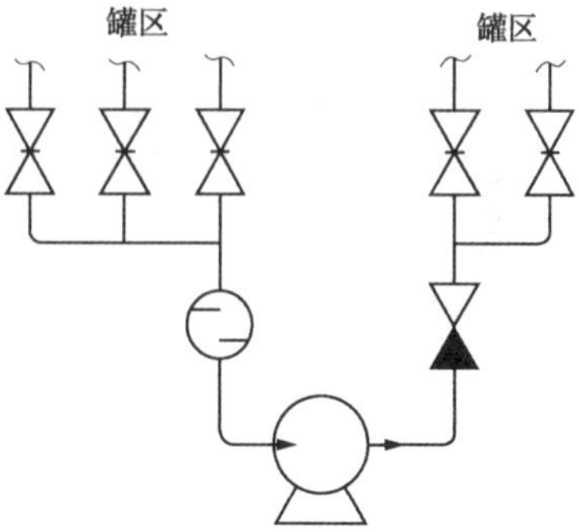

图 1 – 33　某油库中转泵站工艺流程图

提示：上述局部工艺流程图绘制实例中并没有加注有关标注及标题栏、明细表、说明等完整图样的内容，实际设计中的图样应包括这些内容。

1.2.5　油库总工艺流程图绘制简介

油库总工艺流程图是表达整个油库的工艺流程，绘制时大体按油库平面布置方位，以图例及管线表达，注意管线的走向、图例与整图的比例、管线与设备的间距、交错管线的“横连竖断”。绘制的基本方法与局部工艺流程图相似，这里不再赘述，请读者自行参考局部工艺流程图的绘制。

1.3 油库工艺安装图绘制

作为指导安装的工程图，油库工艺安装图与工艺流程图的最大区别在于“安装”，它需要完整的安装尺寸，与实际方位一致的平、立面图。一般来说其图例也与工艺流程图有所差异，更接近设备实际结构，常见设备通常根据图例来绘出，但不同的设计单位某些图例会有所差异，一般在图纸上应绘制图例列表，以方便工程技术人员识读，或者在明细栏中加备注说明。油库安装图一般分为设备安装图、泵站安装图、管道安装图等。

1.3.1 设备安装图绘制要点

这里所说的设备安装图是指油库工艺安装图中有关设备的安装图例和一些规定画法。

(1) 安装图中不同方向(方位)的管路绘制

可以按图 1 - 34 绘制，其他方向的走向读者可以参照图中画法。

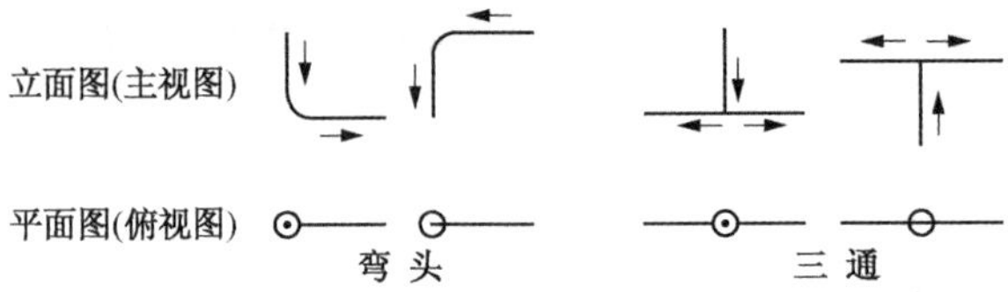

图 1 - 34　弯头及三通画法

(2) 设备图的绘制

这里以手动法兰闸阀为例，见图 1 - 35，说明其画法(立面图)。

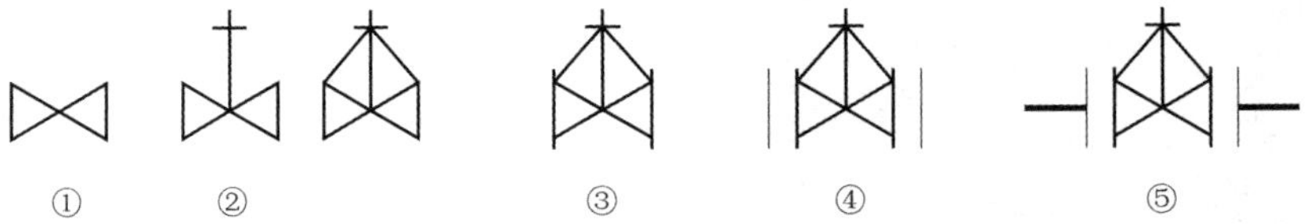

图 1 - 35　手动闸阀画法

① 先以一定长如 10mm 为边长绘制两相对的正三角形；

② 从中间顶点起绘制表示阀杆的竖线 18mm，在上部 3mm 处绘制 6mm 的横线，将交点与两三角形上方顶点相连；

③ 利用伸长工具将表示法兰的左右两三角形边长分别伸长 2mm；

④ 将两伸长后的边分别偏移 5mm；

⑤ 绘制表示管路的线段；

⑥ 上述绘图尺寸只是示例的尺寸，仅表示各部分的相对关系，在实际绘图中按此图样放大或缩小即可，另两个方向图参照绘制，其他图例参照上述方法绘制。

提示：此图例绘制方法同样适用于工艺流程图图例的绘制，读者可以按此方法建立自己的图例库，绘制图样时插入图例即可。

(3) 常见设备安装图

常见设备安装图的画法见表 1 - 1。表中设备多以三(两)向视图绘制，个别设备不分方向，以一向图绘制。

表 1－1　工艺管道安装图常用图例

序号	名称	图例	序号	名称	图例
1	手动法兰闸阀	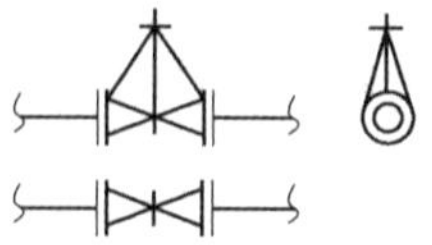	7	手动法兰球阀	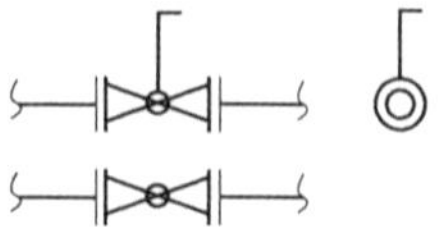
2	气动法兰闸阀	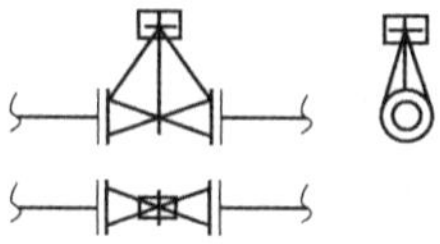	8	电动法兰球阀	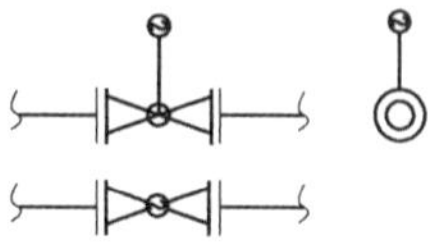
3	手动法兰截止阀	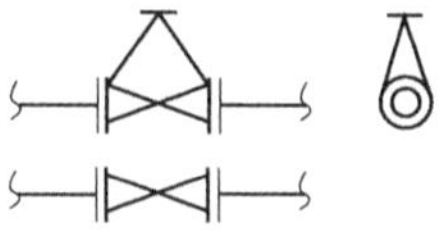	9	旋塞阀	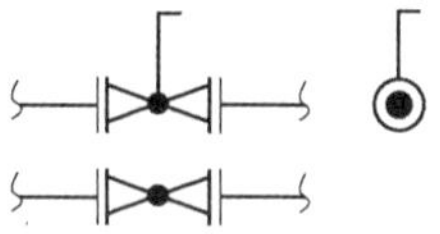
4	升降式止回阀		10	旋启式止回阀	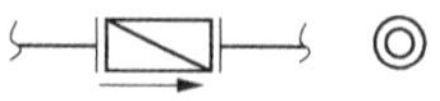
5	蝶阀	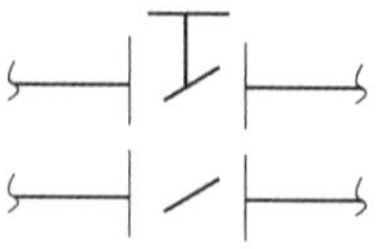	11	过滤器	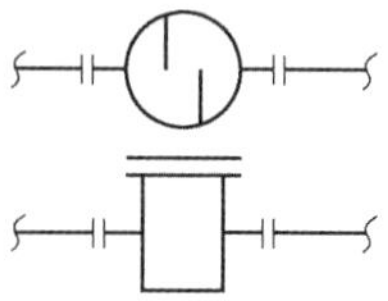
6	底阀		12	流量计	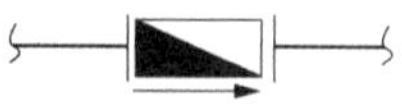

表中所列设备图例并非其实际装配图，只是以类似的形式表达，使其在工艺安装图中既方便绘制，又接近实际设备外观，便于识读。

1.3.2　油泵站及管道安装图的绘制

油库安装图主要有油泵站安装图和管道安装图，用以表达泵站和管道的整体安装要求，包括管线走向、管件布置尺寸等。它与工艺流程图的区别在于需要按实际的方位、走向及尺寸进行绘制，但又不同于一般工程中的装配图，如管道仍然用粗实线表示(不论直径)、管件以设备安装图的图例表示。但是图上的管间距、管件位置尺寸均需按实际尺寸绘制。

安装图的管线布置一般存在上下、左右(前后)关系，所以需要绘制平面图(俯视图)、立面图(某向视图)以表达管线之间的相对位置关系。

下面以图 1－36～图 1－38 图片所示中转泵站介绍安装图绘制基本方法。由于该泵站(部分)属于同平面布置，所以以平面图(俯视图)表达为主，辅以断面图(立面图)表示其标高，绘制步骤如下：

① 按尺寸绘制各管线及管件如图 1－36 所示。

② 标注相关尺寸及设备编号如图 1－37 所示(注：图中未标注完全)。

③ 绘制立面图如图 1－38 所示。

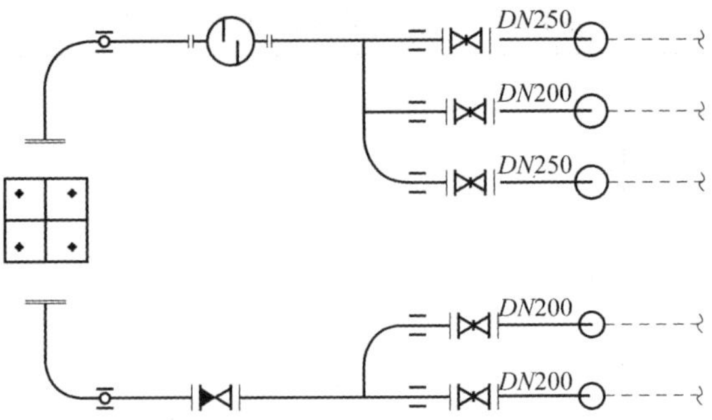

图 1－36 按尺寸绘制各管线及管件

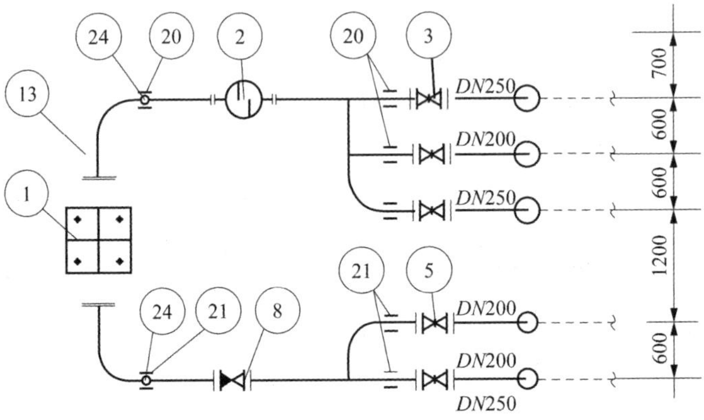

图 1－37 标注相关尺寸及设备编号

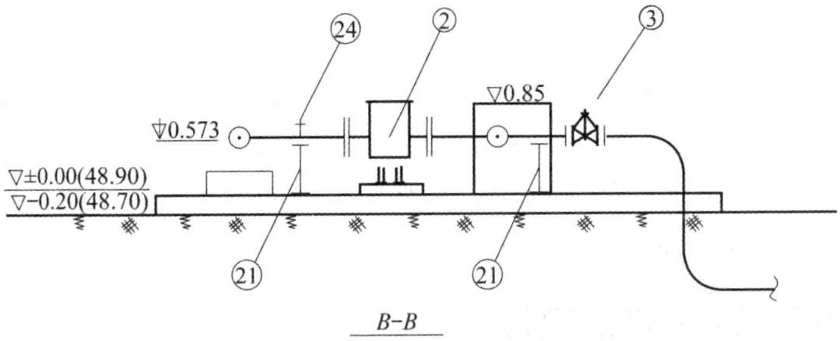

图 1－38 绘制立面图

以上绘制过程只是完成整个安装图的部分内容，完整的安装图必须有完整的尺寸、所有设备的规格型号、施工安装的相关要求等，在此不一一赘述。

第 2 章　测量管理

2.1　测量不确定度

2.1.1　基本概念

（1）测量不确定度

测量不确定度是指表征合理赋予被测量之值的分散性，与测量结果相联系的参数。测量不确定度可以是标准偏差或其倍数，或说明了置信水准的区间半宽度。

（2）标准不确定度

以标准偏差表示的不确定度。

（3）不确定度的 A 类评定

用对观测列进行统计分析的方法，来评定标准不确定度。不确定度的 A 类评定，有时也称 A 类不确定度评定。

（4）不确定度的 B 类评定

用不同于对观测列进行统计分析的方法，来评定标准不确定度。不确定度的 B 类评定，有时也称 B 类不确定度评定。

（5）合成标准不确定度

当测量结果是由若干个其他量的值求得时，按其他各量的方差或(和)协方差算得的标准不确定度。

（6）扩展不确定度

确定测量结果区间的量，合理赋予被测量之值分布的大部分可望含于此区间内。扩展不确定度有时也称展伸不确定度或范围不确定度。

（7）包含因子

为求得扩展不确定度，对合成标准不确定度所乘之数字因子。包含因子等于扩展不确定度与合成标准不确定度之比。包含因子有时也称覆盖因子。

2.1.2　常用的实验标准偏差的估计方法

在相同的条件下，对同一被测量 X 做 n 次重复测量，每次测量值为 x_i，测量次数为 n，则实验标准偏差可按以下几种方法估计：

（1）贝塞尔公式法

$$s(x) = \sqrt{\frac{\sum_{i=1}^{n}(x_i - \bar{x})^2}{n-1}} \tag{2-1}$$

式中　$\bar{x}$——n 次测量的算术平均值，$\bar{x} = \frac{1}{n}\sum_{i=1}^{n} x_i$

x_i——第 i 次测量的测得值；

$x_i-\bar{x}=v_i$　　　v_i——残差；

$n-1=\nu$　　　ν——自由度；

$s(x)$——（测量值 x 的）实验标准偏差。

例 2－1　对某被测件的长度重复测量 10 次，测量数据如下：10.0006m、10.0004m、10.0008m、10.0002m、10.0003m、10.0005m、10.0005m、10.0007m、10.0004m、10.0006m。用实验标准偏差表征测量的重复性，请计算实验标准偏差。

解：$n=10$，计算步骤如下：

① 计算算术平均值

$\bar{x}=(10.0006+10.0004+10.0008+10.0002+10.0003+10.0005+10.0005+10.0007+10.0004+10.0006)\mathrm{m}/10=10.0005\mathrm{m}$

② 计算 10 个残差 $v_i=x_i-\bar{x}$

+0.0001、－0.0001、+0.0003、－0.0003、－0.0002、+0.0000、+0.0000、+0.0002、－0.0001、+0.0001

③ 计算残差平方和

$$\sum_{i=1}^{n}(x_i-\bar{x})^2=0.0001^2\times(1+1+9+9+4+4+1+1)=30\times0.0001^2\ \mathrm{m}^2$$

④ 计算实验标准偏差

$$s(x)=\sqrt{\frac{\sum_{i=1}^{n}(x_i-\bar{x})^2}{n-1}}=\sqrt{\frac{30\times0.0001^2}{10-1}}=1.8\times0.0001\mathrm{m}=0.00018\mathrm{m}$$

所以实验标准偏差 $s(x)=0.00018\mathrm{m}=0.0002\mathrm{m}$（自由度为 $n-1=9$）。

（2）最大残差法

从有限次独立重复测量的一列测量值中找出最大残差 $v_{\max}$，并根据测量次数 n 查表 2－1 得到 c_n 值，代入式 2－1 得到估计的标准偏差

$$s(x)=c_n\left|v_{\max}\right| \tag{2-2}$$

式中　c_n——残差系数。

表 2－1 最大残差法的 c_n 值表

n	2	3	4	5	6	7	8	9	10	15	20
c_n	1.77	1.02	0.83	0.74	0.68	0.64	0.61	0.59	0.57	0.51	0.48

例 2－2　对于上一个案例，用最大残差法估算实验标准偏差 $s(x)$。

解：

① 计算算术平均值

$\bar{x}=10m+(0.0006+0.0004+0.0008+0.0002+0.0003+0.0005+0.0005+0.0007+0.0004+0.0006)\mathrm{m}/10=10.0005\mathrm{m}$

② 计算 10 个残差 $v_i=x_i-\bar{x}$

+0.0001、－0.0001、+0.0003、－0.0003、－0.0002、+0.0000、+0.0000、+0.0002、－0.0001、+0.0001

③ 找出最大残差的绝对值为 0.0003m；

④ 根据 $n=10$，查表 2－1 得到 $c_n=057$；

⑤ 计算实验标准偏差 $s(x)=c_n|v_{max}|=0.57\times0.0003\text{m}=0.00017\text{m}$

（3）极差法

从有限次独立重复测量的一列测量值中找出最大值 x_{max} 和最小值 x_{min}，得到极差 $R=x_{max}-x_{min}$；根据测量次数 n 查表 2－2 得到 C 值，代入式(2－3)得到估计的标准偏差。

$$s(x)=(x_{max}-x_{min})/C \tag{2-3}$$

式中 C——极差系数。

表 2－2 极差法的 C 值表

n	2	3	4	5	6	7	8	9	10	15	20
C	1.13	1.64	2.06	2.33	2.53	2.70	2.85	2.97	3.08	3.47	3.47

一般在测量次数较小时采用该法。

例 2－3 对被测量进行了 4 次独立重复测量，得到以下测量值：10.12、10.15、10.10、10.11，请用极差法估算实验标准偏差 $s(x)$。

解：

① 计算极差：$R=x_{max}-x_{min}=10.15-10.10=0.05$；

② 查表 2－2 得 C 值：$n=4$，$C=2.06$；

③ 计算实验标准偏差 $s(x)=\dfrac{x_{max}-x_{min}}{C}=\dfrac{0.05}{2.06}=0.02$

（4）较差法

从有限次独立重复测量的一列测量值中，将每次测量值与后一次测量值比较得到差值，代入式(2－3)得到估计的标准偏差。

$$s(x)=\sqrt{\frac{(x_2-x_1)^2+(x_3-x_2)^2+\cdots+(x_n-x_{n-1})^2}{2(n-1)}} \tag{2-4}$$

贝塞尔公式法是一种基本的方法，但 n 很小时其估计的不确定度较大，例如 $n=9$ 时，由这种方法获得的标准偏差估计值的标准不确定度为 25%，而 $n=3$ 时标准偏差估计值的标准不确定度达 50%，因此它适合于测量次数较多的情况。

极差法和最大残差法使用起来比较简便，但当数据的概率分布偏离正态分布较大时，应当以贝塞尔公式法的结果为准。在测量次数较少时常采用极差法。

较差法更适用于随机过程的方差分析，如适用于频率稳定度测量或天文观测等领域。

2.1.3 评定测量不确定度的一般步骤

① 明确被测量，必要时给出被测量的定义及测量过程的简单描述；

② 列出所有影响测量不确定度的影响量(即输入量)x_i，并给出用以评定测量不确定度的数学模型；

③ 评定各输入量的标准不确定度 $u(x_i)$，并通过灵敏系数 c_i 进而给出与各输入量对应的不确定度分量 $u(y)=|c_i|u(x_i)$；

④ 计算合成标准不确定度 $u_c(y)$，计算时应考虑各输入量之间是否存在值得考虑的相关性，对于非线性数学模型则应考虑是否存在值得考虑的高阶项；

⑤ 列出不确定度分量的汇总表，表中应给出每一个不确定度分量的详细信息；

⑥ 对被测量的概率分布进行估计，并根据概率分布 p 和所要求的置信水平确定包含因子 k_p；

⑦ 在无法确定被测量 y 的概率分布时，或该测量领域有规定时，也可以直接取包含因子 $k=2$；

⑧ 由合成标准不确定度 $u_c(y)$ 和包含因子 k 或 k_p，的乘积，分别得到扩展不确定度 U 或 U_p；

⑨ 给出测量不确定度的最后陈述，其中应给出关于扩展不确定度的足够信息。利用这些信息，至少应该使用户能从所给的扩展不确定度进而评定其测量结果的合成标准不确定度。

2.1.4 测量不确定度的评定方法

（1）分析测量不确定度的来源

测量不确定度来源应从以下方面考虑：

① 被测量的定义不完整；

② 复现被测量的测量方法不理想；

③ 取样的代表性不够；

④ 对测量过程受环境影响的认识不恰如其分或对环境的测量与控制不完善；

⑤ 对模拟式仪器的读数存在人为偏移；

⑥ 测量仪器的计量性能的局限性；

⑦ 测量标准或标准物质提供的量值的不准确；

⑧ 引用的数据或其他参量值的不准确；

⑨ 测量方法和测量程序的近似和假设；

⑩ 在相同条件下被测量在重复观测中的变化。

（2）建立测量的数学模型

测量的数学模型是指测量结果与其直接测量的量、引用的量以及影响量等有关量之间的数学函数关系。

建立数学模型时应注意问题：

① 数学模型可以用已知的物理公式得到，也可以用实验方法确定，甚至只用数值方程给出。

② 数学模型不是惟一的，对于同一个被测量采用不同的测量方法和不同的测量程序，就会有不同的数学模型。

③ 数学模型不一定是完善的，它与人们对规律的认识程度有关。为了能在数学模型中充分反映实际的影响量，尽可能采用长期积累的数据建立经验模型。

④ 有时被测量 Y 的输入量 X_1，X_2，…，X_N本身又取决于其他量，他们各自与其他量间有函数关系，还可能包含对系统影响修正的修正值或修正因子，导致十分复杂的函数关系。这时候，数学模型可能是一系列关系式。

⑤ 如果数据表明数学模型中没有考虑某个具有明显影响的影响量时，应在模型中增加输入量，直至测量结果满足测量准确度的要求。

（3）标准不确定度分量的评定

1）标准不确定度分量的 A 类评定方法

对被测量 X，在同一条件下进行 n 次独立重复观测，观测值为 x_i，($i=1$，2，…，n)，得到算术平均值 $\bar{X}$ 及实验标准偏差 $s(x)$。$\bar{X}$ 为测量结果(被测量的最佳估计值)，算术平均值的实验标准偏差就是测量结果的 A 类标准不确定度 $u(x)$。

$$u_A(x) = s(\bar{X}) = \frac{s(x)}{\sqrt{n}} \tag{2-5}$$

① 被测量 X 进行 n 次独立观测，得到数据列：x_1，$x_2 \cdots\cdots x_n$

② 计算测量结果的算术平均值

$$\bar{x} = \frac{1}{n}\sum_{i=1}^{n} x_i$$

③ 计算实验标准偏差

$$s(x) = \sqrt{\frac{\sum_{i=1}^{n}(x_i - \bar{x})^2}{n-1}}$$

④ 计算 A 类标准不确定度

$$u(\bar{x}) = s(\bar{x}) = \frac{s(x)}{\sqrt{n}}$$

2）标准不确定度分量的评定 B 类评定

标准不确定度的 B 类评定是借助于一切可利用的有关信息进行科学判断，得到估计的标准偏差。

① 根据有关信息或经验，确定区间半宽度

② 假设测量值在区间内的概率分布；

③ 查表确定 k；

④ 计算 B 类标准不确定度$u_B = \dfrac{a}{k}$；

获得 B 类标准不确定度的信息来源有：

① 以前的观测数据；

② 对有关技术资料和测量仪器特性的了解和经验；

③ 生产部门提供的技术说明文件(制造厂的技术说明书)；

④ 校准证书、检定证书、测试报告或其他提供的数据、准确度等级等；

⑤ 手册或某些资料给出的参考数据及其不确定度；

⑥ 规定测量方法的校准规范、检定规程或测试标准中给出的数据；

⑦ 其他有用信息。

3）合成标准不确定度的计算

无论各标准不确定度分量是由 A 类评定还是 B 类评定得到，合成标准不确定度是由各标准不确定度分量合成得到的。测量结果 y 的合成标准不确定度用符号 $u_c(y)$。

当被测量的函数形式为 $y = \sum_{i=1}^{n} x_i$，各输入量间不相关时，合成标准不确定度 $u_c(y)$ 可用式(2-6)计算。

$$u_c(y) = \sqrt{\sum_{i=1}^{n}[u(x_i)]^2} \tag{2-6}$$

4）扩展不确定度的确定

① 确定扩展不确定度 U 的方法

选定包含因子 k，一般 $k=2$ 或 3，由合成标准不确定度 u_c乘以包含因子 k 得到

$$U=ku_c$$

② 确定扩展不确定度 U_p的方法

根据概率分布确定包含因子 k_p，由合成标准不确定度 u_c乘以包含因子 k_p得到，给出 U_p，指明 k_p及分布。

2.1.5 测量结果的处理与报告

（1）测量结果的表示和报告

1）完整的测量结果应包含以下内容：

① 被测量的最佳估计值，通常是多次测量的算数平均值或由函数式计算得到的输出量的估计值。

② 测量不确定度。

2）带有合成标准不确定度的测量结果报告

例 2-4 标准砝码的质量为 m_s，测量结果为 100.02147g，合成标准不确定度 $u_c(m_s)$为 0.35mg，则报告形式有：

① $m_s=100.02147\text{g}$，$u_c(m_s)=0.35\text{mg}$

② $m_s=100.02147(35)\text{g}$

③ $m_s=100.02147(0.00035)\text{g}$

3）用扩展不确定度报告测量结果

① $U=ku_c(y)$的报告

例 2-5 标准砝码的质量为 m_s，测量结果为 100.02147g，合成标准不确定度 $u_c(m_s)$为 0.35mg，取包含因子 $k=2$，

$$U=ku_c(y)=2\times0.35\text{mg}=0.70\text{mg}$$

则报告形式有：

$m_s=100.02147\text{g}$；$U=0.70\text{mg}$，$k=2$。

$m_s=(100.02147\pm0.00070)\text{g}$，$k=2$。

② $U=k_pu_c(y)$的报告

例 2-6 标准砝码的质量为 m_s，测量结果为 100.02147g，合成标准不确定度 $u_c(m_s)$为 0.35mg，$\nu_{eff}=9$，按 $p=95\%$，查 t 分布值表得 $k_p=t_{95}(9)=2.26$，

$$U_{95}=2.26\times0.35\text{mg}=0.79\text{mg}$$

则报告形式有：

$m_s=100.02147\text{g}$；$U_{95}=0.79\text{mg}$，$\nu_{eff}=9$。

$m_s=(100.02147\pm0.00079)\text{g}$，$\nu_{eff}=9$。

$m_s=100.02147(79)\text{g}$，$\nu_{eff}=9$。

$m_s=100.02147(0.00079)\text{g}$，$\nu_{eff}=9$。

测量不确定度的有效位数要求：在报告测量结果时，不确定度 U 或 $u_c(y)$都只能是 1～2 位有效数字。

（2）通用的数字修约规则修约规则

通用的数字修约规则修约规则为：“五下舍去五上入，单进双弃系整五”。即当拟舍去数字的最左一位数字大小于5，则舍去，保留其余各位数字不变。当拟舍去数字的最左一位数字大小于5，则进一，即保留数字的末位数字加一。当拟舍去数字的最左一位数字是5，且其后有非0数字时进一，即保留数字的末位数字加一。当拟舍去数字的最左一位数字是5，且其后无数字或皆为0时，若所保留的末位数字为奇数(1、3、5、7、9)则进一；若所保留的末位数字为奇偶数(0、2、4、6、8)则舍去。需要注意的是数字修约应一次完成而不能连续修约。

2.1.6 测量不确定度计算举例

例2－7 立式油罐油高测量不确定度的评定

（1）概述

用量油尺对立式油罐进行油高测量，油高大约为10m，尺带无扭折，并经检定合格。作用在尺带上的温度效应和弹性效应忽略不计。

（2）评定模型

1）数字公式

$$y = x \text{（此公式为直接测量函数式）}$$

式中 y——油高，mm；

x——检尺时尺带读数，mm；

2）灵敏系数 c

$$x \text{ 的灵敏系数} \quad c = \frac{\partial y}{\partial x} = 1$$

（3）不确定度的来源

① 用量油尺重复测量引起的不确定度分级 u_1（A类评定）。

② 量油尺刻度误差引起的不确定度分量 u_2（B类评定）。

4）不确定度分级的评定

1）u_1的计算

对油高进行6次测量，测量数据如表2－3所示。

表2－3 测量数据

序号	1	2	3	4	5	6
x/mm	10000	10002	10003	10001	10002	100004

油高最佳统计值$\bar{x}$的计算

$$\bar{x} = \frac{1}{n}\sum_{i=1}^{n} x_i = 10002\text{mm}$$

单次测量的标准 $s(x)$ 的计算

$$s(x) = \sqrt{\frac{\sum_{i=1}^{6}(x_i - \bar{x})^2}{6-1}} = \sqrt{\frac{(-2)^2 + 1^2 + (-1)^2 + 2^2}{5}} = 1.41\text{mm}$$

$\bar{x}$的标准差 $s(\bar{x})$ 的计算

$$s(\bar{x}) = \frac{s(x)}{\sqrt{n}} = \frac{1.41}{\sqrt{6}} = 0.58\text{mm}$$

$$u_1 = |c| s(\bar{x}) = 1 \times 0.58 = 0.58\text{m}$$

u_1的自由度　$u_1 = n - 1 = 6 - 1 = 5$

2）u_2的计算

量油尺最小刻度为1mm，半宽度 $a = 1/2$mm，假定其服从均匀分布，包含因子 $k = \sqrt{3}$

$$u_2 = 1/2\sqrt{3} = 0.29\text{mm}$$

（5）合成标准不确定度的评定

1）标准不确定度一览表

标准不确定度见表2－4。

表2－4　标准不确定度一览表

不确定度来源	标准确定度	灵敏度内	标准不确定度分级	自由度
重复测量引起不确定度	0.58mm	1	0.58mm	5
量油尺刻度引起不确定度	0.29mm	—	0.29mm	∞

2）合成标准不确定度的计算

$$u_c = \sqrt{u_1^2 + u^2} = \sqrt{0.58^2 + 0.29^2} = 0.65\text{mm}$$

（6）扩展不确定度的评定

扩层不确定度 U 的计算取 $k = 2$

$$U = k\,u_c = 2 \times 0.65 = 1.3\text{mm} = 2\text{mm}$$

（7）测量结果报告

油高测量结果为：油高＝10002mm；$U = 2$mm，$k = 2$

2.2　计量确认

2.2.1　计量确认的概念

计量确认就是为确保测量设备符合预期使用要求所需的一组操作。

计量确认通常包括：校准和验证、各种必要的调整或维修及随后的再校准、与设备预期使用的计量要求相比较以及所要求的封印和标签。

2.2.2　计量确认在实施过程中包含的过程

计量确认在实施过程中包含许多小的过程。

① 导出计量要求的过程。其输入是顾客要求，输出是计量要求。活动是：查找顾客要求(合同中找出)，或从产品标准、技术要求中找出，或从生产过程控制文件中找出，或从其他法律规定、规范或文件中找出。

② 测量设备的校准过程。校准是在规定的条件下，为确保测量设备所指示的量值与对应的由标准所复现的量值之间的关系的一组操作。校准结果既可赋予被测量以量值，又可确定示值的修正值。在计量确认过程中对测量设备进行校准的目的就是确定测量设备的计量特性。校准其输入是被校测量设备和上一等级标准器。输出是校准结果及校准状态的标识。活

动是校准，即被校测量设备与上一等级标准器的比较。资源是校准人员、校准方法、校准的环境条件等。

③ 验证过程。ISO 9000:2000 中对“验证”的定义是：通过提供客观证据对规定要求已得到满足的认定。在 ISO 10012 中，“计量验证”的概念是：测量设备在校准后，将通过校准获得的测量设备的计量特性与测量过程对测量设备的计量要求相比较，以评定测量设备是否能满足预期用途。这种测量设备的计量特性与测量过程对测量设备的计量要求直接比较，常常被成为计量验证。计量验证过程有两个输入，一个是对测量设备的计量要求（通常表示为最大允许误差、允许不确定度、测量范围、稳定性、分辨力、环境条件、操作者的技能要求等），一个是通过校准获得的测量设备的计量特性[包括：测量范围、偏移、重复性、稳定性、滞后、漂移、影响量、分辨力、鉴别力（阈）、误差、死区]。其输出是验证证书，或不能验证，或不符合计量要求的验证结论。其活动是将计量要求与计量特性进行比较。其资源是比较人员、资料等。这个过程一般不需要测量设备等硬件。

④ 调整或维修过程。如果校准结果不能符合计量要求，该测量设备还要经过调整或维修过程。调整或维修过程的输入是验证过程的一种输出：不符合计量要求的验证结论。其输出是调整或维修报告。活动是调整或维修。资源是调整或维修的设备、设施、人员、方法等。

⑤ 再校准（或称复核）过程。输入是：调整或维修后的测量设备及其报告。输出是再校准状态的证书和标志。活动是校准以及校准前对校准间隔的评审。资源是再校准用的测量标准装置、人员、校准规范等。

⑥ 确认状态标识的标注过程。确认状态标志共有两种：一种是确认合格标识，另一种是确认失效标识（无法维修或调整）。该过程的输入是验证/确认文件，或验证失败记录。输出是确认合格标志，或确认失效标志。活动是领取标志，张贴或挂在测量设备上。资源是人员、登记等文件。

由上述 6 个过程（至少 4 个过程）构成了一个完成的计量确认过程。

需要注意的是：只有测量设备已被证实适合于预期使用并形成文件，计量确认才算完成。预期用途要求包括：测量范围、分辨力、最大允许误差等。计量要求通常与产品要求不同，并不在产品要求中规定。

2.3 测量过程实施和控制

测量过程是测量管理体系的组成部分，是测量管理体系的主要管理对象。测量过程的实现包括测量过程的策划、设计、确认、实施和控制等五项主要活动。

2.3.1 测量过程

测量过程是指确定量值的操作；

量值是指一般由一个数乘以测量单位所表示的特定量的大小。

影响量是指不是被测量但对测量结果有影响的量。

需要高度控制的测量过程包含：关键性的测量系统、复杂的测量系统、保证生产安全的测量、由于测量结果不正确会引起后续的昂贵代价的测量。

2.3.2 测量过程实现的受控条件

测量过程应在设计的受控条件下实现，以满足计量要求。受控条件包括：

(1) 使用经计量确认合格的测量设备

具体要求是：测量设备应有经过计量确认合格的状态标识；测量设备应在规定的确认间隔之内；测量设备的封印或保护装置完好；使用过程功能正常，没有发生误操作或损坏、过载等情况。

(2) 应用经确认有效的测量程序

具体要求是：测量程序是经过审核批准的正式文件；测量文件应有明显的标识；使用的测量程序是现行有效的版本；测量的方法和测量的规范按程序文件规定的要求执行。

(3) 获得所要求的信息资料

具体的要求是：具有与测量设备计量确认状态有关的信息，包括任何限制使用和特定要求；具有与测量环境要求有关的信息，包括任何因环境条件变化而需要进行的修正；具有与操作有关的技术资料或使用说明书；测量的软件等。

(4) 保持所要求的环境条件

具体的要求是：测量过程的环境条件应符合测量程序规定的要求；如果测量程序有要求，应按规定的要求监视和记录环境条件；如果测量程序有要求，应根据环境条件对测量结果进行修正。

(5) 使用具备能力的人员

具体的要求是：测量过程的操作人员应通过培训具备相应的知识和技能、并经过考核被批准后上岗从事测量工作；操作人员应严格按照测量过程程序的规定实施测量。

(6) 合适的结果报告方式

具体的要求是：结果报告的格式应符合测量程序规定的要求；结果报告的内容应全面、准确、客观；结果报告应在测量工作中完成；只有经授权的人员才能允许生产、修改、出具报告。

(7) 按规定实施监视

2.3.3 对测量过程实施控制的主要方法

① 简单控制方法。利用相同或不相同的方法进行重复测量；对保留的物品进行在测量；分析一个物品不同特性结果的相关性；对测量过程中使用的测量设备进行抽样检查；对测量过程的环境条件进行监测；对测量人员的工作实施监督检查等。

② 复杂的控制方法。利用核查标准和控制图，采用统计技术，对测量过程的全部要素按规定的程序和时间间隔实施测量过程控制。

控制图是对测量过程质量加以测量、记录并进行极值管理的一种用统计方法设计的图。常规控制图主要有两种类型：计量控制图和计数控制图。计量控制图常用的类型有均值控制图、极差控制图和标准偏差控制图。

③ 无论简单的控制或者复杂的控制都应制定控制程序，并按规定的程序和时间间隔进行，测量的结果和采取的措施应形成文件，以证明测量过程持续的满足文件的要求。

2.3.4 测量过程记录

测量过程记录应包含以下内容：

① 实施的测量过程的完整表述，包括所用的全部要素（例如操作者、测量设备或核查标准）和相关的操作条件；

② 从测量过程控制获得的有关数据，包括有关测量不确定度信息；

③ 根据测量过程控制数据的结果而采取的措施；

④ 进行每个测量过程控制活动的日期；

⑤ 有关验证文件的标识；

⑥ 负责提供记录信息的人员标识；

⑦ 人员能力（要求的和实际具备的）。

需要指出的是只有授权的人员才允许形成、修改、出具和删除这些记录。

第3章 控制系统

控制系统的应用领域非常广泛，一般狭义的就是指自动控制系统，自动控制是工程科学的一个分支，它涉及利用反馈原理对动态系统的自动影响，使得输出值接近我们想要的值。从方法的角度看，它以数学的系统理论为基础。我们经常接触的两类自动控制系统就是开环控制系统和闭环控制系统。由于控制系统涉及的应用广泛，本章主要介绍油库应用到的自动计量系统、自动付油系统、工业电视监控和 PLC 控制 4 部分。

3.1 自动计量系统

油罐自动计量系统是指通过自动化的测量器具测量得到所需的油品计量参数，从而实现替代人工测量操作的一种自动化计量装置，又常称为液位计。不管采用哪种油罐自动计量系统，都应以达到替代手工计量、获取准确计量参数为目标。

按照与被测介质是否接触来分类，组成油罐自动计量系统的主要测量仪表可分为接触式和非接触式两种类型。接触式液位计主要有伺服式液位计、钢带浮子式液位计、电容式液位计、磁致伸缩液位计、静压式液位计等；非接触式液位计主要有雷达液位计、超声波液位计、射线式液位计等。

3.1.1 液位法计量系统

3.1.1.1 伺服液位计

（1）基本结构

伺服液位计在国内外成品油罐区有广泛的应用，伺服式液位计广泛应用于储罐液位的高准确度测量，它是一种多功能和多参数测量仪表，既可以测量液位也可以测量界面(水高)、密度等参数。

伺服液位计一般由测量浮子、钢丝、力传感器、伺服马达、电源板、通讯处理单元等部分组成。浮子、钢丝、力传感器、伺服马达等组成伺服液位计的液位测量部分，通讯处理单元对现场测量数据采集处理，通过现场总线信号实现与上层管理软件的通信。现以 854ATG/854XTG 伺服液位计为例进行介绍。

（2）工作原理

伺服式液位计基于浮力平衡的原理，由微伺服电动机驱动体积较小的浮子，能精确地测出液位等参数。浮子用测量钢丝悬挂在仪表内腔，测量钢丝缠绕在精密加工过的外轮鼓(磁鼓)上；外磁铁被固定在外轮鼓内，并与固定在内轮鼓的内磁铁耦合在一起。伺服测量原理如图 3－1 所示。

当液位计工作时，浮子作用于细钢丝上的重力在外轮鼓的磁铁上产生力矩，从而引起磁通量的变化。轮鼓组件间的磁通量变化导致内磁铁上的电磁传感器(霍尔元件)的输出电压信号发生变化。其电压值与储存于 CPU 中的参考电压相比较。当浮子的位置平衡时，其差值为零。当被测介质液位变化时，使得浮子浮力发生改变。其结果是磁耦力矩被改变，使得带有温度补偿的霍尔元件的输出电压发生变化。该电压值与 CPU 中的参考电压的差值驱动伺服电动机转动，调整浮子上下移动重新达到平衡点。整个系统构成了一个闭环反馈回路，其精确度可达 ±0.4mm，而且其自身带有的挂料补偿功能，能够补偿由于钢丝或浮子上附着被测介质导致的钢丝张力的改变。

测量界面(水高)的原理与伺服式液位计油高测量原理基本相同，即根据油品与水两种介质密度的不同，导致所受浮力的不同而进行精确的界面测量。

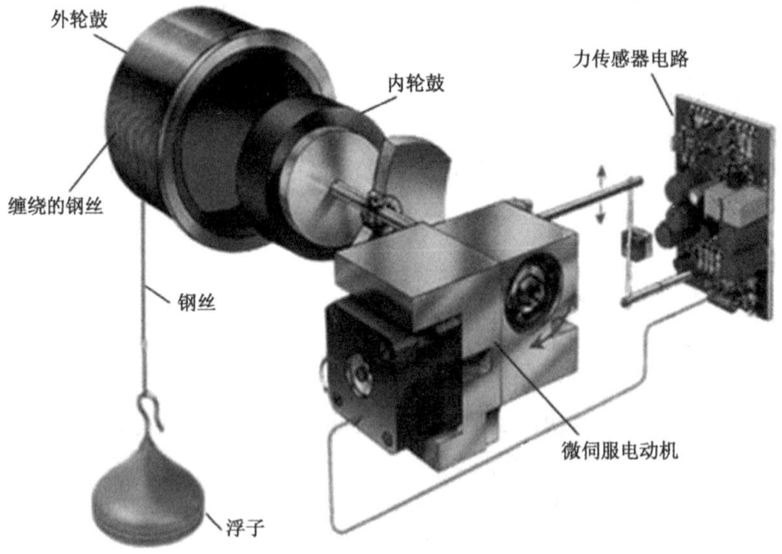

图 3－1　伺服测量原理图

（3）设备安装、调试

1）伺服液位计的安装

除拱顶罐、球罐外，内浮顶罐的伺服液位计安装时，需要安装导向管。测量时，浮子在导向管内垂直上下移动。导向管可以起到减小液面波动对测量的影响以及保护钢丝、浮子免受内浮盘碰刮的作用。

导向管安装是否正确、规范，直接影响液位计的测量准确度。如某油库在伺服液位计安装施工中，油库和施工方均不重视导向管的安装要求及安装工序，导致导向管安装垂直度不达标，导向管内存在较多毛刺。当油罐投产后，伺服液位计经常出现卡浮子的情况，测量误差过大，无法正常使用，该油库不得不重新清罐，对导向管进行扶正、除毛刺，极大地浪费人力、物力。

导向管的安装要求有以下几点：

① 导向管安装必须竖直，偏心度不超过 3mm。在整个导向管安装过程中必须多次吊垂线校正。倾斜、变形的导向管必须校正垂直，否则液位计的测量浮子在测量时的升降过程中，可能碰擦到导向管内壁，影响测量准确度受影或导致液位计无法正常工作。

② 导向管必须笔直，如果是用多节无缝钢管焊接构成，则不得存在变径和弯曲。焊接必须使用套焊。整个导向管在罐底的投影必须是与管径一致且无变形的正圆。

③ 导向管内部必须光滑无毛刺，焊缝的焊渣必须清除干净；开孔后必须将毛刺清除干净。开孔孔径 25mm，孔距 300mm。

④ 导向管底部可固定在罐底或罐壁。在有打钢管桩或岩石地基的罐内可以采用罐底支撑固定方式。其他的情况则要求采用罐壁支撑固定方式，以减小因罐底变形引起的测量误差。

⑤ 安装前应对导向管进行防腐处理。

2）伺服液位计的调试

① 在伺服液位计安装完毕后，需对其各项基本参数进行设置、校准，如马达低位及高位极限、磁鼓周长、浮子质量、浮子截面积、罐顶位置、通讯速率、罐号等，这些参数初始设置好后，一般无需再修改。

② 当油高、水高测量出现较大偏差时，以手工测量值来修正液位计。修正后，需对液位计进行重复性测试。

③ 在修正、对比过程中，手工测量和液位计测量的比对方法必须一致，例如同为空尺或实尺测量。

（4）常见故障处理

1）卡浮子

如果是导向管内壁存在毛刺，可将浮子吊起后，将与导向管非同种金属质材的重锤，用绳子吊悬在导向管内，刮除毛刺；如果是导向管不垂直，应调整导向管的垂直度调整螺丝来加以纠正。当上述方法均不能解决时，则需清罐并重新对导向管进行处理。

2）油高或水高测量出现较大偏差

引起的原因及其处理措施主要有以下几点：

① 罐体变形。处理措施：对液位计进行曲线修正。

② 浮子及钢丝有脏物附着。处理措施：清洗浮子、钢丝，并重新标定浮子质量。

③ 磁鼓外圈有脏物或磁铁碎片。处理措施：对磁鼓进行清理；

④ 液位计仪器自身质量问题。处理措施：联系液位计厂家协助检修。

3.1.1.2 磁致伸缩液位计

（1）基本结构

磁致伸缩液位计由浮球、变送器和测量管 3 部分组成。其中浮球内装有磁钢；变送器由脉冲发送器和接收器组成；测量管为装有磁致伸缩线的不锈钢管。

（2）工作原理

磁致伸缩液位计是利用韦德曼效应原理（磁致伸缩工作原理），当变送器接通电源后，脉冲发送器和接收器开始工作，发送器定时向下端发送低电流的询问脉冲信号，脉冲信号磁场顺着磁致伸缩线向下，当脉冲信号的磁场与浮球内的磁场相遇时，两磁场在相遇处产生扭应力脉冲，扭应力脉冲向磁致线两端传送，向下的扭应力脉冲被阻尼端吸收；向上的扭应力脉冲被接收器接收并检测出来。根据从发出询问脉冲，到接收到返回的扭应力脉冲的时间差就可以计算出液位的高度，并转换成 4 ~ 20mA 的输出信号。

（3）设备安装、调试

1）磁致伸缩液位计油罐开孔方位问题

在有内浮盘的油罐中，在该液位计的安装详细设计阶段，需特别注意磁致伸缩液位计的开孔方位。

磁致伸缩液位计的软缆过浮子井，再通过储罐底部定位管来进行固定定位。需从电缆敷设角度、储罐高度、浮子井垂直穿越浮盘的位置等来确定开孔方位。

很多浮盘的内部结构都采用了浮椽形式，一个浮盘内部被浮椽分割成大小不等的区间。浮子井的安装位置必须是在这些区间中，那么磁致伸缩液位计软缆从罐顶穿越浮子井到罐底固定管这条垂直线，也必须要穿越浮盘上的这些区间。如果在详细设计时不加以综合考虑，那么势必会在安装中发生浮子井与浮盘内部浮椽冲突、浮盘内部浮椽破坏等严重问题。

因此，确定浮盘浮椽的安装方位，从而进一步去确定浮子井安装方位，最后再去确定罐顶磁致伸缩液位计的开孔方位。

浮盘的开孔直径大于浮子(及重锤)的直径，一般推荐大于300mm。浮盘的上下浮动过程中，可能会出现转动，应保证浮盘的转动不会硬性接触液位仪的探杆和浮子，否则应适当加大开孔尺寸。

另外，还需要注意软缆尽量远离进出人孔、物料出口，防止直接冲击。

2）磁致伸缩液位软缆长度问题

磁致伸缩液位计的量程范围不能简单地通过储罐外壁高度来确定，通过上面磁致伸缩液位计罐顶开口位置来看，磁致伸缩液位计软缆的实际长度是从罐顶开口到底部固定管之间的垂直距离，包括了储罐外壁顶与弧形罐顶开口下边沿之间这段长度。实际软缆的长度要比液位计出厂标注的量程范围要长。

当无法在安装详细设计阶段确定浮盘框架和浮子井方位时，仪表量程应按照储罐弧形罐顶中心到罐底中心的垂直高度确定。

（4）常见故障处理

① 现场调校中偶尔会发现浮子上下移动不够灵活的问题。这主要是由于安装不当引起的，此时要注意上下法兰的中心是否在一条线上，是否与水平面垂直。一般来说，与水平面夹角最好不小于87°，如果偏差较大，可能会影响浮子的顺利移动。

② 液位计调校正常，投用后发现浮子在某一位置出现一段时间的“吸住”现象。这主要是液位计穿过钢制平台安装时，与钢板距离过近造成的。因此，穿过钢制平台安装需要特别注意液位计连通管管壁与平台切割边线的间距。根据现场使用经验，此间距在100mm左右即能保证对磁性浮子不产生影响。

③ 液位计投用时，要特别注意应先打开上部闸阀，后打开下部闸阀。这是由于液位计连通管的底部装有保护浮子的止推弹簧，否则，大差压的作用可能撞碎浮子导致液位计无法使用。

④ 磁性浮子上沾有铁屑或污物。可先排空介质，再取出浮子，清理磁性浮子上的铁屑或污物即可。

⑤ 如果因运输或其他原因导致现场指示用的密闭玻璃管破裂，则需要更换玻璃管，但最好能抽真空。还要注意玻璃管是否垂直以免影响指示器的指示。

⑥ 在液位计使用过程中，如果输出信号产生频繁扰动或有干扰脉冲，需检查信号电缆屏蔽层是否可靠接地，接地电阻能否满足要求。倘若干扰仍然没有完全消除，可用信号隔离器来解决。

⑦ 液位计使用时尤其要注意，千万不要用强磁铁在连通管外上下拉动浮子进行检查，否则会导致磁性浮子磁化而改变极性，甚至会使浮子磁性减弱，以致难以正常工作。

⑧ 选用本安型液位计时，尤其要注意液位计与安全栅的阻抗是否匹配。由于此液位计电源电压为14.5～36VDC，小于一般变送器的14.5～45VDC，故负载较大时不能正常工作。

3.1.1.3 雷达液位计

雷达液位计采用了微波雷达测距技术，测量范围大，测量准确度高，稳定可靠。仪表无可动部件，安装使用简单方便。雷达液位计具有耐高温、耐高压，不与被测介质接触等特点，适用于大型储罐中的原油、腐蚀性液体、高黏度液体、有毒液体的液面测量。现以 RTG 系列雷达液位计为例来进行介绍。

(1) 基本结构

雷达液位计由雷达波发生器和天线两部分组成。雷达波发生器一般由供电部件、雷达波发射器、雷达波接收器、信号放大过滤电路、通讯部件等组成；根据所安装的油罐类型不同，液位计的天线也有所不同。

(2) 工作原理

雷达液位计是利用微波的回波测距法测量液位到雷达天线的距离，即通过测量空高来测量液位。雷达液位计采用发射—反射—接收的工作模式。微波从喇叭状或杆状天线向被测液面发射微波，微波在不同介电常数的物料界面上会产生发射，反射微波(回波)被天线接收。微波的往返时间与界面到天线的距离成正比，测出微波的往返时间就可以计算出物位的高度。关系式如下：

$$d = \frac{ct}{2} \tag{3-1}$$

$$H = L - d = L - \frac{ct}{2} \tag{3-2}$$

式中 d——被测液面到天线的距离，m；

c——电磁波的传播速度，km/s；

t——雷达波往返的时间，s；

L——天线到罐底的距离，m；

H——液位高度，m。

由式(3-2)可知，只要测得微波的往返时间 t，就可以计算出液位的高度 H。

雷达液位计记录脉冲波经历的时间，而电磁波的传输速度为常数，则可算出液面到雷达天线的距离，从而知道液面的高度。

根据雷达液位计对时间的测量方法来区分，分为微波脉冲测量法和连续调频波测量法(Frequency Modulated Continuous Wave，FMCW)两种。

1) 微波脉冲测量法

由变送器将微波发送器生成的一个脉冲微波通过天线发出，经液面反射后由接收器接收，再将信号传给计时器，从计时器得到脉冲的往返时间 t，由式(3-2)可以计算出液位的高度 H。微波脉冲测量法大多采用 5~6GHz 的辐射频率，发射脉冲宽度约 8ns。由于雷达波的传播速度非常快，因此，直接精确测量脉冲的往返时间是这种测量方法的关键。

2) 连续调频波测量法

天线发射的微波是频率连续变化的线性调制波，微波频率与时间成线性正比关系，经液面反射后回波被天线接收到时，天线发射的微波频率已经改变，这就使回波和发射波形成一频率差 Δf，正比于微波往返延迟时间 Δt，由此可计算液位高度。FMCW 一般采用 10GHz 的载波辐射频率，三角波或锯齿波作调制信号。FMCW 原理如图 3-2 所示。

由于两者的测量原理不同，测量准确度也有所不同，FMCW 要比脉冲雷达的测量准确度高，但测量线路较复杂。

FMCW 应用于所有高性能雷达液位计，能实现快速、可靠与精确的液位测量。

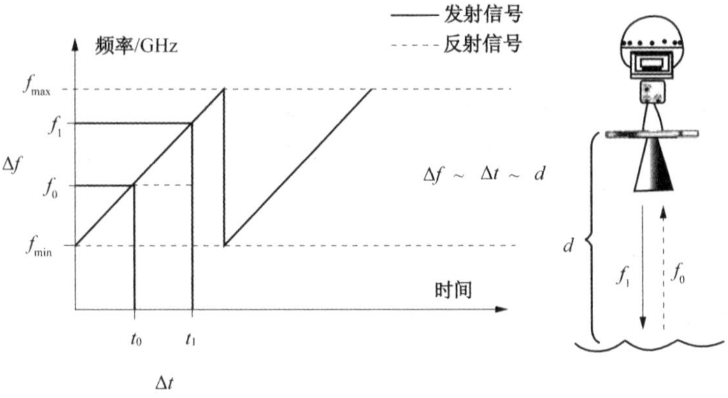

图 3－2　连续调频波测量法原理图

每种频率的雷达波在离天线相同距离的位置上都有不同的相位差，这种相位差取决于交流电信号本身，它的频率差与天线到目标的距离成正比。

将脉冲式雷达系统和相位差的原理结合在一起就构成了复合式脉冲雷达测量方式。即：

$$\frac{\Delta f}{f_0} = \frac{\Delta t}{t_0} \tag{3-3}$$

$$\Delta t = \frac{\Delta f \cdot t_0}{f_0} \tag{3-4}$$

由式(3－1)和式(3－3)得：

$$d = c\frac{\Delta f \cdot t_0}{2f_0} \tag{3-5}$$

（3）设备安装、调试

雷达液位计的正确测量，依赖于反射波的信号。如果在所选择安装的位置，液面不能将电磁波反射回雷达天线或在信号波的范围内有干扰物反射干扰波给雷达液位计，雷达液位计都不能正确反映实际液位。因此，合理选择雷达液位计的安装位置十分重要。在定位、安装时应注意以下几点：

① 定位时，不可安装于进出料口的上方，建议距离为由罐内壁到安装短管的外壁应大于罐直径的 1/6，且天线距离罐壁应大于 30cm，以免将槽壁上的虚假信号误做回波信号。露天安装时建议安装不锈钢保护盖，以防直接的日照或雨淋。

② 天线平行于测量槽壁，利于微波的传播。

③ 信号波束内应避免安装任何装置，如限位开关、温度传感器。

④ 尽量避开下料区、搅拌器等干扰源，使波束范围内无固定物，提高信号的可信度。

⑤ 雷达液位计天线的轴线应与液位的反射表面垂直。

⑥ 喇叭天线必须伸出接管，否则应使用天线延长管。若天线需要倾斜或垂直于罐壁安装，可使用 45°或 90°的延伸管。

⑦ 雷达液位计的喇叭口要超过安装孔的内表面一定的距离（>10mm）。棒式液位计的天线要伸出安装孔，安装孔的长度不能超过 100mm。对于圆型油罐，应装在离中心为 1/2R（R 为油罐半径）距离的位置，不可装在油罐顶的中心处，否则雷达波在油罐壁的多重反射后，汇集于油罐顶的中心处，会形成很强的干扰波，影响准确测量。

⑧ 对液位波动较大的油罐的液位测量，可采用安装导向管，以减少液位波动的影响。

⑨ 测量范围取决于天线尺寸、介质发射率、安装位置及最终的干扰反射，但天线探头下有一定的盲区。盲区一般为0.3～0.5m。

（4）常见故障处理

雷达液位计主要由电子元件和天线构成。无可动部件在使用中的故障极少。使用中偶尔遇到的问题是，油罐中有些易挥发的有机物会在雷达液位计的喇叭口或天线上结晶，只要定期检查和清理即可，维护量较少。

3.1.2 静压式计量系统

3.1.2.1 基本结构

静压液位计主要是由差压变送器和处理单元组成。

差压式液位计中的差压变送器有气相和液相两个取压点，它一端接液相取压点，另一端接气相取压点。气相取压点处压力为罐体上方气相压力；液相取压点处于罐体下方，其压力除了受气相压力作用外，还受液体静压力的作用，液相和气相压力之差，就是液体所产生的静压力。

3.1.2.2 工作原理

静压液位计是基于所测液体静压与该液体的高度成比例的原理，采用高准确度压力传感器，将静压转换为电信号，再经过温度补偿和线性修正，转化成标准电信号（一般为4～20mA或1～5VDC）。

当液位变送器投入到被测液体中某一深度时，传感器迎液面受到的压力为：

$$p = \rho g h + p_0 \tag{3-6}$$

式中 p——变送器迎液面所受压力，Pa；

ρ——被测液体密度，kg/m^3；

g——当地重力加速度，m/s^2；

p_0——液面上大气压，Pa；

h——变送器投入液体的深度，m。

通过不锈钢导压管将液体压力引入传感器正压腔，传感器的负压腔与液面上方大气相连，此时传感器测得压力为：$\rho g h$，显然，通过测取压力 p，可以得到液位深度。

在一般情况下，被测介质的密度和重力加速度都是已知的，因此，差压计测得的差压与液体的高度 h 成正比，这样就把测量液体高度的问题变成了测量差压的问题。

3.1.2.3 设备安装、调试

利用流体静压原理测量液位，实质上是测量压力或差压。因此，差压式液位计的安装规则基本上与压力表、压力计的要求相同。这里主要介绍液位计检测中差压（压力）变送器的安装。

（1）引压导管的安装

取压口至差压计之间必须由引压管连接，才能把被测压力正确地传递到差压计的正负测量室。引压导管的安装要求如下：

① 引压导管应按最短距离敷设，总长度不应超过50m，管线的弯曲处应该是均匀的圆角，拐弯曲率半径不小于管径的10倍。

② 引压管路水平安装时，应该保持不小于1:10的倾斜度，并加装集气器、凝液收集器

和沉淀器等。

③ 引压导管要注意保温、防冻。

④ 对有腐蚀作用的介质，应加装充有中性隔离液的隔离罐。

⑤ 全部引压管路应保持密封，无泄漏现象。

⑥ 引压管路中应装有必要的切断、冲洗、排污等阀门，安装时必须将管线清洗干净。

(2) 变送器的安装

差压(压力)变送器的安装环境条件(例如温度、湿度、腐蚀性、振动等)应符合仪表额定的工作条件，否则，应采取相应的预防措施。

3.1.2.4 常见故障处理

现场故障检查施工现场出现的故障，绝大多数是由于压力传感器使用和安装方法不当引起的，归纳起来有几个方面：

① 指示偏大时，确认量程和零位是否设置校验好，导压管里是否有冷凝液，负压室及管路是否有泄漏；指示偏小时，确认量程和零位是否设置校验好，正压室及管路是否有泄漏；无指示时，检查电源接线是否正确，电压是否在工作范围。

② 引压管泄漏或堵塞，充液管里有残存气体或充气管里有残存液体，变送器过程法兰中存有沉积物，形成测量死区。

③ 变送器接线不正确，电源电压过高或过低，指示表头与仪表接线端子连接处接触不良。

④ 设备没有严格按照技术要求进行安装，其安装方式和安装环境不符合技术要求。

3.1.3 混合法计量系统

混合法油罐自动计量系统在所有油罐自动计量系统中，是目前最先进的一种计量方法，功能最全面。其测量准确度高、可靠性好，能提供油高、水高、体积、质量、平均密度、单点温度、平均温度、油蒸汽压力等多种参数，但造价也是相对较高的。

混合法油罐自动计量系统由高准确度液位仪、高准确度(平均)温度计、高准确度的压力变送器等组成，可测量罐内油品较为全面的计量参数。

3.1.3.1 基本结构

混合法计量系统的测量方法可分为：雷达液位计混合法、伺服式液位计混合法、磁致伸缩式液位计混合法等。

混合法系统由自动液位计、多点平均温度计、压力变送器(或压差变送器)和混合处理器(也称罐前处理器)4 部分构成。

3.1.3.2 工作原理

混合法的测量原理是通过高准确度液位计直接测量油品的液位高度，进而得到油品的体积，将压力测量与液位测量相结合可以提供一个全液位范围的真正的平均密度测量值，进而进行质量计算。测量温度用来计算在参考温度下的标准体积和密度。

通过能测量油高的液位计，另外再配合加装温度、密度、压力、油水界面等测量器件，能够综合提供油高、水高、体积、质量、平均密度、单点温度、平均温度、油蒸汽压力、体积、质量等参数。目前国内已经出现可集成多点罐下采样器功能的混合法自动计量系统。

下面对混合法中测量多点温度、密度的原理进行简单介绍。

（1）多点温度计

目前混合法中测量多点温度的方法，主要是通过线缆在罐中伸入多个铂电阻探头，按照油罐的总高来平均分布，温度信号采集传输到处理单元后，可计算出平均温度。

（2）密度测量

根据不同的密度测量方式，主要分为浮子式密度、静压式密度两种。

① 浮子式密度是通过伺服液位计的测量浮子进行测量，也称为伺服密度。其工作原理是：通过浮子所受的浮力与力传感器受力的关系，通过特定的算法，计算出密度；

② 静压式密度是通过静压式液位计的压力传感器进行测量。其工作原理是，一定高度液柱的静压力与该液体的密度成正比，因此，在罐下安装高准确度压力传感器，结合液位高度值和压力测量仪表测出的静压数值来计算液体的密度。

3.1.3.3 设备安装、调试

安装注意的事项，需视结合何种液位计而定，和本章前述的雷达液位计、伺服液位计、磁致伸缩、静压式液位计等大致相同。

对于多点温度计的安装，需在内浮顶罐中加装导向管；在温度计金属软套管底部加重锤固定，防止温度计金属软套管受液波影响，在罐内严重摆动，损坏温度计。

对于密度测量压力变送器，在安装前应详细阅读产品样本及使用说明书。安装时压力接口不能泄漏，确保量程及接线正确。压力传感器及变送器的外壳一般需接地，信号电缆不得与动力电缆混合敷设，传感器及变送器周围应避免存在强电磁干扰。压力传感器及变送器在使用中应按行业规定进行周期检定。

3.1.3.4 常见故障处理

故障处理情况，需视结合何种液位计而定，和本章前述的雷达液位计、伺服液位计、磁致伸缩、静压式液位计等大致相同。

多点温度计单体设备故障，主要表现为测温不准或无信号输出。通过检查接线和测量温度计的阻值判断故障点，设备损坏时需要进行更换。

压力变送器指示偏大时，确认量程和零位是否设置校验好；指示偏小时，确认量程和零位是否设置校验好，管路是否有泄漏；无指示时，检查电源接线是否正确，电压是否在工作范围。

3.2 自动付油系统

3.2.1 系统概述

发油是油库的一项基本职能，即按照客户要求把相应规格和数量的油品转移到指定的储运设备中，是物流中的一个重要环节，它完成油库与客户的实物交割。发油控制有两个基本要点，一是油品规格即质量控制，二是数量控制。从储油罐到发货泵组阀门的工艺流程控制决定了油品的规格质量，输油泵后的流程主要完成油品数量控制的任务。从狭义上讲，自动发油主要是指从输油泵后的自动发油控制，解决数量控制的问题，具体是对流量计起止数计算、阀门控制、起停泵操作和安全控制等环节全面替代人工操作。手工发油与自动发油控制项目对比如表 3 – 1 所示。

表 3-1　手工发油与自动发油控制项目对比表

控制项目	手动控制设备	自动控制设备
质量	油罐出口阀门	油罐出口自动阀门
流量	流量计	流量计(带发讯功能)
密度	人工检测发货油罐油品密度	可将人工检测发货油罐油品密度置入系统，也可用在线密度计检测
温度	人工检测发货油罐油品温度	可将人工检测发货油罐油品温度置入系统，也可用在线温度计检测
开关控制	球阀	受系统程序控制的电液阀
机泵启动停止	手动电源开关	系统程序控制
静电释放	独立的防静电系统	与机泵联锁控制的防静电系统
防止溢油	人工检查	与机泵联锁控制的防溢油探头
发货信息	人工检查、搜集	液晶外显仪或上位机

在国内，油库自动发油系统的控制形式主要有集中式、分散式和集散式 3 种，油库常见的是集散式控制。3 种发油自动控制系统比较如表 3-2 所示。

表 3-2　3 种发油自动控制系统比较表

控制形式 / 项目	集中式控制	分散式控制	集散式控制
管理机	无	无	单或多
控制器种类	工控机或单片机	工控机或单片机	PLC 或单片机
控制器数量	单台	多台	多台
控制器位置	控制室	发货台下	控制室或发货台
动力线	长	短	长
信号线	长	短	PLC 长，单片机短
受控设备	泵、控制阀、流量计、温度计、防静电接地装置、防溢油装置等		
技术产生时间	早	较早	新
技术先进程度	低	中	高
投资	低	中	高

3.2.2　集散式控制系统

3.2.2.1　基本结构

油库自动发油系统应用于公路装车、码头装船和铁路装罐车作业。由于各类场所具有不同的工艺形式，各自使用的自动发油系统在系统组成上可能存在差异，但是系统的基本控制单元和控制对象是相同的，这个基本控制单元就是控制器，在集散式系统中也称为下位机。自动发油系统的控制对象是发油泵、控制阀，它们和流量计合称为自动发油系统的 3 个基本要素，这 3 个基本要素通过工艺管道连接，与控制器便可组成简单的闭环控制系统。由于集散式系统在当前自动发油系统市场上占有率最高，本章主要以应用于公路装车的集散式系统进行介绍。

集散式发油控制系统由控制室的监控主机通过通讯电缆控制和管理安装于发油岛上的各个控制器，每个发油控制器分别对自己所对应的发油鹤管设备进行控制，即分散控制、集中管理。集散式自动发油系统的系统结构如图3－3所示。系统由上位机(管理电脑)和下位机(控制器)组成，上位机与下位机之间通过通信总线进行连接。一般较常见的是RS－485总线，也有些厂家设备采用星形结构的工业以太网架设形成系统。

在集散式自动发油系统中，上位机管理所有的控制发油的下位机，同时为发油操作人员提供业务操作窗口。上位机一般具备发油状态监控、发油数据管理、报表统计输出和对下位机进行组态管理等功能。下位机负责油品的批量发放控制，具备人机交互操作的功能。一般来说，下位机应具备按体积发油和按重量发油两种定量发油控制方式。它根据人工输入油品的预发量对发油泵、电液阀进行时序控制，同时具备本地组态设置的功能，以满足不同工艺状况下对不同的控制模式的需求。

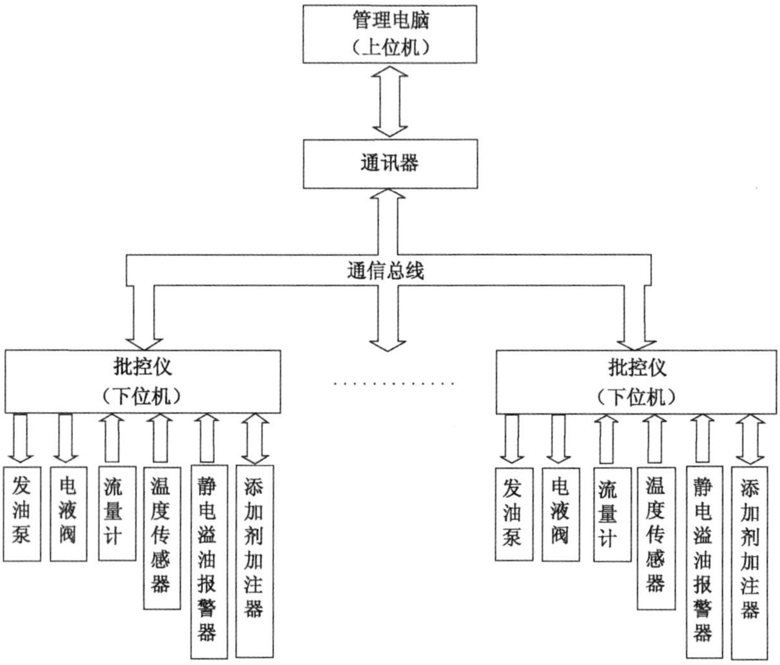

图3－3　集散式自动发油系统结构

3.2.2.2　工作原理

集散式自动发油系统工作过程，通常是操作人员在上位机录入发油单据相关信息(如预发油量、发油单位、发油鹤位等)并打印出发油操作的流水号，到单据信息指定的鹤位处将车与鹤管连接好，上装式鹤管需接上静电夹并放置溢油报警探头，下装式鹤管只需通过一个筒形接口即可实现油罐车的静电溢油报警检测与控制器的连接。完成以上操作后，操作人员在下位机(控制器)键盘上输入该流水号，从控制器显示屏上确认发油信息无误后即可自动开启发油流程，进入发油阶段。在发油过程中，系统根据预发油量协调发油泵、电液阀的工作，与添加剂加注器进行控制交互完成发油过程中添加剂伴随加注，达到预发量时系统自动停泵关阀，添加剂加注结束。同时，在整个发油过程中控制器对静电接地状态和罐车是否溢油进行检测。如果检测到接地报警或溢油信号，控制器自动暂停当前发油操作，停泵关阀，需人工将报警源清除后才能继续发油。

一般的发油系统具备按质量或体积进行发放控制的功能，能实现体积和质量的换算、温度动态补偿等功能。控制器负责控制泵和阀门，采集流量计的数据和温度，计算已发油量，与预置发油量进行比较，达到预置发油量时自动停泵关阀。系统能自动记录从发出关阀指令时至阀门完全关闭这段时间内从阀门流出的油品量，通常称之为过冲量，只要保持工艺状态的相对稳定，每一批次的过冲量基本相差不大，当前的过冲量作为下批次系统发出关阀指令的提前量，以此实现了精确的定量控制。

整个发油过程流速变化如图 3 -4 所示。

在开始发油时，为防止油品高速冲击罐底产生大量静电积聚的喷溅发油方式发生，一般采用比较低的流速进行发放，如图 3 -4 的 B 段。当罐车底部达到一定存油量时，发油速度将被提至正常设定流速，如图 3 -4 的 D 段。为了确保批量发油的控制准确度，降低水击危害，在接近发油结束时，控制器将流速控制在一个比较低的发油状态，如图 3 -4 的 F 段。当预发量与已发油量之差到达过冲量时，控制器发出阀门关闭信号，阀门关闭，如图 3 -4 的 G 段。控制器一般具有以上 3 段流速相关的组态参数设置功能，包括对进入该段的时序设置和各段的发油速度设置。

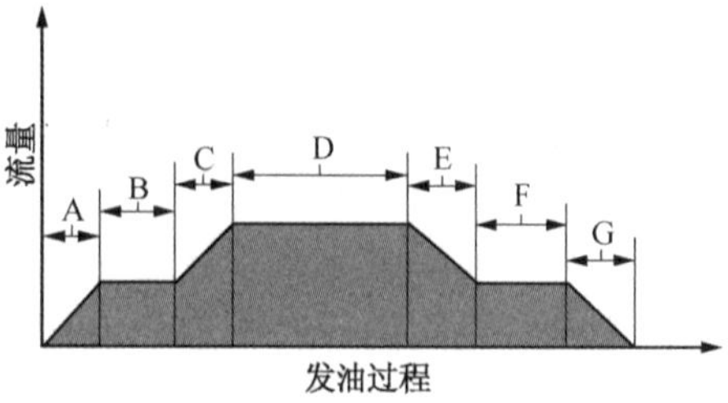

图 3 -4　发油过程流速变化

控制器的外围仪表设备有流量计、温度传感器、控制阀、静电溢油报警器、发油泵和添加剂加注器等，下面对外围设备与控制器之间的电气接口原理及组态设置内容作介绍。

3.2.2.3　流量计

公路自动发油系统的流量计一般采用容积式流量计，当前选型主流为双转子结构的流量计，双转子流量计具有通流能力强，压降低，受杂质影响小不易发生卡阻等特点。现场工艺最大流量不应超过流量计满量程的 95%，正常流量应为满量程的 65% ~85%，最小流量应不小于满量程的 30%。利用信号发生器将流量信号转为脉冲信号形式输出，一般体积式流量计采用三线制的信号发生器。其中，1 条为地线公共端、1 条为仪表供电、1 条为脉冲信号输出。控制器关于流量计的组态参数为 K 系数，也叫脉冲当量，它表示多少个脉冲相当于 1 个计量单位的油品。如体积流量计的 K 系数为 10，表示 1L 油品流过流量计时会产生 10 个脉冲。

控制器根据脉冲的累积值和 K 系数计算出视体积 V_t，根据国家标准 GB/T 1885—1998 中的油品商业质量计算公式将体积换算成商业质量。商业质量计算公式如下：

$$M = (\rho_{20} - 1.1) V_t \cdot VCF \tag{3-7}$$

式中　ρ_{20}——标准密度，kg/m^3；

V_t——视体积，m^3；

VCF——体积修正系数，无量纲。

3.2.2.4　温度传感器

温度传感器电气接口一般有两线制和三线制两种形式。两线制是供电与信号共用两线的方式，一般工作电压为 24VDC（有些仪表具备比较宽的工作电压），在供电回路把温度信号转为 4 ~20mA 标准电流信号。三线制工作电压一般为 24VDC，其中 1 条供电线、1 条地线（公共）、1 条信号线，信号线提供 4 ~20mA 标准电流信号输出。控制器关于温度传感器的组态组数一般有 2 个，分别是对温度传感器的量程设置和变送器误差偏移量修正。在正常情况下，误差偏移量一般不需要进行修正。温度计正常使用温度应为量程的 50% ~70%，最高测量值不应超过量程的 90%。公路发油台使用的温度传感器准确度一般建议采用 0.2 级。

3.2.2.5 控制阀

一般自动发油系统在轻质油品中使用的控制阀类型为多功能型电液阀。它是一种导压式阀门，在阀门进出口处各有一条导压管，导压管经过电磁阀后与主阀上腔连通，通过对电磁阀控制阀门上腔油品的进与排，从而实现控制主阀的关闭和开启。上游电磁阀是常开阀，通常称为 A 阀，下游电磁阀是常闭阀，通常称为 B 阀。如果两个电磁阀同时关闭，可实现将电液阀主阀开度保持在某一位置。一般来说，控制器可根据流量计采集信号计算当前瞬时流速，通过对电液阀两个电磁阀的控制从而达到将流速控制在设定流速范围内。主阀的开度一般没有直接指示，通过流速的变化来衡量。一般电液阀使用电压有 24VDC 和 220VAC 两种，采用三线制接线方式，1 条公共线，1 条为常开电磁阀控制线、1 条为常闭电磁阀控制线。

电液阀两个电磁阀通电状态对应主阀的控制如表 3－3 电磁阀通电状态与主阀动作对应关系所示。0 为掉电，1 为通电。

表 3－3 电磁阀通电状态与主阀动作对应关系表

电磁阀 / 主阀	常开阀	常闭阀
开	1	1
关	0	0
保持	1	0

电液阀的执行速度比较快，为了避开主阀在小开度时工作不稳定的状态，达到精确控制的目的，一般在开始发油时的开启动作和结束发油时的关闭动作，控制器使用一次性输出，在中间恒流调节阶段使用脉冲式调节，脉冲式调节开阀和关阀周期的控制时序如图 3－5 电液阀控制方式所示。

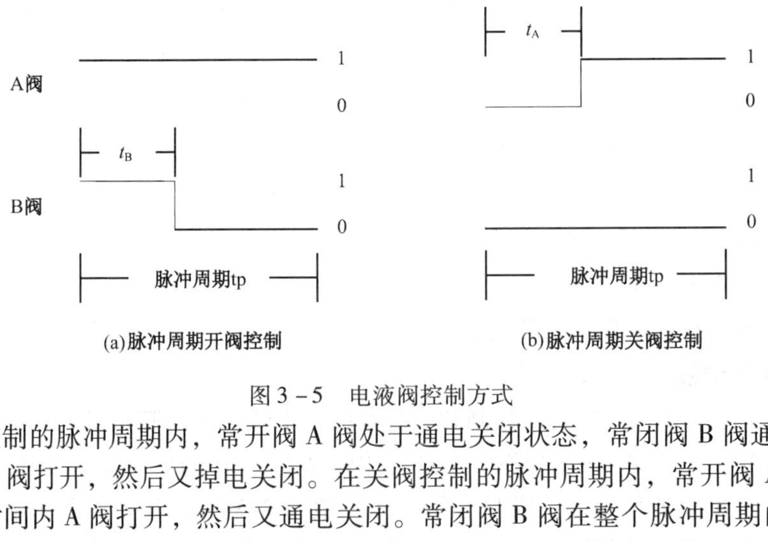

图 3－5 电液阀控制方式

在开阀控制的脉冲周期内，常开阀 A 阀处于通电关闭状态，常闭阀 B 阀通电时间为 t_B，在 t_B 时间内 B 阀打开，然后又掉电关闭。在关阀控制的脉冲周期内，常开阀 A 阀掉电时间为 t_A，在 t_A 时间内 A 阀打开，然后又通电关闭。常闭阀 B 阀在整个脉冲周期内处于掉电状态。电液阀脉冲控制周期一般为 2s。在有些应用场合油品黏度较高，使用电动球阀作为控制阀，其控制原理与电液阀类似，脉冲周期一般根据阀门行程时间选择比较长的周期。

关于控制阀的组态参数有常开阀掉电时间 t_A，常闭阀通电时间 t_B，对应阀门的关闭和开启速度。在开始发油时，为了避开阀门处于小开度时的不稳定状态，一般都有对 A 阀和 B 阀同时通电进行开阀的时间设置。

根据电液阀门内腔膜片材质及结构，可分为柱塞阀和膜片阀；根据主阀关闭方向，又可分为流开型阀门和流闭型阀门，主阀关闭方向和流体流动方向一致的阀门称为流闭型阀门，主阀关闭方向和流体流动方向相反阀门的称为流开型阀门。对于油罐落差较大、阀前油品压力较高的应用场合，一般采用流开型的柱塞阀来达到降低水击的效果，而且阀门在小开度时对低流速控制较理想，能获得较高的发油控制准确度。对于阀前压力较低的场合，使用膜片式流闭型阀门对控制的响应更加快速灵敏，有利于提升定量控制准确度。

3.2.2.6 静电溢油报警器

在自动发油系统中，对静电接地、溢油的状态检测依赖于静电溢油报警器(见图 3－6)。现以 SLA－S－ⅡB 型静电溢油报警器为例进行说明。静电报警器工作时，通过不断检测接地电阻值，当接地电阻小于规定值(60Ω 或 100Ω)时，报警器给出开关信号。溢油检测一般通过音叉法或超声法等方法检测设定高度处的状态变化，根据检测状态给出开关信号。静电溢油报警器为控制器提供输出接地状态和溢油状态两个开关量输出接口，根据控制器对报警的状态定义要求，静电溢油报警器可设置为常开输出或常闭输出，报警信号输出响应时间应少于 0.2s。接地状态和溢油状态两个开关量输出接口可以与发油控制器组成联锁，直接控制油泵、电液阀的动作，以实现发油时的联锁保护。

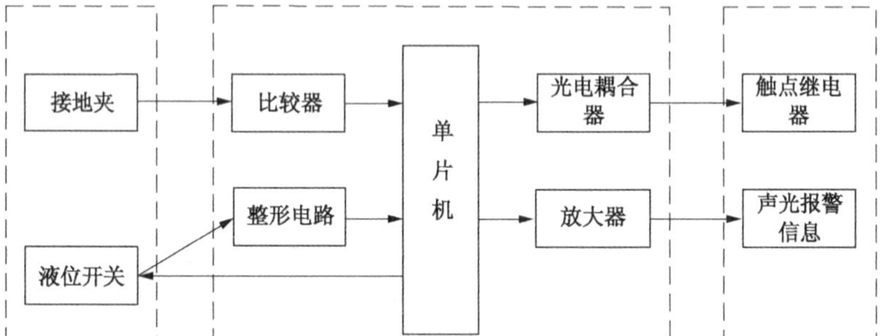

图 3－6　静电溢油报警器系统工作图

发油台装车鹤管有上装和下装两种形式，上装鹤管从油罐车罐体上方插入装油口进行装载，下装鹤管从油罐底侧标准接口接入进行装载。根据鹤管的不同装载类型，静电溢油报警器可有上装静电溢油报警器和下装静电溢油报警器两种形式。上装的静电溢油报警器带有溢油探头和静电夹，如图 3－7 所示。工作时应分别安置。下装的静电溢油报警器只带一个筒形的本安接口，与油罐车上的接口进行连接后即可投入工作，如图 3－8 所示。因此，选用静电溢油报警器时应根据发油台的实际要求选择相应的类型，调试时要对安装类型、电源线路、产品性能、接地电阻等内容进行相应检查和检测，符合安装、使用要求时方可投用。

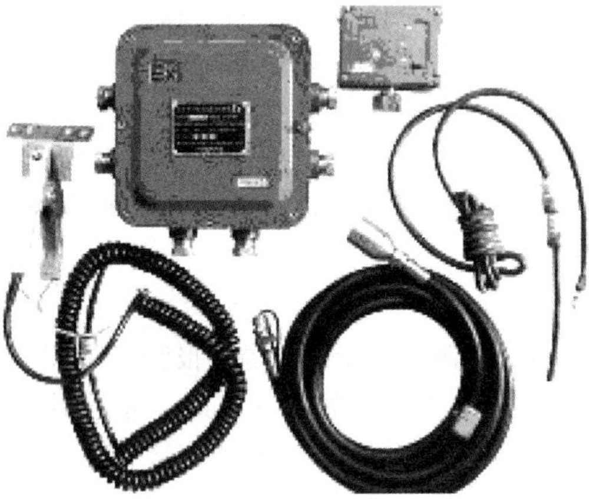

图 3－7　上装静电溢油报警器

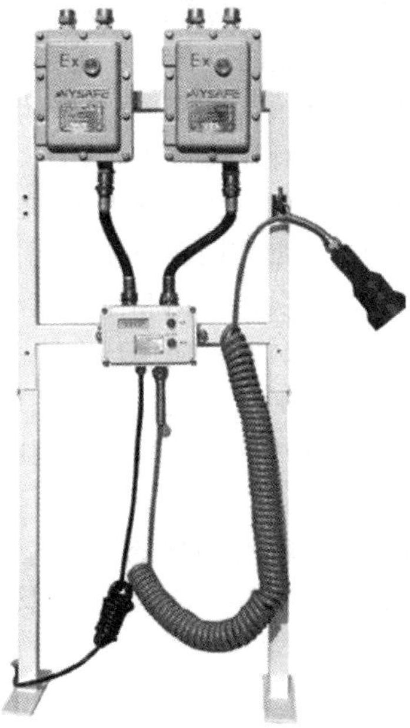

图 3－8　下装静电溢油报警器

3.2.2.7　发油泵

根据工艺状态的不同形式，一台泵对应一条发油鹤管的情况下，通常采用定频管道泵。一泵对多条鹤管时，一般采用变频泵作为发油泵。通过 PLC 和变频器实现调节，满足在不同数目鹤管发油时，一台泵能达到多种流量的要求，并且保证控制准确度。

无论采用何种类型的发油泵，控制器给泵控电气回路的信号接口基本不变。控制器经继电器触点输出开闭信号，由电气回路对发油泵实行控制。通常情况下，输出闭合时泵启动运行，信号断开时泵停止运行。根据现场不同的工艺状态，通过控制器上的组态参数设置，在发油时序上实现发油泵起停运行的提前或延时。

应用于公路发油台的定频泵功率较小，一般由控制器的开闭信号驱动继电器，通过二级电气回路驱动交流接触器实现直接启动。对于变频泵的控制，控制器输出开闭信号进入 PLC，根据变频泵现场控制的鹤管数目对 PLC 进行组态，在不同数目鹤管发油时，PLC 输出不同强度的电流信号值调节变频器，从而控制变频泵的转速和输出流量。

3.2.2.8　添加剂加注器

成品油中适当加入添加剂，可以改善燃油的性能，并使燃油的燃烧速度提高到适当的范围。有些地区油库在装车台设置添加剂加注功能，发油时与油品进行伴随加注，添加剂与油品均匀混合后出库。添加剂工艺设备主要由泵、微型流量计和电磁阀组成，添加剂系统根据当前鹤管发油的进度，按照预设的加注比例，通过电磁阀和微型流量计控制添加剂加注的进度和数量。在发油台建设中，有些油库在油台上设置独立的添加剂控制器，控制器为添加剂控制器提供控制信号，有些油库添加剂的加注功能由发油系统的控制器直接完成。

对于带有独立添加剂加注器的发油系统，控制器为添加剂加注器至少提供两个控制信号，一个是是否启动加注的信号，另一个是将当前发油进度以脉冲的方式输出给添加剂控制器，由添加剂加注器根据发油量进行剂加注量的控制。有些产商的控制器设备能实现从添加剂控制器读到加注量的脉冲信号，并在发油系统中进行显示和集成；有些控制器并不提供此功能接口，添加剂加注量的信息存放在添加剂控制系统的上位机中，给系统信息整合带来了一定的困难。

3.2.3 集中式控制系统

3.2.3.1 基本结构

集中式自动发油系统的系统结构如图3－9所示，通常由操作电脑、控制器及各台位的现场仪表组成。控制器一般采用工控计算机作为主机安装管理软件，并在工控机上扩展接口板卡，与现场的仪表信号通讯，实现对现场仪表信号的监测和控制，这种把控制发油和简易的管理集为一体的系统，一般称为集中式发油系统。与集散式自动发油系统相比，集中式发油的控制一般在控制室里进行，现场不像集散式有批控器管理，仪表信号直接通过线缆传送回控制器处理。

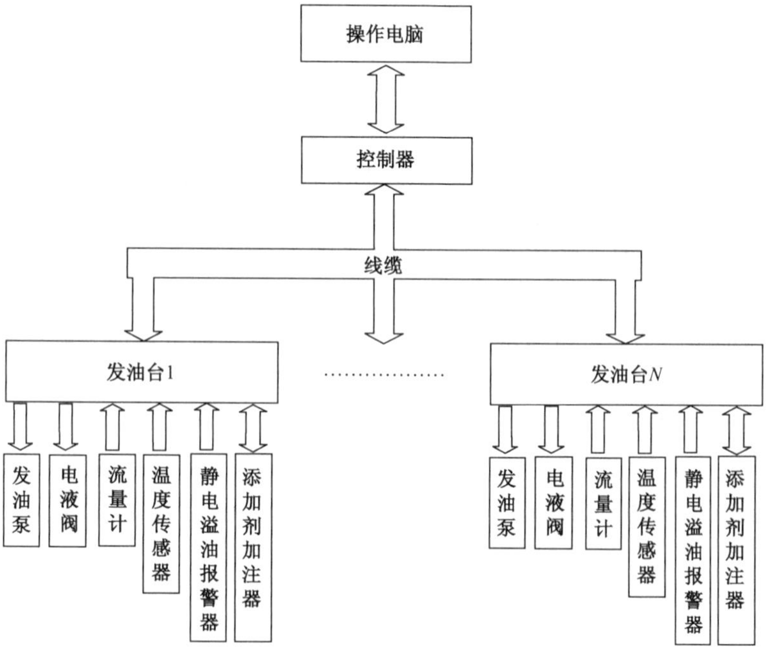

图3－9 集中式自动发油系统结构

近些年来，集中式自动发油系统也加入了PLC的控制，一般是将现场的仪表信号直接接入PLC，再由PLC与工控机进行通讯控制，而且在管理软件上也越来越成熟，功能不断完善，除一般的发油功能以外，还可以与其他系统进行联动。

3.2.3.2 工作原理

集中式自动发油系统的发油工作原理与集散式自动发油系统类似，主要区别在发油前的工作过程有所不同。集中式发油系统的发油数量是在控制室的操作电脑录入，待现场具备发油条件后，由控制室的操作电脑与控制器通讯，直接下达发油指令控制发油，而不像集散式自动发油系统在现场再进行一次单据的确认。

集中式自动发油系统在发油过程中，将现场所有信号采取集中方式处理，即将现场各种仪表的数据传回控制器处理，控制器处理判断后，再进行相关控制操作。

3.2.4 系统选型、安装、调试

3.2.4.1 系统选型

自动发油系统是一个建立在工艺基础上且综合性较强的自动控制系统。在系统选型中，对工艺流程设计、系统架构选择、控制器选型显得尤为重要。

（1）工艺流程设计

发油系统基于对流体进行控制，需充分考虑水力的影响。从罐区到发油台的落差。发油主管的口径、发油泵和电液阀的对应关系及距离直接影响到系统控制的稳定性。

一般来说，发油罐区地平与发油台地平高差在 10 ~ 20m 较为适宜。如果罐区与发油台处于同一水平面，在油罐低液位发油时停泵易发生倒流现象，台位空闲时间较长时会导致上装鹤管竖直管段内的油品流空，在泵出口设置止回阀都难以彻底解决问题，影响发油的准确度。如果罐区与发油台落差太大，发油结束时阀门关阀控制难度大，水击现象往往比较严重，对于大落差的油台，一般采用流开型柱塞式电液阀，能在很大程度上降低水击危害。

对于一些较大型的油库，从罐区出来的一条发油主管可供 3 ~ 4 条发油鹤管发油，罐区的落差、距离和主管的走向及口径需要经过充分衡算，确定共用主管的鹤管发油时不会产生较大的干扰而影响控制准确度。一般来说，共用主管的所有鹤管同时发油时，主管任何支管位置压力均应为正压，基本可消除不同鹤管发油时相互之间的影响。

发油台发油泵的作用除了提升压力和发油流速外，还有提供相对稳定流量的作用。目前，发油泵的设置存在两种工艺形式。一种是一台泵对一条鹤管，该种情况下发油泵一般设置在发油岛下面；另一种是一台泵对多条鹤管，通过变频调速技术实现发油泵匹配不同数目鹤管工作。实践证明，一台泵对多条鹤管这种形式并不能实现节能或大幅度降低工程投资，反而增加了系统调试和运维的难度，这种情况一般不建议采用。

（2）3 种自动发油系统的选择

3 种自动控制发油系统有着明显的时代特征，但对具体的某一个油库来说，并不是自控系统越先进越好，这与油库功能定位、储发能力、所处环境、土地面积及人员配备等条件存在关系。

集中式控制系统适合于小型油库，发油控制路数不多，发油岛与控制室距离不太远，操作人员少，投资额度小，运行费用低。

分散式控制适合于对控制有效性要求较高的中小型油库，它是集中式向集散式控制过渡的技术，所以现在较少采用。

集散式控制适合于发油量较大的大中型油库，尤其适合发油控制路数多，场地宽阔，发货可靠性要求高，管理要求高，操作人员水平相对较好，投资较充足，运行费用较充足的油库。

在这 3 种技术中，集散式控制和管理功能最强，技术水平最先进，但这并不能说其能替代所有老技术。随着控制技术的发展，单片机及配套软件越来越稳定和完善，其可靠性越来越高，这在很大程度上弥补了其固有的不足，使集中式控制的实用性变强，依然有其存在的价值。例如对于一个地处偏远，发油量小，工作人员不足的油库，采用集中式控制形式不但可以减少投资和用工，运行费用也较低，非常适合。

所以，选择油库公路发油控制技术不是越先进越好，而是适用为好，整体功能平衡为好。

（3）控制器选择

1）控制器介绍

控制器是发油自动控制的核心设备，它能实现信号采集、处理并实施对外围设备的控制。常用的控制器采用的核心技术设备有工业控制计算机（简称工控机）、单片机、PLC 和新发展起来的可编程自动化控制器（Programmable Automation Controller，PAC）。单片机和 PLC 技术在目前应用最广泛。近几年来，随着 PLC 技术的发展和产品价格不断下降，PLC 控制器以其工作稳定、组态灵活、数据开放等优点，在自动发油系统中扮演着越来越重要的角色，逐渐从单一的起泵逻辑控制转向整个发油场所批量控制的全面应用。无论是集散式还是集中式的系统，不同等级型号的 PLC 控制器都能满足系统使用要求。

2）集散式控制系统中控制器的选择

① 常用控制器介绍。

在集散式控制中，常用控制器有两种核心技术，一种是单片机技术，另一种是 PLC 技术。在集散式控制出现的早期，单片机技术应用较多，目前，PLC 在批量控制场合的应用越来越流行。

② 两种控制器比较。

两种控制器结构。PLC 是一个模块，它将接口电路、CPU 等封装在内部。大部分 PLC 的核心是单片机，但它把外围电路都集成在一起，可以拿来就用。换句话说 PLC 是在单片机基础上开发出来的控制器，用单片机做控制器需要经过硬件电路开发和软件开发两个阶段。

两种控制器编程。单片机采用 C 语言或汇编语言。单片机的编程，往往需要聘请专业人员，C 语言和汇编语言是应用难度较高的低级计算机语言，不易被大众学习掌握，对编程的技术人员能力和经验要求高。产品功能开发、调试周期长。

PLC 的关键技术在于其内部固化了一个能解释梯形图语言的程序及辅助通讯程序，梯形图语言的解释程序的效率决定了 PLC 的性能，通讯程序决定了 PLC 与外界交换信息的难易。设计 PLC 的主要工作就是开发解释梯形图语言的程序。梯形图语言容易学习掌握，对人员的技术要求不高，程序开发周期短，效率高。

两种控制器成本。单片机比 PLC 低很多。单片机控制器国产元件多，这是价格低的一个原因。而 PLC 多为国外大厂家生产，技术成熟，设计和应用中 PLC 冗余，能力富裕，但同时要付出更高的成本。

两种控制器应用范围及特点。两者在油库自动发油控制应用中各具特点。单片机给开发者以较大的开发空间，对于开发能力强的厂家，可以做得非常紧凑实用，针对性非常强，没有多余器件。但是，单片机应用也受限于厂家的技术能力，厂家技术权威的水平决定着其产品的水平。维护保养只能由生产厂家完成，标准件少，新老设备配件通用性差，出现问题时用户无法自行解决。如果失去厂家的支持将无法继续使用，其他厂家几乎无从入手解决问题。不同型号单片机不能通用，后期升级往往硬软件都要更换，系统通讯功能较弱。

PLC 是一种通用的标准化工业控制器，它集计算机技术、控制技术和通信技术于一体，具备顺序控制、过程控制和数据处理等功能，可靠性高、功能强大、控制灵活、操作维护简单，有较强的通讯和联网功能。PLC 为世界通用控制器，用户对开发商的依赖很低，一旦需要技术升级可以找另一家来完成，不会因技术壁垒而遇到升级困难的问题，有些用户自身也可以做到简单功能的开发应用。

3）控制器的选择

考察需求。同是油库公路自动控制发油，需求差异也可能很大，不同的需求会有不同的选择。首先要考虑需求是否稳定，需求稳定可考虑用单片机以追求实用，如果需求有较大变化则宜采用 PLC 以便技术升级。其次要考虑控制目标单元数量，如果数量多宜采用单片机便于控制成本，如果少则采用 PLC 追求性能。

考察条件。一是投资条件，投资充足可以采用 PLC，投资少则适宜选单片机。二是考虑场地条件，现场空间足够时可以选择 PLC，如果没有则只能选择体积小巧的单片机控制器。三是考虑气候条件，例如对工作温度范围要求，特别是寒冷地区要注意选择在极端天气下能工作的控制器。

考察使用。使用情况是非常重要的选择依据。一是考虑厂家开发水平和生产水平，尤其是采用单片机时必须重视厂家的开发水平、经验、业绩及用户评价等信息，因为厂家水平会直接从使用上体现出来，而且一旦选用某厂家设备，实际生产应用中则离不开该厂家的服务。PLC 控制系统可以寻找另一厂商重新开发软件，PLC 选型重点在于考虑品牌和设备的可靠性。二要考虑维护保养成本。单片机维护保养困难，而 PLC 控制器插件多，有坏件容易更换。三要考虑管理需求。单个油库控制系统可以不考虑联网，如果是大公司下属的油库要考虑管理对控制联网的新要求，而这一点 PLC 具有明显优势。

考察施工。施工方面主要是从选择两种控制的开发量和施工时间考虑。如果都是从头开发，则 PLC 开发量要小得多，在施工时间短的情况下宜选用 PLC。当然，能够开发单片机控制器的厂家往往有很深的技术积累，拥有现成的技术，甚至可能提供高于需求的设备，在这种情况下选择单片机不存在障碍。

3.2.4.2 系统安装

自动发油系统在建设过程中，设备仪表安装时需注意以下问题：

① 在系统设备安装前，应对设备检定合格证明的有效性进行验证。

② 控制器应尽可能安装在避免阳光直接照射和雨水飘淋的地方，考虑方便操作、观察和检修。现场一次仪表应安装在方便检修的位置，带有显示功能的仪表应安装在便于观察的位置。

③ 温度变送器一般采用与管道相互垂直安装的方式，其轴线应与管道轴线垂直相交，插入深度以进入管道直径的 1/2 ~2/3 处为宜。

④ 流量计安装应满足上、下游直管段最小长度的要求，尽量远离震动源，如发油泵，流量计前应设置过滤器。

⑤ 电液阀的进出口方位应正确安装。安装前应按产品说明书的规定检查线圈与阀体间的绝缘电阻，并做好相关记录。

⑥ 控制器与一次仪表的线路应按最短路径集中敷设，横平竖直、整齐美观，不宜交叉，一般采用套管方式，进入仪表设备应有防水隔离措施，保护管弯曲后的角度不应小于 90°，单根保护管的直角弯不宜超过 2 个。

⑦ 流量计信号缆、温度传感器信号缆，总线通信电缆应用带屏蔽功能的电缆。屏蔽层应在二次仪表侧或控制室侧单端接地，接地电阻要求小于 4Ω。

⑧ 流量计、温度传感器，总线通信电缆不应与控制器供电电缆、电液阀控制电缆同一套管敷设。

⑨ 仪表电缆两端必须有明确的标识。

⑩ 采用24VDC供电的电液阀，在控制回路上应有消除反向电动势的措施，降低反向电动势对系统工作产生干扰。

⑪ 采用RS－485总线通信方式的通信控制器，通信电缆架设应采用手拉手的方式，严禁使用星形结构架设，在总线最末端应加上终端电阻，其电阻值一般选用120Ω。

⑫ 仪表由各自的接地点引至接地汇流排或接地端子板，接地引下线不宜过长。由接地汇流排或接地端子板引出接地干线，再与接地总干线和接地极相连。各接地支线、汇流排或端子板之间在非连接处应彼此绝缘。

⑬ 埋地敷设仪表线路和套管，在回填前需做好隐蔽工程记录。

3.2.4.3 系统调试

在自动发油系统调试中，需要按以下步骤逐步开展调试校验工作：

① 系统调试应在仪表管道、设备、线路、供电都已安装完成，并对接地电阻检测、接线校核正确无误后进行。

② 系统上电时需对系统显示数据、键盘响应等外观进行检测。

③ 根据现场一次仪表的规格，组态控制器相关参数，查看温度显示是否正常。

④ 在进行发油前，可采用模拟方式校核流量信号、静电溢油报警信号、电液阀控制信号和泵启动信号是否正常。

⑤ 模拟测试完成后，可使用标准罐进行在线调试。根据现场工艺状况设置阀控、泵控相关参数，同时测试静电溢油联锁功能，达到运行控制平稳，不发生明显水击现象的要求。

⑥ 校验系统控制的随机误差和重复性误差，满足计量交接要求，并做好相关记录。

3.2.5 常见故障处理

鉴于自动发油系统中工艺、设备仪表的复杂性，系统出现故障时，应根据故障现象及缺失的功能进行分析，判断导致问题发生的部位，从一次仪表、控制器、通讯系统和组态设置等方面进行排查。下面以采用单片机技术的控制器为例，介绍常见故障现象的判断及处理方法。

（1）在开始起动发油时油台管道剧烈震动，鹤管出口油品流速低

通常情况下，出现此现象是由于膜片式电液阀主阀开度太小所致，膜片式电液阀在小开度时工作极不稳定。在开始发油时，一个开阀脉冲将电液阀主阀打开的开度过小。流闭型的结构使电液阀主阀在小开度时易发生受流体吸合关闭然后又打开的反复过程，故而引发管道震动。针对此现象，要通过对控制器的开阀参数进行调整，增大开阀脉冲的保持时间，在启动发油时使电液阀主阀跳过小开度时的不稳定区域。

（2）在发油的中间阶段，发油流速忽高忽低，不稳定

产生此现象的原因有两个，只要是其中一个发生，都会导致发油流速不稳定。一是电液阀膜片穿孔，导致阀门起不了恒流作用；二是控制器阀控的参数设置不合理，关阀脉冲持续时间设置过长。电液阀的控制要把握快开慢关的原则，通过控制器阀控参数合理设置协调初始开阀的步进量。

（3）在发油结束时，水击现象严重

发油结束时产生一定水击是必然的，但是如果水击现象严重，就必须考虑从技术上对其进行优化。若罐区水平面与油台高差较大，那么选用流开型柱塞式电液阀可降低水击危害。如果罐区水平面与油台高差不大仍有严重水击现象，可能是由于在结束前控制器没有对电液

阀实现多段关阀所致，由于电液阀动作时间很快，在对流程开断前需通过控制器将流速降到比较低的状态并保持一定时间，然后再进行关断，这样可以大大减少水击。同时，配合手动阀门对阀门关阀速度的调节，也可以起到降低水击的效果。

（4）起动发油时发油泵运转，鹤管无油品流出，控制器显示零流量报警

① 首先从工艺入手，查看从油罐到发油泵的工艺流程是否导通，发油泵后至鹤管处所有手动阀门是否处于开启状态，过滤器是否堵塞、流量计是否卡住等。

② 用手触摸电液阀电磁阀处，查看是否有开阀脉冲的“嗒嗒”声。

③ 如果没有听到“嗒嗒”声，需要开盖用万用表电压档查找控制器是否对电液阀具有输出电压信号。如果电压信号正常，则判断电磁阀卡死或线圈损坏；如果没有检测到电压信号，则判断为控制器输出故障、线路断路或接触不良。

④ 如果听到了“嗒嗒”声，则判断为电液阀故障，可能是常闭阀堵塞或所处的导压管堵塞，也有可能是阀门主阀卡死，膜片穿孔、破裂等原因，需对电液阀进行解体，排查故障点。

（5）起动发油时，电液阀打不开，油泵无法启动，控制器显示零流量报警

① 检查控制器泵控线端子上开闭信号是否正常，如果控制器驱动信号正常，应对电气泵控回路进行检查。

② 起动发油后检查电气回路中电机驱动器的继电器是否有动作，并检查控制电机的交流接触器有无故障，动力供电是否正常。

③ 排除油泵起动故障后，再按照第 4 点故障判断顺序进行分析，排除控制器或电液阀故障。

（6）起动发油时鹤管有油品流出，控制器无流量显示，显示零流量报警

① 检查流量计发讯器、控制器流量接线端子的接线是否松动。

② 用万用表在流量变送器的供电接线端检查是否有 12VDC（或 24VDC）供电电压。如果没有供电电压，判断为控制器电压输出异常或线路断路。

③ 如果供电正常，转动流量计的发讯器检查是否输出脉冲高低电平输出，如果电平信号异常，考虑更换流量变送器。如果脉冲电平正常，进一步检查控制器的流量输入端是否有脉冲电平输入，确认信号正常应考虑主板故障。

（7）控制器接通电源后无任何显示，键盘操作无效

① 出现按键不响应，表示有按键被按下或按键未弹出，用目测法检查。

② 打开接线箱，用万用表检查供电 220VAC 是否正常。

③ 打开主腔盖板，用万用表检查主板的接线端子供电电压是否正常。

④ 检查主板到显示板的接插件连接是否可靠。

⑤ 检查显示板到键盘板的接插件连接，及主板到显示板的接插件连接是否可靠。在用万用表检查每个按键的触点通断正常情况后，可采用板级更换判断具体的板卡故障。

（8）控制器中油品温度显示不正确

① 检查温度变送器的接线与控制器温度接线端子的接线是否松动。

② 用万用表在温度变送器的接线端子上检查是否有 12VDC（或 24VDC）供电电压，检测输出电流值，并根据电流值进行计算，判断设备是否正常。

③ 如果输出电流信号异常，断开电源及接线，进一步检测热电阻阻值（如油库常用的金属热电阻 Pt_{100}），判断阻值与对应实测温度是否正常，以此判断热电阻损坏或是变送部分损坏。

(9) 上位机电脑显示控制器处于离线状态，发生通讯故障

① 检查机器地址是否正确。

② 检查上位机通讯器供电是否正常，通讯线接线是否松动，接地是否良好，通讯器指示灯是否闪烁。

③ 检查通讯接线端子上(R+、R-、T+、T-)的连接是否正确。

④ 检查主板通讯端子的接插件连接是否可靠。

10) 控制器通电后开机后，显示屏无任何显示

① 电源故障。电源故障可以引发控制器各种异常现象，一般故障发生时应首先考虑并加以排除。

② 检查电源板上的各接插件连接是否可靠，电源板到主板的接插件连接是否可靠。

③ 用万用表交流档检查电源板的输入端子从变压器来的次级电压是否正常。若控制器使用开关电源，检查220VAC供电是否正常。检查电源板的输出端子各路输出电压是否正常。

④ 若电源供电正常，可能控制器板卡存在故障，应予以更换。

3.3 工业电视监控

3.3.1 系统概述

3.3.1.1 视频监控系统的定义、作用

油库是油料储运和输转的重要场所，鉴于油品的易燃、易爆危险特性，油库一直以来都是当地公安部门重点安全监管的场所。因此安全防范和库内安全管理是保障油库安全生产的一项重要措施。但由于油库占地面积较为宽广、地形复杂，单靠人工现场巡检难以对油库重要区域进行有效的全天候监控。

随着视频监控系统的出现，使油库实现全天候监控变为现实。在油库重要区域(如发油台、罐区、泵房、码头、铁路、总配电房、进出门口通道、围墙等)安装监控摄像机，对现场生产状况、人员活动情况等进行实时监控，并保存监控录像记录可供日后查询追溯，达到科学安全管理的目的。

视频监控系统是安全技术防范体系中的一个重要组成部分。视频监控系统主要由前端摄像机、传输线路、存储控制设备、显示设备组成，如图3-10所示。

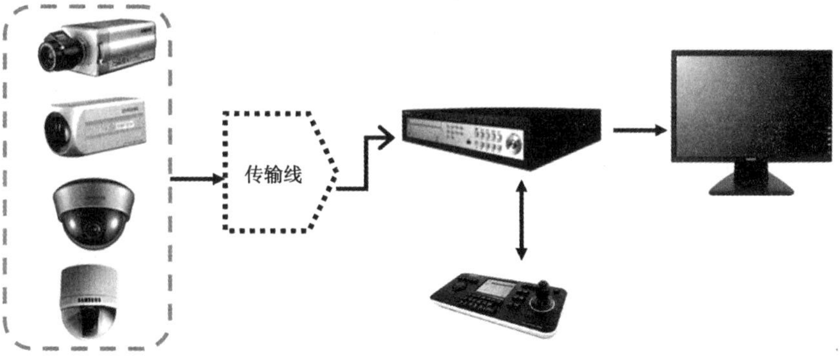

图3-10 视频监控系统结构图

摄像机通过传输线缆将视频图像信号传输到存储控制主机，控制主机再将视频信号分配到各监视器及录像设备，同时可将需要传输的语音信号同步保存。

在油库的应用中，操作人员可以通过控制主机发出指令，对云台进行上、下、左、右的控制及对镜头进行调焦变倍操作，直接观看油库现场（如发油台、罐区、泵房、码头、铁路、总配电房、进出门口通道、围墙等）的实时情况，对被监控场所的情况一目了然。通过监控画面，操作人员能及时发现违章行为（如没有佩戴安全帽、违章作业等）、设备状况（如起火、泄漏等）、非法入侵、蓄意破坏等。

油库视频监控系统还可以与其他系统、设备（如周界报警系统、声光报警设备、现场拾音设备等）进行联动运行，使安全防范能力更加强大。联动原理是当周界报警系统报警时，周界报警主机将报警开关量信号传输到视频监控系统数字视频录像机（DVR）的报警输入端子，DVR 经过内部处理后，自动控制相应位置摄像机的云台和焦距，查看预置位的监控画面。同时，驱动现场的声光警笛设备发出警报。现场拾音设备可以将现场的声音信息采集到 DVR 中，与监控画面一并保存。

随着技术的不断发展，视频监控系统不仅能满足油库本地的监控和操控，还可利用网络、数字压缩和流媒体技术，通过网络进行远程查看、操控，并可将多个油库或区域的视频监控系统组成视频联网综合管理平台，进行统一管理。

综上所述，视频监控系统已成为油库安全防范体系中必不可缺的重要系统。

3.3.1.2 视频监控系统的技术分类

按照视频监控系统对视频信号进行处理的技术方法，油库监控系统的信号传输方式可分为以下 4 类：模拟方式、模数混合方式、网络数字方式、全数字方式。该分类方式也反映了多年来视频监控技术在油库中应用的发展历程。

（1）模拟方式

该方式又称第一代视频监控系统。系统是以模拟设备为主的视频监控系统，由模拟摄像机、解码器、字符发生器、图像分配放大器、控制矩阵、画面分割器、监视器、磁带录像机等设备组成，它以同轴电缆为视频信号传输介质，以屏蔽双绞线为控制信号传输介质。

典型的模拟视频监控系统主要由前端设备、传输环节、控制和终端设备组成。通过监控区域内安装摄像机，对监控区域进行实时监控，通过传输线路将摄像机所收集到的信号传输到字符发生器、图像分配放大器，然后再通过控制矩阵传入相应的监视器，视频信号的记录采用磁带录像机，由此实现对监控区域的全面监视。

对于大型视频系统，将上面提到的各种设备堆砌在一起实现系统控制是很复杂的，因此将这些功能集成在一起构成一个综合的系统控制设备是必然的选择，这个设备就是视频矩阵（矩阵主机）。从功能上看，视频矩阵集图像信号分配、切换、信息叠加、系统控制为一体，具有各种接口，是视频监控系统信息、功能、控制及与其他系统技术集成的中心，广泛地应用于各种大中型监控系统。

尽管模拟视频监控技术目前已非常成熟，但模拟监控系统自身具有很多局限性，如系统可操作性和扩展性差、维修及保养复杂、保存图像时需消耗大量的磁带、时间过长会导致图像质量下降、录像查询回放极不方便、信号传输距离短、图像只能在本地查看，难以远程控制等问题。

目前，这种系统方式已明显落后，逐渐退出市场，被其他方式所取代。

（2）模数混合方式

该方式又称为第二代准数字视频监控系统。该系统中摄像机输出和在传输环节中传输的视频信号都是模拟信号，到控制主机后将模拟信号进行数字化压缩，以数字的方式存储。该方式有基于 DVR 和基于 PC 机插视频编码卡两种实现方案。

1）基于 DVR 的准数字视频监控系统

该系统以 DVR 为核心来建构。DVR 本身是采用嵌入式结构的视频录像设备，同时又具有部分视频切换、画面分割的功能，可替代小型矩阵。DVR 将模拟视频信号进行模数转换和编码压缩，变为数字信号存储在本机数字硬盘中，并通过通信接口卡和通信网络，使视频监控系统具备网络远程传输的能力。由于采用嵌入式的结构，系统工作稳定、可靠。

在该系统中，DVR 将视频信号变为数字信号进行存储，但摄像机输出和由前端传输的视频信号仍然是模拟信号，故称模数混合(准数字)系统。

系统的主要特点是：系统结构简化，稳定可靠，操作简便；硬盘数字录像，可以实现录像资料的智能化检索、回放。

2）基于 PC 机插视频编码卡的准数字视频监控系统

该系统由 PC(或工控)机插视频编码卡构成。系统通过视频编码卡将模拟视频信号转换为数字视频信号，在本机硬盘上存储。一块编码卡支持若干路视频采集压缩。视频信号采集编码卡的质量和性能直接影响整个系统的可靠性和稳定性。

系统采用监控软件来实现摄像机到监视器的视频矩阵切换、录像、云台和镜头的控制，采用数字化存储，并可通过串口连接报警设备的报警信息。

该系统的特点是：管理和控制功能强，使用方便，但稳定性和可靠性不高。

（3）网络化数字方式

该方式称为第三代网络化数字视频监控系统，它基于嵌入式网络服务器，以网络为依托，以数字视频处理技术为核心，利用 IP 网络实现视频、控制信号的传输，把网络中的监控设备组合成一个系统，无限度地拓展了监控的范围，经济地实现了用户远程、实时、集散式监控的需求。

该方式的技术关键是在前端摄像机中集成了嵌入式网络视频服务器，在前端就将模拟视频变为数字信号，直接连入以太网，利用以太网进行数字视频信号的传输，授权用户可在网络中用网页浏览器进行浏览和操控。

该方式的优点是：

① 不受距离限制，信号不易受干扰，在远距离传输时可大幅提高图像品质和稳定性；利用计算机网络联网，大量减少重复布线。

② 经过压缩的视频数据可用数字化存储，能存储在磁盘阵列或光盘中，资料保存简便；录像资料查询方便快捷。

③ 可通过网页浏览器远程浏览和操控。

④ 可将视频、周界报警等系统整合到一个安防管理平台中，实现联动控制。

该方式的缺点是：

① 图像的实时性、稳定性依赖于网络带宽。

② 建设成本较高。

（4）全数字化网络方式

该方式称为第四代视频监控系统。它依赖于全数字化摄像机的发展。在该系统中，给前端每个摄像机分配一个网络 IP，摄像机输出的信号就是数字化信号，直接进入 IP 网络传输，并可通过网络对摄像机的参数进行远程修改，管理非常方便。但目前该类设备价格较高，因而还没有广泛应用。

综上所述，前端一体化、视频数字化、传输网络化、监控智能化、系统集成化是油库视频监控系统发展的主流方向。在这种类型的监控系统中，数字化是网络化的前提，网络化又是系统集成化的基础。因此，当前油库视频监控系统的建设应首先满足数字化和网络化。

3.3.2 摄像机

摄像机是视频监控系统的前端部分，是整个系统的“眼睛”，它安装在油库现场，负责采集监控现场的画面。视频信号的高质量采集取决于前端摄像机的性能，作为产生图像信号的传感器，摄像机的性能指标对整个监控系统来说至关重要。部分常见的摄像机如图 3－11 所示。

(a) 枪式摄像机　(b) 球型摄像机　(c) 半球摄像机　(d) 红外摄像机

图 3－11　部分常见的摄像机

3.3.2.1 基本结构

严格来说，摄像机是摄像头和镜头的总称，但习惯上称摄像头为摄像机。在油库的视频监控工程中，除了一体化摄像机外，摄像头、镜头、外罩等大部分是分开购买的。

3.3.2.2 摄像头

（1）摄像头的原理和技术指标

1）摄像头的原理

摄像头的传感部件是电荷耦合元件(Charge－coupled Device，CCD)。CCD 芯片就像人的视网膜，是摄像头的核心，又称摄像头靶面。CCD 能够将光线变为电荷并可将电荷存储及转移，也可将存储的电荷取出使电压发生变化。

被摄物体反射光线，传播到镜头，经镜头聚焦到 CCD 芯片上，CCD 根据光的强弱积聚相应的电荷，经周期性放电，产生表示一幅幅画面的电信号，经过滤波、放大处理，通过摄像头输出端子输出一个标准的复合视频信号，通过传输介质，传输到 DVR 中进行录像和查看。

2）摄像头的主要技术指标

① CCD 尺寸(即摄像头靶面尺寸)。CCD 尺寸指的是 CCD 图像传感器感光面的对角线尺寸，早期的多为 1in、2/3in、1/2in、1/3in，现在 1/4in 和 1/5in 也已商品化、普及化。

② CCD 像素。CCD 像素是 CCD 的主要性能指标，它决定了显示图像的清晰程度，分辨率越高，图像细节的表现越好。CCD 是由许多感光元素组成，一帧图像可以分解为若干个

成矩形阵列排列的有一定几何尺寸的微小单元，每一个元素称为像素，像素越多，图像越清晰。

③ 分辨率。分辨率又分为水平分辨率度和垂直分辨率，用“线”（也称电视线，TVLine，TVL）来表示，是衡量摄像机优劣的一个重要参数。指的是当摄像机摄取等间隔排列的黑白相间条纹时，在监视器上人眼睛能够看到的最多线数，当超过这一线数时，屏幕上就只能看到灰蒙蒙的一片而不能再分辨出黑白相间的线条。线数越多，对图像细节的表示越充分，描述的越细致，所需要的频带也越宽。目前油库视频监控系统中，摄像机的分辨率多在 380 ~ 600TVL 之间。

④最小照度。最小照度是 CCD 正常成像时所需要的最暗光线，反映 CCD 对环境光线的敏感程度。照度的单位是勒克斯（lx），数值越小，表示需要的光线越少，摄像头对光线也越灵敏。月光级和星光级等高敏感度摄像机可工作在很暗条件下。2 ~ 3 lx 属于一般照度，现在已有更低照度（如 0.01 lx）的摄像机问世。

⑤ 扫描制式。扫描制式是视频信号扫描的方式及主要技术指标，如扫描的每帧行数、每秒场数、每秒帧数、各种频率的带宽等。当前世界上有 PAL 制、NTSC 制、SECAM 制三大制式。我国主要采用 PAL 制式，采用 2∶1 隔行扫描方式，525 行/帧，50 场/s，25 帧/s。

⑥ 信噪比。信噪比的定义是信号电压对于噪声电压的比值取对数后乘以 20，单位为分贝（dB）。当摄像机摄取较亮场景时，监视器显示的画面通常比较明快，观察者不易看出画面中的干扰噪点；而当摄像机摄取较暗的场景时，监视器显示的画面就比较昏暗，观察者此时很容易看到画面中雪花状的干扰噪点。摄像机的信噪比越高，干扰噪点对画面的影响就越小。信噪比的典型值为 46db，若为 50db，则图像有少量噪声，但图像质量良好；若为 60db，则图像质量优良，不出现噪声。

⑦ 摄像机电源。市面上主要有交流 220V、110V、24V 及直流 24V、12V、9V 的摄像机电源。

⑧ 视频输出方式。多为 1Vp - p、75Ω，采用 BNC 输出接口。

⑨ 镜头安装接口。有 C 和 CS 两种安装接口，二者间不同之处在于感光距离不同。与之相应，镜头也有 C 和 CS 两种安装方式，设计选型时要注意二者的关系。

（2）摄像头的分类和选择

① 按成像色彩划分。可分为彩色摄像机、黑白摄像机、彩色转黑白摄像机。彩色摄像机适用于景物细部和颜色的辨别。黑白摄像机适用于光线不足地区及夜间无照明的地区。彩色/黑白自动转换摄像机在光线充足时为彩色，光线不足时自动转为黑白，适用于全天候监控和光线变化大的情况。

② 按外观和机构划分。可分为枪型、球型、半球型、针孔型、一体化型等。如固定安装，摄像机多选用枪型或半球摄像机；如采用云台安装方式，宜选用一体化球型摄像机；如在隐蔽处安装，采用针孔型摄像机。

③ 按像素和分辨率划分。可分为一般型、高分辨率型（高清晰度型）。

④ 按摄像机最低照度划分。可分为普通型、月光型、星光型、红外型。普通型：正常工作所需照度为 1 ~ 3 lx；月光型：正常工作所需照度为 0.1 lx 左右；星光型：正常工作所需照度为 0.01 lx 以下；红外型：原则上可以为零照度，在没有光线的情况下，采用红外光源成像。

⑤ 按 CCD 靶面大小划分。可分为 1in、2/3in、1/2in、1/3in、1/4in、1/5in 等。

3.3.2.3 镜头

（1）镜头的技术指标

镜头的主要技术指标包括成像尺寸、焦距、光圈和视场角等几个参数。其中镜头的焦距决定了摄取图像的大小，即决定了摄像机能看清多远的物体或多宽的场景。用不同焦距的镜头对同一位置的某物体摄像时，配长焦距镜头的摄像机所摄取的景物尺寸就大，反之，配短焦距镜头的摄像机所摄取的景物尺寸就小。

（2）镜头的选择

① 镜头尺寸要与摄像机 CCD 靶面尺寸相对应，否则观察角度将不符合设计要求，或者发生画面在焦点以外等问题。

② 镜头的安装接头与摄像机的安装接口要对应。镜头与摄像机都有 C 和 CS 型两种。当两者不同时（如 C 型镜头配 CS 型的摄像机），则在摄像机与镜头间需增配一个 5mm 厚的环，以增加镜头到靶面的距离。

③ 焦距。镜头从焦距上区分，有短焦距（广角镜头）、中焦距（标准镜头）和长焦距镜头（望远镜头）3 类。一旦决定了摄像机要监控的景物，那么选择镜头焦距就由 3 个因素决定，即监控景物的尺寸（水平、垂直）、摄像机与景物的距离、摄像机 CCD 尺寸。在同等条件下，短焦距镜头所监视到的视角较广，长焦距镜头所监视到的视角较窄。

④ 视场角。镜头的视场角与摄像机 CCD 靶面尺寸、镜头焦距等有关。

⑤ 镜头自动光圈、手动光圈、固定光圈的选择。镜头的光圈调节方式有自动光圈、手动光圈、固定光圈 3 种。当监视目标照度恒定或变化不大时，应选用手动光圈或固定光圈。自动光圈用于被照物光线变化较多的场合，如油库室外、进出大门等处的全天候监视，都应选择自动光圈。

⑥ 定焦镜头和变焦镜头的选择。镜头焦距的调整有固定焦距、手动变焦、自动变焦 3 种方式。

a. 定焦镜头的焦距是固定不可调整的，只能调整聚焦来改变成像的清晰度，在镜头上有一个可手动调整的对焦调整环来调聚焦。在油库视频监控系统的安装或维护中，如出现监控画面成像模糊，可拆开摄像机外壳，左右旋转该环，可使 CCD 靶面上的成像清晰，此时监视器中相应也能看到清晰的图像。如果是镜头老化、摄像机故障、线路故障等引起的画面模糊，调整该环的效果不大。定焦镜头适用于监视固定目标的场所。定焦镜头一般又分为长焦距镜头（焦距 150mm 以上）、中焦距镜头和短焦距镜头（焦距 28mm 以下）。短焦距镜头主要用于环境照明条件差、监视范围要求宽的场合。长焦距镜头又称望远镜，主要用于监视较远处的景物。

b. 手动变焦镜头的焦距是可以手动改变的，它有一个焦距调整环，可以在一定范围内调整镜头的焦距。在油库的监控施工中，通过现场手动调整镜头的变焦环，可以方便地改变监视现场的视场角。而在实际应用中，油库的摄像机一旦安装固定下来，再想手动变焦是很不方便的，需要攀爬到摄像机的安装位置并拆开外罩来手动调整。在摄像机安装完毕后，手动变焦镜头的焦距很少再去调整，而仅仅起到定焦镜头的作用，因而手动变焦镜头一般也用在固定监控场所。

c. 自动变焦的电动镜头可在控制信号作用下自动改变焦距。它增加了一个微型电动机与镜头的变焦环啮合，当电动机受控转动时可改变镜头的焦距。自动变焦镜头的变焦范围大，既可以查看大范围的概貌，也可聚焦拉近看清局部细节，再配上云台能够上下左右转动，改变监控视野和角度更加灵活、方便。

3.3.2.4 网络摄像机

IP 网络摄像机是一种结合传统摄像机与网络技术所产生的新一代摄像机，它可以将监控画面直接通过网络来传输，且远端的浏览者无需用任何专业软件，只要标准的网页浏览器(如 Microsoft IE)即可远程监视、控制和管理。

网络摄像机与传统模拟摄像机的主要区别和优势如下：

（1）图像质量

网络摄像机可以达到 100 万、200 万以上像素图像的输出。如目前的 1080P 百万高清网络摄像机，内置 200 万像素 CMOS 传感器，支持高达 1080P 的高清分辨率。

（2）远程监控、管理

网络摄像机可利用远程 PC 上的标准网页浏览器，就能够登录进行远程查看图像和管理，如录像设置、云台镜头控制、报警设置、升级管理等功能。网络摄像机可将图像资料存在远程的硬盘上，易于存储和检索查询。网络摄像机还支持内置 SD 卡。

（3）整合性

网络摄像机内置操作系统可以和多画面的管理软件共用，实现多路的监控，路数不受限制。而模拟摄像机要与 DVR 相连，DVR 的路数有一定的限制，DVR 路数接满后，增加摄像头还要增加存储控制硬件成本。

（4）安装方式

网络摄像机可方便地连接到最近的网络，并分配一个 IP 地址就可以正常工作。它利用网络作为信号传输链路，无需再去敷设传统的信号电缆。而每台模拟摄像机均需通过同轴电缆或光纤连接到 DVR 上，大大增加了线缆成本。

（5）扩展性

网络摄像机可以轻松地将更多的网络摄像机添加到监控系统当中。而模拟摄像机的扩展工作则较为困难，每增加一台模拟摄像机均需考虑敷设线缆和相应的土建施工。

（6）成本

高质量的网络电缆能够同时支持很多台网络摄像机的信号传输，线缆投资明显比传统模拟摄像机的要少。随着网络摄像机的普及，机身价格也会越来越大众化，加上较少的线缆投资，总体建设成本将会大幅下降。

3.3.3 硬盘录像机

目前 DVR 相对于传统的模拟视频录像机，它采用硬盘来存储录像，故被称为硬盘录像机。DVR 采用的压缩技术有 MPEG－2、MPEG－4、H.264、M－JPEG，而 MPEG－4、H.264 是国内最常见的压缩方式。

DVR 的主要用途是将前端设备(如摄像机、拾音器)传输的图像信号、音频信号转变成数字信号，经压缩后存储在硬盘中。实现的功能包括实时监控、录像/音频存储、检索回放、云台镜头控制、网络传输、报警输入输出、用户管理等。

目前油库采用的 DVR 产品中，支持摄像机视频输入的路数主要有 8 路、16 路、32 路等。

随着网络化的不断发展和IP摄像机的出现，近年来出现了一种新型产品——网络视频录像机(NVR)。NVR最主要的功能是通过网络接收IP网络摄像机、数字视频编码器(DVS)等设备传输的数字视频码流，并进行存储、管理，其核心价值在于视频中间件，通过视频中间件的方式广泛兼容各厂家不同数字设备的编码格式，从而实现网络化带来的分布式架构、组件化接入的优势。将来随着网络摄像机的广泛使用，DVR将被NVR等先进设备所取代。

3.3.4 设备安装、线缆敷设

油库视频监控系统建设施工是一项较为复杂的工程，从设备选型、线缆走向、安装调试等，均应由详细的设计和施工方案并严格执行，否则会给视频监控系统的正常运行带来或多或少的影响。下面对油库视频监控系统建设施工中设备安装和线缆敷设的一些常见注意事项进行介绍。

(1) 安装位置

应根据所需监控的视野范围、监控效果等，来确定现场摄像机的安装位置及高度。一般采用立杆方式安装，有时为了节约建设费用，可灵活利用电线杆、墙壁、屋顶或地势高的地方来辅助安装。

(2) 线缆敷设

① 传输介质。当摄像机与DVR的传输距离较小时(一般<400m)，可用一条同轴电缆传输视频信号，一条2芯的双绞线传输控制信号；当摄像机与DVR的布线距离较长时(一般≥ 400m)，用1芯光纤即可同时传输视频信号和控制信号；IP摄像机的信号传输要敷设网线或光纤。

② 线保护套管。在费用允许的情况下，建议采用镀锌钢管作为线缆保护套管，可有效防止线缆的意外损伤。而采用一般的塑胶套管，经过一段时间的日晒雨淋后，较易老化、破损，失去对线缆的保护作用。而在油库的一些危险区域(如防火堤内、油气场所等)，更应选用镀锌钢管作为线缆保护套管。

(3) 防雷

当室外摄像机明显高于周围建筑物时，应加装避雷针。同时要在摄像机(前端)、DVR(后端)安装浪涌保护器(防雷器)，对视频信号、控制信号、电源进行隔离，可大大减少摄像机、DVR遭受雷击损坏的几率。

(4) 抗干扰

信号线缆、控制线缆不要和电源线缆同管敷设，否则会引起电磁干扰，使图像画面产生雪花或控制失灵等。

(5) 参数设置

① 固定镜头和手动镜头要在固定安装前调试好，避免重复拆开外罩调整，增加工作量。

② 摄像机支持的控制协议、通讯波特率、地址编码等，要与DVR后台的设置保持一致。为便于管理，摄像机地址编码应与摄像机编号一致，或在竣工资料中记录存档。

③ 根据硬盘容量、网络带宽等，合理设置录像存储格式和质量。特别对于一些网络带宽欠佳的油库，如果将本地存储和网络上传的图像格式质量参数设置过高，多网络用户同时

登录操作的话，很可能在网络实时浏览或历史回放过程中，造成网络塞车，影响整个油库区局域网的正常使用。

④ 对监控系统操作用户进行权限多级管理，规避系统操作风险。油库信息自控管理员保留超级用户权限，其他人员只保留最基本的查看和操作权限。

（6）竣工验收

工程建设或整改竣工后，要及时做好现场设备、线缆的标签。在线缆埋地处要做好线缆走向指示，如贴鲜艳颜色的瓷片或竖墩柱等。

同时，要编制详细的竣工资料存档。竣工资料应包含以下内容：各设备品牌、规格型号、安装位置、安装方式、设备编号、线缆起始走向(控制、信号、电源)、线缆介质类型、套管材质、敷设方式(明敷、埋地或架空等)、取电开关位置、后台参数(控制协议、通讯波特率、地址编码等)。

3.3.5 常见故障处理

油库视频监控系统在油库安全防范中起到非常关键的作用，因此保障视频监控系统正常运行、降低故障率是一项重要的工作。在故障排除过程中，要善于分析、总结归纳，可采用先点后面、对比排除等多种检维修方法。

视频监控系统常见故障如表 3－4 所示。

表 3－4　视频监控系统常见故障

故障现象	原因分析	解决方法
DVR 不能正常开机	未正常供电或电源损坏	检查供电
	硬盘损坏或硬盘线问题	检查硬盘及接线
	DVR 故障	送厂家维修
全部监控画面无显示	DVR 或监视器没有供电	检查供电
	DVR 至监视器的信号线松动或损坏	检查信号线
	DVR 损坏	检查 DVR 硬件及修理
	显示器损坏	检查监视器及修理
监视器上的图像有木纹状	视频传输线的质量不好	更换线材
	供电系统的电源不“洁净”	采用净化电源或采用在线 UPS 供电
	系统附件有很强的电磁干扰源	加强设备的屏蔽处理，对线缆安装进行良好的接地处理
监视器的图像有间距相等的竖条	传输线的特性阻抗不匹配	“始端并接电阻”或“终端并接电阻”；更换优质同轴电缆
	线缆的分布参数不符合要求	
监视器上的图像上有黑白杠并向上或向下滚动	电源性不良	处理供电电源
	系统产生地环路	处理接地
监视器上的图像有大面积网纹	视频接头连接不好	逐个检查这些线路及接头
	视频电缆线的芯线与屏蔽网短路、断路	
	电缆外屏蔽层损坏	
	电缆插头与视频设备的连接不好	

续表

故障现象	原因分析	解决方法
某个摄像头画面无显示	通道接口已损坏	将视频输入更换到其他通道，如可正常显示，则证明原通道接口已损坏，需送厂家维修(此故障多在雷雨天雷击后出现)。如均不能显示，则需检查线缆或摄像机等
	DVR 后视频输入通道 BNC 线接头松动	检查信号线，重新插紧 BNC 接头
	DVR 后视频输入通道 BNC 线接头老化或损坏	重新焊接接头
	现场接线箱的信号线接头松动	检查信号线，重新插紧接头
	现场接线箱的信号线接头老化或损坏	重新焊接接头
	现场摄像机没有供电或电源转换器损坏	检查供电
	防雷器损坏	更换防雷器
	摄像机至 DVR 间的视频信号线断路	检查或更换信号线
	摄像机损坏	检查并维修
摄像头画面花屏、闪烁	接头或线路松动、老化	检查信号线，重新插紧或焊接 BNC 接头
	电源转换器损坏或电压不够	更换电源转换器
	摄像机故障	送厂家维修
回放历史录像无录像或录像天数较少	未开启“录像”功能	在系统后台设置中，打开相应通道的录像功能
	未格式硬盘或硬盘出错	在系统后台设置中，格式硬盘或清除硬盘错误，重新设置硬盘为“读写盘”
	硬盘容量太小	检查硬盘容量或升级硬盘
摄像机有图像，但不能控制	RS485 控制线松动	重新插紧 485 线头
	摄像机地址码、波特率不对	在系统后台设置中重新设置
	摄像机输入与通道端口不匹配	插回原来设置好的通道端口
	对 A 摄像机发控制指令时，B 摄像机受控	A、B 摄像机地址码错乱，需在系统后台设置中重新设置。

3.4 PLC 控制

PLC 是可编程控制器(Programmable Logic Controller)的简称，是一种通用的工业控制装置，它的组成和微型计算机类似，并能适应不同的恶劣工业环境。因此，PLC 的所有部件都必须经过严格的环境试验，并按照一定的工业标准进行测试，使其能提高耐温、耐湿和抗干扰能力。此外，PLC 采用了面向工业控制的编程语言，如梯形图、顺序功能图、结构文本等，因此，它与微机在使用方法、编程语言、工作方式等有所不同。

3.4.1 基本结构

PLC 专为工业场合设计，采用了典型的计算机结构，主要是由 CPU、电源、存储器和专门设计的输入输出接口电路等组成(见图 3－12)。

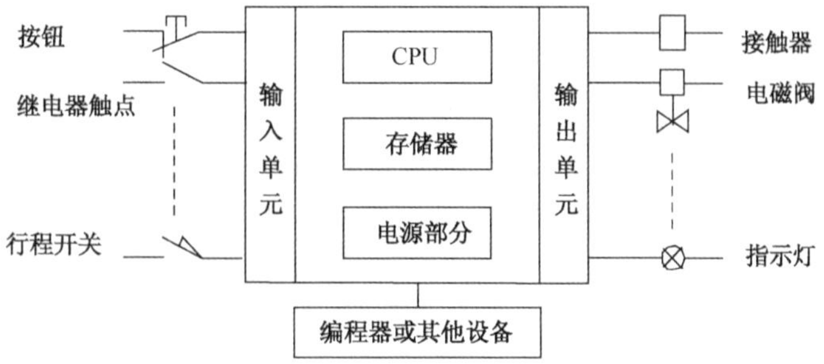

图 3-12 PLC 的基本结构

从硬件组成形式上分，PLC 大致有两种类型，一种是整体式，通常是指小型的 PLC，它具有以上所说的几种电路集成；另一种是模块式，输入输出单元按不同的信号类型具有不同的模块，由它可以组成中大型的 PLC 系统。

（1）中央处理单元

中央处理单元(CPU)一般由控制器、运算器和寄存器组成，这些电路都集成在一个芯片上。

CPU 的主要功能：

① 从存储器中读取指令。

② 执行指令。

③ 顺序取指令。

④ 处理中断。

（2）存储器

PLC 的存储器主要用于存放系统程序、用户程序和工作状态数据。存储器主要有两种类型，分别是只读存储单元和随机储存单元，其存储体可以是 EPROM、EEPROM 和 Flash-Memory3 种。

（3）输入输出单元

输入、输出单元是 PLC 与现场设备连接的接口。通过 I/O 接口单元可以检测被控对象或被控生产过程中的各种参数，并以这些数据作为控制器对被控对象进行控制的信息。同时，控制器又通过 I/O 接口单元将处理结果传送给被控设备或生产过程，驱动各种执行机构实行控制。

① 输入单元。输入单元是用来进行输入信号的隔离滤波及进行电平转换，是 PLC 获取控制现场信号的输入通道。输入接口电路一般由滤波电路、光电隔离电路和输入内部电路组成，输入信号包括开关量输入信号和模拟量输入信号。通常 PLC 的输入类型可以是直流、交流和交直流。输入电路的电源可由外部供给，有的也可由 PLC 内部提供。

② 输出单元。输出单元是用来对 PLC 的输出进行放大及电平转换，驱动控制对象。输出接口电路一般由输出寄存器、电平转换电路及输出功率放大电路组成，输出信号包括开关量输出信号和模拟量输出信号。

（4）电源

电源将交流电源转换成 PLC 所需的直流电源，使 PLC 能够正常工作。

3.4.2 工作原理

（1）工作方式

PLC 采用循环扫描工作方式，是 PLC 的一大特点，也是与微机的工作方式区别之处，这个工作过程一般包括 5 个阶段：内部处理、与编程器等的通信处理、输入扫描、用户程序执行、输出处理，其工作过程如图 3－13所示。

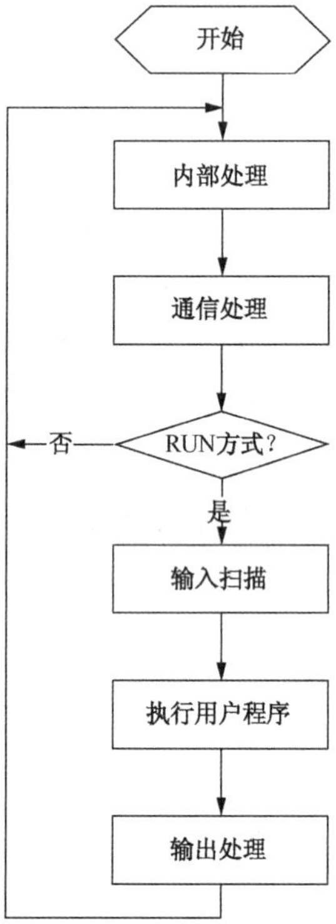

图 3－13　PLC 工作原理图

图中当 PLC 方式开关置于 RUN（运行）时，执行所有阶段；当方式开关置于 STOP（停止）时，不执行后 3 个阶段，此时可进行通信处理，如对 PLC 联机或离线编程。

PLC 执行的 5 个阶段，称为一个扫描周期，PLC 完成一个周期后，又重新执行上述过程，扫描周而复始地进行。

（2）PLC 的工作过程

PLC 就是采用周而复始的循环扫描工作方式，其过程可分为上电及内部处理、扫描过程、诊断及处理。

① 上电及内部处理。PLC 上电后会对整个系统进行一系列的自检初始化工作，包括硬件初始化、I/O 模块配置检查、停电保护设定及其他初始化处理。

② 扫描过程。扫描过程实际上包含 3 个部分。首先是输入扫描，在具体的用户程序执行前，每次扫描过程都首先要读入各输入模块的全部状态，存放在数据存储器当中，以等待用户程序执行时取用。其次是程序扫描阶段，若此时 CPU 处于运行状态，就开始顺序执行程序，通过逻辑判断和算术运算将每步的结果写入相关的存储器中。最后是输出扫描阶段，将数据存储器中的输出信号送至各输出模块，再经输出模块锁存、隔离和功率放大后，驱动外部负载。可编程序控制器的输入处理、执行用户程序和输出处理过程的过程如图 3－14 所示。

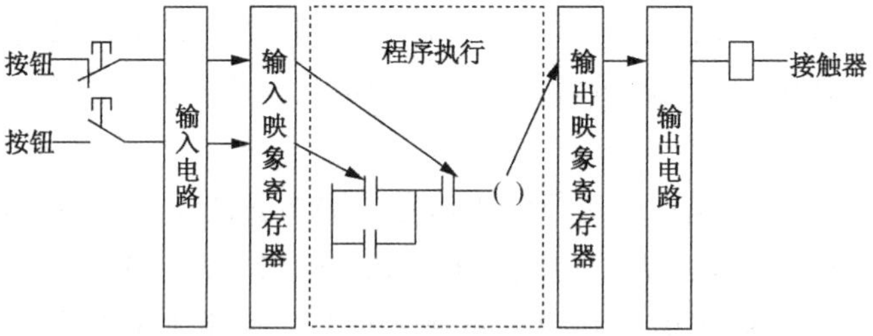

图 3－14　PLC 扫描过程图

③ 诊断及出错处理。PLC 每扫描一次，就执行一次自诊断，检查如 CPU、电池电压、程序存储器、I/O 通信是否异常或出错。如出现错误或异常，CPU 面板上的指示灯就会指示，并将出错代码写入特殊寄存器。若出现致命错误，CPU 就会被强制成 STOP 方式，停止扫描。

3.4.3 基本应用

由于 PLC 具有工作可靠、组态灵活、功能齐全、编程标准化等优点，特别是随着微电子技术的迅速发展和在 PLC 技术中的渗透，已大大加强了 PLC 的数学运算、数据处理、图形显示、网络通讯等功能，这使 PLC 向过程控制渗透和发展。可以说，现在的 PLC 是全面采用了计算机软硬件技术，完成了模拟量调节和开关量逻辑控制功能，同时具有计算机的数据处理和通信能力。正因为如此，PLC 在工业自动化中的应用十分广泛，可应用于石油化工、冶金、食品、制药、玻璃和机械制造等行业。

目前，PLC 生产的厂家很多，著名的品牌有 AB、ABB、西门子等公司生产的系列产品，其日常维护和检查的原则是大致相同的，但因各公司的产品有其特殊性，因此日常维护、检查、测试也有一定的差异，现以 PLC－5/40 系列可编程控制器为例，简单介绍 PLC 系统日常的维护检查及应用。

3.4.3.1 PLC 日常检查维护工作

（1）PLC 日常维护和检查

① 检查控制室、机房的空调工作是否正常。

② 检查环境温度、湿度是否在规定的范围内。

③ 检查系统处理器、电源模件、通讯模件、I/O 通信和电池状态指示灯是否正常、有无报警，并及时处理。

④ 检查所有电缆连接件、插头、卡件有无松动或破损的现象。

⑤ 检查系统风扇、机柜风扇运行是否良好。

⑥ 每月对系统做清洁工作，包括对机箱表面、软盘驱动器、键盘、鼠标和屏幕等进行清洗。

⑦ 每月对风扇、过滤网清扫，保障系统运行在良好的环境下。

（2）PLC 系统故障处理的步骤和所要注意的事项

① 故障处理前首先听取工艺人员反映的情况。

② 观察故障现象，观察画面，检查各模件 LED 指示状态、设备运行状态。

③ 检查接线、电缆、转接插件是否松动。

④ 调出设备自诊断画面，观察由自诊断显示的故障代码，分析判断故障原因。

⑤ 必要时进入系统，进行在线状态监控。

⑥ 根据判断结果，与工艺人员联系并办理相关手续后，采取相应的处理措施，更换故障设备或模件等。

⑦ 更换模件时，要注意防静电措施，最好带上绝缘护腕或手套。注意更换的模件是否与原模件完全相同，并确认模件地址及跨接线正确。

⑧ 设备、卡件安装后，要检查其功能；与工艺联系确认后恢复系统，观察系统工作是否正常。

（3）PLC 的检查与测试

① 送电前应对供电系统、接地、绝缘做检测，以保证各项指标符合系统的要求。

② 检查各部件连接是否可靠，做好上电前的准备。

③ 系统上电，检查系统运行状态，观察诊断画面。

a. 检查电源模件供电是否正常。

b. 检查 I/O 模件状态是否正常。

c. CPU、通讯模件状态灯是否正确，运行是否正常。

d. 观察实时监控系统的画面显示、报警记录。

（4）PLC 系统其他注意事项

① 系统重新投运后要重新检验数据库的完整性，完好性；并做好软件备份，一式两份，异地存放，妥善保管。

② 在系统各项检查、测试完成并确认功能正常后，做好各项检修记录并整理归档。

3.4.3.2 PID 应用简介

在自动控制系统中，PID 控制是一种最基本、应用最广泛的控制规律，它具有原理简单，易于实现，控制参数相互独立，参数易于调整。可编程控制器是利用其闭环控制模块来实现 PID 控制的。

（1）PID 控制器基本概念

在过程控制中，按偏差的比例（P）、积分（I）和微分（D）进行控制的 PID 控制器（也称 PID 调节器）是应用最广泛的一种自动控制器。PID 控制器就是根据系统的误差，利用比例、积分、微分计算出控制量来控制。当被控对象的结构和参数不能完全掌握，或得不到精确的数学模型，或控制理论的其他技术难以采用时，而系统控制器的结构和参数必须依靠经验和现场调试来确定，这时应用 PID 控制技术最为方便。即当我们不完全了解一个系统和被控对象，或不能通过有效的测量手段获得系统参数时，采用 PID 控制，可根据经验进行在线整定得到预期的控制效果。

① 比例控制。比例控制是一种最简单的控制方式，其控制器的输出与输入误差信号成比例关系。当仅有比例控制时，系统输出存在稳态误差（Steady - state error）。

② 积分控制。在积分控制中，控制器的输出与输入误差信号的积分成正比关系。在一个自动控制系统，如果在进入稳态后存在稳态误差，则称这个控制系统是有稳态误差的或简称有差系统（System with Steady - state error）。为了消除稳态误差，在控制器中必须引入“积分项”。积分项对误差的运算取决于时间的积分，随着时间的增加，积分项会增大。这样，即便误差很小，积分项也会随着时间的增大而加大，它推动控制器的输出增大，使稳态误差进一步减少，直到等于零。因此，采用比例（P）、积分（I）控制器，可使系统在进入稳态后无稳态误差。

③ 微分控制。在微分控制中，控制器的输出与输入误差信号的微分（即误差的变化率）成正比关系。自动控制系统在克服误差的调节过程中可能会出现振荡甚至失去平稳状态。其原因是由于存在有比较大的惯性组件或有滞后组件，具有抑制误差的作用，其变化总是落后于误差的变化。解决的办法是使抑制误差的作用变化“超前”，即在误差接近零时，抑制误差的作用就应该是零。这就是说，在控制器中仅引入“比例”项往往是不够的，比例项的作用仅是放大误差的幅值，而目前需要增加的是“微分”项，它能预测误差变化的趋势，这样，具有比例（P）、微分（D）的控制器就能够提前使抑制误差的控制作用等于零，甚至为负值，从而避免被控制量的严重超调。所以对有较大惯性或滞后的被控对象，PD 控制器能改善系

统在调节过程中的动态特性。

（2）闭环控制系统

控制系统一般包括开环控制系统和闭环控制系统。开环控制系统是指被控对象的输出对控制器的输出没有影响。闭环控制系统是指被控对象的输出会反送回来影响控制器的输出，形成一个或多个闭环。闭环控制系统有正反馈和负反馈，若反馈信号与系统给定值的信号相反，则为负反馈，反之，则为正反馈。一般闭环控制系统均采用负反馈。

PID 闭环控制系统如图 3－15 所示，该系统是用于液位控制的例子。系统目标为保持液位在设定值，闭环控制器的反馈值通过液位指示的过程变量测得，目标设定值与与过程变量的反馈信号相减，其差送入 PID 控制器，经比例、积分、微分运算，得到一个输出量，该输出量再与前馈（或补偿）处理后，输出一个信号给控制阀门，从而控制液位保持在设定的位置。

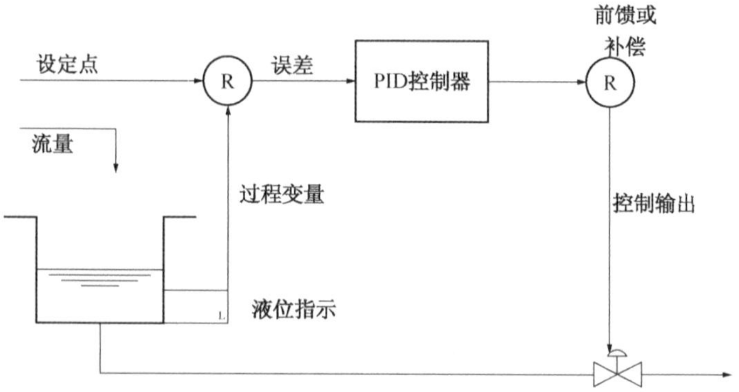

图 3－15　PID 闭环控制例子

（3）PID 控制器的参数整定

PID 控制器参数整定的方法很多，主要有 2 大类：

① 理论计算整定法。这种方法主要依据系统的数学模型，经过理论计算确定控制器参数，但所得的计算数据未必可以直接使用，还必须通过工程进行实际的调整和修改。

② 工程整定法。该方法主要依赖工程经验，直接在控制系统的试验中进行，且方法简单，易于掌握，在工程中被广泛采用。PID 控制器参数的工程整定方法主要有临界比例法、反应曲线法和衰减法。这 3 种方法各有特点，但都是通过试验，然后按照工程经验公式对控制参数进行整定。但无论采用哪一种方法，所得到的控制器参数都需要在实际运行中做最后的调整及完善。现在一般采用的是临界比例法。

（4）PID 控制器的数字化

连续系统 PID 控制器的输出为：

$$U(s) = K_p\left(1 + \frac{1}{T_I s} + T_D s\right)E(s) \tag{3-8}$$

增量式数字 PID 控制算式为：

$$\Delta U(n) = K_p = [e(n) - e(n-1)] + K_I e(n) + K_D[e(n) - 2e(n-1) + e(n-2)] \tag{3-9}$$

其中，$K_I = K_p \frac{T}{T_I}$，$K_D = K_p \frac{T_D}{T_I}$，$T$ 为采样周期。

比例调节器对于偏差是及时反应的，一旦偏差产生，调节器立即产生控制作用，使被控量朝着减少偏差的方向变化，控制作用的强弱取决于比例系数。比例调节器虽然简单快速，但是对于具有自平衡性的控制对象存在静差。加大比例系数K_p可以减少静差，但过大的比例系数可能导致系统动荡而处于闭环不稳定状态。

为了消除比例调节器中的残存静差，可以在比例调节的基础上加入积分调节。积分时间T_I大，则积分作用弱，反之积分作用强。积分时间T_I越大，消除静差越慢，但可以减少超调，提高系统的稳定性。但它的不足之处在于积分作用存在滞后特性，积分控制作用太强会使控制的动态性能变差，以致于使系统不稳定。

加入积分调节环节，虽然减少静差，但是降低了系统的响应速度。加入微分环节，能敏感出误差的变化趋势，将有助于减少超调，克服系统振荡，使系统趋于稳定，能改善系统的动态性能。它的缺点是对干扰同样敏感，使系统抑制干扰的能力降低。

PID 调节器是 3 种控制规律的线性组合，综合了比例控制的快速反应功能、积分控制的消除残差功能和微分控制的预测功能，是比较理想的控制规律。

3.4.3.3 P&ID 图简介

随着油库自动化程度的日益提高，仪表检测和控制系统在生产装置中得到广泛应用，生产装置中的设备、管道作为检测控制系统的对象，使得自控仪表和工艺两专业之间的关系日益密切。在油库自动化设计阶段，识读工艺管道及仪表流程图（P&ID），对油库人员熟悉工艺过程、分析解决问题有极大的帮助。

工艺管道仪表流程图是借助统一规定的图形符号和文字代号，用图示的方法把建设化工工艺装置所需的全部设备、仪表、管道、阀门及主要管件，按其各自的功能，为满足工艺要求和安全要求而组合起来的技术文件，以起到描述工艺装置的结构和功能的作用。工艺管道仪表流程图的设计符号分为文字符号和图形符号两类。

在工艺管道仪表流程图中，各设计单位对设备、仪表、管道、阀门及主要管件的文字符号和图形符号有一定标准，但在编号、标注等方面可能也有差异，现将油库工艺管道及仪表流程图中设计单位常见的文字符号和图形符号进行简单介绍。

（1）文字符号

文字符号是用英文字母表示仪表位号。仪表位号由仪表功能标志字母和仪表回路的顺序流水号组成。字母的功能标志如表 3－5 所示。

表 3－5　字母的功能标志

英文字母	首位字母		后续字母		
	被测、被控或引发变量	修饰词	读出功能	输出功能	修饰词
A	分析	—	报警	—	—
B	烧嘴、火焰	—	（供选用）	（供选用）	—
C	电导率	—	—	控制	—
D	密度	差	—	—	—
E	电压（电动势）	—	检测元件	—	—
F	流量	比率（比值）	—	—	—
G	位置或长度（尺寸）	—	玻璃、视镜、观测	—	—

英文字母	首位字母		后续字母		
	被测、被控或引发变量	修饰词	读出功能	输出功能	修饰词
H	手动	—	—	—	高
I	电流	—	指示	—	—
J	功率	扫描	—	—	—
K	时间、时间程序	变化速率	—	手－自动操作器	—
L	物位	—	指示灯	—	低
M	水分、湿度	瞬动	—	—	中
N	（供选用）	—	（供选用）	（供选用）	（供选用）
O	（供选用）	—	节流孔	—	—
P	压力、真空	—	连续、测试点	—	—
Q	数量	积算、累计	—	—	—
R	核辐射	—	记录、DCS 趋势记录	—	—
S	速度、频率	安全	—	开关、联锁	—
T	温度	—	—	变送、传送	—
U	多变量	—	多功能	多功能	多功能
V	黏度	—	—	阀、风门、百叶窗	—
W	重力、力	—	套管	—	—
X	未分类	*X* 轴	未分类	未分类	未分类
Y	事件、状态	*Y* 轴	—	继电器、计算器等	—
Z	位置、尺寸	*Z* 轴	—	驱动器、执行元件	—

举例说明：PSV 表示压力安全阀，第一个字母 P 表示被测变量是压力，第二个字母 S 用于修饰，表示具有安全功能，第三个字母 V 表示控制阀；TT 表示温度变送器，第一个字母 T 表示被测变量是温度，第二个字母 T 表示变送器；TS 表示温度开关，第一个字母 T 表示温度，第二个字母 S 表示开关；ST 表示转速变送器，第一个字母 S 表示被测变量是转速，第二个字母 T 表示变送器。

后续字母 Y 表示该仪表具有继电器、计算器或转换器的功能。例如，可以是一个放大器或气动继电器等，也可以是一个乘法器，或加法器，或实现前馈控制规律的函数关系等，也可以是电信号转换成气信号的电气转换器，或频率－电流转换器或其他的转换器。

在 P&ID 中，一个控制回路可以用组合字母表示。例如，一个温度控制回路可表示为 TIC，或简化为 T。它表示该控制回路由 TT 温度变送器、TE 温度检测元件、TC 温度控制器、TI 温度指示仪表、TY 电气阀门定位器和 TV 气动薄膜控制阀组成。

（2）图形符号

图形符号用于表示仪表的类型、安装位置、操作人员可否监控等功能。油库的工艺管道仪表流程图常用的图形符号有管道和配件、阀门、设备、仪表等，一般在设计图纸上都有具体的图例。

① 管道和配件（见表 3－6）。

表 3－6　管道和配件图例

编号	名称	图例	编号	名称	图例
1	工艺管道		12	“8”字盲板(开)	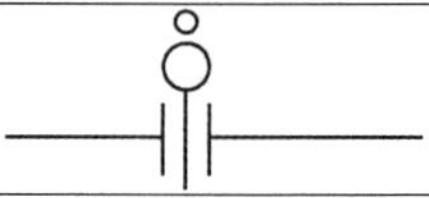
2	辅助管道		13	管帽	
3	保温管道	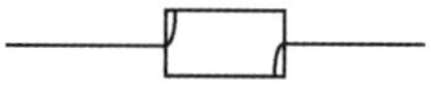	14	法兰盖	
4	介质流向		15	管嘴	
5	法兰	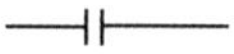	16	软管	
6	绝缘法兰(接头)	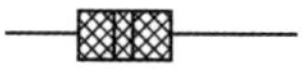	17	快速接头	
7	限流孔板		18	流量计	
8	同心异径接头	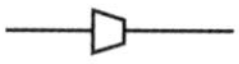	19	篮式过滤器	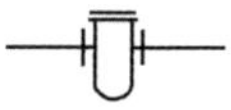
9	偏心异径接头(底平)		20	Y 型过滤器	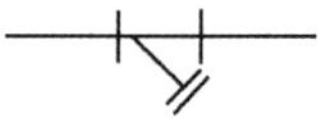
10	偏心异径接头(顶平)	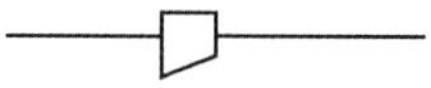	21	金属软管	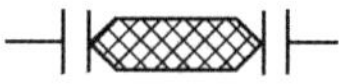
11	“8”字盲板(关)	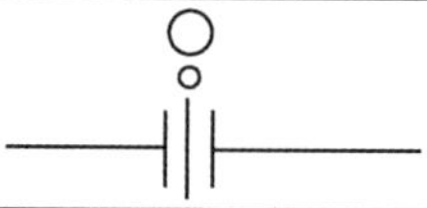			

② 阀门(见表 3－7)。

表 3－7　阀门图例

编号	名称	图例	编号	名称	图例
1	闸阀/平板闸阀		7	角阀	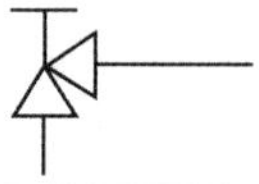
2	球阀	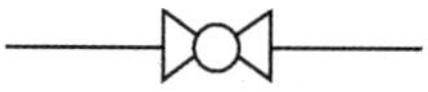	8	安全阀	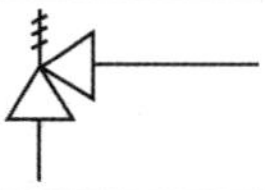
3	截止阀		9	三通球阀	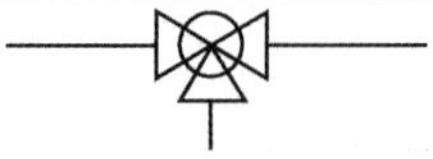
4	止回阀	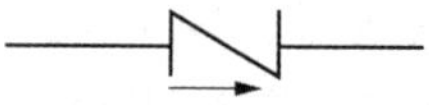	10	四通阀	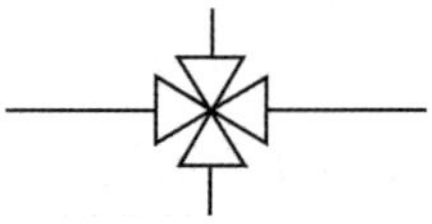
5	蝶阀		11	调节阀	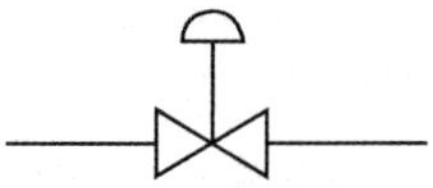
6	减压阀				

③ 设备(见表3－8)。

表3－8　设备图例

编号	名称	图例	编号	名称	图例
1	固定顶油罐		6	卧式离心泵	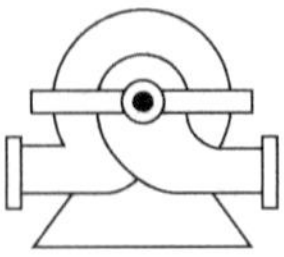
2	内浮顶油罐		7	立式排油泵	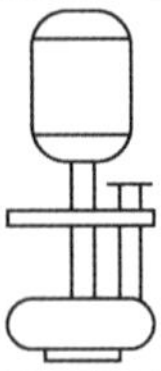
3	浮顶油罐		8	螺杆泵	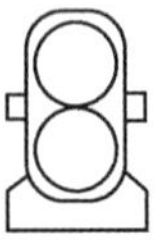
4	卧罐	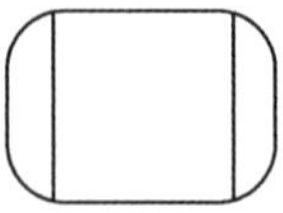	9	齿轮泵	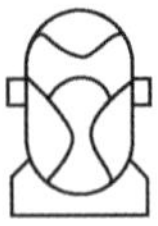
5	立式离心泵				

④ 仪表(见表3－9)。

表3－9　仪表图例

编号	名称	图例	编号	名称	图例
1	现场仪表	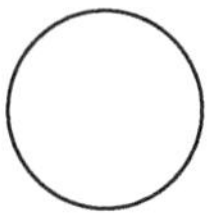	4	就地智能仪表	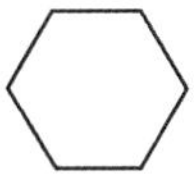
2	仪表盘仪表	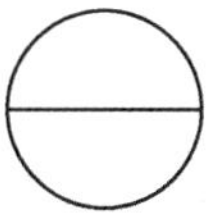	5	可编程逻辑控制	
3	计算机显示、操作	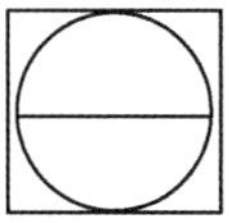	6	联锁逻辑控制	

（3）仪表位号

仪表位号由仪表功能标志字母和仪表回路的顺序流水号组成。例如，PT/101 中 PT 表示该仪表具有压力变送器的功能，101 是该仪表的控制回路编号。在 P&ID 中，通常图形符号中分子部分表示该仪表具有的功能，分母部分表示该仪表的控制回路编号。

（4）其他说明

① 管道编号。示例：300 - MG - 105 - 2. 0A1

300 表示管道的公称直径，MG 表示管道介质是车用汽油，105 表示管道顺序号，2. 0A1 表示管道等级号(其中 2. 0 表示公称压力，A 表示碳钢，1 表示顺序号)。管道介质具体见表 3 - 10。

表 3 - 10　管道介质代号

介质名称	代　　号	介质名称	代　　号
原油	CRO	石脑油	NPT
车用汽油	MG	柴油	DO
煤油	CO	航空煤油	JF
润滑油	LO	燃料油	FO
溶剂汽油	SN	污油	SU
重柴油	HDO	氮气	GN
变性燃料乙醇	DFE	燃料甲醇	FM
液化石油气	LPG	液化天然气	LNG
压缩天然气	CNG	添加剂	AD
真空管道	VA	油气回收管道	VR

② 设备编号。示例：T - 101

T 表示设备的代号，为储罐，101 表示设备的位号。常见的设备代号表(缩写)具体见表 3 - 11。

表 3 - 11　设备代号表(缩写)

设备类别	代　　号	设备类别	代　　号
储罐	T	容器	V
泵	P	压缩机	C
鹤管	LA	加油机	OFA
采样器	SA	搅拌器	SIA
膨胀节	EJ	补偿器	CT
收球筒	PR	发球筒	PL
管道混合器	LM	过滤器	SR
电动阀	MOV	蓝式过滤器	SRB
电磁阀	EMV	临时过滤器	TSR
手动阀	GV	Y 型过滤器	SRY
气动阀	PV	T 型过滤器	SRT
泄压阀	SRV	安全阀	PSV

③ 阀门编号。示例：MOV1001

MOV 表示阀门的代号，为电动阀，1001 表示设备的位号。常见的阀门的代号具体见表 3－12。

表 3－12 阀门代号表

阀门名称	代　　号	阀门名称	代　　号
闸阀	GV	安全阀(压力)	PSV
球阀	BV	截止阀	GLV
蝶阀	BUV	水击泄压阀	SRV
止回阀	NRV	全通径球阀	FBV

（5）具体的 P&ID 图示例

现以某油库 P&ID 图进行简单说明，具体如图 3－16 所示。内浮顶罐 T－101 中，LS 表示油罐分别具有高位（HH）和低位（LL）的液位报警功能；TEΣ/n 表示具有多点平均温度计；LT 表示具有液位检测的功能；PT、UI 表示具有压力检测功能，并有多变量的显示功能；ZI、HC 则表示所连接的电动阀具有位置显示和手动控制的功能，并与可编程控制器相连；UIQ 则表示将液位、温度、压力、报警等功能接入后，具有多功能的计算机显示和操作的系统，并与电动阀联系联锁操作。

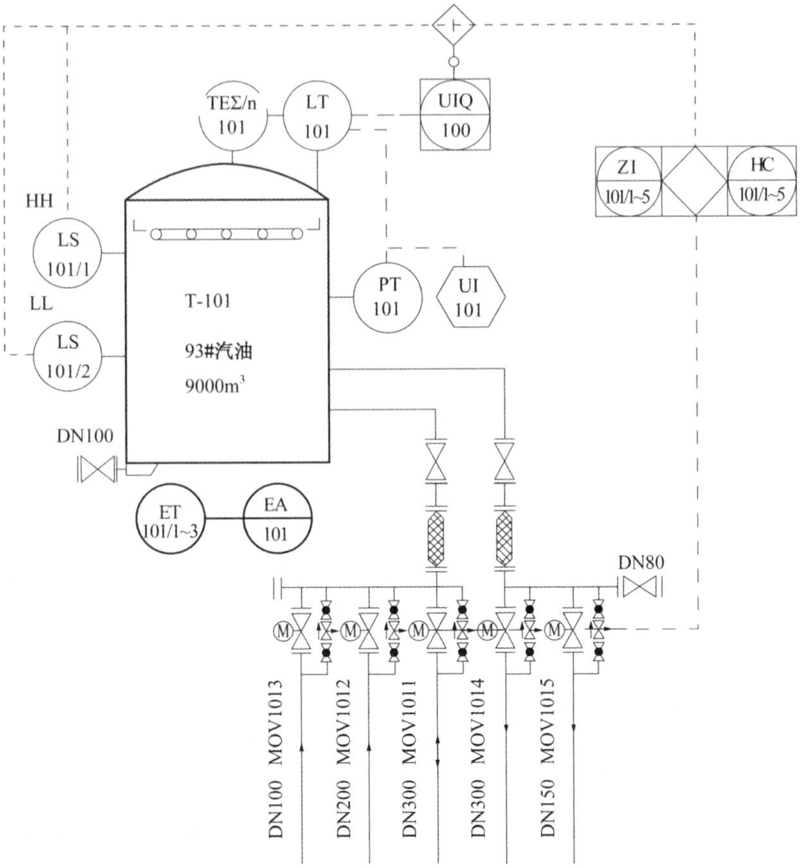

图 3－16 某油库 101 号罐 P&ID 图

第 4 章　油库电气

4.1　油库供配电系统

石油库供电，就是指油库所需电能的供应和分配问题。我们知道，电能是现代工业生产的主要能源和动力。油库生产离不开电能，油库的电能供应如果突然中断，将对生产造成严重的后果，甚至可能发生重大的设备损坏事故或人身伤亡事故。做好油库供电工作对于保证生产的正常进行，具有十分重要的意义。

油库供电系统的任务是把动力电源(通常指高压电源)引入油库，经过变电、配电，将适合使用的电力输送到各用电设备、设施。供电系统的另一任务是通过仪表指示电力的各项指标，通过各种保护装置保护设备、设施的正常运行和待运行。

为切实保证油库生产和生活用电的需要，油库供电必须达到下列基本要求：

① 安全。在电能的供应、分配和使用中，不应发生人身事故和设备事故。

② 可靠。应满足供电可靠性即连续供电的要求。

③ 优质。应满足对电压质量和频率质量等方面的要求。

④ 经济。应使供电系统的投资少，运行费用低，并尽可能地节约电能和减少有色金属消耗量。

4.1.1　概述

电力系统是由发电厂、电力网和用电设备组成的统一整体。电力网是电力系统的一部分，它包括变电所、配电所及各种电压等级的电力线路。油库供配电系统是电力系统的终端部分。

4.1.1.1　电力系统组成

(1) 发电厂

发电厂是将自然界蕴藏的各种一次能源转换为电能(二次能源)的工厂，它的产品是电能。根据所利用的一次能源的不同，发电厂可分为火力发电厂、水力发电厂、核能发电厂、风力发电厂、地热发电厂、太阳能发电厂等类型。目前在我国接入电力系统的发电厂主要是火力发电厂和水力发电厂，近年来核能发电厂有了较快的发展。

(2) 变电所与配电所

为了实现电能的经济输送和满足用电设备对供电质量的要求，需要对发电机的端电压进行多次的变换。变电所就是接受电能、变换电压和分配电能的场所。根据任务的不同，变电所可分为升压变电所和降压变电所 2 大类。升压变电所是将低电压变换为高电压，一般建立在发电厂厂区内；降压变电所是将高电压变换到合适的电压等级，一般建立在靠近电能用户的中心地点。

(3) 电力线路(输电线路)

电力线路是输送电能的通道。因为火力发电厂多建在燃料产地，水力发电厂则建在水力资源丰富的地方，一般这些大型的发电厂距离电能的用户都比较远，所以需要用各种不同电压等级的电力线路，作为发电厂、变电所和电能用户之间联系的纽带，使发电厂生产的电能源源不断地输送到电能用户。

通常，35kV 及以上的电力线路称为高压输电线路，6～10kV 的电力线路称为高压配电线路，200/380V 的电力线路称为低压配电线路。

（4）电能用户

在电力系统中，一切消费电能的用电设备均称为电能用户。用电设备按其用途可分为：动力用电设备（如电动机等）、工艺用电设备（如电解、冶炼、电焊等设备）、电热用电设备（如电炉、干燥箱、空调等）、照明用电设备和试验用电设备等，它们分别将电能转换为机械能、热能和光能等不同形式，以适应生产和生活对电能的需要。工业是电力系统中最大的电能用户，随着家用电器的猛增，生活用电的比例将会急剧上升。

图 4－1 是从发电厂、变电所、电力线路到电能用户的送电过程示意图。

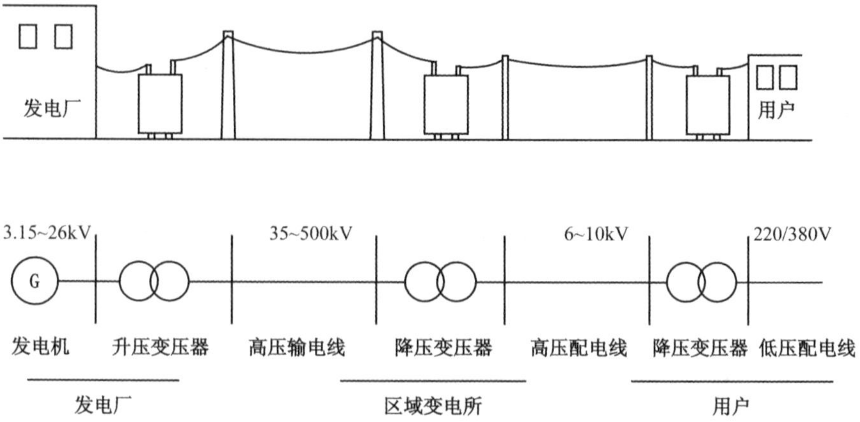

图 4－1　从电厂到用户的送电过程示意图

为了提高供电的安全连续性，保证用户供电不中断，经济合理使用电能，把各种类型发电厂的发电机、变电所的变压器以及输电线、配电设备和用电设备联系起来组成统一的整体，称为电力系统，如图 4－2 所示。

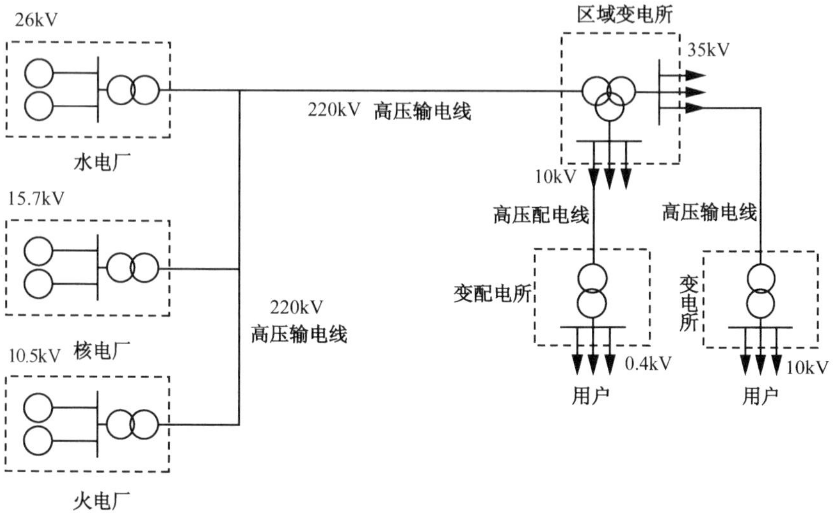

图 4－2　电力系统示意图

4.1.1.2 电力系统的额定电压与频率

电力系统中的所有电气设备，都是在一定的电压和频率下工作的。系统的电压和频率直接影响电气设备的运行，电压和频率是衡量电力系统电能质量的两个重要参数。

（1）电网(电力线路)的额定电压

我国规定的三相交流电网和电力设备的额定电压有：220V、380V、660V、3kV、6kV、10kV、35kV、110kV、220kV、330kV、500kV。习惯上把1kV及以上的电压称为高压，1kV以下的电压称为低压。通常将单相电压220V作为照明/家电等用电，三相电压380V作为动力用电。

（2）用电设备的额定电压

任何导体都存在电阻，只是导体电阻率的大小差别。由于电力线路阻抗的作用，用电设备运行电流流过线路时将产生电压损耗，其结果是造成线路上各点的电压略有不同，如图4-3所示。但是成批生产的用电设备，其额定电压不可能按使用地点的实际电压来制造，而只能按线路首端与末端的平均电压即电网的额定电压 U_N 来制造。所以用电设备的额定电压规定与供电电网的额定电压相同。

（3）发电机的额定电压

由于同一电压的线路一般允许的电压偏差是±5%，即整个线路允许有10%的电压损耗，因此为了维持线路首端与末端的平均电压在额定值，线路首端电压应较电网额定电压高5%，如图4-3所示。而发电机是接在线路首端的，所以规定发电机额定电压高于所供电网额定电压5%。

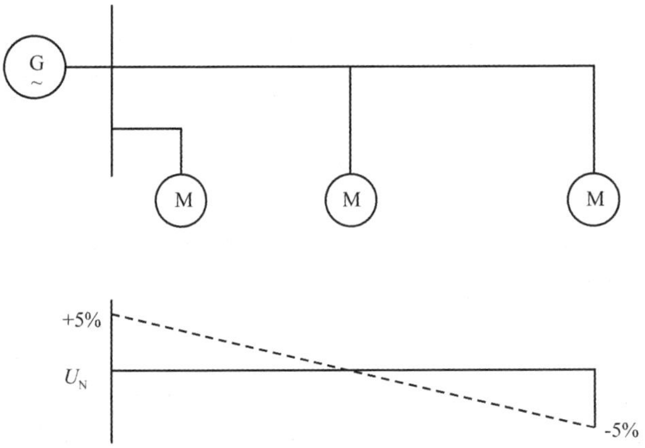

图4-3　用电设备和发电机的额压电压

（4）电力变压器的额定电压

分一次绕组额定电压与二次绕组的额定电压(即输出电压)，通常是指二次绕组的额定电压。必须指出，变压器二次绕组的额定电压是指变压器在其一次绕组加上额定电压时，二次绕组的开路电压(空载电压)。而变压器在满载运行时，其绕组内有大约5%的阻抗电压降，因此分两种情况讨论：

如果变压器二次侧的供电线路较长(如为较大容量的高压电网)，则变压器二次绕组额定电压一方面要考虑补偿绕组本身5%的电压降，另一方面还要考虑变压器满载时输出的二次电压仍要高于二次侧电网额定电压5%(因变压器处在其二次侧线路的首端)，所以这种情况下，变压器二次绕组额定电压应高于二次侧电网额定电压10%。如图4-4所示。

如果变压器二次侧的供电线路不长(如为低压电网，或直接供电给高低压用电设备的线路)，则变压器二次绕组的额定电压，只需高于二次侧电网额定电压5%即可，如图4-4所示。

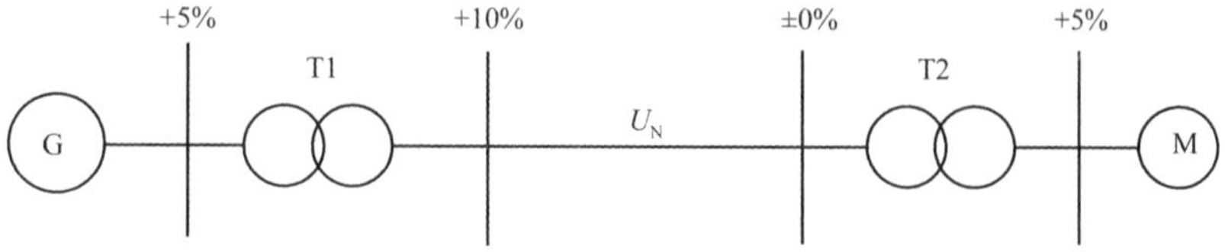

图4-4　电力变压器的额定电压

(5) 电压偏差

按GB 50052《供配电系统设计规范》规定，正常运行情况下，用电设备端子处的电压偏差允许值一般为±5%(电动机、照明)，特殊情况下如应急照明、道路照明为+5%、-10%。

对电压偏差，可通过调整来提高供电质量。调整的方法有：选择有电压分接头或采用有载调压变压器、尽量使三相负载平衡运行、通过增大导线截面降低系统阻抗、采用无功功率补偿装置等。

(6) 频率

我国规定，一般交流电力设备的额定频率为50Hz，也称为“工频”，允许偏差为±0.5Hz。频率的稳定主要取决于系统中有功功率的平衡，频率偏低，表示电力系统中发出的有功功率不足，应设法增大发电机的有功功率。

4.1.1.3　电力负荷的分级

电力负荷有两个含义：一是指用电设备或用电单位(用户)；二是指用电设备或用户所消耗的电功率或电流。这里所讲的电力负荷，是指的前者。

(1) 一级负荷

符合下列情况之一时，应为一级负荷：①中断供电将造成人身伤亡时；②中断供电将在政治、经济上造成重大损失时，例如重大设备损坏、大量产品报废、用重要原料生产的产品大量报废、国民经济中重点企业的连续生产过程被打乱需要长时间才能恢复时；③中断供电将影响有重大政治、经济意义的用电单位的正常工作时，例如重要交通枢纽、重要通信枢纽、重要宾馆、大型体育场馆、经常用于国际活动的大量人员集中的公共场所等用电单位中的重要电力负荷。

在一级负荷中，当中断供电将发生中毒、爆炸和火灾等情况的负荷，以及特别重要场所的不允许中断供电的负荷，应视为特别重要的负荷。

一级负荷属重要负荷，应由双回线路独立电源供电，当一个电源发生故障时，另一个电源不应同时受到损坏。一级负荷中特别重要的负荷，除由两个独立电源供电外，还应增设应急电源，并严禁其他负荷接入应急供电系统。可作为应急电源的电源有：①独立于正常电源的发电机组；②供电网络中独立于正常电源的专用的馈电线路；③蓄电池(组)。

(2) 二级负荷

符合下列情况之一时，应为二级负荷：①中断供电将在政治、经济上造成较大损失时，例如主要设备损坏、大量产品报废、连续生产过程被打乱需较长时间才能恢复、重点企业大量减产时；②中断供电将影响重要用电单位的正常工作时，例如交通枢纽、通信枢纽等用电单位中的，重要电力负荷，以及中断供电将造成大型影剧院、大型商场等较多人员集中的重要的公共场所秩序混乱时。

二级负荷也属重要负荷，但其重要程度次于一级负荷。二级负荷宜由双回线路供电，供电变压器一般也应有两台。

（3）三级负荷

不属于一级和二级负荷者应为三级负荷。三级负荷对供电电源没有特殊要求。

（4）石油库对供电电源的要求

石油库的供电宜采用外接电源。石油库生产作业的供电负荷等级宜为三级，不能中断生产作业的石油库供电负荷等级应为二级。一、二、三级石油库应设置供信息系统使用的应急电源。一级石油库宜配置可移动式应急动力电源装置。消防泵动力源可以是双电源，也可都采用柴油机驱动泵。

4.1.2 供配电系统

日常工作中，习惯对电气系统称法为：三相三线制、三相四线制、三相五线制等。国际电工委员会对供电系统作了统一规定，将低压电网的配电制及保护方式分为 TN 系统、TT 系统、IT 系统。其中 TN 系统又分为 TN－C、TN－S、TN－C－S 系统。

4.1.2.1 基本供电系统

（1）TN、TT、IT 的含义

1）第一字母表示电力系统对地关系

T→表示中性点直接接地；

I→表示所有带电部分与大地绝缘（没有工作接地），或中性点经高阻抗接地（≥1MΩ）。

2）第二字母表示用电装置外露的可导电部分（以下均称为电气设备金属外壳）的对地关系

T→电气设备的金属外壳与大地直接联接，与供电系统接地相互独立（与供电系统中的其他任何接地无直接关系）；

N→电气设备的金属外壳接地，并与供电系统直接连接。

3）第三个字母表示工作零线与保护零线的组合关系

C→表示工作零线与保护零线是合一的，如 TN－C；

S→表示工作零线与保护零线是严格分开的，所以 PE 线称为保护零线，如 TN－S。

（2）TN 供电系统

这种供电方式将电气设备的金属外壳与工作零线连接，称作接零保护系统，用 TN 表示。

1）接零保护系统特点

① 一旦设备外壳带电，接零保护系统能将漏电电流上升为短路电流，这个电流很大，实际上就是单相对地短路故障，熔断器的熔丝会熔断，低压断路器的脱扣器会立即动作而跳闸，使故障设备断电，确保人身安全。

② TN 系统节省材料、工时，是我国采用的主要供电系统。在该系统中，根据其保护零线是否与工作零线分开而划分为 TN－C 和 TN－S 两种系统。

2）TN－C 供电系统

它是工作零线兼作接零保护线，称为保护性工作零线，用 PEN 表示。如图 4－5 所示。

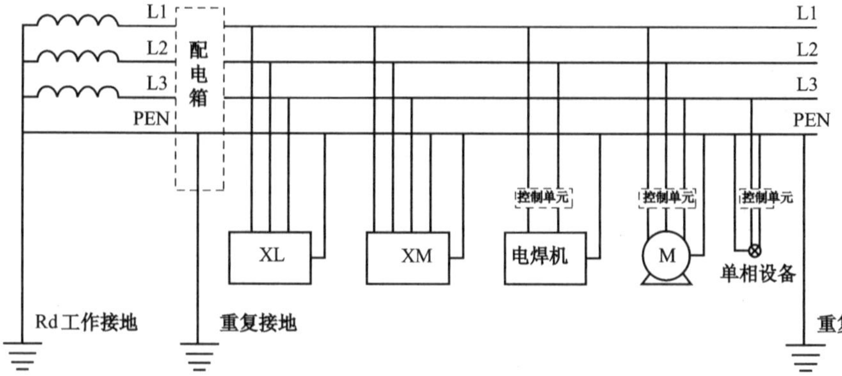

图4－5　TN－C供电系统

① 由于三相负载不平衡，工作零线上有不平衡电流，对地有电压，所以与保护线所联接的电气设备金属外壳有一定的电压。

② 如果工作零线断线，则保护接零的漏电设备外壳带电。

③ 如果电源的相线碰地，则设备的外壳电位升高，使工作零线上的危险电位蔓延。

④ TN－C系统干线上使用漏电保护器时，工作零线后面的所有重复接地必须拆除，否则漏电开关合不上；而且工作零线在任何情况下都不得断线。实用中工作零线只能让漏电保护器的上侧有重复接地。

⑤ TN－C方式供电系统只适用于三相负载基本平衡的情况。

3）TN－S供电系统

它是把工作零线N和保护零线PE严格分开的供电系统，称作TN－S供电系统，如图4－6所示。TN－S供电系统的特点如下：

① 系统正常运行时，保护零线上没有电流，只是工作零线上有不平衡电流。PE线对地没有电压，所以电气设备金属外壳接零保护是接在专用的保护零线PE上，安全可靠。

② 工作零线只用作单相照明负载的回路。

③ 保护零线PE不能断线，也不能进入漏电开关。

④ 干线上使用漏电保护器时，工作零线不得有重复接地，而PE线有重复接地，但是不经过漏电保护器，所以TN－S系绕供电干线上也可以安装漏电保护器。

⑤ TN－S方式供电系统安全可靠，适用于工业与民用建筑等低压供电系统。在建筑工程施工用电必须采用TN－S方式供电系统。

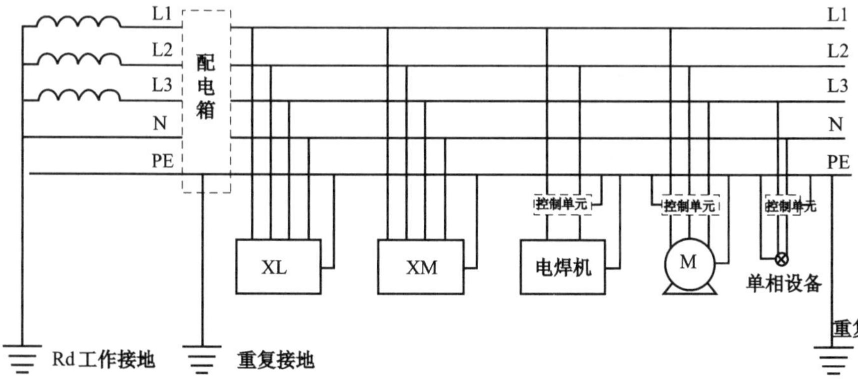

图4－6　TN－S供电系统

上图常见于建筑施工临时用电 TN－S 系统中电气设备的接线原理图。对于固定设备，TN－S 系统中电气设备的接线原理图见图 4－7。PE 线进入区域配电箱后，经重复接地极进入地面下，形成接地干线，在需要接地处引出接地桩与电气设备外壳连接。

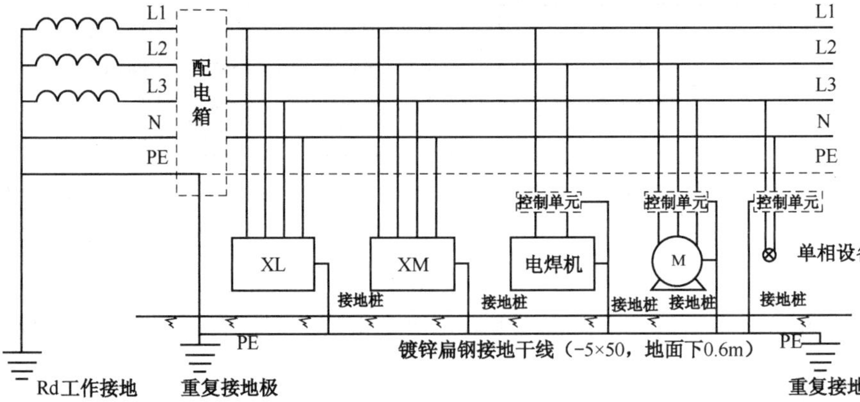

图 4－7　固定电气设备 TN－S 供电系统接线原理图

4）TN－C－S 供电系统

在建筑施工临时用电中，如果供电系统前部分是 TN－C 方式供电，而规定施工规现场必须采用 TN－S 供电系统，则可以在系统后部分现场总配电箱中分出 PE 线，如图 4－8 所示。这种系统称为 TN－C－S 供电系统。

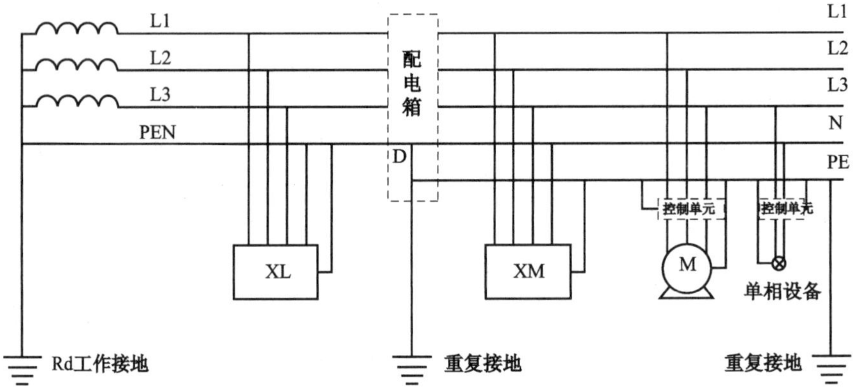

图 4－8　TN－C－S 供电系统

① 工作零线 N 与保护零线 PE 相联通，如图 4－9 中 ND 这段工作零线不平衡电流比较大时，电气设备的接零保护受零线电位的影响。D 点至后面 PE 线上没有电流，即该段导线上没有电压降，因此，TN－C－S 系统可以降低电气设备外壳对地的电压，然而又不能完全消除这个电压，这个电压的大小取决于 ND 线的负载不平衡的情况及 ND 这段线路的长度。负载越不平衡，ND 线又很长时，设备外壳对地电压偏移就越大。所以要求负载不平衡电流不能太大，而且在 PE 线上应做成重复接地，如图 4－9 所示。

② PE 线在任何情况下都不得进入漏电保护器，因为线路末端的漏电保护器动作会使前级漏电保护器跳闸造成大范围停电。

③ 对 PE 线除了在总配电箱处必须和 N 线相接以外，其他各分箱处均不得把 N 线和 PE 线相联，PE 线上不许安装开关和熔断器，也不得用大地兼作 PE 线。

通过上述分析，TN－C－S 供电系统是在 TN－C 系统上临时变通的作法。当三相电力变压器工作接地情况良好、三相负载比较平衡时，TN－C－S 系统在施工用电实践中效果还是可行的。但是，在三相负载不平衡、建筑施工工地有专用的电力变压器时，必须采用 TN－S 方式供电系统。

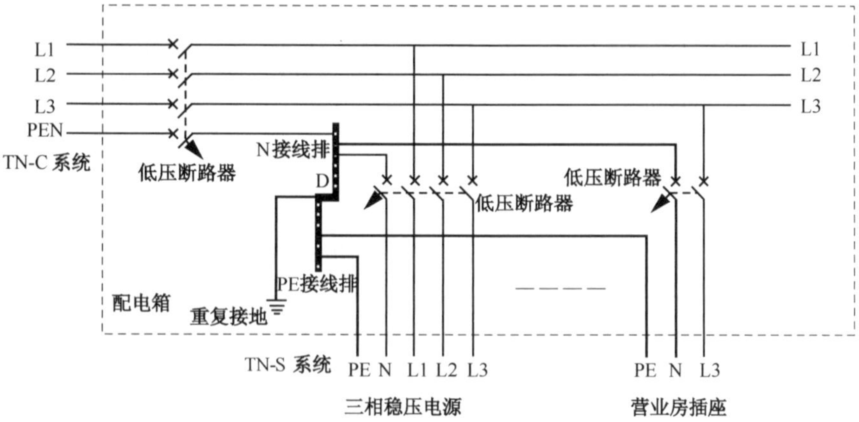

图 4－9　TN－C 系统转换成 TN－S 系统

（3）TT 供电系统

TT 方式是指将电气设备的金属外壳直接接地的保护系统，称为保护接地系统，也称为 TT 系统。在该系统中，负载的所有接地均称为保护接地，如图 4－10 所示。

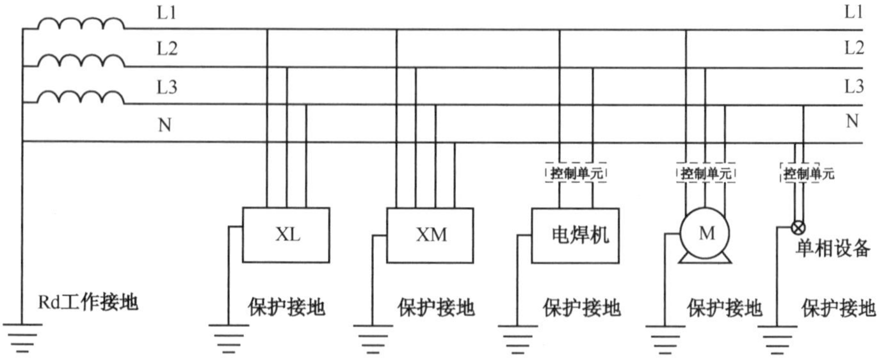

图 4－10　TT 供电系统

① 当电气设备的金属外壳带电（相线碰壳或设备绝缘损坏而漏电）时，由于有接地保护，可以大大减少触电的危险性。但是，低压断路器（自动空气开关）不一定能跳闸，造成漏电设备的外壳对地电压高于安全电压，对人造成危害。

② 当漏电电流比较小时，即使有熔断器也不一定能熔断，所以还需要漏电保护器作保护，因此 TT 系统难以推广。

③ TT 系统接地装置耗用的钢材多，施工难度大，且难以回收。

④ TT 系统图 4－10 的接法在实用中实施难度较大，在实际实施时，采用一条保护零线，保护零线首尾端设接地极（组）。所有电气设备外壳与保护零线连接，如图 4－11 所示。

（4）IT 供电系统

I 表示电源侧没有工作接地，或经过高阻抗接地。第二个字母 T 表示负载侧电气设备进行接地保护，如图 4－12 所示。

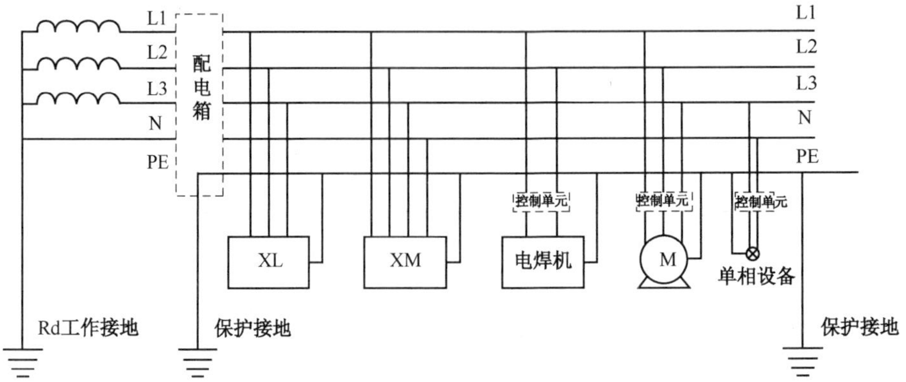

图 4－11　TT 供电系统在实用中的接法

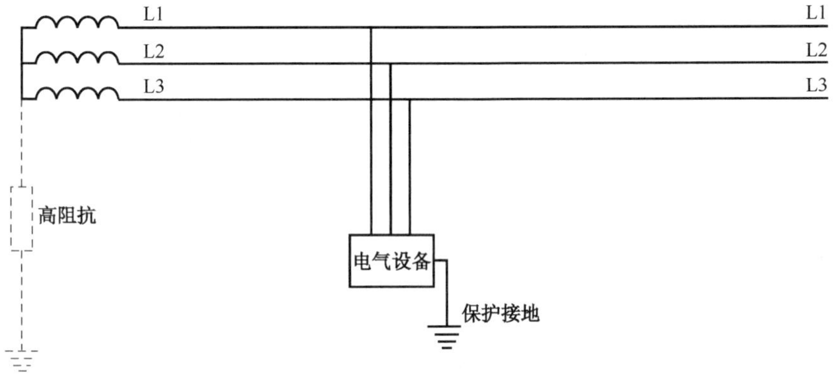

图 4－12　IT 供电系统

IT 方式供电系统在供电距离不是很长时，供电的可靠性高、安全性好。一般用于不允许停电的场所，或者是要求严格地连续供电的地方，例如电力炼钢、地下矿井等处。地下矿井内供电条件比较差，电缆易受潮。运用 IT 方式供电系统，即使电源中性点不接地，一旦设备漏电，单相对地漏电流仍很小，不会破坏电源电压的平衡。

但是，如果供电距离较长时，供电线路对大地的分布电容就不能忽视了。从图 4－13 可见，在负载发生短路故障或设备外壳带电时，漏电电流经大地形成回路，保护设备不一定动作，这是非常危险的。这种供电方式在日常用电中很少见。

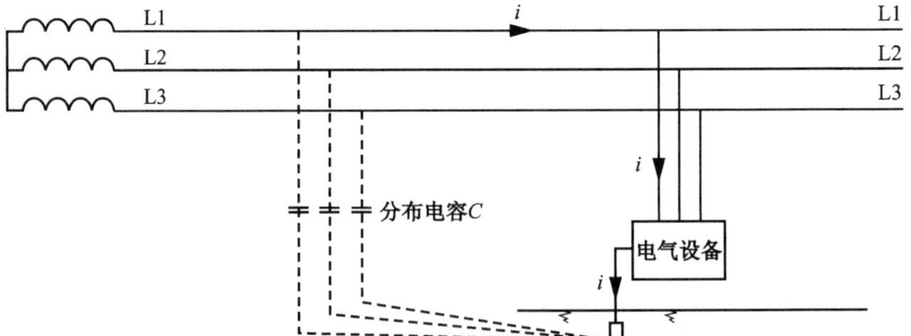

图 4－13　分布电容的影响

（5）油库供配电方式

① TT 供电系统的缺陷。在 TT 供电系统中，当设备发生单相接地故障时，往往短路电流很小，不能可靠地切断故障回路，从而使故障设备外壳长期带上危险电压。此时，若人体

万一触及便会有触电危险。为了将接触电压限制到安全电压以下，就得把保护接地电阻值降得比系统的接地电阻 4Ω 更低。同时在爆炸危险区内，如电气设备外壳长期带上危险电压，一旦条件符合，极可能发生电火花，这是非常危险的。

② IT 供电系统的缺陷。在 IT 供电系统中，电气设备外壳无论保护接地与否，当发生相线碰壳故障时，外壳将带电，而且故障将长期存在下去。这种情况，虽然对人体而言是安全的，但如遇金属导体偶然触及时，仍可能产生足以引燃油气的电火花而导致火灾、爆炸事故。因而这种保护方式不宜在爆炸危险区内使用，其最主要的原因是故障不能及时发现和排除。IT 系统在油库、加油站不能采用。

③ TN－C 供电系统的缺陷。在 TN－C 供电系统中，电气设备外壳必须与 N 线连接，当三相负载不平衡时，N 线有电流流过，或者说 N 线有电压，而且电压的高低与不平衡程度相关，换言之，该系统中电气设备的外壳有电压是必然的。对于爆炸危险场所，设备外壳存在电压始终是一个安全隐患。因此，TN－C 供电系统不适用于爆炸危险场所，国家众多标准与规范对此有明确的要求。

④ 油库供配电方式应采用 TN－S 供电系统。在 TN－S 供电系统中，设备外壳与 PE 线连接。正常运行时，PE 线（保护零线）上没有电流，PE 线对地没有电压。N 线（工作零线）不平衡电流与设备外壳没有联系。当设备发生短路故障时，短路电流通过 PE 保护零线形成短路通道，触发设备控制回路上的保护电器（空气断路器、熔断器等）动作，切断故障电路。TN－S 供电系统安全可靠，广泛应用于爆炸危险场所、施工临时用电。

4.1.2.2 地和接地

（1）地的概念

1）电气地

大地是一个电阻非常低、电容极大的物体，拥有吸收无限电荷的能力，而且在吸收大量电荷后仍能保持地电位不变，因此作为电气系统中参考电位体。

电气地与接地体（极）密切相关，如图 4－14 所示。在大地设一组接地体，电流 I 通过接地极向大地作半球形消散。当电流通过接地体流入大地时，接地体处具有最高的电压，离开接地体后电压逐渐下降，离开接地体半径约 20m 处电压降为零。如接地体不是单根而是多根组成时，上述 20m 的距离可能会增大。

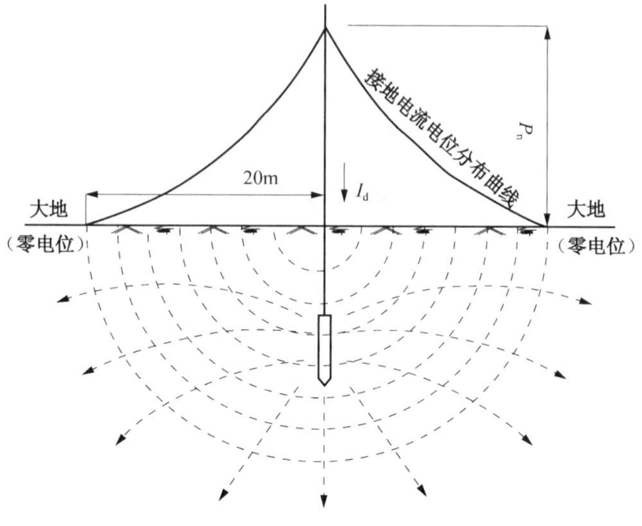

图 4－14　电气地

电气上的地是指距接地体 20m 以外的地，而不是接地体周围 20m 以内的地。同时，电气上的“地”是零电位的地。对地电压就是当发生接地短路时，电气设备的接地部分(设备外壳、接地线、接地体)所具有的电位与 20m 外大地零电位之间的电位差。在接地体分布很密的地方，很难存在电位等于零的电气地。

2）逻辑地

电气设备各级电路电流的传输、信息转换要求有一个参考地电位，这个电位还可防止外界电磁场信号的侵入，通常称这个电位为“逻辑地”。这个地可能是电子设备的金属外壳、底座、建筑物内的总接地端子、接地干线等；逻辑地可与大地接触，也可不接触。而“电气地”必须与大地连接。

3）接地电阻

电气设备接地部分的对地电压与经接地体流入地中的接地电流之比，称为接地装置的接地电阻。接地电阻是接地体流散电阻与接地装置电阻的总和。流散电阻是电流自接地体向周围大地流散过程所遇到的全部电阻。由于接地线的电阻很小，与流散电阻相比可以略去不计，因此从数值上看，流散电阻就等于接地电阻。

为了降低接地电阻，可以采用多根单一的接地体以并联连接的形式组成接地极组。

（2）接地

接地是指把电气设备的某一部分通过接地体(极)同大地形成良好的电气连接。埋入地中并直接与大地接触的金属导体，称为“接地体”或“接地极”。专门为接地而人为装设的接地体，称为“人工接地体”。兼任接地体用的直接与大地接触的各种金属构件、金属管道及建筑物的钢筋砼基础等，称为“自然接地体”。连接接地体与设备、装置接地部分的金属导体，称为“接地线”。接地线与接地体合称“接地装置”。由若干接地体在大地中相互用接地线连接起来的整体，称为“接地网”。其中接地线又分为接地干线和接地支线，接线干线一般采用不少于两根导体在不同地点与接地网连接。

1）接地的分类

① 检修接地。是在检修设备和线路时，除了切断电源外，还要临时将检修的设备或线路的导电部分与大地连接起来，以防万一发生误合闸等意外情况时造成触电事故。

② 故障接地。是指带电体与大地之间发生了意外的连接。

③ 工作接地。是维持供电系统正常安全运行的接地，如 TN 系统变压器中性点的接地等。

④ 安全接地。可分为保护接地、重复接地、防雷接地、防静电接地、屏蔽接地等，是为了防止触电、雷击、静电火花、爆炸、电磁幅射危害而实施的接地。

2）接地体的基本要求

接地体的长度为 2 ~ 3m，工程中多取 2.5m。接地体打入地下后，其顶端埋设深度不宜小于 0.6m。表 4 - 1 为 GB 50169《电气装置安装工程接地装置施工及验收规范》规定的接地体最小规格。表 4 - 2 为工程中常用的接地体规格。

工程中，钢接地体应采用镀锌材料。接地极多选用角钢($\angle$50mm × 5mm)和钢管(Φ57mm × 3.5mm)。接地干线与支线多采用扁钢(干线——50mm × 5mm，支线——40mm × 4mm)。

表 4-1 钢接地体的最小规格

名称		地上		地下(交流)	备注
		室内	室外		
圆钢/mm		$\Phi6$	$\Phi8$	$\Phi10$	镀锌材料
扁钢	截面/mm^2	60	100	100	
	厚度/mm	3	4	4	
角钢厚度/mm		2	2.5	4	
钢管管壁厚度/mm		2.5	2.5	3.5	

表 4-2 接地体和接地干线选材

名称	地上		地下	备注
	室内	室外		
扁钢/mm	25×4	40×4	40×4	镀锌材料
圆钢/mm	$\Phi12$	$\Phi14$	$\Phi14$	
角钢/mm			50×50×5	
钢管/mm			$DN50$($\Phi57\times3.5$)	

3）等电位联结

多个可导电部分间为达到等电位进行的联结。通常是电气设备金属外壳可导电部分与设备外可导电金属部件用导线直接连通，使其电位相等或接近的一种电气联结。作用是降低接触电压，保障人身安全。按 GB 50054《低压配电设计规范》规定，又分为总等电位联结与局部等电位联结。

① 总等电位联结(MEB)。在保护等电位联结中，将总保护导体、总接地导体或接地端子、建筑物内的金属管道和可利用的建筑物金属结构等可导电部分连接在一起。

② 局部等电位联结(LEB)。在一局部范围内将各导电部分连通，而实施的保护等电位联结。

总等电位联结用导线截面不应小于装置中最大 PE 线截面的一半，如采用铜导线时，应不小于 $6mm^2$，不大于 $25mm^2$。如采用其他材质导线时，应按 GB 50054 标准规定选择截面。

4）跨步电压

指在接地故障点附近行走时，两脚之间所出现的电位差。在带电的断线落地点附近及雷击时防雷装置雷电流的接地体附近行走时，同样也会出现跨步电压。跨步电压的大小与离接地故障点的远近及跨步的长短有关，越靠近接地点及跨步越长，跨步电压就越大。通常离接地点达 20m 时，跨步电压为零。

（3）重复接地

重复接地是指在 TN 系统中对 PEN 线或 PE 线多处与接地体连接。在 TN 系统中，重复接地是必不可少的。

1）TN-C 系统重复接地

在 TN-C 系统中，除变压器中性点直接接地外，还必须在 PEN 线上进行一处或多处重复接地，这在有关规范中都有详尽明确的规定。重复接地的作用，首先是当发生相线→机壳短路故障时，可以降低 PEN 线、机壳的对地电压；其次是在 PEN 线一旦断开，可以减轻故障的危害程度；此外，在保护接零系统中，即使没有出现设备漏电，仅仅出现三相负荷不平衡，PEN 线上也可能出现对地电压。只是三相负荷不平衡状态并不十分严重，这一对地电压一般并不大，不致造成人身触电危险，但却存在产生电火花的危险，因此，也应加以预防。重复接地可以强制将 PEN 线对地电压引向大地并消散为零电位。还有，重复接地与工作接地构成 PEN 线的并联分支，所以当发生短路故障时，能加大短路电流，从而迫使设置在电气线路上的保护装置更快动作，切断故障电路。

PEN 线未设重复接地，若 PEN 线断线后，单相设备打开或有一相碰壳，PEN 线断线点后的电气设备外壳对地电压接近相电压 220V，是非常危险的。在保护接零系统中，再加上重复接地，将大大改进安全性能。

2）TN－S 系统重复接地

在 TN－S 系统中，除变压器中性点直接接地外，还必须在 PE 线上进行一处或多处重复接地。TN－S 系统中 PE 线在电气系统正常工作时没有电流流过，只有在设备因故障发生相线碰壳短路、漏电时，形成相线→外壳→PE 线→变压器中性点的短路流通通道，通过配电线路上的空气断路器、熔断器等电器动作切断故障电路。

重复接地可减少 PE 线总阻抗，增大短路电流，促使空气断路器、熔断器等电器动作快速响应。

PE 线上不允许安装开关、熔断器等电器，即不允许断线。若 PE 线断线后并有一相碰壳，PE 线断线点后的电气设备外壳对地电压接近相电压 220V，是非常危险的。

3）重复接地的要求

TN 系统中的 PE 线除必须在配电室（或总配电箱）处做重复接地外，还必须在配电系统的中间处（分配电箱）和末端处做重复接地。PE 线每一处重复接地装置的接地电阻值不应大于 10Ω。

4.2 油库供配电常用低压电器

在电工行业中所指的电器，就是能够根据外界的要求或所施加的信号，自动或手动地分、合电路，从而连续或断续地改变电路参数或状态，以实现对电路或非电现象的切换、变换、检测、控制、保护和调节的电气设备。简单地说，电器就是分、合电路或调节、控制、保护电路和设备用的电工器具或装置。

电器分为高压电器和低压电器。低压电器一般是指在交流 50Hz、额定电压 1200V、直流额定电压 1500V 及以下的电路中起通断、保护、控制或调节作用的电器产品。而工作在额定电压为 3kV 及以上电路中的电器，称为高压电器。

由于在大多数用电行业及人们的日常生活中一般都使用低压设备，采用低压供电。而低压供电的输送、分配和保护，以及设备的运行和控制是靠低压电器来实现的，因此低压电器的应用十分广泛，直接影响低压供电系统和控制系统的质量。

本节除 4.2.6 外均为选读内容，用※号表示。

4.2.1 ※低压电器概述

4.2.1.1 低压电器的分类

电器的用途广泛，功能多样，种类繁多，结构各异，工作原理也各有不同。电器有多种分类方法：按工作电压的等级可分为高压电器和低压电器；按动作原理可分为手动电器和自动电器；按工作原理可分为电磁式电器和非电量控制电器；按用途可分为以下几类：

（1）配电电器

配电电器主要用于供、配电系统中，进行电能输送和分配。这类电器有刀开关、自动开关、隔离开关、转换开关以及熔断器等。对这类电器的主要技术要求是分断能力强，限流效果好，动热稳定性能好。

（2）控制电器

控制电器主要用于各种控制电路和控制系统。这类电器有接触器、继电器、转换开关、电磁阀等。对这类电器的主要技术要求是有一定的通断能力，操作频率要高，电器和机械寿命要长。

（3）主令电器

主令电器主要用于发送控制指令。这类电器有按钮、主令开关、行程开关和万能转换开关等。对这类电器的主要技术要求是操作频率要高，抗冲击，电器和机械寿命要长。

（4）保护电器

保护电器主要用于对电路和电气设备进行安全保护。这类低压电器有熔断器、热继电器、安全继电器、电压继电器、电流继电器和避雷器等。对这类电器的主要技术要求是有一定的通断能力，反应要灵敏，可靠性要高。

（5）执行电器

执行电器主要用于执行某种动作和传动功能。这类低压电器有电磁铁、电磁离合器等。

随着电子技术和计算机技术的进步，近几年又出现了利用集成电路或电子元件构成的电子式电器，利用单片机构成的智能化电器，以及可直接与现场总线连接的具有通信功能的电器。

4.2.1.2 电器的作用

电器是构成控制系统的最基本元件，它的性能将直接影响控制系统能否正常工作。电器能够依据操作信号或外界现场信号的要求，自动或手动地改变系统的状态、参数，实现对电路或被控对象的控制、保护、测量、指示、调节。它的工作过程是将一些电量信号或非电信号转变为非通即断的开关信号或随信号变化的模拟量信号，实现对被控对象的控制。电器的主要作用如下：

① 控制作用。如电梯的上下移动、快慢速自动切换与自动停层等。

② 保护作用。能根据设备的特点，对设备、环境以及人身安全实行自动保护，如电动机的过热保护、电网的短路保护、漏电保护等。

③ 测量作用。利用仪表及与之相适应的电器，对设备、电网或其他非电参数进行测量，如电流、电压、功率、转速、温度、压力等。

4.2.1.3 低压电器主要技术参数

（1）额定电压

额定电压分为 3 种，即额定工作电压、额定绝缘电压和额定脉冲耐受电压。

① 额定工作电压。它是与额定工作电流共同决定使用类别的一种电压，通常为线电压值。

② 额定绝缘电压。它是与介质的介电性能试验、爬电距离相关的电压。在任何情况下，额定绝缘电压都不低于额定工作电压。

③ 额定脉冲耐受电压。它用来反映系列中的电器在发生最大过电压时的耐受能力。

④ 额定绝缘电压和额定脉冲耐受电压共同决定了电器的绝缘水平。

(2) 额定电流

低压电器中的额定电流分为4种，即额定工作电流、约定发热电流、约定封闭发热电流和额定不间断电流。

① 额定工作电流。它是在规定条件下，保证电器正常工作的电流值。

② 约定发热电流。它是指当电器处于非封闭状态下，按规定试验条件进行试验时，其各部件在8h工作制下的温升不超过极限值时，所能承受的最大电流值。

③ 约定封闭发热电流。它是指当电器处于封闭状态下，按规定试验条件进行试验时，其各部件在8h工作制下的温升不超过极限值时，所能承受的最大电流值。

④ 额定不间断电流。它是指电器在长期工作制下，各部件温升不超过极限值时，所能承受的电流值。

4.2.1.4 低压电器的类型及代号

低压电器产品有各种各样的结构和用途，每种产品都有它的型号，产品型号及含义如下：

1	2	3	-	4	5	/	6	7

1——类组代号(用汉语拼音字母，最多三位，类组代号见表4-3)；

2——设计代号(用数字，位数不限，其中二位以上首位数字为9表示船用，8表示防爆，5表示化工)；

3——特殊派生代号(用汉语拼音字母)；

4——基本规格代号(用数字，位数不限)；

5——派生代号(用汉语拼音字母)；

6——辅助规格代号(用数字，位数不限)；

7——热带产品代号。

低压电器产品的型号类型如表4-3所示。

4.2.2 ※低压开关

开关是一种用来隔离电源以及在规定条件下接通、分断或转换电路的配电电器。刀开关是一种利用动触头(触刀)和静触头(刀座)的撰合或分离状态，以达到接通或分断电路为目的的开关。转换开关也是刀开关的一种形式，应用在主电路中，可将一组已连接的器件转换到另一组已连接的器件。其中采用刀开关结构形式的称为刀形转换开关；而采用叠装式触头元件并组装成旋转操作的称为组合开关。开关可分为有载运行操作、无载运行操作、选择性运行操作3种。

低压开关也称低压隔离器。以刀开关为例，它是低压电器中结构比较简单、应用较广的一类手动电器，主要用于隔离电源，也可用来非频繁地接通和分断容量较小的低压配电电器。

4.2.2.1 刀开关

刀开关广泛用于各种低压配电设备，作为电源隔离开关，亦可用来频繁地接通与断开容量不大的低压配电电路。当刀开关有灭弧罩，并用杠杆操作时，也能接通或分断额定电流。

表 4－3　低压电器产品型号类组(部分)

代号	名称	A	B	C	D	G	H	J	K	L	M	P	Q	R	S	T	U	W	X	Z
H	刀开关和转换开关				刀开关		封闭式负荷开关		开启式负荷开关					断路器式刀开关	刀形转换开关					组合开关
R	熔断器			插入式			汇流排式			螺旋式					快速	有填料管式			限流	
D	自动开关									照明	灭磁				快速		框架式	限流		
C	接触器					高压		交流							时间					直流
Q	起动器	按钮式		磁力式				减压							手动				星三角	综合
J	控制继电器									电流				热	时间	通用		温度		中间
L	主令电器	按钮						接近开关	主令控制器						主令开关	足踏开关	旋钮	万能转换开关	行程开关	
M	电磁铁												牵引					起		制动
A	其他		保护器	插销	灯					铃										

刀开关按极数分有单极、双极和三极；按结构分有平板式和条架式；按操作方式分有直接手柄操作式、杠杆操作机构式、旋转操作式和电动操作机构式。

(1) 刀开关的结构

刀开关由手柄、触刀、插座、底板及绞链支座等组成。当操作人员手握手柄使触刀绕绞链支座转动且插入插座内时，就实现了电路的接通操作。如使触刀绕绞链支座反方向转动，使触刀脱离插座，就可实现电路切断的操作。为了使触刀和插座有良好的接触，触刀与插座间应具有足够的压力。为此，对于额定电流大小不同的刀开关分别采用了不同的处理措施：额定电流较小的刀开关的插座一般采用硬紫铜制造，利用硬紫铜的弹性产生所需的接触压力；额定电流较大的刀开关，一般在插座的两侧加装弹簧片以增大接触压力；额定电流很大的刀开关，通常将触刀做成双刀片式，使刀片分布在插座的两侧，并且用螺丝钉和片状弹簧锁紧，以保证触刀和插座间具有足够的压力。

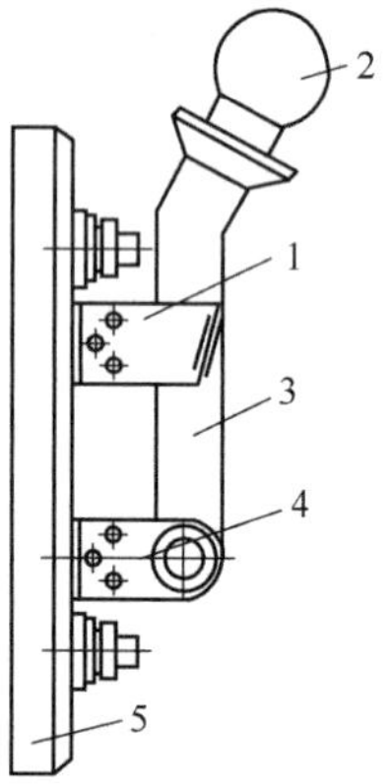

图4-15　单极刀开关

1—静插座；2—手柄；3—触刀；4—锁链支座；5—绝缘底板

刀开关的典型结构手柄操作式单极刀开关如图4-15所示。

(2) 刀开关的主要技术参数

① 额定电压。额定电压指在规定条件下，保护电器正常工作的电压值。目前国内生产的刀开关的额定电压一般为交流；(50Hz)500V以下，直流为440V以下。

② 额定电流。额定电流指在规定条件下，保证电器正常工作的电流值。目前生产的刀开关，额定电流为10A、15A、20A、30A、60A、100A、200A、400A、600A、1000A、1500A等。

③ 通断能力。通断能力指在规定条件下，能在额定电压下接通和分断的电流值。

一般情况下，大电流的刀开关及刀形转换开关是不允许分断电流的，只有在有灭弧罩且采用侧面杠杆操作时，才允许分断额定值以下的电流。刀开关的分断能力以其能分断的最大电流的灭弧能力来表征。当刀开关分断电阻性电路时，因其功率因数接近于1，电流与电压的相位基本相同，电流过零时，电弧容易熄灭；但在电感性电路中，因功率因数低，即使电流过零时电弧熄灭，当电压变化到不为零时，电弧可能重燃。对于这一类的刀开关在切断电路时应迅速将电弧拉长，使电弧冷却并熄灭。因此，要求操作刀开关时务必迅速果断。

④ 动稳定电流。动稳定电流指在规定的使用和性能条件下，开关电路在闭合位置上所能承受的电流峰值。刀开关的动稳定电流为其额定电流的几十倍到几百倍，因为刀开关在闭合位置时，可能通过短路电流。

⑤ 热稳定电流。热稳定电流指在规定的使用和性能条件下，开关电路在指定的短时间内，于闭合位置上所能承载的电流。刀开关的热稳定电流也为额定电流的几十倍。

⑥ 机械寿命。开关电器在需要修理或更换机械零件前所能承受的无载操作次数称为机械寿命。刀开关为不频繁操作电器，其机械寿命一般为5000~10000次。

⑦ 电寿命。在规定的正常工作条件下，开关电器不需修理或更换零件的情况下，带负载操作次数称为电寿命。刀开关的电寿命一般为500~1000次。

(3) 刀开关的种类

刀开关按极数分有：单极、双极、三极、四极等；

按结构分有：平板式和条架式。

按操作方式分有：中央手柄操作式、侧面手柄操作式、中央正方杠杆操作机构式、侧方正面杠杆操作机构式、正面旋转手柄操作式以及电动机操作式等；

按接线方式分有：板前接线和板后接线；

按转换方式分有：单投和双投。

此外，还有不带灭弧罩和带灭弧罩之分。其中带灭弧罩的可在线路正常馈电的情况下，非频繁地接通和分断电路；不带灭弧罩的只能在线路无负荷的条件下接通和分断电路。

1）塑壳刀开关

塑壳刀开关适用于交流 50Hz、电压至 380V 的一般电气装置，供手动不频繁地接通和分断负载及作短路保护。三极开关在适当降低容量情况时，也可作为异步电动机的不频繁直接启动及停止之用。其型号有 HK1、HK2。

塑壳刀开关由刀开关、接线座、熔体腔、胶盖、底板及操作手柄等组咸。全部的导电部件装于一块瓷底板上，其上部以胶木的外壳罩住。当其处于合闸状态时，一般金属零部件落于开关上部不致造成短路；当其合闸时，操作者不致误触导电部件；当其分闸时，不致造成相间弧光短路，也不会造成电弧飞出伤人。开启式负荷开关的胶盖分为上、下盖，上盖由标准螺钉与瓷底板上的螺栓紧固，下盖以铰链连于底板，更换熔体非常方便。图 4 – 16 是塑壳刀开关结构图及电路符号。

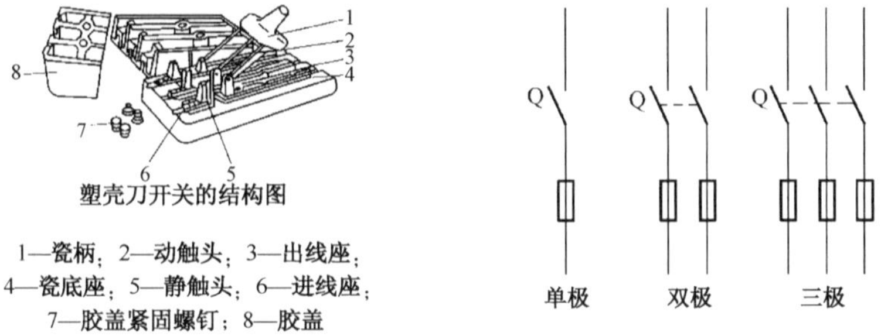

图 4 – 16　塑壳刀开关结构图及电路符号

塑壳刀开关按极数分有单极、两极和三极；按电压等级分有 250V 和 500V；按额定电流分有 10A、15A、30A 和 60A（其他系列有 75A 和 100A）。大电流等级塑壳刀开关不能分断其额定电流，一般只作为隔离用。三极的开启式负荷开关仅可作为 7. 5kW 以下三相异步电动机的不频繁启动和停止之用。

塑壳刀开关选用时，应使其额定电流不小于电动机额定电流的 3 倍。操作塑壳刀开关，在合闸与分闸时，应站位合理，动作迅速果断。

塑壳刀开关在出厂时一般不配备熔丝，而由用户来选配。其具体选配的方法为：对于照明线路、电热器及小容量变压器，应使熔丝的额定电流等于线路中的电流；对于小容量的配电线路，应使熔丝的额定电流等于或稍小于线路中的电流；对于小容量的三相异步电动机，应使熔丝的额定电流等于 1. 5 ~2. 5 倍的电动机额定电流。

2）HD、HS 系列刀开关

用于交流 50Hz、额定电压 380V 及以下，直流额定电压 440V 及以下，额定电流在 1500A 及以下的成套配电装置中，作为不频繁地手动接通和分断交、直流电路或作隔离开关用。HD 为单投刀开关，HS 为双投刀开关。

在 HD 系列的刀开关中，一般主触刀上带有辅助触刀（速断刀片），利用弹簧将其连接在一起。合闸时，主触刀和辅助触刀同时接触刀座；分闸时，主触刀先脱离刀座，辅助触刀后脱离刀座，并且依靠弹簧的弹力增加其脱离刀座的速度，以便迅速灭弧。同时，为了提高刀开关的分断能力，通常都安装灭弧罩。没有辅助触刀和速断触刀的刀开关不能切断较大的负荷电流，而只能作为隔离电器使用。

3）熔断器式刀开关

熔断器式刀开关是由刀开关和熔断器组合而成的，具有熔断器和刀开关的基本性能。熔断器式刀开关主要用于工矿企业的低压配电系统中，作为配电导线、电力电缆以及电气设备的短路与过载保护，同时还可用来进行正常条件下电路的非频繁切换。正常的电路分、合由刀开关承担，而故障短路电流的切断由熔断器来完成。

HR3 熔断器式刀开关适用于交流 50H、电压 380V 或直流电压 440V、额定电流 100 ~ 600A 的配电网络中，作为线路及电气设备的过载及短路保护用，还可作为正常条件下非频繁地分、合电路用。它具有刀开关和熔断器的两种功能。

HR3 系列熔断器式刀开关额定电流等级有 100A、200A、400A 及 600A 四种。为适应不同使用场合的需要，其操作机构有正面侧方杠杆传动机构式、侧面操作手柄式、正面中央杠杆传动机构式及无面板正面侧方杠杆传动式 4 种型式。其接线方式只有板前接线方式一种。

HR3 系列熔断器式刀开关由 RT0 型熔断器、静触头、底板及操作机构组成。额定电流 100 ~ 200A 的带有安装挡板，400 ~ 600A 的装有灭弧室。其灭弧室由经过浸渍处理的酚醛层压纸板冲制成隔弧壁和钢制镀锌栅片铆成。这种刀开关省材料，成本低，安装面积小。

HR5 系列熔断器式刀开关。HR5 系列熔断器式刀开关是低压空气式开关、隔离器和熔断器之组合电器。它代替了 HR3 系列熔断器式刀开关，其额定通断能力、额定熔断短路电流、时间 - 电流特性、电寿命等指标均达到较高水平，并且结构紧凑，使用维修方便，操作安全可靠。此开关具有单相熔断监测装置，能有效防止因熔断器单相熔断而造成的电动机的缺相运行事故。

HR5 系列熔断器式刀开关主要用于额定电压 660V、交流 50Hz、约定发热电流至 630A、存在短路电流的配电电路和电动机电路中，用作电源开关，隔离开关和应急开关，并作电路保护之用。但一般不作为直接开闭单台电动机之用。

（4）刀开关的选用和维修

1）选用

选用刀开关时必须注意以下几点：①根据刀开关所在电路中是否串接有一定分断能力的电器（如断路器等）来决定刀开关是否带灭弧罩。如串接有一定分断能力的电器时，可选用不带灭弧罩的刀开关。否则，应选用带灭弧罩的刀开关。②根据电路中是否需要转换电源或负载来决定刀开关是单投还是双投。如需要转换电源或负载时，应选用双投刀开关。否则，应选用单投刀开关。③根据电路中电源电压和负载的额定电流来选用能满足要求的刀开关。④根据刀开关的安装位置来选择是采用 HD11、HD12、HD13 或 HD14。⑤根据电路接线方式来选择板前接线的还是板后接线的。⑥根据电路中工作电流选择刀开关的额定电流等级后，还应校验刀开关的热、动稳定性。如不能满足要求，应选择高一级的刀开关。

2）维修

运行中的刀开关应定期进行巡视、检查，检查各接触部位有无过热现象（如刀闸颜色变深变暗，连接导线的绝缘老化，变色漆变色，示温蜡片熔化，用点温计测试温度过高等），刀开关有无烧损、松动等。一经发现应及时维修。维修刀开关时应把负荷转移或停下，采用电源隔离措施，注意与带电体的安全距离，防止其他电源酌反送或突然来电。维修时应清除底板上的尘垢，以保证有良好的绝缘。检查触刀分、合是否可靠，触刀磨损是否严重，弧触头有无烧坏，一经发现应用细挫修整或更换。触刀铰链过松是接触不良的原因之一，如果是由螺栓紧固的，应拧紧。重新更换刀开关时，不应使刀开关承受扭压力，应安装牢固，操作灵活，合闸到位。有灭弧罩的应将灭弧罩装好。

4.2.2.2 主令电器

主令电器用来闭合和断开控制电路，用以控制电力拖动系统中电动机的启动、停车、制动以及调速等。主令电器可直接或通过电磁式电器间接作用于控制电路。在控制电路中，由于它是一种专门发布命令的电器，故称为主令电器。主令电器不允许分合主电路。

主令电器应用十分广泛，种类也繁多，常用的有控制按钮、行程开关、接近开关、万能转换开关、主令控制器及其他主令电器，如脚踏开关、倒顺开关、紧急开关等。

(1) 控制按钮

控制按钮简称按钮，是一种结构简单、使用广泛的手动主令电器，它可以与接触器或继电器配合，在控制电路中对电动机实现远距离自动控制，用于实现控制电路的电气连锁。额定电压为交流500V(380V)以下，直流440V(220V)以下，额定电流大多为5A。

控制按钮可按按钮数目、动作型式、外壳型式、有无指示等的不同进行分类。

根据按钮的数目，分为单式(单钮)和复式(双钮、三钮等)。为了便于识别和操作，常将控制按钮做成不同颜色表示不同的操作。常用为：

红色。危险情况下的操作，常用于紧急停止、停止或分断。常用于全部停机，停止一台或多台电动机，停止一台机器的某一部分，使电器元件失电，有停止功能的复位按钮。

黄色。应急、干预，常用于应急操作，抑制不正常情况或中断不正常的工作周期。

绿色。启动或接通，常用于一台或多台电动机的启动，一台机器某一部分的启动，使某电器元件得电。

按动作型式分，除常用的按钮式外，尚有旋钮式(X)、钥匙式(Y)和紧急式(J)。

按外壳型式分，有开启式(K)、保护式(H)、防水式(S)和防腐式(F)。

按有无指示分，有带信号灯(D)和带电流表(A)的。信号灯的颜色有红、黄、绿、白、蓝等，一般停止为红色，启动为绿色，运转为黄色。

按触点形式分，有动合按钮：外力未作用时(手未按下)，触点是断开的，外力作用时，触点闭合，但外力消失后，在复位弹簧作用下自动恢复到原来的断开状态；动断按钮：外力未作用时(手未按下)，触点是闭合的，外力作用时，触点断开，但外力消失后，在复位弹簧作用下自动恢复到原来的闭合状态；复合按钮：既有动合按钮，又有动断按钮的按钮组，称为复合按钮。按下复合按钮时，所有的触点都改变状态，即动合触点要闭合，动断触点要断开。但是，这两对触点的变化是有先后次序的，按下按钮时，动断触点先断开，动合触点后闭合；松开按钮时，动合触点先复位(断开)，动断触点后复位(闭合)

控制按钮的结构与电路符号如图4－17所示。控制按钮一般由按钮、复位弹簧、触点和外壳等部分组成。它既有常开触头，也有常闭触头。常态时在复位的作用下，由桥式动触头将静触头1、2闭合，静触头3、4断开；当按下按钮时，桥式动触头将静触头1、2断开，静触头3、4闭合。触头1、2被称为常闭触头或动断触头，触头3、4被称为常开触头或动合触头。

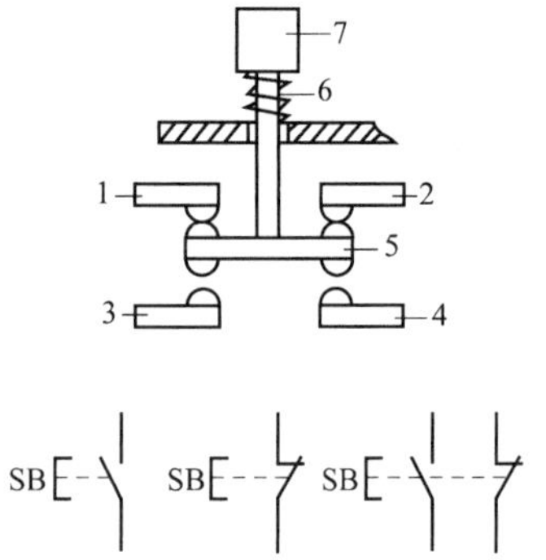

（a）常开触头（b）常闭触头（c）复合触头

图 4－17　控制按钮结构与电路符号

1、2—常闭触头；3、4—常开触头；

5—桥式动触头；6—复位弹簧；7—按钮；

（2）行程开关

根据生产机械的行程发出命令以控制其运行方向或行程长短的主令电器称为行程开关。行程开关的作用与按钮相同，只是其触头的动作不是靠手按动，而是利用机械部件的碰撞使触头动作的。也就是将机械的位移转变为电信号，用来控制机械动作或程序控制。如果将行程开关装设在工作机械的终点，以限制其行程，就称为限位开关或称终点开关。

行程开关按用途不周可分为两大类，一类是一般用途行程开关，它主要用于机床、自动生产线及其他生产机械的限位和程序控制；另一类是起重设备用的行程开关，它主要用来限制起重机及各种冶金辅助机械的行程。

行程开关按其结构可分为直动式（如 LX1、JLXK1 系列）、滚轮式（如 LX2、JLXK2 系列）和微动式（LXW－11、JLXK1－11 系列）3 种。直动式行程开关的动作原理与按钮相同，如图 4－18（a）所示。但其触头的分合速度取决于生产机械的运行速度，不宜用于速度低于 0.4m/min 的场所。滚轮式行程开关，如图 4－18（b）所示，当滚轮 1 受到向左的外力作用时，上转臂 2 向左下方转动，推杆 4 向右转动，并压缩右边弹簧 8，同时下面的小滚轮 5 也很快沿着擒纵杆 6 迅速转动，因而使动触头迅速地与右边的静触头分开，并与左边的静触头闭合。这样就减少了电弧对触头的损坏，并保证了动作的可靠性。这类行程开关适合于低速运动的机械。滚动式行程开关又分为单滚轮自动复位和双滚轮（羊角式）非自动复位式，由于双滚轮式行程开关具有两个稳态位置，有“记忆”作用，在某些情况下可使控制电路简化。微动式行程开关（LXW－11 系列）的结构原理如图 4－18（c）所示。它是行程非常小的瞬时动作开关，其特点是操作力小且操作行程短，常用于机械、纺织、轻工、电子仪器等各种机械设备和家用电器中，作限位保护和连锁。微动开关可看成尺寸甚小而又非常灵敏的微动式行程开关。

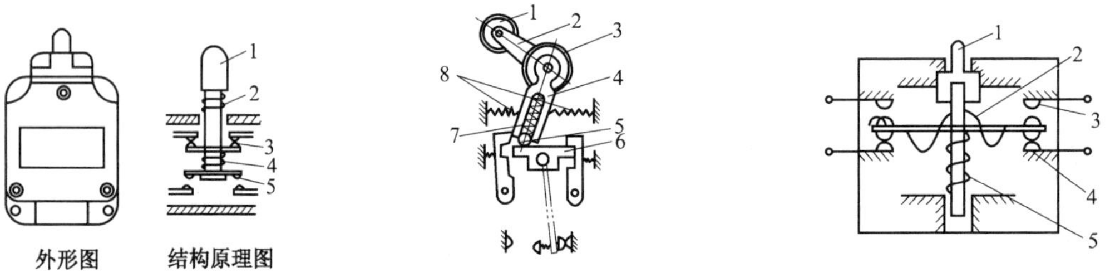

(a)直动式行程开关

1—顶杆；2—弹簧；3—动断触头；4—触头弹簧；5—动合触头

(b)滚动式行程开关的内部结构

1—滚轮；2—上转臂；3—盘形弹簧；4—推杆；5—小滚轮；6—擒纵杆；7—压缩弹簧；8—左右弹簧

(c)微动式行程开关的内部结构

1—推杆；2—弹簧；3—动合触头；4—动断触头；5—压缩弹簧

图 4－18　行程天关结构图

由于半导体元件的出现，产生了一种非接触式的行程开关，这就是接近开关。当生产机械接近它到一定距离范围之内时，它就能发出信号，以控制生产机械的位置或进行计数。

（3）万能转换开关

万能转换开关是一种多档式、控制多回路的主令电器，主要用于低压断路操作机构的合闸与分闸控制、各种控制线路的转换、电压和电流表的换相测量控制、配电装置线路的转换和遥控等。

鉴于它能够对多种和多数量电路的转换，且用途极广，所以常被称为“万能”转换开关。

常用万能转换开关有 LW2、LW5 和 LW6 系列。用于可逆运行控制时，只有在电动机停车后才允许反向起动。LW5 系列万能转换开关按手柄的操作方式可分为自复式和自定位式两种。所谓自复式是指用手拨动手柄于某一档位时，手松开后，手柄自动返回原位；定位式则是指手柄被置于某档位时，不能自动返回原位而停在该档位。LW5 系列分 1、2、3、4、5、6、7、8、9、10、11、12、13、14、15、16 等 16 种单列转换开关。

万能转换开关按手柄型式可分为旋钮、普通手柄、带定位可取出钥匙的和带信号灯指示的等。转换开关按定位型式可分为自复式和定位式，定位角分 30°、45°、60°、90°等多种。

万能转换开关的手柄操作位置是以角度表示的。不同型号的万能转换开关的手柄有不同万能转换开关的触头，电路图中的图形符号如图 4－19 所示。但由于其触头的分合状态与操作手柄的位置有关，所以，除在电路图中画出触头图形符号外，还应画出操作手柄与触头分合状态的关系。

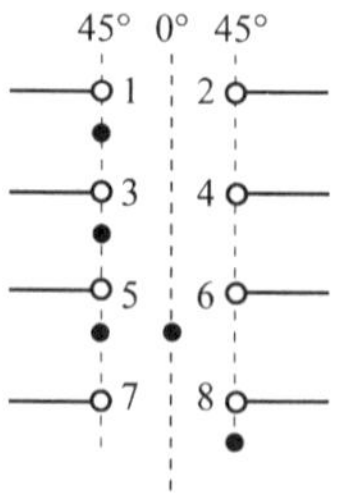

LW5-15D0403/2				
触头编号		45°	0°	45°
	1-2	×		
	3-4	×		
	5-6	×	×	
	7-8			×

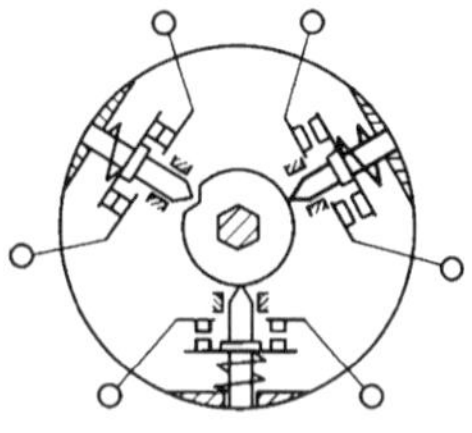

原理图

图 4－19　万能转换开关

当万能转换开关打向左 45°时，触头 1－2、3－4、5－6 闭合，触头 7－8 打开；打向 0°时，只有触头 5－6 闭合，向右 45°时，触头 7－8 闭合，其余打开。

4.2.3　※低压断路器

低压断路器过去称为自动空气开关。它是一种既有手动开关作用，又能进行自动失压、欠压、过载和短路保护的电器，应用极为广泛。

低压断路器可用来分配电能、不频繁地启动异步电动机、对电动机及电源线路进行保护，当它们发生严重过载、短路或欠电压等故障时能自动切断电源，其功能相当于熔断式断路与过流、过压、热继电器等的组合，而且在分断故障电流后，一般不需要更换零部件。

4.2.3.1　低压断路器分类

低压断路器主要分为：框架断路器、塑料外壳式断路器、小型断路器、漏电断路器。目前在油库配电系统中应用最多的是后三种断路器。

框架断路器一般为额定电流在 630A 以上。额定绝缘电压 1140V 以下，具有过流、过压和短路及过载保护功能的断路器。

塑料外壳式断路器一般为 63A 以上，1250A 以下。额定绝缘电压 800V，额定工作电压 690V。采用热固性塑料作为外壳(一般为酚醛树脂)，具有短路及过载保护功能的断路器。

小型断路器一般为 1～63A(现做到 125A)，额定电压 230/400V，采用热塑性塑料(一般为尼龙料)为外壳，一般为家用或者类似场合使用的断路器。

漏电断路器一般分为两种型式，一种为一体式的，集漏电和空开装于一个整体的外壳中，这种型式的漏电部分是不可拆卸的。另外一种则是拼装式的，这种型式漏电部分是以附件型式分离于空开主体，可拆卸。

根据低压断路器的极数不同可以分为单极、双极、三极和四极。

4.2.3.2 低压断路器的工作原理

低压断路器工作原理图和图形及文字符号如图 4－20 所示。

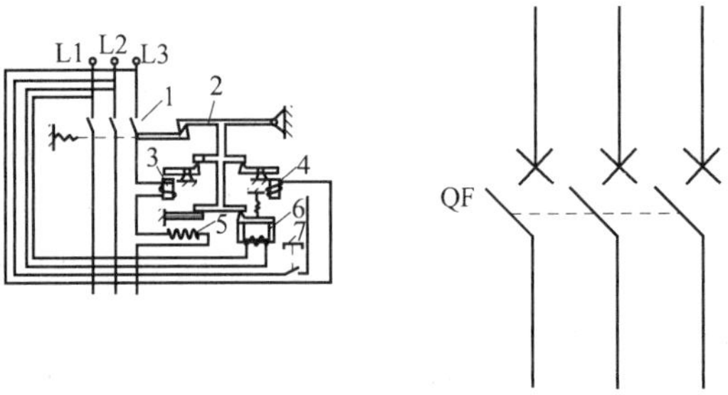

图 4－20　低压断路器原理图

1—主触头；2—自由脱扣机构；3—过电流脱扣器；4—分励脱扣器；
5—热脱扣器；6—欠电压脱扣器；7—停止按钮

低压断路器的主触点是靠手动操作或电动合闸的。主触点闭合后，自由脱扣机构将主触点锁在合闸位置上。过电流脱扣器的线圈和热脱扣器的热元件与主电路串联，欠电压脱扣器的线圈和电源并联。当电路发生短路或严重过载时，过电流脱扣器的衔铁吸合，使自由脱扣机构动作，主触点断开主电路。当电路过载时，热脱扣器的热元件发热使双金属片上弯曲，推动自由脱扣机构动作。当电路欠电压时，欠电压脱扣器的衔铁释放。也使自由脱扣机构动作。分励脱扣器则作为远距离控制用，在正常工作时，其线圈是断电的，在需要距离控制时，按下起动按钮，使线圈通电，衔铁带动自由脱扣机构动作，使主触点断开。

若去掉脱扣器，当电路发生故障后，脱扣机构无法动作，会使故障范围扩大。

4.2.3.3 低压断路器的结构

断路器一般由触头系统、灭弧系统、自由脱扣机构、操作机构、过电流脱扣器、欠电压(失压)脱扣器、分励脱扣器、辅助触头、外壳或框架等组成。

① 触头系统。一般指动触头、静触头。触头形式有对接式、桥式和插入式 3 种；触头有单挡、双挡、三挡之分。单挡触头只有主触头，其有时兼作弧触头。双挡触头有主触头和弧触头。三挡触头有主触头、弧触头和副触头，副触头协助弧触头对主触头实行双重保护。主触头常用银镍、银氧化锌、银炭化钨材料镶块。弧触头常以银钨石墨、铜钨合金制造，也有用黄铜或紫铜的。

② 灭弧系统。主要指灭弧室，其形式较多，常用的有狭缝式和去离子栅灭弧室。

③ 自由脱扣机构。以其将操作机构和触头系统的机构进行联系。当操作手柄在合闸位置时，靠自由脱扣机构仍可使断路器跳闸，触头分开。

④ 操作机构。通过操作机构可以使断路器实现分、合电路。操作机构的形式有手力操作机构、电动操作机构、电磁操作机构、气动操作机构等。操作机构按闭合方式可分为储能闭合和非储能闭合两种。储能闭合操作机构在合闸时的力和速度与操作人无关；非储能闭合操作在合闸时的力和速度决定于操作人所施加的力和速度，一般应由熟练操作人进行操作。

⑤ 过电流脱扣器。通过过电流脱扣器可以反映过电流的大小。当过电流达到整定数值

时，脱扣器经一定时间后动作，使断路器断开电路。过电流越大，动作时间越短。当电流大到一定程度时，可使断路器瞬时断开电路。前者称为反时限过电流脱扣器，后者称为瞬动过电流脱扣器。一般反时限过电流脱扣器由双金属片制成，或用热继电器与电流互感器配合实现。瞬动过电流脱扣器都是电磁脱扣器。近年来半导体脱扣器可实现反时限和瞬动两种动作。一般断路器每极都串有过电流脱扣器，三极断路器有 3 个脱扣器。如在瞬动电磁式脱扣器中装设阻尼元件，还可得到短延时动作的过电流脱扣器，以实现选择性地分断。短延时一般为 0.1 ~ 1s 之间。

⑥ 欠电压(失压)脱扣器。多为电磁式，当主电路电源电压为零或降低到某一数值以下时，其电磁吸引力不足以维持衔铁吸合，在反作用弹簧的作用下，衔铁的顶板推动脱扣器轴而使断路器分断。

⑦ 分励脱扣器。也多为电磁式，由控制电源供电。它可以按照操作人员的命令或继电保护信号使其线圈通电。衔铁动作，从而使断路器分断。

⑧ 辅助触头。与断路器主触头是联动的，由传动机构带动，有常开与常闭两种形式。其主要作用是通断信号电路或构成电路的联锁。

⑨ 外壳或框架。断路器的主要支承件。一般外壳多由塑料制成。而框架多为钢板冲压、焊接而成。断路器的所有零部件均装于外壳或框架中。

4.2.3.4 断路器额定电流

断路器额定电流系指脱扣器允许长期通过的电流，也就是脱扣器额定电流。对于可调式脱扣器则为脱扣器允许长期通过的最大电流。

断路器壳架等级额定电流指每一塑壳或框架中所能装的最大脱扣器的额定电流，断路器型号中所标明的电流就是此电流。

断路器壳架等级额定电流的系列数据为 6、10、16、20、32、40、50、(60)、63、100、(150)、160、200、250、315、400、(600)、630、800、1000、1250、(1500)、1600、2000、2500、(3000)、3150、4000、5000、(6000)、6300、8000、10000、12500(单位：A)。

4.2.3.5 塑料外壳式断路器

塑料外壳式断路器曾称为装置式断路器。所有零部件均装在塑料的外壳内。主要零部件一般均不裸露。机构较为简单，使用安全。这种类型的断路器容量较小，一般在 600A 及以下，近些年来容量有逐渐增大的趋势。塑壳式断路器多为非选择型，常用于配电支路末端，用做电动机保护断路器或其他负载保护断路器，其操作方式多为手动，主要有扳动式和按键式两种。对于大容量断路器的操动机构采用储能式，而小容量断路器多采用非储能式。这类断路器可以装设电磁脱扣器、热脱扣器，也可以增加欠电压(失压)脱扣器、分励脱扣器以及电动机操作机构等。塑壳式断路器也可制成限流型。常用的漏电保护断路器一般也采用塑料外壳式结构。

塑料外壳式断路器常见的型号有 DZ20、DZ47 系列。

DZ 系列塑料外壳式断路器适用于交流 50Hz、额定电压 380V 及以下，直流额定电压 220V 及以下配电线路中作配电线路分、合和保护电动机用。在配电线路中用来分配电能，且作为线路和电源设备的过负荷、欠电压和短路保护。保护电动机用断路器在电路中用来保护鼠笼型电动机过负荷、欠电压和短路，在正常情况下可分别作为线路的不频繁转换及电动机的不频繁启动用。

极数为 2 极、3 极和 4 极，DZ20 壳架等级额定电流为 16、20、32、40、50、63、100、

160、200、250、315、400、630、800、1000、1250（单位：A）。DZ47 壳架等级额定电流为6、10、16、20、32、40、50、63、100、125（单位：A）。

DZ 系列低压断路器短路保护电流为脱扣器额定电流的 8 ~ 12 倍。

4.2.3.6 低压断路器的选用

（1）选用低压断路器注意事项

① 低压断路器的额定电流和额定电压应大于或等于线路、设备的正常工作电压和工作电流。

② 低压断路器的极限分断能力应大于或等于电路最大短路电流。

③ 欠电压脱扣器的额定电压等于线路的额定电压。

④ 过电流脱扣器的额定电流大于或等于线路的最大负载电流。

（2）使用低压断路器的注意事项

① 低压断路器投入使用时应先进行整定，按照要求整定热脱扣器的动作电流，使用中不应随意旋动有关的螺丝和弹簧。

② 在安装低压断路器时，应注意把来自电源的母线接到开关灭弧罩一侧的端子上，来自电气设备的母线接到另外一侧的端子上。

③ 在正常情况下，每 6 个月应对开关进行一次检修，清除灰尘。

④ 发生断、短路事故的动作后，应立即对触点进行清理，检查有无熔坏，清除金属熔粒、粉尘，特别要把散落在绝缘体上的金属粉尘清除掉。

使用低压断路器来实现短路保护比熔断器要好，因为三相电路短路时，很可能只有一相熔断器熔断，造成缺相运行。对于低压断路器来说，只要造成短路就会使开关跳闸，将三相同时切断。低压断路器还有其他自动保护作用，性能优越，但其结构复杂，操作频率低，价格高，因此适合于要求较高的场合，如电源总配电盘。

（3）配电用断路器的选用

配电用断路器系指专门用于低压电网进行分配电能的断路器，其中包括电源总开关和负载的支路开关。配电用断路器的选用除遵循一般原则外，应把限制故障范围和防止事故的扩大作为考虑的重点。

① 长延时动作电流整定值应小于或等于导线的安全载流量，如采用的是电线电缆配电时，可取电线电缆载流量的 80%。

② 3 倍长延时动作电流整定值的可返回时间应大于或等于线路中最大启动电流的电动机的启动时间。

③ 短延时动作电流整定值应大于或等于 $1.1\times(I_{jsx}+1.35I_{ed})$。其中 I_{jsx} 为线路计算负载电流，I_{ed} 为电动机额定电流。

④ 瞬时电流整定值应大于或等于 $1.1\times(I_{jsx}+K_1KI_{edm})$。其中 K_1 为电动机启动电流的冲击系数，一般取 $K_1=1.7\sim2$；K 为电动机启动电流倍数，I_{edm} 为最大一台电动机的额定电流。

⑤ 短延时的时间阶梯由配电系统的分段确定，一般时间阶梯为 2 ~ 3 级，级间的短延时时差为 0.1 ~ 0.2s，由断路器短延时机构的动作精度而定，其返回时间应保证各级的选择性动作。短延时阶梯选定后，再按被保护对象的热稳定性加以校验。

（4）电动机保护用断路器的选用

电动机保护用断路器有两种不同的使用方式，一种是将断路器与其他开关电器（如刀开关、接触器等）串联后控制电动机，即断路器只作短路、过载或欠电压保护用，正常的操作则由其他电器承担；另一种是指断路器不再串联其他开关电器，既起保护作用，又作不频繁操作开关使用。对于后一类情况，需要考虑操作条件和寿命。电动机保护用断路器一般按下列原则来选用：

① 长延时动作电流整定值应等于电动机的额定电流值。

② 用于保护笼型电动机的断路器，其瞬时整定电流应等于 8～15 倍电动机额定电流。至于取值大小则决定于电动机的型号、容量和启动条件。

③ 用于保护绕线转子电动机的断路器，其瞬时整定电流应等于 3～6 倍电动机额定电流。同样，取值大小决定于电动机的型号、容量及启动条件。

④ 6 倍长延时电流整定值的可返回时间应大于或等于电动机实际启动时间。根据启动时负载的轻重，可选用 1s、3s、5s、8s、15s 中的某一值。

（5）导线保护断路器的选用

照明、生活用导线保护断路器是指在生活建筑中用来保护配电系统的断路器，其选用原则是：

① 长延时动作电流整定值应小于或等于线路计算负载电流。

② 瞬时动作电流整定值应等于 6～20 倍线路计算负载电流。

4.2.3.7 断路器的整定

断路器的整定参数应躲过线路正常电流，当发生故障电流时分断断路器以保护线路或负载；同时还必须考虑上下级断路器间实现选择性配合。

（1）整定的方法

① 固定动作定值断路器：选择不同额定电流的断路器

② 可调动作定值断路器：选择合适额定电流的断路器，调整断路器脱扣器上动作电流值、动作时间值。

（2）整定的原则

低压断路器过流脱扣器的额定电流不小于线路的计算电流。

① 瞬时过电流脱扣器动作电流的整定。在低压断路器所保护的对象中，有某些电器设备在启动过程中，会在短时间内产生数倍于其额定电流的冲击电流，从而使低压断路器在短时间内承受较大的尖峰电流。瞬时过电流脱扣器的动作电流必须躲过线路的尖峰电流。在选用断路器时，应注意使低压断路器的瞬时过电流脱扣器的整定电流躲过尖峰电流，以免引起低压断路器的误动作。

② 短延时过流脱扣器动作电流和动作时间的整定。短延时过流脱扣器的动作电流，也应躲过线路的尖峰电流。短延时过流脱扣器的动作时间一般分 0.2s、0.4s 和 0.6s 3 种，按前后保护装置的保护选择性来确定，应使前一级保护的动作时间比后一级保护的动作时间长一个时间级差。

③ 长延时过流脱扣器动作电流和动作时间的整定。长延时过流脱扣器主要是用来保护过负荷，因此其动作电流只需要躲过线路的最大负荷电流即计算电流。长延时过流脱扣器的动作时间应躲过允许短时过负荷的持续时间，以免引起低压断路器的误动作。

④ 过流脱扣器的动作电流与被保护线路的配合要求。为了不致线路因出现过负荷或短路引起绝缘线缆过热受损甚至失火，而其低压断路器不跳闸事故的发生，低压断路器过流脱扣器的动作电流 I 应符合公式的要求，$I \leqslant K_x I_{yx}$，其中 I_{yx} 为绝缘电线电缆的允许载流量；K_x

为绝缘电线电缆的允许短时过负荷系数，对瞬时和短延时过流脱扣器，一般取4.5；对长延时过流脱扣器，做短路保护时取1.1，只做过负荷保护时取1。

（3）保证选择性

① 无论下一级是选择性断路器还是非选择性断路器，上一级断路器的瞬时过电流脱扣器整定电流一般大于下一级断路器出线端的最大三相短路电流的1.1倍。

② 如果下一级是非选择性断路器，为防止在下一级断路器所保护回路发生短路电流时，因这一级瞬时动作灵敏度不够，而使上一级短延时过电流脱扣器首先动作，使其失去选择性。一般上一级断路器的短延时过电流脱扣器的整定电流应大于下一级瞬时过电流脱扣器的1.2倍。

③ 如果下一级也是选择性断路器，为保证选择性，上一级断路器的短延时动作时间至少比下一级断路器的短延时动作时间长0.1s。

一般来说，要保证上下两级低压断路器之间选择性动作，上一级断路器宜选择带短延时的过流脱扣器，而且其动作电流要大于下一级过流脱扣器动作电流1.2倍。

4.2.3.8 断路器的使用与维护

（1）手动操作的断路器分、合闸

① 合闸操作时，将操作手柄向上推动，分合闸指示牌指示出“合”的位置后，断路器闭合，电路接通。

② 分闸操作时，将操作手柄向下扳动，至分合闸指示牌指示出“分”的位置后，断路器所开，电路切断。

③ 当断路器回路中出现短路电流或过载电流，断路器的脱扣机构自动切断电路，使断路器分闸后，经过详细检查，排除故障；恢复送电时，应首先将操作手柄向下扳到底，使脱扣器复位。这样，就使得操作手柄不再处于自由脱扣位置，而返回到分断位置。然后，再将手柄朝上推，即可使断路器合闸，恢复送电。

万能式断路器如DW系列，不论是单独安装还是装在低压配电柜上，都应该装设红、绿指示灯，以显示断路器所处的分、合状态。绿灯亮时，表示断路器处于分闸状态；红灯亮时，表示断路器处于合闸状态。这不仅使值班人员能一目了然地掌握设备运行情况，而且对安全生产上也是有利的。所以，一定要保证指示灯完好，一旦损坏要及时修复或更换，否则，不利于安全运行。因指示灯的灯泡所需电压比电源电压低得多，所以，通常都是串接电阻或用变压器降压后再与灯泡连接。

（2）断路器的维护

断路器的结构比较复杂，设计时应选用得当，运行中应进行精心的维护，一般维护时应做到：

① 断路器在投入运行前，应将磁铁工作面的防锈油脂除净，以免影响其动作的可靠性。

② 断路器在投入运行前，应检查其安装是否牢固，各部螺栓是否制紧，电路连接是否可靠，外壳有无尘垢。

③ 断路器在投入运行前，检查脱扣器的整定电流及整定时间是否满足电路要求。出厂整定值是否移动、变化。

④ 运行中的断路器应定期进行清扫、检修，要注意有无异常声响和气味。

⑤ 运行中的断路器触头表面不应有毛刺和烧蚀痕迹，当触头磨损到小于原厚度的1/3时，应更换新触头。

⑥ 运行中的断路器在分断短路电流后或运行历时很长时，应清除灭弧室内壁和栅片上的金属颗粒。灭弧室不应有破损现象。

⑦ 带有双金属片式的脱扣器，因过载分断断路器后，不应立即“再扣”，需冷却几分钟使双金属片复位后，才能作复位操作。

⑧ 对运行中的传动机构应定期加润滑油。

⑨ 定期检修时，修后应在不带电的情况下进行数次分、合闸试验，以检查其动作的可靠性。

⑩ 定期检查各脱扣器的电流整定值和延时，特别是半导体脱扣器，应定期用试验按钮检查其动作情况。

⑪ 运行中还应检查其引线及导电部分有无过热现象。

4.2.4 ※接触器

接触器是一种用来自动接通或断开大电流电路的电器。它可以频繁地接通或分断交直流负载电路，并可实现中远距离控制。其主要控制对象是电动机，也可用于电热设备、电焊机、电容器组等。它还具有低电压释放保护功能。接触器具有控制容量大、过载能力强、寿命长、设备简单经济等特点，是电力拖动自动控制电路中使用最广泛的电器元件之一。在油库，交流接触器(配以控制按钮或继电器)主要用来远距离启动或停止交流异步电动机。

接触器按操作方式分为电磁接触器、气动接触器和电磁气动接触器；按灭弧介质分为空气电磁接触器、油浸式接触器和真空接触器等。最常用的分类是按照接触器主触头控制的电路种类来划分，即将接触器分为交流接触器和直流接触器两大类，本教材主要介绍交流接触器。

4.2.4.1 接触器的主要技术参数

接触器的主要技术参数有极数和电流种类，额定电压、额定电流、额定通断能力、线圈额定电压、允许操作频率、寿命、使用类别等。

① 接触器的极数和电流种类。按接触器主触头的个数确定其极数，有两极、三极和四极接触器；按主电路的电流种类分有交流接触器和直流接触器。

② 额定工作电压。指主触头之间正常工作电压值，也就是主触头所在电路的电源电压。直流接触器的额定电压有 110V、220V、440V、660V；交流接触器的额定电压有 220V、380V、500V、660V 等。

③ 额定电流。接触器触头在额定工作条件下的电流值。直流接触器的额定电流有 40A、80A、100A、150A、250A、400A 及 600A；交流接触器的额定电流有 10A、20A、40A、60A、100A、150A、250A、400A 及 600A。

④ 额定通断能力。指接触器主触头在规定条件下能可靠接通和分断的电流值。在此电流值下接通电路时，主触头不应造成熔焊。在此电流值下分断电路时，主触头不应发生长时间燃弧。一般通断能力是额定电流的 5 ~ 10 倍。这一数值与开断电路的电压等级有关，电压越高，通断能力越小。

⑤ 线圈额定电压。指接触器正常工作时线圈上所加的电压值。选用时，一般交流负载用交流接触器，直流负载用直流接触器，但对动作频繁的交流负载可采用使用直流线圈的交流接触器。

⑥ 操作频率。指接触器每小时允许操作次数的最大值。

⑦ 寿命。包括电寿命和机械寿命。目前接触器的机械寿命已达 1×10^7 次以上，电气寿命约是机械寿命的5% ~20% 。

⑧ 使用类别。接触器用于不同负载时，其对主触头的接通与分断能力要求不同，按不同使用条件来选用相应使用类别的接触器便能满足其要求。

4.2.4.2 交流接触器的结构

交流接触器由以下 4 部分组成：

① 电磁机构。电磁机构由线圈、动铁心(衔铁)和静铁心组成，其作用是将电磁能转换成机械能，产生电磁吸力，带动触头动作。

② 触头系统。包括主触头和辅助触头。主触头用于接通或断开主电路，通常为 3 对常开触头。辅助触头用于控制电路，起控制其他元件接通或分断及电气联锁作用，故又称联锁触头，一般有多对常开、常闭触头。

③ 灭弧装置。容量在 10A 以上的接触器都有灭弧装置，对于小容量的接触器，常采用双断口触头灭弧、电动力灭弧、相间弧板隔弧及陶土灭弧罩灭弧。对于大容量的接触器，采用窄缝灭弧及栅片灭弧。

④ 其他辅助部件。包括反作用弹簧、缓冲弹簧、触头压力弹簧、传动机构、支架及外壳等。

4.2.4.3 接触器的工作原理

当线圈得电后，在铁心中产生磁通及电磁吸力，衔铁在电磁吸力的作用下吸向铁心，同时带动动触头移动，使常闭触头打开，常开触头闭合。当线圈失电或线圈两端电压显著降低时，电磁吸力小于弹簧反力，使得衔铁释放，触头机构复位，断开电路或解除互锁。这种切换主电路的触头称为主触头，可以通断较大电流；而切换控制电路的触头称为辅助触头，通断电流较小。如图 4 -21 所示。

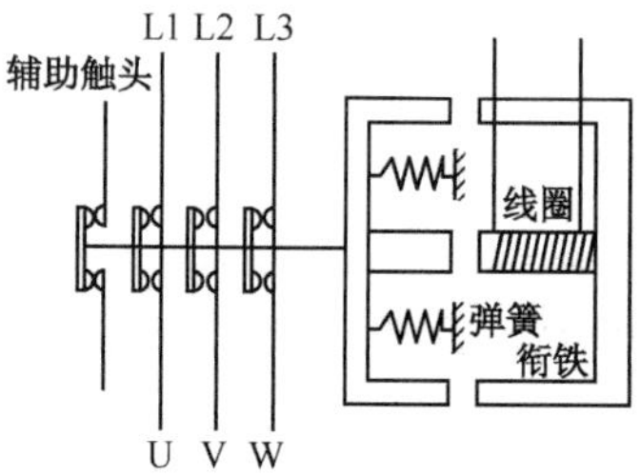

(a) 接触器的工作原理

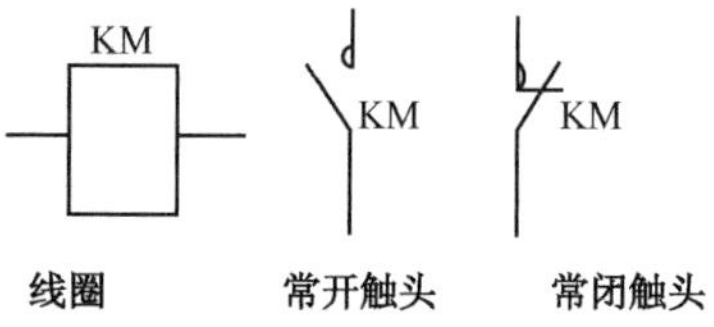

(b) 接触器的图形符号

图 4 -21 接触器的工作原理及电路符号

4.2.4.4 接触器的型号

(1) 型号定义

我国常用的交流接触器主要有 CJ10、CJ12、CJXI、CJ20 等系列及其派生系列产品；直流接触器有 CZ18、CZ21、CZ22、CZ10 和 CZ2 等系列，如图 4 -22 所示。除以上常用系列外，我国近年来还引进了一些生产线，生产了一些满足 IEC 标准的交流接触器，例如 CJ12B -S 系列锁扣接触器，主要用于交流 50Hz、电压 380V 及以下、电流 600A 及以下的配电电路中，供远距离接通和分断电路用，并适宜于不频繁启动和停止的交流电动机，具有正常工作时吸引线圈不通电、无噪声等特点。其锁扣机构位于电磁系统的下方。锁扣机构靠吸引线圈自通电，吸引线圈断电后靠锁扣机构保持在锁住位置。

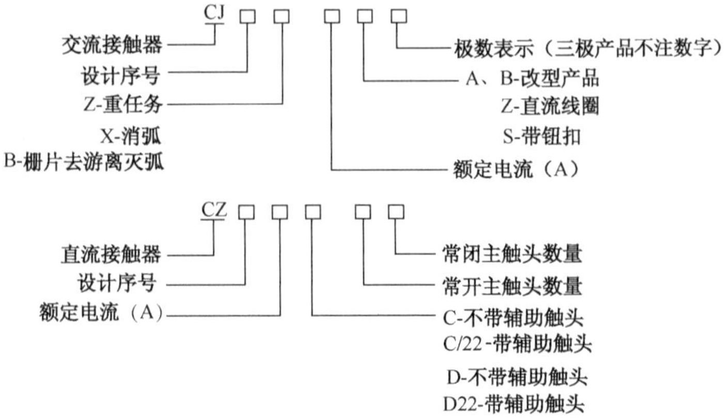

图 4－22　接触器型号

引进的产品应用较多的有德国西门子公司的 3TB 系列和 BBC 公司的 B 系列，法国 TE 公司的 LC1 系列等，主要供远距离接通和分断电路，并适用于频繁启动及控制交流电动机。3TB 系列产品具有结构紧凑、机械寿命和电气寿命长、安装方便、可靠性高等特点，额定电压为 220～660V，额定电流为 9～630A。

CJ20 系列交流接触器是全国统一设计的产品，可用于工作条件差、频繁启动和反接制动的电路中。CJZ 系列接触器适用于震动、冲击较大的场所，吸引线圈为直流供电，自带整流装置。B 系列交流接触器和 K 型辅助接触器是一种新型接触器，具有辅助触头数量多，电寿命、机械寿命长，线圈消耗功率小，质量轻，外形美观，安装维护方便等特点。

（2）CJ20 系列交流接触器

CJ20 系列交流接触器采用双断点直动式结构，正装立体式布置，主触头采用的是银基合金触头。63A 及以上等级为船形动触桥，静触头利用型材，并装有铁质引弧角。

该系列产品符合 IEC 国际标准。40A 及以上等级可用于 660V 系统中，160A 及 630A 等级还可用于 1140V 系统中。其安装面积小，用料节省，抗熔焊能力强，电寿命高，吸合可靠，特别适用于电网电压波动大的场合，是一种较为理想的更新换代产品。其额定电流等级有 6、3、10、16、25、40、63、100、160、250、400 和 600A 等。CJ20 系列交流接触器技术数据见表 4－4。

表 4－4　CJ20 系列交流接触器技术数据

型　　号		CJ20－63		CJ20－160		CJ20－250	CJ20－630
额定工作电压/V		380	660	380	660	380	380
额定工作电流/A		63	40	160	100	250	630
接触器额定控制功率/kW	220V	18		48		80	175
	380V	30		85		132	300
	660V	35		85		—	—

续表

型号			CJ20－63	CJ20－160	CJ20－250	CJ20－630
额定负荷下接触器操作频率，次/h	AC2	380V	—	300	300	300
		660V	—	120	—	—
	AC3	380V	1200	1200	600	600
		660V	600	300	—	—
	AC4	380V	300	300	120	120
		660V	120	120	—	—
使用寿命/10^4次	AC2	380V	—	15	10	10
	AC3	380V	120	120	60	60
	AC4	380V	8	1.5	1	0.5
		660V	1	1	—	—
机械寿命/10^4次			1000		300	
热稳定性			8倍额定发热电流时，通电持续时间10s			

4.2.4.5 接触器的选用

(1) 接触器的选用原则

由于接触器的安装场所与控制的负载不同，其操作条件与工作的繁重程度也不相同。因此必须对控制负载的工作情况以及接触器本身的性能有一个较全面的了解，以求尽可能经济、正确地选用接触器。也就是说，选用接触器时，不能仅仅单纯地考虑接触器的铭牌数据，因铭牌上只规定了某一条件下的电压、电流、控制功率等参数，而具体的条件又是多种多样的。因此，在选用时必须遵守下述原则。

1) 根据接触器的使用类别选用

接触器的类型根据接触器的使用类别可以确定是控制电动机还是控制其他负载。当控制电动机时，根据负载的轻重程度又分为一般任务、重任务和特重任务一类；当控制其他负载时(如电阻炉、电容器、变压器、照明装置等)除考虑接通容量外，还应考虑使用中可能出现的过电流。根据接触器控制的负载可以确定接触器的极数和电流的种类。三相交流配电系统中一般选用三极交流接触器；单相交流和直流系统中则常将二极或三极并联应用；当交流接触器用于直流系统时，也可采取各极串联的方式以提高其分断能力。根据负载的电流种类可分别选用交流接触器或直流接触器，有些情况下，交流接触器也能在直流系统中使用。

2) 主电路参数的确定

接触器选用中需确定的主电路参数主要有额定工作电压、额定工作电流(或额定控制功率)、额定通断能力和耐受过载电流能力。选用接触器时，应使接触器的额定绝缘电压大于或等于电路的额定工作电压；接触器在相应工作条件下规定的额定工作电流(或额定控制功率)应大于或等于负载的额定工作电流(或额定控制功率)；接触器的额定通断能力应大于电路通断时实际可能出现的电流值；接触器耐受过载电流能力应大于电路中可能出现的工作过载电流值。

3) 控制电路和辅助电路参数的确定

接触器的线圈电压应按照选定的控制电路电压确定。交流接触器的控制电路电流种类分交流和直流两种，一般多用交流。当需要频繁操作时，则常选用直流。接触器辅助触头的数量和种类可按需要组合，确定出所需的常开常闭种类、数量以及辅助触头的通断能力等。当接触器辅助触头不能满足需要时，可增设接触器式继电器以扩大功能。

4）按电寿命选用

厂家一般均以不同形式给出具体接触器的电寿命指标的资料，以便用户选用。

接触器寿命含机械寿命和电寿命。接触器在需要修理或更换机械零件前所承受的无载操作循环次数，称为机械寿命；接触器在规定的正常使用条件下，不需修理或更换零件的负载操作循环次数，称为电寿命。其中接触器的电寿命更具有实际意义。IEC158－1 中规定，电寿命数值应小于其机械寿命的 1/20。

（2）控制电动机负载的交流接触器的选用

选用接触器时，应使接触器的额定电压等于或稍大于电动机的额定电压；接触器的额定电流等于或稍大于电动机的额定电流。常将交流接触器与热继电器组合成电磁启动器，以达到控制与保护的要求。选用 CJ10 系列或 CJ20 系列接触器一般都能满足需要。

由于交流接触器线圈的匝数较少，直流电阻较小，当通过交流电流时，则产生较大的感抗和足够的电磁吸力，使衔铁动作，接触器主触头闭合；如果将直流电流通入吸引线圈时，感抗为零，电阻又小，流过线圈的电流将很大，使线圈发热，甚至烧毁。所以，交流接触器在一般情况下是不能通以直流电流当做直流接触器使用。

4.2.4.6 接触器的安装

（1）安装前检查项目

① 接触器在安装前应认真核查接触器的铭牌数据是否符合电路要求；线圈工作电压是否与电源工作电压相配合。

② 检查接触器的外观是否良好，有无机械损伤；运动部件是否灵活，有无卡滞现象。

③ 检查灭弧罩有无破裂、损伤。

④ 用万用表检查线圈有无断线，有无短路现象。

⑤ 用兆欧表摇测主触头间的相间绝缘电阻，一般不应小于 10MΩ。

⑥ 检查调整触头的开距、超程、初压力及终压力．使其符合要求。

⑦ 检查各极主触头的动作是否同步。

⑧ 擦拭铁心面上的防锈油脂或锈斑。

（2）安装注意事项

① 应按说明书指明的方法正确安装；如无说明，一般应垂直安装，倾斜角不得大于 5°。

② 安装时要注意留有足够的飞弧距离，以免飞弧烧损其他部件。

③ 安装应牢固，接线应可靠，应有防止螺栓松脱的措施。

④ 灭弧罩应安装良好，不得在无灭弧罩或灭弧罩缺损的情况下将接触器投入运行。

⑤ 安装完后应检查有无导线，零件掉落在接触器上面或内部，并检查电路连接是否正确。

⑥ 安装后应在不带负载的情况下传动数次，并测试出其动作的参数，看其是否符合产品要求。

4.2.4.7 接触器的常见故障及排除

（1）吸引线圈通电后，交流接触器不动作或动作不正常

① 电源电压过低。这时应用万用表检查电源电压与接触器铭牌数据是否相符。一般不应低于接触器线圈额定电压的 85%。

② 电源电压波动过大。这时应设法在交流电源回路中，加装稳压装置。电源电压波动过大，也可能是接头松动或回路中有接触不良的部位。

③ 电源断路。用万用表分别查主回路及控制回路的各接线端子有无断线，保险有无熔断。有无开焊、脱落、虚接现象。

④ 吸引线圈断线或烧毁。用万用表量测，若开路应检修线圈或更换。

⑤ 接触器运动部件卡阻。卸下灭弧罩，按动触头是否灵活，排除卡蹭现象，如有部件受到外力损伤，转轴生锈或错位，应予修理或更换。

⑥ 触头弹簧压力与超程过大。按说明书要求调整触头参数。

⑦ 使用频率不符合要求。如60Hz接触器应用在50Hz场所，这时应予更换。

（2）吸引线圈通电后，接触器产生过大撞击，线圈短时过热冒烟

① 电源电压超过线圈额定电压的1.1倍。这时应用万用表量测电源电压。若电压过高，应调整电压，更换线圈。

② 吸引线圈内部匝间或层间短路。检查修复或更换线圈。

（3）吸引线圈断电后，接触器不释放或释放缓慢

① 反作用弹簧失效或脱落。更换或调整反作用弹簧，但弹力不可过大。

② 运动部件卡住，转轴生锈或歪斜。清除异物，修理受损部件，调整位置。

③ 剩磁过大。对于E形铁芯，当寿命终了时，因去磁气隙消失，可将铁芯中柱磨挫0.1～0.3mm，或在线圈两端并联一只0.1～1μF电容；对于直流接触器可更换或加厚非磁性垫片，或者更换铁芯。

④ 主触头熔焊。搬开触头用小挫去掉小毛刺。如经常熔焊，应检查触头压力是否过小，闭合时触头有无跳动，或检查接触器的工作条件和使用类别是否合适。当修复困难时，应更换触头。

⑤ 铁芯极面有油污粘着。用汽油清洗极面，并用干布擦拭干净。

⑥ 控制回路接线错误。按说明书要求查对线路并更正。

（4）接触器在运行中噪声大

① 加在吸引线圈上的电压太低。用万用表测量吸引线圈上的电压，一般应在额定电压的85%～110%之间，否则应予调整。

② 极面生锈、有异物或接触不好。清理异物，清理极面或调整铁芯，使得接触良好。

③ 触头超程过大或反作用弹簧力过大。调整反作用弹簧弹力至规定数值或更换弹簧，减小触头超程。

④ 短路环断裂。调换铁芯或短路环。

⑤ 铁芯极面有污垢或磨损过度而不平。清理极面，必要时刮削修正。

⑥ 磁系统歪斜错位。调整磁系统的相对位置使之配合得当。

4.2.5 ※控制继电器

控制继电器是自动、远动控制电器的基本元件之一，主要用于根据一定的信号（电压、电流和时间等），其触头（或电路）接通或分断交直流小容量控制回路的自动电器。

在控制电路中，继电器用来改变控制线路的状态，以实现既定的控制程序，达到预定的控制目的，同时也提供一定的保护。在电动机的启动操作设备中使用着各种继电器，用以控制和保护电动机。将电动机由启动状态自动切换到运转状态的时间继电器；传递、放大电路

信号的中间继电器；以及可以根据流体压力变化自动控制电动泵启停的压力继电器等等。控制继电器品种繁多，分类方法也多种多样，按动作原理的分类见表4－5。

表4－5　控制继电器的分类与用途

类　型	动作特点	主要用途
电压继电器	当与电源回路并联的励磁线圈电压达到规定值时动作	电动机失(欠)压保护和制动及反转控制等，有时也作过压保护
电流继电器	当与电源回路串联的励磁线圈中通过的电流达到规定值时动作	电动机的过载及短路保护，直流电动机磁场控制及失磁保护
中间继电器	实质上是电压继电器，但触头数量较多，容量较大	通过中间转换，增加控制回路数或扩大控制讯号
时间继电器	得到动作信号后，其触头动作有一定的延时	用于交、直流电动机以时间原则启动或制动时的控制，及各种生产工艺程序的控制
热继电器	则过电流通过热元件热弯曲推动机构动作	用于交流电动机的过载、断相运转及电流不平衡的保护
温度继电器	当温度达到规定值时动作	用于电动机的过热保护或温度装置
速度继电器	输入控制量为转速高于(或低于)某一转速时动作	用于感应电动机的反接制动及能耗控制中

4.2.5.1　热继电器

热继电器是依靠过负荷电流通过发热元件产生过热而动作的一种低压电器。它主要用于电动机的过载保护及其他电气设备发热状态的控制。一般利用双金属片(由两种膨胀系数不同的金属或合金制成)受热弯曲去推动杠杆使触头动作。有些型号的热继电器还具有断相及电流不平衡运行的保护。

热继电器的型式，常见的有：①双金属片式：利用由两种膨胀系数不同的金属(通常为锰镍和铜板)辗压制成的双金属片受热弯曲去推动杠杆，从而带动触头动作。②热敏电阻式：利用电阻值随温度变化而变化的特性制成的热继电器。③易熔合金式：利用过载电流的热量使易熔合金达到某一温度值时，合金熔化而使继电器动作。在上述3种型式中，以双金属片热继电器应用最多，并且常与接触器组合成磁力启动器。

(1) 热继电器的作用

在电动机实际的运行中，常会遇到过载或欠电压情况，但只要不严重、时间短，电机绕组不超过允许的温度，这些情况是允许的。但若出现长期带负载欠电压运行、长期过载运行及长期断相运行等不正常情况时，就会加速电动机绝缘老化过程，缩短电动机的使用寿命，甚至会导致烧毁电动机绕组。为了充分发挥电动机的过载能力，保证电动机的正常启动和运转，当电动机一旦出现长时间过载等情况，需要自动切断电路，从而出现了能随过载程度而改变动作时间的电器，这就是热继电器。与电流继电器和熔断器不同，热继电器中发热元件有热惯性，在电路中不能做瞬时过载保护，更不能做短路保护。

热继电器按相数分有单相、两相和三相式3种类型，每种类型按发热元件的额定电流又有不同的规格和型号。三相式热继电器常用于三相交流电动机的过载保护，可按其职能分为不带断相保护和带断相保护两种类型。

（2）热继电器的结构与工作原理

热继电器主要由热元件、双金属片和触头组成。热元件由发热电阻丝做成。双金属片由两个热膨胀系数不同的金属辗压而成。热元件串接在电动机定子绕组中。如图 4－23 所示。

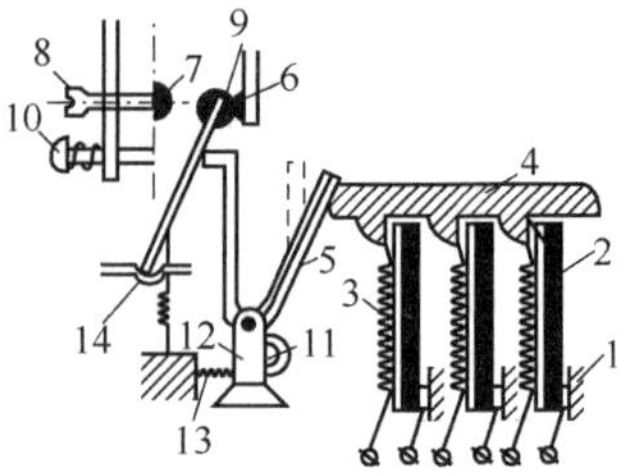

图 4－23　热继电器的结构与工作原理

1—双金属片固定支点；2—双金属片；3—热元件；4—导板；5—补偿双金属片；6—常闭触点；7—常开触点；8—复位螺钉；9—动触点；10—复位按钮；11—调节旋钮；12—支撑；13—压簧；14—推杆

电动机绕组电流即为流过热元件的电流。当电动机正常运行时，热元件产生的热量虽能使双金属片 2 弯曲，但还不足以使继电器动作；当电动机过载时，热元件产生的热量增大，使双金属片弯曲位移增大，经过一定时间后，双金属片弯曲到推动导板 4，并通过补偿双金属片 5 与推杆 14 将动触点 9 和常闭触点 6 分开，动触点 9 和常闭触点 6 为热继电器串于接触器线圈回路的常闭触点，断开后使接触器失电，接触器的常开触点断开电动机的电源以保护电动机。

调节旋钮 11 是一个偏心轮，它与支撑 12 构成一个杠杆，13 是一个压簧，转动偏心轮，改变它的半径即可改变补偿双金属片 5 与导板 4 的接触距离，因而达到调节整定动作电流的目的。此外，靠调节复位螺钉 8 来改变常开触点 7 的位置使热继电器能工作在手动复位和自动复位两种工作状态。调试手动复位时，在故障排除后要按下复位按钮 10 才能使动触点恢复与常闭触点 6 相接触的位置。

三相电动机缺相是造成三相异步电动机烧坏的主要原因之一。用于保护电动机的热继电器的动作电流通常是按电动机的额定电流（线电流）进行整定的。如果热继电器所保护的电动机是 Y 接法，热继电器的整定电流与电动机绕组电流（相电流）相同，当线路发生一相断电时，另外两相电流便增大很多，由于线电流等于相电流，流过电动机绕组的电流和流过热继电器的电流增加比例相同，因此普通的两相或三相热继电器可以起到保护作用。但是，如果电动机是△形接法，当发生断相时，由于电动机的相电流与线电流不等，流过电动机绕组的电流和流过热继电器的电流增加比例不相同，而热元件又串联在电动机的电源进线中，按电动机的额定电流即线电流来整定，整定值较大。当故障线电流达到额定电流时，在电动机绕组内部，电流较大的那一相绕组的故障电流将超过额定相电流，便有过热烧毁的危险。所以△接法必须采用带断相保护的热继电器。

（3）热继电器选用

我国常用的热继电器主要有 JR20、JRS1、JR16 等系列。引进产品有 T 系列（德国 BBC 公司）、3UA（德国西门子）、LR1－D（法国 TE 公司）。JRS1、JR20 系列具有断电保护、温度补偿、整定电流可调，能手动脱扣及手动断开动断触头等功能。三相交流电动机的过载保护均采用三相式热继电器，尤其是 JR16 和 JR20 系列三相式热继电器得到广泛应用。这两种系列的热继电器按其职能又分为带断相保护和不带断相保护两种类型。在电气原理图中，热继电器的发热元件和触点的图形符号如图 4－24 所示。

通常选用时应按电动机形式、工作环境、启动情况及负荷情况等几方面综合加以考虑。

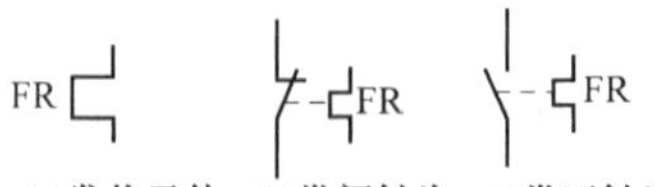

图 4－24　热继电器符号

① 原则上热继电器的额定电流应按电动机的额定电流选择。对于过载能力较差的电动机，其配用的热继电器（主要是发热元件）的额定电流可适当小些。通常，选取热继电器的额定电流（实际上是选取发热元件的额定电流）为电动机额定电流的 60% ~80%。

② 在不频繁启动场合，要保证热继电器在电动机的启动过程中不产生误动作。通常，当电动机启动电流为其额定电流 6 倍以及启动时间不超过 6s 时，若很少连续启动，就可按电动机的额定电流选取热继电器。

③ 当电动机为重复短时工作时，首先注意确定热继电器的允许操作频率。因为热继电器的操作频率是很有限的，如果用它保护操作频率较高的电动机，效果很不理想，有时甚至不能使用。

④ 在三相异步电动机电路中，对定子绕组为 Y 连接的电动机应选用两相或三相结构的热继电器；定子绕组为△连接的电动机必须采用带断相保护的热继电器。

⑤ 与导线的配合。

热继电器的连接导线的材料和截面对热继电器热量的传导关系极大。当导线截面过小时，轴向传热差，热继电器可能提前动作；当导线截面过大时，轴向导热快，热继电器可能滞后动作，从而对热继电器动作的准确性产生不利的影响。另外，热继电器的连接导线应采用铜线，因其接触部位便于处理，接触电阻不大；而采用铝线时，热继电器的端子为铜质的，就形成铜铝连接，易于产生电化腐蚀，造成接触不良，使接点发热影响热继电器动作的准确性，所以一般不用铝线。因此，热继电器的连接导线必须按厂家说明书严格选用。

热继电器的热元件一般串接在主电路中。当主电路中的电流超过热继电器的整定值时双金属片受热弯曲，使其常闭触头打开，因常闭触头串接于接触器的吸引线圈回路中，从而使接触器的吸引线圈失去励磁，将接触器的主触头打开，切断主电路，起到过载保护作用。

然而热继电器一般不能进行短路保护。因为热元件从发热到双金属片弯曲，最后通过接触器主触头切断主电路，需要一定的时间。当电路中出现短路时，虽然短路电流很大，但热继电器尚未来得及动作，就已经把热元件或被保护的电气设备烧毁了。所以要实现短路保护还必须另外装设断路器。

（4）热继电器的安装

① 热继电器必须按产品说明书的规定方向安装，一般不得超过 5°。

② 热继电器连接导线的材料和截面须符合要求。

③ 当热继电器与其他电器装在一起使用时，应尽量将其置于其他电器的下方。

④ 热继电器的盖子以及开关箱的壳盖应当盖好。

⑤ 应注意检查热继电器热元件的额定电流值及调整旋钮的刻度值是否与电动机的额定电流值相当。

⑥ 安装时应检查其动作机构是否正常可靠，用手拨动 4 ~5 次进行观察，再扣按钮应当灵活。

⑦ 出厂时热继电器一般调为手动复位，如需自动复位，在安装时只需将复位螺钉顺时针转动并略微压紧即可。

热继电器周围介质的温度，一般应和被保护的电气设备周围介质的温度相同，否则将影响已调整好的配合情况。如被保护的电气设备安装处的温度较高，而热继电器安装在温度较低且通风性好的地点时，热继电器的动作将滞后；反之，则热继电器的动作将提前。

对于带温度补偿的热继电器来说，周围介质温度之间差异还是会对特性的配合产生影响，这一点也是不容忽视的。因此，热继电器必须按照产品说明书中所规走的方式安装。

（5）热继电器的使用

① 热继电器在使用过程中，应定期通电校验。

② 热继电器在使用中应定期清除污垢，双金属片有锈迹可用布蘸汽油轻轻擦拭。

③ 热继电器在使用中应定期紧固接线螺钉，检查触头接触是否良好，盖板是否盖好。

④ 定期打开盖子从旁察看热元件是否良好，但切忌卸下热元件。

⑤ 当电路中出现短路后，应认真查看热元件及双金属片有无显著变形。

当热继电器过载动作后，必须检查电动机和拖动设备故障原因，以防再次投入运行出现再脱扣的情况；如热继电器的安装地点距离操作地点较远，工艺因素出现过载的可能性较大，宜选用自动复位方式。

（6）热继电器在运行中常见故障厦处理

热继电器在运行中常见的故障、产生的原因以及处理方法列于表4－6。

表4－6 热继电器常见故障、原因和处理方法

故障现象	产生原因	处理方法
热继电器接入后电路不通	① 热元件烧断 ② 进出线脱焊 ③ 进线螺钉未制紧	① 更换热元件 ② 重新焊接 ③ 制紧
热继电器控制电路不通	① 刻度调整旋钮或螺钉在不合适的位置上将触头顶开 ② 触头烧坏或动触杆弹性消失，使触头接触不上	① 重新调整 ② 修理触头或动触头杆，必要时更换
热继电器拒绝动作	① 热继电器选配不当 ② 整定值偏大 ③ 热元件烧坏或脱焊 ④ 动作机构卡住 ⑤ 导板脱出 ⑥ 触头接触不良	① 重新选择 ② 重新整定 ③ 更换 ④ 修理调整，但应防止动作特性变化 ⑤ 重新放入并校验 ⑥ 清除表面尘垢或氧化物
热继电器误动作	① 整定值偏小 ② 电动机启动时间过长 ③ 操作频率过高 ④ 有强烈的冲击振动 ⑤ 连接导线过细 ⑥ 可逆运转、反接制动或密接通断 ⑦ 热继电器与电动机安装处温差过大	① 合理调整或更换规格 ② 按电动机启动时间要求选择具有合适可返回时间的热继电器，或启动时将热继电器短接 ③ 按前述方法选用 ④ 采取防振措施或选用防冲击型热继电器 ⑤ 按说明书要求选用 ⑥ 改用半导体温度继电器保护 ⑦ 按温差配置适当的热继电器
热元件烧断	① 负荷侧短路 ② 操作频率过高 ③ 机构有故障，使热继电器不能动作	① 排除故障 ② 合理选用热继电器 ③ 更换

4.2.5.2 电磁式继电器

电磁式继电器主要有电压继电器、电流继电器、时间继电器、中间继电器。主要技术参数包括额定参数、吸合时间和释放时间、整定参数(继电器的动作值，大部分控制继电器的动作值是可调的)、灵敏度(一般指继电器对信号的反应能力)、触头的接通和分断能力、使用寿命等。

电磁式继电器的结构和工作原理与电磁式接触器相似，也是由电磁系统、触头系统和释放弹簧等组成，由于继电器用于控制电路，流过触头的电流比较小(一般5A以下)，故不需要灭弧装置。电磁式继电器的图形、文字符号如图4-25所示。

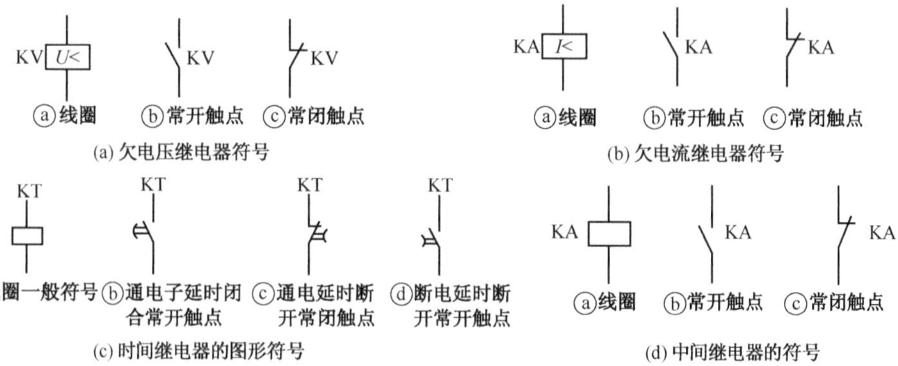

图4-25 电磁式继电器电路符号

(1) 电压继电器

根据线圈两端电压的大小通断电路的继电器称为电压继电器。电压继电器的线圈并接在电路上，对所接电路上的电压高低作出反应，用于控制系统的电压保护和控制。电压继电器分过电压继电器、欠电压继电器和零电压继电器，如图4-25所示

1) 过电压继电器

过电压继电器用于电路的过电压保护，其吸合整定值为被保护电路额定电压的1.05~1.2倍。在额定电压工作时，衔铁不动作；当被保护电路的电压高于额定值，达到过电压继电器的整定值时，衔铁吸合，触头机构动作，控制电路失电，控制接触器及时分断被保护电路。由于直流电路中不会产生波动较大的过电压现象，所以在产品中没有直流过电压继电器。

2) 欠电压继电器

欠电压继电器用于电路的欠电压保护，其释放整定值为电路额定电压的0.1~0.6倍。在额定电压工作时，衔铁可靠吸合；当被保护电路电压降至欠电压继电器的释放整定值时，衔铁释放，触头机构复位，控制接触器及时分断被保护电路。

3) 零电压继电器

零电压继电器在额定电压下也吸合，当线圈电压达到额定电压的5%~25%时释放。对电路实现零电压保护，常用于电路的失压保护。

(2) 电流继电器

根据线圈中电流的大小通断电路的继电器称为电流继电器。电流继电器用于电力拖动系统的电流保护和控制。其线圈串联接入主电路，用来感测主电路的电流；触头接入控制电路，为执行元件。常用的电流继电器有过电流继电器和欠电流继电器两种，如图4-25所示。

1）过电流继电器

过电流继电器用于电路的过流保护。过电流继电器在电路正常工作时不动作，整定范围通常为额定电流的1.1～4倍，当被保护电路的电流高于额定值，达到过电流继电器的整定值时，衔铁吸合，触头机构动作，控制电路失电，从而控制接触器及时分断电路，对电路起过电流保护作用。

2）欠电流继电器

欠电流继电器用于电路的欠电流保护。吸引电流为线圈额定电流30%～65%，释放电流为额定电流10%～20%，因此，在电路正常工作时，衔铁是吸合的，只有当电流降低到某一整定值时，继电器释放，控制电路失电，从而控制接触器及时分断电路。

（3）时间继电器

从得到输入信号（即线圈通电或断电）开始，经过一定的延时后才输出信号（延时触点状态变化）的继电器，称为时间继电器。时间继电器可分为通电延时型和断电延时型。通电延时型是当接受输入信号后延迟一定时间，输出信号才发生变化；当输入信号消失后，输出瞬时复原。断电延时型是当接受输入信号时，瞬时产生相应的输出信号；当输入信号消失后，延迟一定的时间，输出信号才复原。

时间继电器种类很多，常用的有电磁式、空气阻尼式、电动式和电子式等。目前用得最多的是电子式，这里介绍利用电磁原理工作的两种时间继电器。

① 直流电磁式时间继电器。直流电磁式时间继电器在铁心上有一个阻尼铜套。由电磁感应定律可知，在继电器线圈通断电过程中铜套内将产生感应电动势，同时有感应电流存在，此感应电流产生的磁通阻碍穿过铜套内的原磁通变化，因而对原磁通起了阻尼作用。

当继电器通电吸合时，由于衔铁处于释放位置，气隙大，磁阻大，磁通小，铜套阻尼作用也小，因此铁心吸合时的延时不显著，一般可忽略不计。当继电器断电时，磁通量的变化大，铜套的阻尼作用也大，使衔铁延时释放起到延时的作用。因此，这种继电器仅作为断电延时用。其延时动作触点有延时打开常开触点和延时闭合常闭触点两种。这种时间继电器的延时时间较短，而且准确度较低，一般只用于延时精度要求不高的场合。

② 空气阻尼式时间继电器。空气阻尼式时间继电器利用空气阻尼原理达到延时的目的。它由电磁机构、延时机构和触点组成。其中电磁机构有交流、直流两种；延时方式有通电延时型和断电延时型，两种继电器原理和结构均相同，只是将其电磁机构翻转180°安装。当衔铁位于铁心和延时机构之间时为通电延时型；当铁心位于衔铁和延时机构之间时为断电延时型。

空气阻尼式时间继电器的优点是延时范围大、结构简单、寿命长、价格低廉。缺点是延时误差大，没有调节指示，很难精确地整定延时值。在延时精度要求高的场合不宜使用。

时间继电器的图形符号如图4－25所示。

（4）中间继电器

实质上是一种电压继电器。它的特点是触头数量较多（可达8对），触头容量较大（5～10A），动作灵敏，在电路中起增加触头数量和起中间放大作用。由于中间继电器只要求线圈电压为零时能可靠释放，对动作参数无要求，故中间继电器没有调节装置。

中间继电器的图形符号如图4－25所示。

4.2.5.3 信号继电器

信号继电器是指输入非电信号，且当非电信号到一定值时才使触头动作的继电器。常用的有温度继电器、速度继电器、液位继电器和干簧继电器。

（1）温度继电器

热继电器是对电动机进行过载保护用的电器。然而，即使电动机不过载，当电网电压升高时，也会导致铁损增加而使铁心发热，这样会使绕组温升过高，或者电动机环境温度过高以及通风不良等，同样会使绕组温度过高。出现这些情况，热继电器就无能为力了。为此，出现了按温度原则动作的继电器，这就是温度继电器。使用时将温度继电器埋设在电动机发热部位，如电动机定子槽内、绕组端部等部位，可直接反映该处发热情况。无论是电动机本身出现过载电流引起温度升高，还是其他原因引起电动机温度升高，温度继电器都可起保护作用。

温度继电器大体上有两种类型，一种是双金属片式温度继电器，另一种是热敏电阻式温度继电器。双金属片式温度继电器的工作原理与热继电器相似，在此不重复。

双金属片式温度继电器的动作温度是以电动机绕组绝缘等级为基础来划分的，它共有50℃、60℃、70℃、80℃、95℃、105℃、115℃、125℃、135℃、145℃和165℃11 个规格。继电器的返回温度因动作温度而异，一般比动作温度低 5 ~ 40℃。

双金属片式温度继电器的缺点是加工工艺复杂，且双金属片容易老化。另外，由于体积偏大而多置于绕组的端部，故很难反映温度上升的情况，以致发生动作滞后的现象。同时，也不宜用来保护高压电动机，因为过强的绝缘层会加剧动作的滞后现象。

热敏电阻式温度继电器的外形同一般晶体管式时间继电器相似，但作为温度检测元件的热敏电阻不装在继电器中，而是装在电动机定子槽内或绕组的端部。热敏电阻是一种半导体器件，根据材料性质可分为正温度系数和负温度系数两种热敏电阻。正温度系数热敏电阻因为具有明显的开关特性、电阻温度系数大、体积小、灵敏度高等优点而得到广泛应用和迅速发展。

温度继电器的触点在电路图中的图形符号与电压或电流继电器相同，只是在符号旁标注字母“θ”即可。

（2）压力继电器

压力继电器广泛用于各种气压和液压控制系统中，通过检测气压或液压的变化，发出信号，控制电动机的启停，从而提供保护，如图 4 – 26 所示。

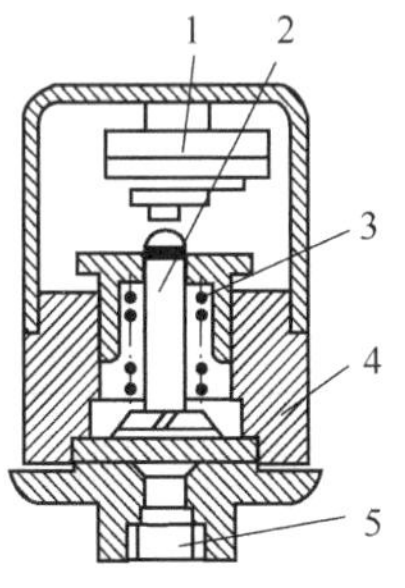

图 4 – 26　压力继电器

1—微动开关；2—滑杆；3—给定螺帽平衡弹簧；4—橡皮膜；5—入油口管道接头

压力继电器由微动开关、给定装置、压力传送装置及继电器外壳等几部分组成。给定装置包括给定螺帽平衡弹簧 3 等。压力传送装置包括入油口管道接头 5、橡皮膜 4 及滑杆 2 等。当用于机床润滑油泵的控制时，润滑油经管道接头入油口管道接头 5 进入油管，将压力传送给橡皮膜 4，当油管内的压力达到某给定值时，橡皮膜 4 便受力向上凸起，推动滑杆 2 向上，压合微动开关，发出控制信号。旋转弹簧 3 上面的给定螺帽，便可调节弹簧的松紧程度，改变动作压力的大小，以适应控制系统的需要。

（3）干簧继电器

干簧继电器由于其结构小巧、动作迅速、工作稳定、灵敏度高等优点，近些年来得到广泛应用。干簧继电器是利用磁场作用来驱动继电器触头动作的，其主要部分是干簧管，由一组或几组导磁簧片封装在惰性气体(如氦、氮等气体)的玻璃管中组成开关元件。导磁簧片又兼作接触簧片，即控制触点，也就是说，一组簧片起开关电路和磁路的双重作用。干簧继电器的结构原理图中，图4－27(a)表示利用线圈内磁场驱动继电器动作，图4－27(b)表示利用外磁场驱动继电器动作。在磁场作用下，干簧管中的2根簧片分别被磁化而相互吸引，接通电路。磁场消失后，簧片靠本身的弹性分开，如图4－27所示。

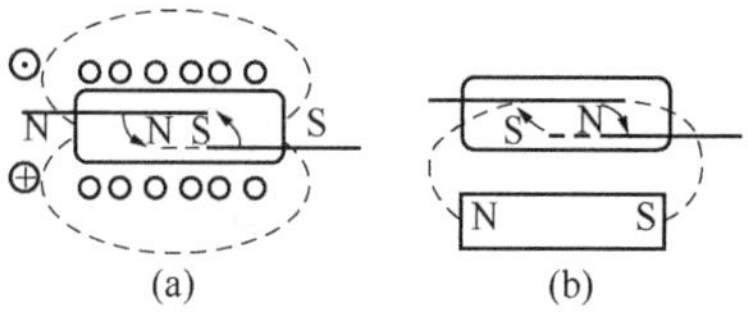

图4－27　干簧继电器

4.2.6　低压配电柜(箱)

我国主要的低压开关柜有PGL(中石化已将其列入淘汰产品)、GGD、GCK、GCS、MNS，低压动力配电箱为XL和低压照明箱XM。主要区别GGD是固定柜，GCK、GCS、MNS是抽屉柜。GCK柜和GCS、MNS柜抽屉推进机构不同；GCS和MNS柜最主要的区别是GCS柜只能做单面操作柜，柜深800mm，MNS柜可以做双面操作柜，柜深1000mm。抽屉式配电柜比较见表4－7。

表4－7　抽屉式配电柜比较

产品型号	互换性	联锁位置	固定与抽出混装方式	抽屉推进式	抽屉间隔安装方式	分断接通能力	二次最大安装回路数	动热稳定性	垂直排
GCK	差	—	无	可以	左右	高	16	好	三相
GCS	好	好	不明显	可以	旋转	高	20	高	三相
MNS	好	好	不明显	可以	旋转	强	20	强	三相

产品型号	最小模数	母线	抽屉	原产地	模数层数	钢型拼装	安装模数	操作柜
GCK	1单元	水平母线设在柜顶，垂直母线无阻燃型塑料功能板	1抽屉	国内自主开发	9层	—	最多9抽屉	单面
GCS	1/2单元	水平母线后出线，垂直母线设有阻燃型塑料功能板	1/2抽屉	国内自主开发	11层	8MF型钢	最多22抽屉	单面
MNS	1/4单元	水平母线后出线，垂直母线设有阻燃型塑料功能板	1/4抽屉	ABB引进	9层	C型钢	最多72抽屉	双面

总体而言，抽出式柜较省地方，维护方便，出线回路多，但造价贵；而固定式的相对出线回路少，占地较大。

4.2.6.1　GGD型交流低压开关柜

该开关柜具有机构合理，安装维护方便，防护性能好，分断能力高等优点，容量大，分段能力强，动稳定性强，电器方案适用性广等优点，可作为换代产品使用。缺点是回路少，单元之间不能任意组合且占地面积大，不能与计算机联络。

GGD型交流低压配电柜适用发电厂、变电站、厂矿企业等电力用户作为交流50Hz，额定工作电压400V，额定工作电流至3150A的配电系统。作为动力、照明及配电设备的电能转换，分配与控制之用。

4.2.6.2 GCK 低压抽出式开关柜

具有分断能力高、动热稳定性好、结构先进合理、电气方案灵活、系列性、通用性强、各种方案单元任意组合。一台柜体，容纳的回路数较多、节省占地面积、防护等级高、安全可靠、维修方便等优点。缺点是水平母线设在柜顶垂直母线没有阻燃型塑料功能板，不能与计算机联络。

GCK 系列主要由一些组合式电动机控制单元及其他功能单元组合而成。适合于交流400V、690V，频率为50Hz 最大工作电流至3150A 的配电系统中，作为动力配电、电动机控制及照明灯配电设备的电能转换、分配和控制之用。

4.2.6.3 GCS 低压抽出式开关柜

具有较高技术性能指标、能够适应电力市场发展需要，并可与现有引进的产品竞争。根据安全、经济、合理、可靠的原则设计的新型低压抽出式开关柜，还具有分断、接通能力高、动热稳定性好、电气方案灵活、组合方便、系列性实用性强、结构新颖、防护等级高等特点。

GCS 适合发电厂、石油、化工、冶金、高层建筑等行业的配电系统以及大型发电厂、石化系统等自动化程度高，要求与计算机接口的场所。作为三相交流，50(60)Hz，额定工作电压400V、690V，额定工作电流4000A 及以下的发、供电系统中的配电、电动机集中控制，无功功率补偿等用户使用。

4.2.6.4 MNS 低压抽出式开关柜

具有设计紧凑：以较小的空间能合纳较多的功能单元；结构通用性强，组装灵活，以25mm 为模数的 C 型型材能、满足各种结构形式、防护等级及使用环境的要求；采用标准模块设计，分别可组成保护、操作、转换、控制、调节、指示等标准单元，用户可根据需要任意选用组装；技术性能高，主要参数达到当代国际技术水平；压缩场地，三化程度高，可大大压缩储存和运输预制作的场地；装配方便，不需要特殊复杂性。

MNS 组合式低压开关柜系统，适用于所有发电、配电和电力使用的场所。适用于5000A 以下的低压系统，MNS 具有高度的灵活性，可根据需求和不同的使用场合灵活混装，可以满足全方位的需求。

4.2.6.5 XL 动力配电箱

XL 低压配电箱适用于交流 50Hz，额定工作电压为400V(690V)，额定工作电流至630A 的电网中，作为冶金、矿石、石油、化工、电力等的动力、电机控制照明之用。本柜结构新颖，元件布置合理，可根据用户的不同需要进行成列组合。内装熔断器、断路器、刀开关、接触器、组合开关、电磁启动器等，有的在箱门上装有信号灯、电压表及主令电器等，进出线常布置在箱的下侧或上、下两侧。

4.2.6.6 XM 照明配电箱

XM 类照明配电箱主要用于交流400V 及以下、频率为50Hz 的电力系统中，作不频繁操作的照明配电用。

XM 类照明配电箱为封闭式箱结构，可以悬挂或嵌入墙内安装，选用的内部元器件有小型断路器、转换开关、漏电开关等，有的产品还装有电度表和负荷开关。一般采用下侧或上、下两侧进出线方式。体积较小，安全性好。

XM 类照明配电箱有嵌入、半嵌入和悬挂 3 种安装方式。

4.2.7 ※供配电线路(导线和电缆)的选择

4.2.7.1 选择的一般原则

导线和电缆的选择是供配电的重要内容之一。导线和电缆是分配电能的主要器件，选择的合理与否，直接影响到有色金属的消耗量与线路投资，以及电力网的安全经济运行。选择导线、电缆，目前提倡采用铜线，以减少损耗，节约电能，而在易爆炸、腐蚀严重的场所，以及用于移动设备、检测仪表、配电盘的二次结线等，必须采用铜线。

导线和电缆的选择，必须满足用电设备对供电安全可靠和电能质量的要求，尽量节省投资，降低年运行费，布局合理，维修方便。

导线和电缆的选择包括两方面内容：①选择型号；②选择截面。

4.2.7.2 导线、电缆型号的选择

导线和电缆的选择根据其使用环境、工作条件等因素确定。

（1）常用架空线路导线型号及选择

户外架空线路10kV及以上电压等级一般采用裸导线，380V电压等级一般采用绝缘导线。裸导线常用的型号及适用范围为：

1）铝绞线(LJ)

该导线导电性能较好，质量轻，对风雨作用的抵抗力较强，但对化学腐蚀作用的抵抗力较差。多用于6~10kV的线路，其受力不大，杆距不超过100~125m。

2）钢芯铝绞线(LGJ)

该导线的外围为铝线，芯子采用钢线，这就解决了铝绞线机械强度差的问题。而交流电具有趋肤效应，所以当导体中通过电流时，电流实际只从铝线经过，这样确定钢芯铝绞线的截面时只须考虑铝线部分的面积。在机械强度要求较高的场合和35kV及以上的架空线路上多被采用。

3）铜绞线(TJ)

该导线导电性能好，机械强度高，对风雨和化学腐蚀作用的抵抗力都较强，但价格较高，是否选用根据实际需要而定。

4）防腐钢芯铝绞线(LGJF)

具有钢芯铝绞线的特点，同时防腐性好，一般用在沿海地区、咸水湖及化工工业地区等周围有腐蚀性物质的高压和超高压架空线路上。

（2）常用电力电缆

油库常用电力电缆有：聚氯乙烯绝缘聚氯乙烯护套电力电缆(VV)、氯乙烯绝缘聚氯乙烯护套钢带铠装电力电缆(VV22，俗称防爆电缆)、交联聚乙烯绝缘聚氯乙烯护套电力电缆(YJV)、交联聚乙烯绝缘聚氯乙烯护套钢带铠装电力电缆(YJV22)等。聚氯乙烯绝缘及护套电缆电压等级可达10kV，交联聚乙烯绝缘聚氯乙烯护套电缆电压等级可达110kV。油库用VV型电缆的电压等级为0.6kV/1kV，YJV型电缆的电压等级为1kV/35kV，电缆芯线通常为4芯或5芯。VV型电缆有阻燃型与普通型之分。

电力电缆的表示形式如下：ZR－VV22－1kV－3×70＋1×35表示阻燃型、氯乙烯绝缘聚氯乙烯护套钢带铠装电力电缆，电压等级为1kV，4芯电缆，3根相线截面70mm^2，1根工作零线截面为70mm^2，属于0.4kV配电系统用电缆，ZR－YJV22－10kV－3×35表示阻燃型、交联聚乙烯绝缘聚氯乙烯护套钢带铠装电力电缆，电压等级为10kV，3芯电缆，3根相

线截面 $35mm^2$，该电缆属于变压器高压侧用高压电缆。

（3）绝缘电线型号

油库采用的配电线路及从电杆上引进户内的线路多为绝缘电线。绝缘电线的线芯材料有铜芯和铝芯两种，油库多用铜芯线。绝缘电线外皮的绝缘材料有塑料绝缘和橡胶绝缘。塑料绝缘的绝缘性能良好，价格低，可节约橡胶和棉纱，在室内敷设可取代橡胶绝缘线。

常用塑料绝缘电线型号有：BV(BLV)，BVV(BLVV)，BVR，RV，RVV。常用的橡皮绝缘电线型号有：BX(BLX)，BBX(BBLX)，BXR 等。

电气控制系统线路，多采用专用控制线，常见的型号有 KVV、KVV22。电压等级多为 500V，芯线数根据需要确定，从 2～30 芯，甚至更多。

4.2.7.3 导线、电缆截面的选择原则

导线电缆截面的选择要求必须满足安全、可靠和经济的条件，其选择原则为：

（1）按允许载流量选择导线和电缆的截面

在导线和电缆(包括母线)通过正常最大负荷电流(即计算电流)时，其发热温度不应超过正常运行时的最高允许温度，以防止导线或电缆因过热而引起绝缘损坏或老化。这就要求通过导线或电缆的最大负荷电流不应大于其允许载流量。

（2）按允许电压损失选择导线和截面

在导线和电缆(包括母线)通过正常最大负荷电流(即计算电流)时，线路上产生的电压损失不应超过正常运行时允许的电压损失，以保证供电质量。这就要求按允许电压损失选择导线或电缆截面。

（3）按经济电流密度选择导线和电缆截面

经济电流密度是指使线路的年运行费用支出最小时的电流密度。按这种原则选择的导线和电缆截面称为经济截面。对 35kV 及以上的高压线路及电压在 35kV 以下但距离长电流大的线路，宜按经济电流密度选择，对 10kV 及以下线路，通常不按此原则选择。

（4）按机械强度选择导线和电缆截面

这是对架空线路而言的。对电缆不必校验其机械强度。

（5）满足短路稳定的条件

架空线路因其散热性较好，可不作短路稳定校验，电缆应进行热稳定校验，母线也要校验其热稳定。

实际设计中，一般根据经验按其中一个原则选择，再校验其他原则。对于 35kV 及 110kV 高压供电线路，其截面主要按照经济电流密度来选择，按其他条件校验；对 10kV 及以下高压线路和低压动力线路，通常按允许载流量选择截面，再校验电压损失和机械强度；对低压照明线路，因其对电压要求较高，所以通常先按允许电压损失选择截面，再校验其他条件。按此经验选择，一般就能满足要求。

选择导线截面时，要求在满足上述 5 个原则的基础上选择其中最大的截面。

4.2.7.4 按允许载流量选择导线和电缆截面

（1）三相系统相线截面的选择

电流通过导线时会发热。裸导线如果温度过高，接头处会发生氧化，使接触电阻增加，从而氧化加剧，如此恶性循环，将导致断线。绝缘导线和电缆温度过高时，可使绝缘损坏，或引起火灾。因此，导线和电缆的正常发热温度不得超过额定负荷时的最高允许温度。选择截面时通过相线的计算电流 I_{js} 不得超过其允许载流量 I_{yx}，即：

$$I_{js} \leqslant I_{yx} \quad (4-1)$$

导线的允许载流量是指在规定的环境温度（25℃）条件下，导线能连续承受而不使其稳定温度（65℃）超过允许值的最大电流。

（2）工作零线和保护线截面的选择

1）工作零线（N线）截面的选择

TN－S系统中的工作零线，要考虑不平衡电流和零序电流以及谐波电流的影响。

① 工作零线截面 S_{n0}，应不小于相线截面 S_L 的一半，即：

$$S_{n0} \geqslant 0.5S_L \quad (4-2)$$

② 两相三线制线路和单相线路，因工作零线电流和相线电流相等，故工作零线截面与相线截面相同，即

$$S_{n0} = S_L \quad (4-3)$$

2）保护零线（PE线）截面的选择

保护线截面 S_{PE} 要满足短路热稳定度的要求，按GB50054低压配电设计规范规定：

① 当 $S_L \leqslant 16mm^2$ 时：

$$S_{PE} \geqslant S_L \quad (4-4)$$

② 当 $16mm^2 < S_L \leqslant 35mm^2$ 时：

$$S_{PE} \geqslant 16mm^2$$

③ 当 $S_L \geqslant 35mm^2$ 时：

$$S_{PE} \geqslant 0.5S_L \quad (4-5)$$

3）保护工作零线（PEN线）截面的选择

PEN线具有PE线和N线的双重功能，所以选择截面时按其中的最大值选取。

表4－8是绝缘电线穿钢管敷设时的允许载流量表。

表4－8 绝缘电线穿钢管敷设的允许载流量表（θ_e＝65℃）

截面/mm²		二根单芯				三根单芯				四根单芯			
		25℃	30℃	35℃	40℃	25℃	30℃	35℃	40℃	25℃	30℃	35℃	40℃
BV铜芯线	1	14	13	12	11	13	12	11	10	11	10	9	8
	1.5	19	17	16	15	17	15	14	13	16	14	13	12
	2.5	26	24	22	20	24	22	20	18	22	20	19	17
	4	35	32	30	27	31	28	26	24	28	26	24	22
	6	47	43	40	37	41	38	35	32	37	34	32	29
	10	65	60	56	51	57	53	49	45	50	46	43	39
	16	82	76	70	64	73	68	63	57	65	60	56	51
	25	107	100	92	84	95	88	82	75	85	79	73	67
	35	133	124	115	105	115	107	99	90	105	98	90	83
	50	165	154	142	130	146	136	126	115	130	121	112	102
	70	205	191	177	162	183	171	158	144	165	154	142	130
	95	250	233	216	197	225	210	194	177	200	187	173	158
	120	290	271	250	229	260	243	224	205	230	215	198	181
	150	330	308	285	261	300	280	259	237	265	247	229	209
	185	380	355	328	300	340	317	294	268	300	280	259	237

例 4－1 有一条 220/380V 的 TN 制线路，采用 BV 塑料电线穿钢管埋地敷设，当地最热月平均最高气温为 30℃。该线路供电给一台 40kW 的电动机，其功率因数为 0.8，效率为 0.85，试按允许载流量选择导线截面。

解：① 计算线路中的计算电流：

$$P_{js} = \frac{P_e}{\eta} = \frac{40}{0.85} = 47\ \text{kW}$$

$$I_{js} = \frac{P_e}{\sqrt{3}U_N\cos\varphi} = \frac{47}{\sqrt{3}\times 0.38\times 0.8} = 89\ \text{A}$$

② 相线截面的选择：

TN－S 系统中，正常情况下 PE 无电流流过，所以查 4 根单芯线穿钢管的参数，查表 4－2得，4 根单芯线穿钢管敷设的每相芯线截面为 35mm^2 的 BV 绝缘导线，在环境温度为 30℃时的允许载流量为 98A，其正常最高允许温度为 65℃，即 $I_{yx}=98\text{A}$。

满足 $I_{yx}\geqslant I_{js}$，所以相线截面 $S_L=35\text{mm}^2$，达到允许载流量的要求。

③ N 线 S_{n0}的选择：

按 $S_{n0}\geqslant 0.5S_L$要求，选 $S_{PE}=25\text{mm}^2$。

④ PE 保护线 S_{PE}的选择：

按 $S_{PE}\geqslant 0.5S_L$要求，选 $S_{PE}=25\text{mm}^2$。

⑤ 导线截面：

按允许载流量选择，最终选定导线为：ZR－BV－0.5kV－3×35＋2×25。

4.2.7.5 按允许电压损失选择导线和电缆截面

由于线路有阻抗，所以在负荷电流通过线路时有一定的电压损失。电压损失愈大，则用电设备端子上的电压偏移就愈大，当电压偏移超过允许值时将严重影响电气设备的正常运行。所以按规范要求，线路的电压损失不宜超过规定值，如高压配电线路的电压损失，一般不超过线路额定电压的5%；从变压器低压侧母线到用电设备受电端的低压配电线路的电压损失，一般也不超过用电设备额定电压的5%（以满足用电设备要求为准）；对视觉要求较高的照明电路，则为2%～3%。如果线路电压损失超过了允许值，应适当加大导线截面，使之小于允许电压损失。

（1）线路末端有一个集中负荷时三相线路电压损失的计算

如图 4－28 所示，线路末端有一个集中负荷 $S=P+jQ$，P 为线路有功功率，Q 为线路无功功率。线路额定电压为 U_N，线路电阻为 R，电抗为 X。线路首端线电压为 U_1，末端线电压为 U_2；线路首末两端线电压的代数差称为线路电压损失，用 ΔU 表示。

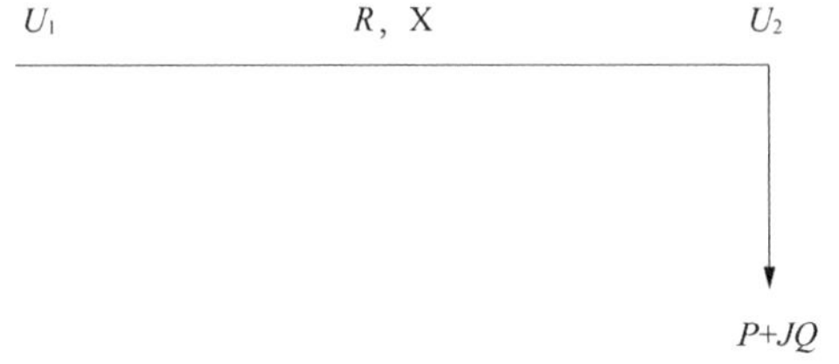

图 4－28 线路末端接有集中三相负荷

$$\Delta U\% = \frac{PR+QX}{10U_N^2} \tag{4－6}$$

式中，U_N单位是 kV，ΔU 单位是 V，P 的单位是 kW，Q 的单位是 kVar。

（2）线路上有多个集中负荷时线路电压损失的计算

以带 3 个集中负荷的三相线路为例，如图 4－29 所示。P_1、Q_1、P_2、Q_2、P_3、Q_3为通过各段干线的有功和无功功率；p_1、q_1、p_2、q_2、p_3、q_3为各支线的有功和无功功率；r_1、x_1、r_2、x_2、r_3、x_3为各段干线的电阻和电抗；R_1、X_1、R_2、X_2、R_3、X_3为从电源到各支线负荷线路的电阻和电抗；l_1、l_2、l_3为各干线的长度；L_1、L_2、L_3为从电源到各支线负荷的长度；I_1、I_2、I_3为各段干线的电流。

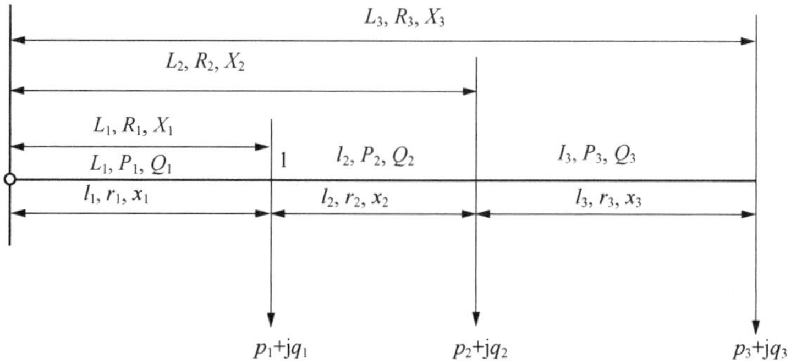

图 4－29　接有三个集中负荷的三相线路

通过第一段干线的负荷为：$P_1=p_1+p_2+p_3$，$Q_1=q_1+q_2+q_3$。

通过第二段干线的负荷为：$P_2=p_2+p_3$，$Q_2=q_2+q_3$。

通过第三段干线的负荷为：$P_3=p_3$，$Q_3=q_3$。

线路上总的电压损失为：

$$\Delta U\% = \frac{\sum_{i=1}^{n}(P_iR_i + Q_iX_i)}{10U_N^2} \tag{4-7}$$

对于线路电抗可略去不计或线路的功率因数接近 1 的“无感”线路（如照明线路），实际上由感抗引起的电压损失也很小，由此电压损失的计算公式简化为：

$$\Delta U\% = \frac{\sum_{i=1}^{n}(P_iL_i)}{10\gamma SU_N^2} \tag{4-8}$$

式中　γ——导线的电导率，对于铜线 $\gamma=0.053\text{km}/\Omega\text{mm}^2$，对于铝线 $\gamma=0.032\text{km}/\Omega\text{mm}^2$；

S——导线的截面；

L_i——各导线的长度；

P_i——各负荷的功率。

（3）按允许电压损失选择导线和电缆的截面

由于油库内电力线路往往不长，为避免不必要的接头和减少导线、电缆品种的规格，电力线路上的各段干线常采用同一截面的导线或电缆。

$$S = \frac{\sum_{i=1}^{n}(P_iL_i)}{10\gamma U_N^2\Delta U\%} = \frac{\sum_{i=1}^{n}(P_iL_i)}{C\Delta U} \quad \text{mm}^2 \tag{4-9}$$

式中，P 的单位是 kW，L 的单位是 m。C 为计算系数，在 TN 三相系统中，铜线的$C_{cu}=77$，铝线 $C_{al}=46.3$；在单相 200V 供电时，铜线的的 $C_{cu}=12.8$，铝线 $C_{al}=7.75$。

例 4-2 从油库变电所埋地敷设一条电缆线到油泵房。已知泵房最大用电负荷为110kW，导线采用铜线，全线导线截面相同，导线长度为500m，允许电压损失为5%，环境温度为25℃，按允许电压损失选择导线截面，并校验其发热情况。

解：①按允许电压损失选择导线截面：

$$S = \frac{\sum_{i=1}^{n}(P_i L_i)}{C\Delta U} = \frac{110 \times 500}{77 \times 5} = 143\ \mathrm{mm}^2$$

② 校验发热情况(允许载流量的要求)：

$$I_{js} = \frac{P_e}{\sqrt{3}U_N\cos\varphi} = \frac{110}{\sqrt{3} \times 0.38 \times 0.8} = 209\ \mathrm{A}$$

按 GB50058 的规定，爆炸危险区电缆截面应为允许载流量的 1.25 倍。

$$I'_{js} = 1.25 \times 209 = 261\mathrm{A}$$

环境温度为25℃，不必进行环境温度修正。按 $I_{yx} \geqslant I_{js}$要求，查 VV 电缆载流量表得到，相线截面 $S_L = 95\mathrm{mm}^2$，允许载流量为270A。

③ 电缆规格要求：

结合允许电压损失和允许载流量的要求，选定电缆型号和规格为：

ZR-VV22-0.6/1kV-3×150+2×70。

4.3 自备柴油发电机

4.3.1 柴油发电机组概述

油库自备发电机作为备用电源是保证油库生产正常运营的有效保障措施，也是消防、应急电源的重要保证。

4.3.1.1 柴油发电机组的组成及作用

柴油发电机组是以柴油机作为动力，驱动交流同步发电机而发电的电源设备。在无法实现正常电力供电或突然断电时，柴油发电机组便能够提供稳定可靠的电力，对一些不允许突然断电的特殊部门或重要场合，柴油发电机组更能发挥备份电力的作用，可有效地确保连续、正常、稳定、安全地用电。

柴油发电机组是由柴油机、交流同步发电机、控制箱(屏)、联轴器和公共底座及各种辅助部件等组成，是将柴油机的机械能转变为电能，通过电力电缆将电能提供给用户的设备。

柴油机是动力的输出部分，以柴油为燃料，靠气缸中被压缩后形成的高温高压空气使喷入的雾状柴油燃烧膨胀而做功，把热能转变为机械能。柴油发电机组所配的柴油机一般为四冲程、水冷式高速柴油机。所谓四冲程柴油机即为进气、压缩、做功(膨胀)、排气四个过程完成一个工作循环。柴油机的种类很多，分类方法多样，按气缸排列方式可分为直列式、卧式和 V 型柴油机；按进气方式可分为自然吸气型和增压型柴油机；按用途可分为发电用、船用、车用、农业灌溉用、工程机械用及其他工业配套用柴油机。

发电机是将机械能转变为电能的装置，是电力的输出部分。发电机的种类也很多，按发出电流的性质可分为直流发电机和交流发电机。

控制箱(屏)将发电机组产生的电能通过控制箱(屏)向用电设备输出并进行分配。同时，为了使发电机输出的电压稳定和保护发电机的安全，以及了解发电机的运行情况，控制箱(屏)上还装设励磁调节器、各种保护装置及各种仪表、指示灯等。

柴油机的飞轮壳与发电机前端盖轴向采用凸肩定位直接连接构成一体，并采用圆柱形的弹性联轴器由飞轮直接驱动发电机旋转。这种连接方式由螺钉固定在一起，使两者连接成一体，保证了柴油机的曲轴与发电机转子的同心度在规定范围内。

一般生产的成套机组，都是用一公共底座将柴油机、交流同步发电机、控制箱(屏)等主要部件安装在一起，成为一个整体，即一体化柴油发电机组。而大功率机组除将柴油机和发电机装置在型钢焊接而成的公共底座上外，控制屏、燃油箱和水箱等设备均须单独设计，便于移动和安装。

为了减小噪声，机组一般需安装专用消声器，特殊情况下需要对机组进行全屏蔽。为了减小机组的振动，在柴油机、发电机、控制箱和水箱等主要组件与公共底座的连接处，通常装有减振器或橡皮减振垫。

4.3.1.2 柴油发电机组的型号和技术规格

(1) 柴油发电机组的型号及含义

柴油发电机组的型号由7部分组成，分别用数字及字母表示

① 额定功率(kW)，用数字表示。

② 输出电流的种类：G—交流工频；P—交流中频；S—交流双频；Z—直流。

③ 类型：F—陆用；FC—船用；Q—汽车电站；T—挂(拖)车。

④ 控制特征：缺位为手动(普通型)；Z—自动化；S—低噪声；SZ—低噪声自动化。

⑤ 设计序号，用数字表示。

⑥ 变型代号，用数字表示。

⑦ 环境特征：缺位为普通型；TH—湿热带型。

(2) 柴油发电机组型号举例

①型号150GF8－2：表示额定功率为150kW、交流工频、陆用、设计序号为8、第2次变型的普通型柴油发电机组。

② 型号500GFZ：表示额定功率为500kW、交流工频、陆用、自动化柴油发电机组。

③ 型号120GFS5：表示额定功率为120kW、交流工频、陆用、低噪声、设计序号为5的柴油发电机组。

④ 型号200GFSZ1：表示额定功率为200kW、交流工频、陆用、低噪声、设计序号为1的自动化柴油发电机组。

⑤ 型号300GFC1：表示额定功率为300kW、交流工频、船用、设计序号为1的柴油发电机组。

注意：进口或合资生产的柴油发电机组是由机组生产厂自行确定的。

(3) 同步发电机的额定值

在同步发电机的铭牌上，规定了同步发电机的主要技术数据和运行方式。这些数据，就是同步发电机的额定值，在使用中，应当严格遵守。

同步电机的额定值主要有：

① 额定功率 P_N：对同步发电机来说，额定功率 P_N 是指发电机输出的额定有功功率，也就是说，在额定运行时(额定频率、电压、电流、功率因数)，同步发电机所能发出的最大

的有功功率。一般以 kW(千瓦)或 MW(兆瓦，即百万瓦)为单位。对同步发电机，通过额定功率 P_N 可以确定配套的原动机的容量。

② 额定电压 U_N：是指额定运行时发电机三相定子绕组的三相电压值，单位为 V(伏)或 kV(千伏)。同步发电机在此值运行，绕组的升温不会超过允许的范围。同步发电机一般接成 Y 连接。

③ 额定电流 I_N：是指发电机在额定运行时，流过定子绕组的电流，单位为 A(安)。

④ 额定功率因数 $\cos\Phi_N$：是指在额定运行情况下，发电机组的有功功率和额定容量的比值，即额定运行时，发电机组每个相定子电压与电流之间的相位差的余值。一般发电机组的 $\cos\Phi_N = 0.8$。

⑤ 额定频率 f_N：是指额定运行情况下，交流电的频率，单位为 Hz(赫兹)。我国规定使用交流电的频率为 50Hz。

⑥ 额定转速 n_N：是指发电机在额定运行时，每分钟的转速数，单位为 r/min(转/分)。

⑦ 额定励磁电压 U_{fN}：是指发电机在运行时，所需要的励磁电压，单位为 V(伏)。

⑧ 额定励磁电流 I_{fN}：是指发电机在额定运行时，流过励磁绕组的电流，单位为 A(安)。

(4) 柴油发电机组的主要技术规格

发电机组主要技术规格是指在规定条件下正常使用时，能够达到的主要额定技术参数，一般均在发电机组的铭牌上，每台机组铭牌标识的常用数据，见表 4-9。

表 4-9　发电机铭牌常用数据

发电机数据 1		发电机数据 2	
机组型号	250GF	机组型号	THZ-250-TH
额定功率/kW	250	额定功率/kW	250
额定转速/(r/min)	1500	额定转速/(r/min)	1500
额定电压/V	400	额定电压/V	400
额定电流/A	451	额定电流/A	451
额定频率/Hz	50	额定频率/Hz	50
相数	3	绝缘等级	E/E
质量/kg	××××	功率因数	0.8
出厂编号	×××××	相数	3
出厂日期	×××××	接线方式	Y
制造厂	×××××	电压调整率	±3%
柴油机参数		额定励磁电压/V	50
型号	THZ-250-TH	额定励磁电流/A	52
12h 功率/kW	250	励磁方式	相复励
缸径/mm	135	质量/kg	1850
行程/mm	140	出厂编号	×××××
质量/kg	1700	出厂日期	×××××
出厂编号	×××××	制造厂	××××××
出厂日期	×××××		
制造厂	××××××		

4.3.2　同步发电机的结构和原理

本节主要介绍同步发电机的基本构造和工作原理，同步发电机励磁系统组成及调压原理。

4.3.2.1　同步发电机的工作原理和基本构造

(1) 交流同步发电机的基本工作原理

三相交流同步发电结构原理如图 4－30 所示。

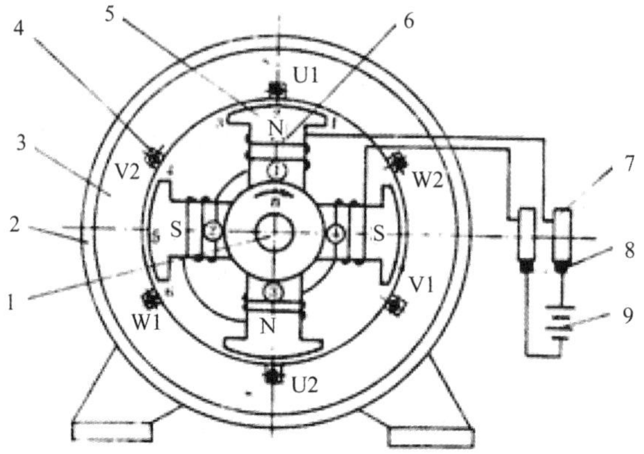

图 4－30　同步发电机的原理

1—转轴；2—机座；3—定子铁芯；4—定子绕组；5—磁极铁芯；6—磁极绕组；7—集电环；8—电刷；9—直流电源

工作原理：直流电源经电刷 8、集电环 7 向磁极绕组 6 提供直流电流（即励磁电流），根据通电线圈周围产生磁场的原理，4 个磁极铁芯便建立起极性分为 N 极、S 极、N 极、S 极的磁场。定子铁芯 3 槽中分别嵌有 U、V、W 三相定子绕组。发电机转子由内燃机驱动旋转，由于电磁感应作用，在定子绕组中便感应出电动势，当定子、转子铁芯尺寸和绕组匝数设计合理时，在额定转速下，发电机便发出额定电压。

(2) 同步发电机的基本结构

同步发电机根据容量和转速不同，其结构形式有较大的差别，下面以常见旋转磁极式同步发电机为例说明同步发电机的基本结构。旋转磁极式同步发电机的定子是电枢，转子是磁极，产生的交流电由定子引出。分有刷和无刷两种结构。

1) 有刷旋转磁极式同步发电机的结构

由内燃机（柴油机或汽油机）驱动的交流同步发电机，不论单相还是三相，都由定子和转子两大部件及前端盖、后端盖、轴承、内外轴承盖等主要零件组成，如图 4－31 所示。

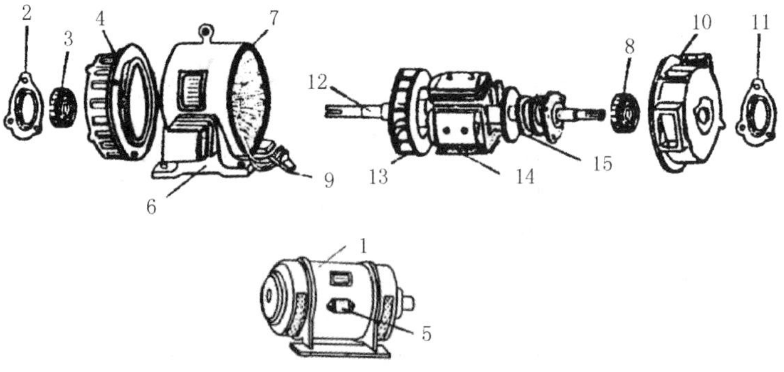

图 4－31　同步发电机的结构

1—发电机；2、11—轴承盖；3、8—轴承；4—前端盖；5—接线盒；6—定子；7—定子绕组；9—电刷；10—后端盖；12—轴；13—风扇；14—转子；15—集电环

① 定子。

定子由机座、定子铁芯、定子绕组组成。定子铁芯和定子绕组是发电机中感应电压、电流的部分，合称电枢。

机座是发电机的整体支架，用以固定电枢并和前、后两端盖及轴承一道支承转子。机座有铸铁铸造和钢板焊接两种。机座内壁分布筋条用以固定电枢，两端面加工有与端盖配合固定的止口及螺孔。机座下部铸有底脚，以便于发电机固定在机组底架或基础上。机座上一般装有出线盒，它位于机座侧面或顶部，出线盒内装设接线板，从这里引出交流电。

定子铁芯是发电机磁路的组成部分，由一定数量的0.5mm厚硅钢片冲制成的铁芯冲片叠装而成，靠近铁芯内腔处沿圆周开有一定数量均匀分布的槽，用以嵌放定子绕组。为了减少铁芯的涡流损耗，冲片两面涂有绝缘漆。定子铁芯按外压装和内压装两种方式之一固定于机座内圆上。外压装就是由铁芯冲片叠压成一定长度后在一定压力下由压圈和扣片装成一个铁芯整体，再经定子绕组嵌线、绝缘处理后压入机座。内压装则是直接由铁芯冲片叠压在机座内腔，并加以固定而成。

定子绕组是发电机中感应电压、输出电能的部分，是发电机的核心。单相发电机定子绕组按一定方式嵌线、接成单相绕组，三相发电机定子绕组则嵌接成三相绕组。小型发电机定子绕组由高强度聚酯漆包圆铜线绕制而成，导线规格、绕组匝数、并绕根数、并联路数等由设计确定。绕组型式有双层叠绕、单层链式、单双层式等。三相电机一般为双层绕组，单相电机一般为单层链式绕组。定子绕组按设计规定的方式嵌于铁芯槽中，必须装设对地绝缘，三相还须有相间绝缘、层间绝缘。发电机运行时定子绕组在铁芯槽中受到交变电磁力及平行导线之间的电动力的作用，可能使绕组振动和位移，因此绕组要紧固，不得松动，一般可用玻璃布板加工成的槽楔打入槽内压紧绕组，同时在定子绕组两端部用玻璃纤维带扎紧。

② 转子。

转子一般由转轴、磁极铁芯、磁极绕组、集电环、轴承及风扇等组成。

转轴一般由35号或45号钢加工而成。通过轴伸端上的联轴器使发电机与柴油机或汽油机对接，它是将机械能变成电能的关键零件。小型发电机的转轴上一般热套有磁轭，用于安装磁极铁芯和磁极绕组。

磁极铁芯由1mm厚的低碳钢薄板冲制的磁极冲片叠装而成。目前国外引进的发电机一般由1mm厚的低碳钢薄板冲制的磁极冲片叠装而成。磁极冲片则用0.5mm厚硅钢片冲制而成。磁极铁芯是发电机转子磁路的主要组成部分。

磁极绕组(隐极式的俗称转子绕组)安装于凸极式转子极身上或嵌放在隐极式转子铁芯槽中，该绕组通过励磁电流时，磁极铁芯建立发电机主磁场。磁极绕组(或转子绕组)的型式因铁芯结构不同而有凸极式与隐极式磁极绕组之分。凸极式一般采用矩形截面的高强度聚酯漆包扁铜线绕制而成。分离凸极式转子的每个极套上一个预先绕制成形的磁极绕组，整体凸极式转子的磁极绕组则直接绕在包好绝缘的极身上。较大功率的发电机，在两磁极之间装有绕组撑块，防止发电机运行中绕组受离心力作用向外隆起变形而损坏，撑块用非导磁材料，如铸铝合金或铸黄铜合金。

隐极式转子绕组采用单层同心式绕组，一般用高强度漆包圆铜线绕制后，嵌入放好绝缘的隐极式转子铁芯槽中，用玻璃纤维管把绕组端部与转子支架扎牢，再用无纬玻璃纤维带沿圆周绑扎。

风扇用于发电机运行因发热的通风冷却。通常在轴上装设风扇，发电机旋转时，内部热量经风扇排出。为了提高效率、降低通风噪声，风扇常为后倾式离心风扇。风扇叶片材料有铸铝和钢板焊接两种。

集电环由互相绝缘的两个导电环组合而成。发电机运行时，励磁电源输出的励磁电流经电刷、集电环输给绕组。因此，集电环起着把励磁电流从非旋转到旋转状态的传输作用。为了保证集电环工作状态良好，当它压到转轴上的指定位置后，必须进行圆周表面的精加工。在发电机总装配时，还必须对电刷工作面进行磨削，使接触面不少于电刷横截面的80%。

2）无刷旋转磁极式同步发电机

其结构如图4-32所示。无刷旋转磁极式同步发电机的结构分为静止和转动两大部分。

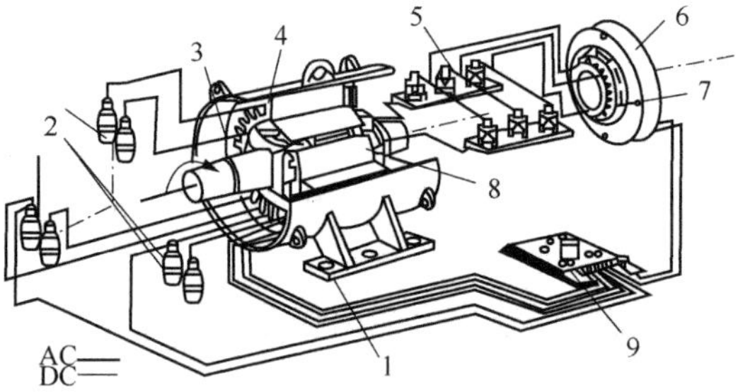

图4-32　无刷旋转磁极式同步发电机

1—机座；2—输出接线端子；3—转子轴；4—定子绕组；5—旋转整流器；
6—励磁机励磁绕组；7—励磁机电枢；8—转子绕组；9—电压调节器

静止部分包括机座、定子铁芯、定子绕组、交流励磁机定子和端盖等；转动部分包括转子铁芯、磁极绕组、电机轴（转轴）、轴承、交流励磁机的电枢、旋转整流器和风扇等。

4.3.2.2　同步发电机的励磁系统组成及调压原理

（1）励磁系统的组成与要求

1）励磁系统的组成

同步发电机运行时，励磁绕组需要直流电源提供直流电流方能建立恒定的磁场。根据同步发电机的外特性可知，要维持发电机在运行过程中输出电压恒定，还必须随着负载变化及时地调节励磁电流的大小。以上是同步发电机的励磁系统应执行的基本任务。因此，励磁系统由两部分组成：一是励磁功率源（或叫励磁功率单元）——向同步发电机的励磁绕组提供直流励磁电流；二是励磁调节器——根据发电机组的运行状态，手动或自动调节励磁功率单元输出的励磁电流的大小，以满足发电机运行的要求。励磁系统是由同步发电机和励磁系统共同组成励磁控制系统，根据同步发电机的电压、电流或其他参数的变化，对励磁系统的励磁功率源施加控制作用。

2）励磁系统的要求

同步发电机及其励磁系统与电子技术的发展是紧密联系在一起的。为了满足用户对同步发电机提出的标准和要求，励磁系统应具备如下性能：

① 具有足够的励磁功率。在发电机空载和满载时能提供所需的励磁电流。

② 具有良好的反应特性。励磁系统应保证同步发电机系统在静态时有高的稳态电压精确度，励磁系统的输出特性与发电机本身的调节特性应力求一致，在发电机负载变化或发生短路时，能及时调节励磁电流以维持发电机输出电压基本不变，并使保护装置可靠动作。

③ 具有一定的强励能力。因某种原因造成发电机输出电压严重下降或起动相近容量的异步电动机时，能在短时间内快速提供足够大的励磁电流，使电压迅速回升到给定值。

④ 励磁装置应运行可靠、体积小、质量轻、使用维护方便。

（2）励磁系统的分类

同步发电机的励磁电流可由直流励磁机直接供给，也可由交流励磁机供给，还可由同步发电机的辅助绕组(副绕组)或发电机输出端的交流电压经可控或不可控整流器整流后供给。

按励磁功率供电方式可分为他励式和自励式两大类：由同步发电机本身以外的电源提供其励磁功率的，称他励式励磁系统；由发电机本身提供励磁功率的，称自励式励磁系统。因此，凡是由励磁机供电的，都属于他励式；凡由发电机输出端或发电机的辅组绕组供电的，都属于自励式。

除他励式和自励式外，还有三次谐波励磁系统。

1）他励式励磁系统

有直流励磁机励磁和交流励磁机励磁两种。

① 直流励磁机励磁系统。

这是交流同步发电机采用的传统励磁系统。

手动调节的直流励磁系统接线如图 4－33 所示。励磁机为并励直流发电机，通过手动调节磁场变阻器，改变励磁机的输出电压，以调节同步发电机励磁绕组中的电流，从而改变同步发电机的输出电压。

具有半导体自动调节器的直流励磁机励磁系统如图 4－34 所示。工作时，同步发电机的励磁电流由自动调节器按同步发电机运行情况自动调节，调节信号由同步发电机的输出端取得。过去在直流励磁机的励磁回路中串入碳阻式调节器代替手调电阻，现在已被可控硅半导体、自动调节器所代替。

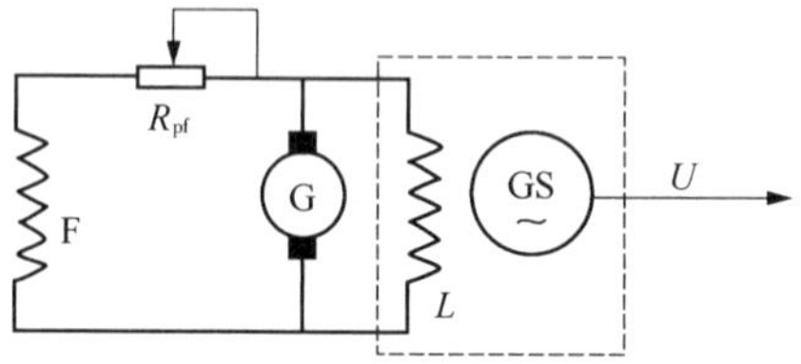

图 4－33　直流励磁机励磁系统

GS—同步发电机；L—同步发电机励磁绕组；

G—直流发电机；R_{pf}—手调电阻；

F—直流励磁机励磁绕组

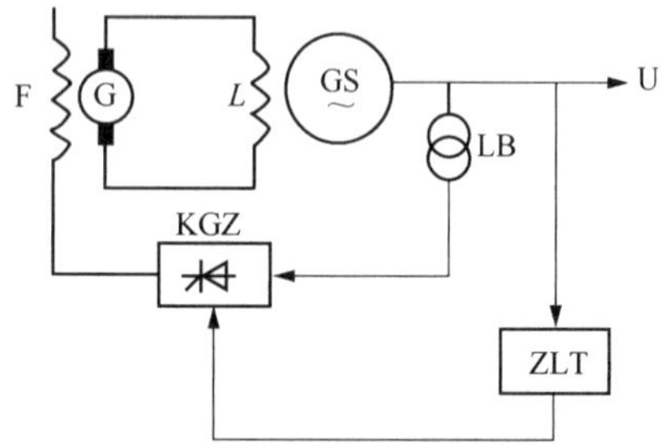

图 4－34　半导体自动调节器励磁系统

GS—同步发电机；L—同步发电机励磁绕组；G—直流发电机；

F—直流励磁机励磁绕组；ZLT—半导体自动调节器；

KGZ—可控硅整流器；LB—励磁变压器

直流励磁机励磁系统的主要优点是：励磁电源独立，接线简单，在合理使用和细心维护下，运行比较可靠。但因直流励磁机体积大，制造成本高，机械整流易产生故障，而且调节反应速度慢。

② 交流励磁机励磁方式(采用与主机同轴的交流发电机作为交流励磁电源)。

交流励磁机是一个小容量的同步发电机，这种励磁系统，其同步发电机的励磁功率由交流励磁机供给。交流励磁机发出的交流电经硅二极管或可控硅进行整流，供给同步发电机励磁绕组励磁电流。

硅整流元件和交流励磁机电枢与主轴一同旋转，直接给主机转子励磁绕组提供励磁电流，不但取消了直流励磁机系统中的换向器——电刷结构，而且取消了与同步发电机励磁绕组相连的集电环——电刷结构，故称为无刷励磁方式。交流励磁机的励磁绕组固定不动，其接线如图 4－35 所示。有的发电机在定子上设置一个没有励磁绕组的磁极，它是用优质的永磁材料制成，作为初始磁场起励建压。

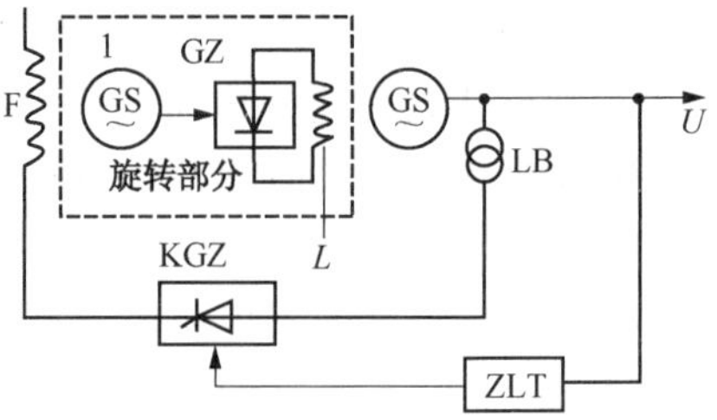

图 4－35　硅整流励磁系统

1—交流励磁机；F—交流励磁机励磁绕组；GZ—硅整流器；GS—同步发电机；
L—同步发电机励磁绕组；ZLT—半导体自动调节器；KGZ—可控硅整流器；LB—励磁变压器

发电机被驱动后，主机定子产生一定的剩磁电压，自动调压器从主机定子获得剩磁电压后输出一个励磁电流给励磁机定子，励磁机转子发出三相交流电通过旋转整流器整流成直流，输给主机转子励磁绕组，从而增强了主机转子的磁场，主机定子电压得到提高。此建压过程不断循环，在很短的时间内发电机平稳地建立起额定电压。

无刷励磁由于取消了滑环、电刷，消除了电气上最易发生故障的滑动接触，从而大大提高了运行可靠性，并使维护工作显著减小，同时整机的体积小，总长度缩短。因此，它是励磁系统的发展方向之一。目前有很大部分的柴油发电机组采用无刷励磁系统

2）自励式励磁系统

励磁功率由同步发电机本身供给的励磁系统称自励式励磁系统（或称为自励整流励磁系统）。在他励式励磁系统中，交流励磁机是旋转机械，而在自励式励磁系统中，励磁变压器和整流器等都是静止元件，故自励式励磁系统又称为全静态励磁系统。

自励式励磁系统可分为下列两种形式：

① 自并励系统（或简称自并励）。自并励励磁系统的接线图如图 4－36 所示。同步发电机发出的交流电，经励磁变压器变换到所需电压后，由可控硅或晶体管整流变成直流，供给励磁绕组建立磁场。自动调节器按发电机输出电压变化情况自动调节励磁电流。

② 自复励励磁系统。由同步发电机的电压和电流两者取得励磁功率的自励系统，称为自复励励磁系统。按励磁电流复合位置又有直流侧复合方式和交流侧复合方式。中小容量柴油发电机组主要是交流侧并联复合不可控励磁系统。如图 4－37 所示。励磁变压器串接一个电抗器后与励磁变流器并联，两者的输出先复合叠加，然后经硅整流器整流后供给同步发电机励磁。这种励磁系统由于能反映发电机的电压、电流及功率因数，亦称不可控相复励系统。

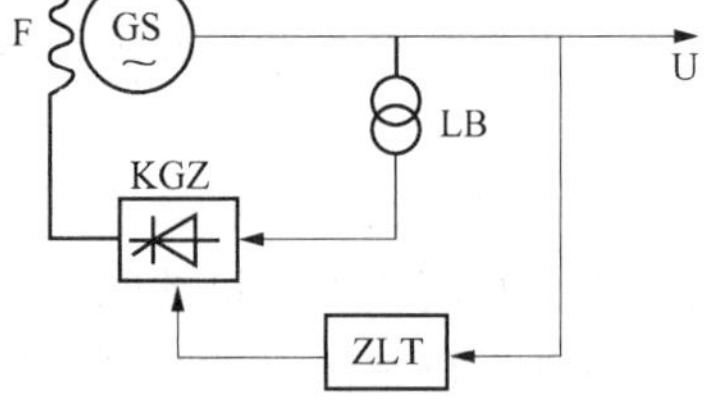

图 4－36　自并励系统

GS—同步发电机；F—同步发电机励磁绕组；
ZLT—半导体自动调节器；KGZ—可控硅整流器；
LB—励磁变压器

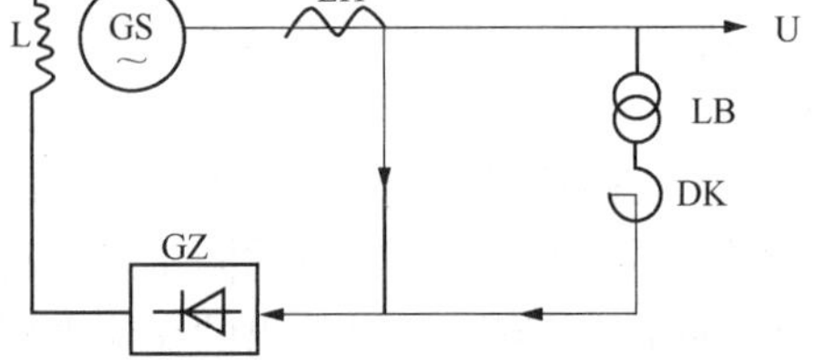

图 4－37　自复励励磁系统

GS—同步发电机；L—同步发电机励磁绕组；
LH—励磁变流器；LB—励磁变压器；
DK—电抗器；GZ—硅整流器

3）谐波励磁系统

除了他励和自励两类主要的半导体励磁方式外，还有一种介乎两者之间的谐波励磁系统。在主发电机定子槽中嵌有单独的附加绕组，称为谐波绕组。利用发电机气隙磁场中的谐波分量，通常是利用三次谐波分量，在附加绕组中感应谐波电势作为励磁装置的电源，经半导体整流后供给发电机励磁。如图 4－38 所示。谐波励磁方式有一个重要的有益的特性，即谐波绕组电势随发电机负载变动而改变。当发电机负载增加或功率因数降低时，谐波绕组电势随之增高；反之，当发电机负载减小或功率因数增高时，谐波绕组电势随之降低。因此谐波励磁系统具有自调节特性。当电力系统中发生短路时，谐波绕组电势增大，对发电机进行强励磁。这种励磁方式的特点是简单、可靠、快速。

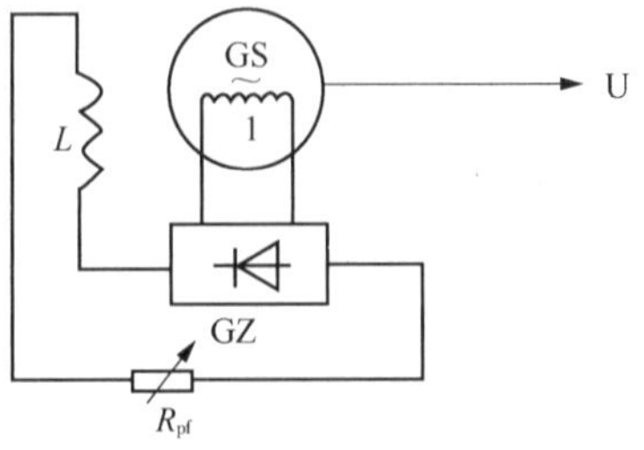

图 4－38　谐波励磁系统

GS—同步发电机；L—同步发电机励磁绕组；1—三次谐波绕组；GZ—硅整流器；R_{pf}—手调电阻

4.3.2.3　同步发电机的并联运行

两台（或数台）同步发电机共同接在总汇流排（或电网）上向负载供电的运行方式称为同步发电机的并联运行。

（1）同步发电机并联运行的条件

设有一台同步发电机打算与已经对负载供电的机组并联，为了在投入并联时避免发生大电流冲击和发电机转轴突然受到扭力矩而损伤定子绕组端部和转轴，并联运行需要满足一定的条件，即投入的发电机相电势瞬时值与电网电压瞬时值应始终保持相等。因此，并联的运行需要满足下列 4 个条件。

① 相序相同。柴油发电机组在出厂时已明确规定了相序，并在出线端标明，可在安装接线时实现。

② 端电压相同。通过调节发电机的励磁电流来实现。

③ 频率相同。可通过调整发电机的转速来实现频率一致。

④ 相位相同。即两台发电机回路电势为零。

（2）同步发电机并联投入方法

为并联投入所进行的操作过程称为同步（并车）过程。同步的方法有两种，即准同步法和自同步法。自同步法是借助于合闸后电机的自同步作用拉入同步运行，普遍用于事故状态下的并车。柴油发电机组并车主要采用准同步法。把发电机调整到完全合乎投入并联的条件，然后并车，这种方法称为准同步法。

为判断是否满足投入条件，常采用同步指示器。最简单的同步指示器是由 3 个指示灯（通常称为相灯）组成。相灯有两种接法：一种是灯光熄灭法和另一种是灯光旋转法。

1）灯光熄灭法

图 4－39 所示是灯光熄灭法的接线原理图。G1 是向负载正常供电的发电机组，G2 是待并入的发电机组。并入前将 G2 起动到额定转速。然后调节励磁电流，使其端电压接近或等于 G1 的端电压，然后将接触器 KM1 与 KM2 接通，观察 3 组灯光，主要是检查相序和合闸时间。这时，如 3 组灯光轮流亮灭，说明相序不一致，应将 G2 接到 QF2 上的任意两根导线对调一下，直至 3 组灯光同时亮灭为止。这时，G1 和 G2 的相序是一致的，灯光明暗变化的频率就是两个发电机组的频率差，调整 G2 的转速使灯光明暗的频率变得很低时，即可准备

合闸。在三组灯光快要全暗时迅速合上 QF2，即完成了并联运行的合闸操作。

2）灯光旋转法（又称一灭两明法）

图 4－40 所示是灯光旋转法的接线原理图。3 组灯光出现全明或全暗，说明相序不一致。应该调整 G2 接到 QF2 上的任意两个线头。若 3 组灯光交替亮灭，说明相序是正确的。这种方法的优点是能看出 G1 和 G2 两台机组的频率高低。当灯光旋转速度很低时，说明频率已经非常接近就可准备合闸。在其中一组灯近于熄灭而其他两组灯光全明且亮度相同时，迅速合上 QF2 即完成了并联运行的操作。

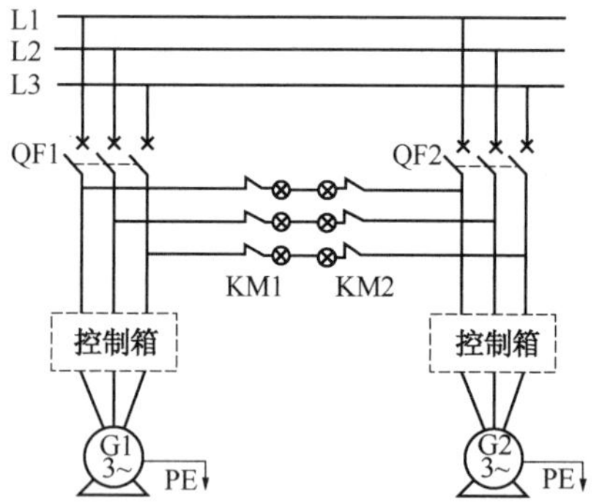

图 4－39　灯光熄灭法接线原理图

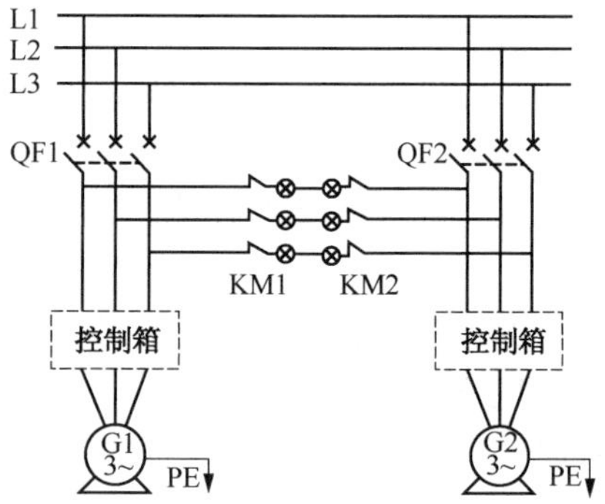

图 4－40　灯光旋转法接线原理图

采用准同步法并车操作时，要求操作人员技术比较熟练。如果并车操作不当，在两机组间会产生很大的环流，对发电机组产生强烈的冲击，端部线圈和铁芯可能会遭到破坏，因此操作前必须认真做好准备。

4.3.3　发电机的运行和维护

4.3.3.1　柴油发电机组的起动

（1）起动前的检查

柴油机在正常起动前，操作者要对其各方面的情况进行检查，下面介绍各项检查内容及方法。

1）检查机油的油质和油量

机油经过长时期使用后，油质逐渐变差，主要表现在机油黏度降低，发黑变质，较严重的在油底壳底部形成胶块，有时甚至在机油中还会进入冷却水或柴油。

在所有的各项检查当中，对机油的检查占有很重要的位置，如果机油出现问题，发生故障的可能性一般很大，如抱瓦、拉缸等，带来的经济损失也较大。所以在开机前，发电机组操作者一定要检查机油的油质和油量。

① 检查机油中有无水分。当机油中含有较多水分时，机油就会变成乳白色，此时，应迅速查明原因并排除故障。

② 检查机油中有无柴油。当机油中含有柴油时，机油就会变稀，此时，应迅速查明原因并排除故障。

③ 检查机油黏度。用机油标尺取出少许机油，放在手指中搓捻，如果感觉黏度正常，说明机油还能继续使用，否则应更换。

④ 检查机油的油量，取出机油标尺，观察机油是否在规定刻线范围内，不够应加足。

2）检查柴油的存油量

在柴油发电机组起动前，必须检查柴油的存油量，否则柴油机中途缺油或执行任务时突然停机，均有可能造成发电机组励磁机发生故障等不应有的经济损失。

3）检查冷却水的水量是否充足

水量达不到规定标准，会造成柴油机机体温度过高，严重时可冲坏缸垫等。

4）对起动系统的线路和蓄电池的接线进行检查

检查起动系统的线路连接部位接触是否良好，接线是否正确。蓄电池接触不良会造成打火，容易烧坏电瓶接线柱和电瓶卡子。

5）发电机组控制柜内部接线的检查

检查时，励磁开关应放至关的位置，空气开关放在关的位置，有手动和自动转换的应把开关置于手动位置。检查电气连接部位接触是否良好，接线是否正确。

6）检查发电机组碳刷

检查时，看其是否符合要求及弹簧的松紧度是否合适。碳刷和弹簧的松紧度不符合最低要求，会造成电压不稳。

（2）柴油发电机组的起动

柴油发电机组起动的检查，是保证正常工作的柴油发电机组的起动基础。而柴油机能否正常起动，则是保证正常工作的关键。

① 柴油机起动的条件。要保证柴油机能顺利起动，必须满足 4 个条件，a. 具有一定的转速；b. 油路、气路畅通；c. 气缸密封良好；d. 供油正时。在没有达到一定起动转速时，缸内温度和压缩力较低，燃烧室内漏气也较多，高压泵柱塞运动速度较慢，喷油器不能按规定的技术要求，以雾状对燃烧室进行喷油

② 柴油发电机组起动后不能马上供电。从起动到加上负载正常供电，柴油机有一个预热和润滑的过程，待此过程结束后方可正常供电。预热和润滑过程一般分 3 种，每一种需要时间不一样。低速预热和润滑一般需要 5min，中速需要 5～8min，高速运转到水温、油温达到 60℃左右，方可进行正常供电。柴油发电机组起动后，在预热和润滑过程中供电，容易导致拉缸和气缸盖产生裂纹。

③ 送电前一定要检查确认，发电机起动后，应注意检查机组运转是否正常，电压、频率是否正常，市电开关是否已断开，确认一切正常后，方可合闸送电。

④ 发电机输出频率的浮动范围必须在规定范围之内，如果因长时间供电而发生供油手柄跳动或下滑，就会造成柴油机转速不稳而影响输出频率。所以，操作者在机组加上负荷后，一定要在额定转速位置上锁定供油手柄，防止供油手柄跳动或下滑。

4.3.3.2 柴油发电机组在运转中的检查事项

柴油发电机组在运转过程中，操作者应认真检查，主要通过“听、摸、看、嗅”等方法判断机组的运转和供电情况，确保机组安全工作。

（1）听

① 听柴油发电机组的运转声音是不是均匀.

② 听连杆、曲轴配合的撞击声是否正常.

③ 听高压油泵和柴油机的传动机构有无异常.

④ 听进气门和排气门有无不正常的异响。

（2）摸

① 摸出水管的温度是否正常。

② 摸柴油机和发电机的温度是否正常。

③ 摸燃烧室外部的机体和缸盖的温度是否一致。

④ 摸高压油管的温度是否正常。

（3）看

① 看排烟的颜色，例如排黑色、白色、蓝色均视为不正常，正常情况应为排淡灰色烟。

② 看所应看的仪表，如：机油压力表的指示是否在规定的范围内，不在规定范围视为不正常，当柴油机的机油压力过低时，应进行停机检查。

③ 看柴油发电机组连续运行时，油温表的指示是否在规定的范围内，不在规定范围视为不正常。

④ 看柴油发电机组连续运行时，水温表的指示是否在规定的范围内，不在规定范围内属异常。

⑤ 看电压表的指示是否在规定的范围内，有没有大的波动，是否稳定；频率表的指示是否为50Hz，波动范围是否在用电设备允许的范围内；定子三相电流不平衡系统不超过10%，并注意检查三相电压是否平衡；发电机的负荷不得超过规定的限度。

⑥ 看励磁电流表的指示是否为规定值；

⑦ 看有没有漏油、漏水、漏气等情况，如果高压油泵内及低压和高压油路漏油，都会造成机组功率不足和转速不稳。

（4）嗅

嗅柴油发电机组有无焦味、控制箱内有无烧焦味、有无烧机油的焦味等。

4.3.3.3 发电机的维护保养

发电机组上用到的各类电机，如同步发电机、充电发电机、起动电动机和励磁机等，对维护与保养工作的要求基本是一样的，内容大同小异，而且都侧重电气部分。大体上可分为两种，即：日常维护，在每班工作中或工作后进行；定期检修，又分为小修和中修，小修累计工作时间300~500h后进行，中修累计工作时间1500h后进行。

（1）日常维护

① 保持电机外表面及周围环境的清洁，在电机机壳或内部都不允许放任何物件，要擦净泥沙、油污和尘土，以免阻碍散热，使电机过热。

② 严防各种油类、水和其他液体滴漏或溅进电机内部，更不能使金属物或金属碎屑掉进电机内部，如有发现必须设法取出，否则不能开机。

③ 开机时，在发动机怠速预热期间，应当监听电机转子的运转声音，不允许有不正常的杂声，否则应停机检查。监听方法：用螺丝批一端顶放在电机的轴承等重要运动机件附近的外壳上，耳朵贴在螺丝批的绝缘手柄上，以运行经验来判断。正常情况下，电机的声音是平稳、均匀有轻微的风声，如发现有敲打、碰擦之类的声音，说明电机有故障存在，应停机进行认真分析检查。

④ 机组起动前，应查看底脚螺钉的紧固情况，当转速达到额定值运转时，如机组振动剧烈，应停机查明原因加以排除。

⑤ 正常工作中的电机，应密切注视控制屏上的电流表、电压表、频率表、功率因数表和功率表等的指示情况，从而了解电机工作是否正常。若发现仪表指示不在正常范围时，应及时加以调整，必要时要停机检查，排除故障。

⑥ 注意查看电机各处的电路连接情况，确保正确与牢靠。经常用手摸触电机外壳和轴承盖等处，了解电机各部位的温度变化情况，正常时应不太烫手(一般不大于65℃)

⑦ 查看发电机的接地是否可靠。

⑧ 查看集电环等导电接触部位的运转情况，正常时应无火花或有少量极暗的火花，电刷应无明显的跳动且不能有破裂现象。

⑨ 注意观察绕组的端部，在运行中有无闪光、火花、焦臭味和烟雾发生，如果发现，说明有绝缘破损和击穿故障，应停机检查。

⑩ 一般不允许突加或突减大负载，并且严禁长期超载或三相负载严重不对称运行。

⑪ 注意电机上各连接处的配合完好情况以及螺钉等的紧固情况，运行中禁止把电机端盖进出风口的防护罩弃之不用或损坏，更不能被杂物堵塞住。

(2) 发电机的小修

发电机的小修除完成日常维护工作内容外，还需增加以下内容。

① 打开窗盖板，如发现电机内积有尘土，应加以清理。用干燥清洁的压缩空气吹净电机内部各部位的尘土，注意压强应不超过2个大气压。各绕组表面以及风扇内部也应彻底清理，以保持有效的通风和散热。

② 清洁集电环或换向器表面，以及电刷和刷握等，可用柔软干燥布块蘸少许汽油擦拭，然后再用其他干净布块将表面擦干，并检查电刷的磨损情况和它与集电环的接触情况，必要时进行修磨或调整，还要同时检查电刷压力的大小，不合适时应加以调整。

③ 拆开电机轴承小端盖，检查润滑油的消耗和清洁情况，如发现油量不足时应适当添加，发现色泽不均、硬化或含有其他金属杂质，应当清洗和更换润滑油。

④ 认真检查各处的电气连接和机械连接状况，必要时擦净并接牢。

⑤ 电机的励磁调压装置，清除各部位的灰尘，检查各连接处是否牢固，检查各部件工作是否良好。

4.3.4 柴油发电机组的故障判断原则和方法

柴油发电机组在使用过程中有时会出现这样或那样的故障，其现象多种多样，造成故障的原因也十分复杂。一种故障可以表现为一种或多种异常现象；一种异常现象也可能是由一种或多种故障原因造成的。

从查找故障原因到排除故障的全过程来看，根据实践经验表明，查找故障原因或者说查找到底是哪个部件出现故障所用的时间占整个维修时间的70%，而排除故障仅用30%以下的时间。

所以在故障判断时，操作者或维修人员不但要熟悉柴油发电机组的结构、原理，还要掌握查找判断故障的一般原则和方法，只有这样，在遇到实际问题时，通过细致观察和正确分析，才可以做到迅速、准确、及时地排除故障。

4.3.4.1 柴油发电机组故障判断和排除的原则

(1) 柴油发电机组故障判断和排除的原则

① 判断故障要从整体分析，排除故障要有全面性。

柴油发电机组的各系统、各部件、各零件之间是密切相关的，一个部件或一个系统或一个零件发生故障，必然会涉及其他系统的部件或零件。所以，对一个故障现象不能孤立地看待，要从整体分析故障发生的原因并及时地排除故障。

② 查找柴油发电机组故障时应尽可能减少拆卸。

在排除故障时，不可以盲目拆卸柴油发电机组的部件，必须在拆卸前先弄明白该柴油发电机组的结构原理、故障部位等，只有建立在科学的、认真分析的基础上才可以进行拆卸。

③ 查找故障要细心，结合看、听、摸、嗅，全方位进行检查。

a. 看：柴油发电机组在运转过程中的外部特征，如排气管的排烟情况是否有异常；机油颜色是否正常；燃油系统是否有泄漏柴油的部位；冷却系统和润滑系统是否有漏水、漏油现象；柴油发电机组的各种仪表指示是否有异常；各运动部件的螺母是否有松动、柴油机起动线路是否接线正确；发电机控制柜内部线路有无短路或断路等现象。

b. 听：主要是听柴油发电机组在运转过程中的异常响声，如柴油在燃烧室燃烧时的爆炸声是否均匀；柴油机在运转过程中活塞、连杆、曲轴的冲击声是否有异常；进、排气门及柴油机正时传动齿轮有无异常响声等。

c. 摸：柴油发电机组起动后的各排气管的温度是否一致、发电机外壳温度是否过高；机油管或机油壳的温度与机油温度表的指示是否相同；机体震动有无异常等。

d. 嗅：柴油发电机组在供电过程中有无焦味，如发电机控制柜内部线路、元件等，发电机内部定子、转子等；柴油机是否有烧机油的焦味等。

4.3.4.2 判断柴油发电机组故障的主要方法

判断柴油发电机组故障的方法有多种，目前较多采用的是隔断法、比较法、验证法和仪器仪表检查法等。

(1) 隔断法

经故障分析，怀疑故障是某一工作部位引起的，可使该部分局部停止工作，观察故障现象是否消失，从而确定故障原因。常用的断缸法就是此法的一种，即依次使多缸机的某一缸停止供油，以便对该缸进行检查。用此种方法检查各气缸的工作情况，特别是检查各气缸的排烟颜色最有效。

(2) 比较法

比较法用得比较普遍，柴油发电机组出现故障后，如果对某个部件或哪一个系统有怀疑，更换一个质量好的部件或某一个正常的系统，观察故障是否消除，如果现象消失，证明故障就发生在这个部件或这个系统。

(3) 验证法

验证法是对已知的故障原因，通过试探性的拆卸或调整，从而验证故障分析的结论是否符合实际，从而找出故障所在。

(4) 仪器仪表检查法

仪器仪表检查法是运用仪器或仪表对柴油发电机组进行测试，找出故障隐患，机组的性能和状况。

总之，对于不同的故障现象要灵活运用排除故障的不同方法，要从柴油发电机结构、原理入手寻找问题的解决方法。

4.3.4.3 柴油机故障产生的原因及排除方法

（1）柴油机不能起动的原因及处理方法

柴油机不能起动的原因及处理方法见表4－10。

表4－10 柴油机不能起动的原因及处理方法

故障现象	故障原因	排除方法
柴油机被起动电机带动后不发火，回油管无回油	燃油系统中有空气	检查燃油管路接头是否松驰，排除燃油系统中的空气。首先旋开喷油泵和燃油滤清器上的放气螺钉，用手泵泵油，直至所溢出的燃油中无气泡后旋紧放气螺钉。再泵油，当回油管中有回油时，再将手泵旋紧。松开高压油管在喷油器一端的螺帽，撬高喷油泵柱塞弹簧座，当流出的燃油中无气泡后旋紧螺母，然后再撬几次，如此逐缸进行，使各缸喷油器中充满燃油
	燃油管路阻塞	检查管路是否畅通
	燃油滤清器阻塞	清洗滤清器或调换滤芯
	油泵不供油或断续供油	检查进油管是否漏气，进油管接头上的滤网是否堵塞。如排除后仍不供油，应检查进油管和输油泵
	喷油很少，喷不出油或喷油不雾化	将喷油器拆出，接在高压油泵上，撬喷油泵柱塞弹簧，观察喷雾情况必要时应拆洗。检查并在喷油器试验台上调整喷油压力至规定范围或更换喷油器偶件
	喷油泵调速器操纵手柄位置不对	起动时应将手柄位置推到空载转速的适当位置
电起动系统故障	电路接线错误或接触不良	检查接线是否正确和牢靠
	蓄电池电力不足	用电力充足的蓄电池或增加蓄电池并联使用
	起动电机电刷与换向器没有接触或接触不良	修整或调换炭刷，用木砂纸清理换向器表面，调整弹簧的压力
气起动系统故障	压缩空气压力不足，致使起动转速太慢	增加空气瓶压力
	起动系统严重漏气	检修漏气处
气缸内压缩压力不足：喷油正常但不发火，排气管内有燃油	活塞环或缸套过度磨损	更换活塞环，视磨损情况更换气缸套
	气门漏气	检查气门间隙、气门弹簧、气门导管及气门座，密封不好应修理和研磨
	存气间隙或燃烧室容积过大	检查活塞是否属于该机型的，必要时应测量存气间隙或燃烧室容积
柴油机喷油不发火或发火一下又停车	喷油提前角过早或过迟，甚至相差180℃	检查喷油泵传动轴接合盘上的刻线是否正确或松驰，不符要求应重新调整

（2）柴油机功率不足的原因及处理方法

柴油机功率不足的原因及处理方法见表4－11。

表 4－11　柴油机功率不足的原因及处理方法

故障现象	故障原因	排除方法
加大油门后功率或转速提不高	燃油管路、燃油滤清器进入空气或阻塞	排除空气或更换燃油滤清器芯子
	喷油泵供油不足	检查修理或更换偶件
	喷油器雾化不良或喷油压力低	进行喷雾观察或调整喷油压力，并检查喷油偶件或更换
进、排系统故障：比正常情况下排温较高，烟色较差	空气滤清器阻塞	清洗空气滤清器芯子或清除纸质滤芯上的灰尘，必要时应更换；以及检查机油平面是否正常
	排气管阻塞或接管过长、转弯半径太小、弯头太多	清除排气管内积炭；重装排气接管，弯头不能多于3个，并有足够大的排气截面
气缸盖组件故障：此时不但功率不足，性能下降，而且有漏气，进气管冒黑烟，有不正常的敲击声等现象	气缸盖与机体结合面漏气，变速时有一股气流从衬垫处冲出，气缸盖大螺栓螺帽松动或衬垫损坏	按规定扭矩拧紧大螺栓螺母或更换气缸盖衬垫，必要时修刮接合面
	进、排气门漏气	拆检进、排气门，修磨气门与气门座配合面
	气门弹簧损坏	更换已损坏的弹簧
	气门间隙不正确	重校气门间隙至规定值
	喷油器孔漏气或其铜垫圈损坏，活塞环卡住，气门杆咬住引起气缸压缩压力不足	拆下检修，清理并更换已损坏的零件
有不正常声音，并有机油压力下降等现象	连杆轴瓦与曲轴连杆轴颈表面咬毛	拆卸柴油机侧盖板，检查连杆大头的侧向间隙，看连杆大头是否能前后移动，如不能移动表示咬毛，应修磨轴颈和更换连杆轴瓦
涡轮增压器故障：出现转速下降；进气压力降低，漏气或不正常的声音等	增压器轴承损坏，转子有碰擦现象	检修和更换轴承
	压气机，涡轮的进气管沾污、阻塞或漏气	清洗进气道，外壳、揩净叶轮；拧紧接合面螺母，夹箍等

（3）柴油机运转时有敲击声的原因及处理方法

柴油机运转时有敲击声的原因及处理方法见表4－12。

表 4－12　柴油机运转时有敲击声的原因及处理方法

故障现象	故障原因	排除方法
机体内有敲击声	有零件或杂物落在气缸内	吊起气缸盖，检查气缸内部
	供油时间过早	校正供油时间
	轴瓦间隙过大	校正轴瓦间隙
	轴瓦将要咬死或烧熔	调整间隙，检查润滑油路，轴瓦中有无垃圾混入，若损坏严重需重新更换
	气缸与活塞磨损过大	更换活塞和气缸
	气缸中开始有咬死现象	立即停车检查与修整
	某缸负荷过大	调整负荷

（4）柴油机排气烟色不正常的原因及处理方法

柴油机排气烟色不正常的原因及处理方法见表 4－13。

表 4－13 柴油机排气烟色不正常的原因及处理方法

故障现象	故障原因	排除方法
排气冒黑烟	内燃机负荷超过规定	降低负荷使之在规定范围内
	各缸供油量不均匀	调整喷油泵
	气门间隙不正确，气门密封不良，导致排气门漏气	调整气门间隙，检查密封锥面，并消除缺陷
	喷油提前角太小，喷油太迟使部分燃油在排气管中燃烧	调整喷油提前角
	进气量不足，空气滤清器或进气管阻塞，涡轮增压器压气机壳过脏等	清洗和清除尘埃污物，必要时更换滤芯
	涡轮增压器弹力气封环烧损或磨损，涡轮各接合面漏气等	检查或更换气封环；拧紧接合面螺钉
排气冒白烟	喷油器喷油雾化不良，有滴油现象，喷油压力过低	检查喷油嘴偶件，进行修磨或更换。重调喷油压力至规定范围
	柴油中混入水	检查气缸盖垫片是否冲坏、气缸盖底平面有无裂纹而引起漏水，若有应修理或更换；若是柴油中含水，则应更换柴油
	柴油机刚起动时，个别气缸内不燃烧（特别是冬天）	适当提高转速及负荷，多运转一些时间
排气冒蓝烟	空气滤清器阻塞，进气不畅或其机油盘内机油过多（油浴式空滤器）	拆检和清理空气滤清器，减少机油至规定平面
	活塞环卡住或磨损过多，弹性不足，安装时活塞环倒角方向装反，使机油进入燃烧室	拆检活塞环，必要时应更换
	长期低负荷（标定功率的 40% 以下）运转，活塞与缸套之间间隙较大，使机油易窜入燃烧室	适当提高负荷；配套时选用功率要适当
	油底壳内机油加入过多	按排气冒蓝烟机油标尺刻线加注机油

（5）柴油机机油压力不正常的原因及处理方法

柴油机机油压力不正常的原因及处理方法见表 4－14。

表 4－14 柴油机机油压力不正常的原因及处理方法

故障现象	故障原因	排除方法
机油压力下降，调压阀再调整也不正常，同时压力表读数波动	机油管路漏油	检修、拧紧螺母
	机油泵进空气，油底壳中机油不足	加注机油至规定平面
	各润滑部位配合间隙过大，漏油严重	检修各处，磨损值超过规定范围的应更换
	机油黏度太低，或因漏入柴油、水使机油稀释	检查机油黏度是否有变化，若机油稀释，则应检查漏入柴油或水的原因
	机油冷却器或机油滤清器阻塞，冷却器油管破裂等；机油密封垫处泄油	及时清理，焊补或更换芯子。如离心式机油精滤器中有铝屑即表示连杆轴瓦合金层剥落，应及时拆检连杆轴瓦，损坏的应更换，及时检查和更换密封垫片
无机油压力，压力表指针不动	机油压力表损坏	更换机油压力表
	油道阻塞	检修清理后吹净
	机油泵严重损坏或装配不当卡住	拆检后进行间隙调整，并作机油泵性能试验
	机油压力调压阀失灵，其弹簧损坏	更换弹簧，修磨调压阀密封面

(6) 柴油机冷却水出水温度过高的原因及处理方法

柴油机冷却水出水温度过高的原因及处理方法见表4－15。

表4－15　柴油机冷却水出水温度过高的原因及处理方法

故障现象	故障原因	排除方法
冷却水出水温度过高	冷却水流量不够，水源不足	检查水源
	水管道阻塞或水垢过多	除去阻塞物，加强过滤；清洗水垢
	水泵损坏	检修水泵
	冷却水进水温度过高或调温器失灵	调整进水温度；检查调温器，必要时更换
	风扇皮带过松	调整皮带松紧度

4.3.4.4　发电机故障产生原因及排除方法

(1) 无刷交流同步发电机常见故障及处理方法

无刷交流同步发电机常见故障及处理方法见表4－16。

表4－16　无刷交流同步发电机常见故障及处理方法

故障现象	故障原因	排除方法
电压表无指示	电压表电路不通	检查接线与保险丝，必要时更换
	电压表损坏	更换电压表
不能发电	主发电机或励磁机的励磁绕组接错，造成极性不对。励磁机励磁电流极性与永久磁铁的极性不匹配	往往发生在更换励磁绕组后因接线错误造成，应检查并纠正
	硅整流元件击穿短路，正反向均导通	用万用电表检查整流元件正、反向电阻，替换损坏的元件
	主发电机励磁绕组断线	用万用电表测主发电机励磁绕组，电阻为无限大，应接通励磁线路
	主发电机或励磁机各绕组有严重短路	电枢绕组短路，一般有明显过热。励磁绕组短路，可用其直流电阻值来判定，更换损坏的绕组
	永久磁铁失磁，不能建压	一般发生在发电机或励磁机故障短路后，应将永久磁铁重新充磁；或用6V电瓶充磁建压
空载电压太低(如：线电压仅100V左右)	励磁机励磁绕组断线	检查励磁机励磁绕组电阻应为无限大，更换断线线圈或接通线圈回路
	主发电机励磁绕组短路	励磁机励磁绕组电流很大。主发电机励磁绕组有严重发热，振动增大，励磁绕组直流电阻比正常值小许多，更换短路线圈
	自动电压调节器故障	在额定转速下，测量自动电压调节器输出直流电流的数值，检查该值是否与电机的出厂空载特性相等，检修自动电压调节器
空载电压太高	自动电压调节器失控	励磁机励磁电流太大，检修自动电压调节器
	整定电压太高	重新整定电压

续表

故障现象	故障原因	排除方法
励磁机励磁电流太大	整流元件中有一个或两个元件断路，正反向都不通	用万用电表检查，替换损坏的元件
	主发电机或励磁机励磁绕组部分短路	测量每极线圈的直流电阻值，更换有短路故障的线圈
稳态电压调整率差	自动电压调节器有故障	检查并排除故障
	柴油机及调速器故障	检查并排除故障
转子过热	发电机过载	使负载电流、电压不超过额定值
	负载功率因数太低	调整负载，使励磁电流不超过额定值
	转速太低	调转速至额定值
	发电机某绕组有部分短路	出短路，纠正或更换线圈
	通风道阻塞	排除阻碍物，拆开电机，彻底吹清各风道
轴承过热	长时间使用轴承磨损过度	更换轴承
	润滑油脂质量不好，不同牌号的油脂混杂使用。润滑脂内有杂质。润滑脂装得太多	除去旧油脂，清洗后换新油脂
	与原动机对接不好	严格地对直，找正同心

（2）相复励和三次谐波发电机常见故障及处理方法

相复励和三次谐波发电机常见故障及处理方法见表4－17。

表4－17 相复励和三次谐波发电机常见故障及处理方法

故障现象	故障原因	排除方法
不能发电	无剩磁	相复励发电机用12V或者24V直流电充电；谐波发电机用6V直流电充电
	剩磁方向与整流器输出电流产生磁场的方向相反	往往在重接后因错接形成。将L1、L2两接头对换，或重新充磁
	电枢绕组抽头、电抗器、桥式整流器或励磁绕组有断路或松脱现象	接通、焊好或拧紧
	电枢绕组或励磁绕组有严重短路	电枢绕组短路会引起严重发热以致烧坏线圈。励磁绕组严重短路可由其直流电阻值来测定
	电刷在刷架框内卡住	检查刷架框，是否生锈。可用00号砂纸擦净框架内部，严重锈蚀者应换新。检查电刷和刷架框的配合
	电刷和集电环接触不良	用酒清洗净集电环表面。磨电刷表面使与集电环表面的弧度吻合，检查电刷压力
	整定电阻阻值太小	检查整定电阻的接法。将变阻器调到最大阻值位置
	硅整流元件短路，正、反向均导通	用万用表检查正、反向电阻，替换损坏的元件
	相复励电机电抗器无气隙，或气隙太小	无气隙或气隙小时电抗器抗值太大不能建压，用绝缘垫片垫充调整气隙
	转速太低	调节转速至额定值附近

续表

故障现象	故障原因	排除方法
电压不足	整流桥中有一个整流元件短路或断路	此时空载电压约下降10%左右，用万用电表检查，替换损坏的元件
	励磁绕组部分短路	如果某一极的励磁绕组部分短路，除电压下降外还会引起振动。分别测量每一极的电阻，调换损坏的线圈
	整定电阻阻值太小	检查整定电阻的接法，将变阻器放到最大阻值位置
	相复励发电机电抗器气隙太小	用绝缘垫片将气隙调大
	转速太低	调节转速至额定值
	自动电压调节器故障	检查自动电压调节器输入和输出接线与信号，检修自动电压调节器
电压太高	电抗器绕组部分短路或有一相短路	电抗器绕组短路会引起严重发热，可按发热情况来判断短路
	整定电阻断路，不起作用	检查并接好
	电抗器气隙太大	调小气隙，重新固定
	转速太高	调节转速至额定值
	自动电压调节器失控	检修自动电压调节器
电压调整率差，加负载时电压下跌太多	整流桥中有一个或两个整流元件断路，正、反向都不通	此时空载电压下降10%左右，加 $\cos\varphi=1$ 负载时，电压稍稍下跌，加 $\cos\varphi=0.8$ 负载时，电压较大。用万用表检查更换损坏的元件
	相复励发电机电流互感二次侧所用抽头不合适	减少电流互感器二次绕组的实际匝数
	原动机调速率较差	调整原动机的调速机构
集电环上火花大	电刷在刷架框内活动不灵	检查刷架框，是否生锈，可用砂纸擦净挂架内部。严重锈蚀时应换新
	集电环表面有油污，不光滑	清洁集电环表面，严重发毛时应加工车光
发热	发电机过载	注意仪表使负载电流，电压不超过额定值
	仪表不准	定期对仪表、仪用互感器进行校验
	负载功率因数太低	负载功率因数太低时发电机应降低其千伏安输出，在励磁电流不超过额定值的范围内使用
	转速太低	调节转速至额定值
	顶部罩盖未盖，放置不正确或励磁装置底板下网板堵死时引起励磁装置发热	正确装置顶罩或清理网板
	发电机电枢、励磁绕组、电抗器绕组部分短路	找出短路，纠正
	通风道阻塞	拆开彻底吹清
	部分规格电机采用倾斜风叶的风扇，反向转时风量减少	检查风扇，按发电机上标示的方向运行

4.4 电机及控制

本节介绍三相异步电动机的基本知识。

4.4.1 三相异步电动机概述

4.4.1.1 三相异步电动机的构造

三相异步电动机的构造如图 4－41 所示。由定子和转子 2 大部分组成。

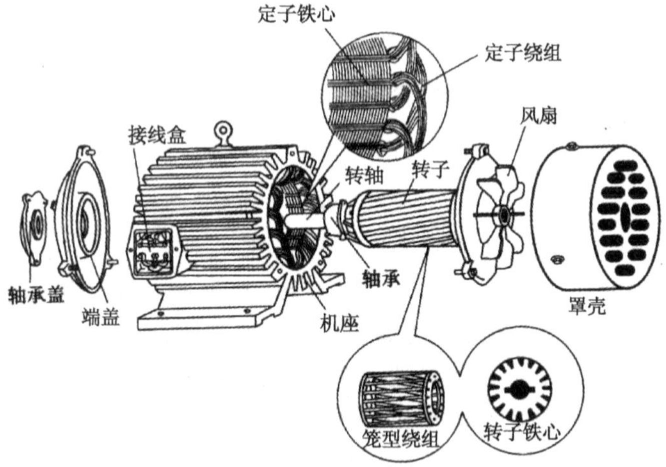

图 4－41　三相异步电动机的结构

定子，由铁心（由内周有槽的硅钢片叠成）、三相绕组（$U_1 \to U_2$，$V_1 \to V_2$，$W_1 \to W_2$）和机座（铸钢或铸铁）组成。

转子在旋转磁场作用下产生感应电动势或电流。由铁心由外周有槽的硅钢片叠成。

异步电动机多采用笼型转子，铁芯槽内放铜条，端部用短路环形成一体，或铸铝形成转子绕组。结构简单、价格低廉、工作可靠；不能人为改变电动机的机械特性。

4.4.1.2 工作原理

假设定子三相绕组通电后产生具有一对磁极的旋转磁场，为形象和直观起见，将这种看不见的旋转磁场用一对旋转的磁极来表示，如图 4－42 所示。设旋转磁场以 n_0 的转速顺时针方向旋转切割转子绕组导体，在绕组中便产生感应电势并有电流，感应电动势和电流的方向用右手定则确定；转子电流与旋转磁场相作用所产生的电磁作用力 F，使转子向旋转磁场方向转动（左手定则）。若旋磁场反转，则转子随之反转。由于转子的转速以始终低于旋转磁场的转速 n_0（否则就没有相对切割），故称为异步电动机；由于转子电流由感应而生，故又称为感应电动机。

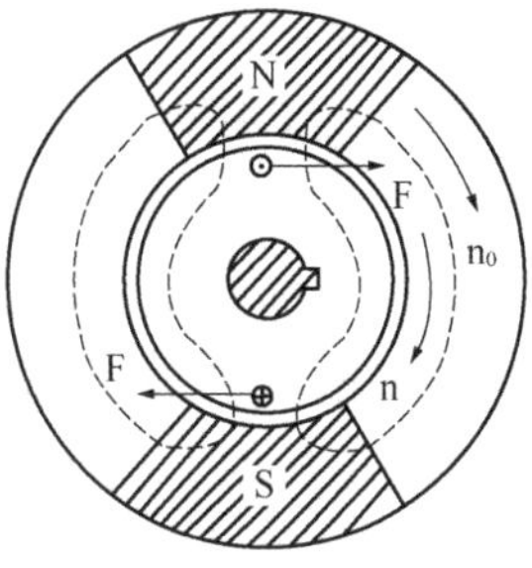

图 4－42　三相异步电动机工作原理

（1）旋转磁场的转速

旋转磁场的转速与定子绕组中电流的频率 f 成正比、与磁极对数 p 成反比。旋转磁场磁极对数 p 决定于三相绕组的结构和联接方式。因为定子电流每变化一个周期，旋转磁场就转过一对磁极的空间范围，所以旋转磁场的转速与定子电流的频率 f 成正比。另一方面，一对磁极（$p=1$）的旋转磁场，电流每变化一个周期旋转磁场就在空间旋转一周；两对磁极($p=2$)的旋转磁场，则电流变化两个周期旋转磁场才能在空间旋转一周；p 对磁极就需要电流每变化 p 周旋转磁场才能在空间旋转一周。可见旋转磁场的转速与磁极对数 p 成反比。所以旋转磁场的转速为：

$$n_0 = \frac{60f}{p} \quad (\text{r/min}) \tag{4-10}$$

旋转磁场的转速 n_0 又称为异步电动机的同步转速。由于电源的频率和磁极对数通常是固定的，所以一台异步电动机的同步转速就是一个不变的常数。如：1 对磁极的 50Hz 异步电动机的同步转速 $n_0=3000\text{r/min}$，2 对磁极的 50Hz 异步电动机的同步转速 $n_0=1500\text{r/min}$，6 对磁极的 50Hz 异步电动机的同步转速 $n_0=500\text{r/min}$。

(2) 转差率 s

由于转子的转速 n 与旋转磁场的转速 n_0 不同，转差率 s 就是用来表明转子的转速 n 相对于同步转速 n_0 的差别程度，即：

$$s = \frac{n_0 - n}{n_0} \tag{4-11}$$

转差率 s 是分析异步电动机性能的一个重要变量。

异步电动机起动初瞬时或转子堵转时，$n=0$ 和 $s=1$；而空载时由于阻力矩很小 $n \approx n_0$ 和 $s \approx 0$。转差率 s 随电动机轴上负载的变化而变化，各种容量的三相异步电动机在额定负载时的转差率 s_n 约为 0.01～0.09，一般不会超过 0.1，所以异步电动机转子的额定转速非常接近于同步转速，因而可从铭牌额定转速 n_e 和频率 f 便可知道它的同步转速 n_0 和磁极对数 p。例如，转速 1460r/min，频率 50Hz，则 $n_0=1500\text{r/min}$，$p=2$。因此由铭牌也可以计算它的额定转差率 s_n。

(3) 异步电动机带载稳定运行原理

异步电动机在正常负载范围内能自动适应负载的变化而保持稳定运行。当负载增加时，负载转矩大于电动机的电磁转矩，转子将减速，转差率增大，转子绕组与旋转磁场的相对切割率增大，转子绕组的感应电动势和转子电流增加，电磁转矩增加，直到电磁转矩增加到与负载转矩相平衡时转子的转速不再减小，电动机将在比负载增加前较低的转速下稳定运行。如果负载减小，则其变化与上述情况相反。所以电动机负载的变化首先引起电动机转速的变化，转速的变化引起电动机所产生的电磁转矩的变化，从而使电磁转矩与负裁转矩相平衡，达到稳定运行的条件。

(4) 定子电压对异步电动机的影响

异步电动机的电磁转矩 T 是转子电流 I_2 与旋转磁场的磁通 Φ 相互作用而产生的，即 $T \propto \Phi I_2$。而转子电流是转子绕组切割磁通 Φ 而产生的，即 $I_2 \propto \Phi$。又因为旋转磁场的磁通 $\Phi \propto U_1$，所以电磁转矩与定子电压 U_1 的平方成正比，即：$T \propto U_1^2$。这表明异步电动机对定子电源电压的波动非常敏感，U_1 的降低使电磁转矩成平方倍地减小。例如 U_1 降低为 0.8 额定电压时，则 T 将减小为额定转矩 T_n 的 0.64 倍。T 的减小，必然引起 n 下降，s 增加，这时电动机可能在过电流下运行。如果电压过低，电磁转矩减小到不能平衡负载转矩而被迫停车(即发生了堵转)，这时 $s=1$ 最大，转子电流、定子电流都很大，可达到电动机额定电流的 5～7 倍，若无保护措施电动机将被烧毁。

4.4.1.3 常用电动机型号

由于电动机的种类比较多，这里介绍常用的电动机型号。常用的电动机型号主要说明该电机的种类，中心高，机座号，铁芯长，极数，安装方式，功率。

（1）型号介绍

型号由产品代号、规格代号、特殊环境代号和补充代号 4 部分组成。它们的排列顺序为：产品代号—规格代号—特殊环境代号—补充代号。

1）产品代号

由电机类型代号、电机特点代号、设计序号和励磁方式代号 4 个小节顺序组成。

① 类型代号是表征电机的各种类型而采用的汉语拼音字母。异步电动机用 Y 表示，同步电动机用 T 表示，直流电动机用 Z 表示，同步发电机用 TF 表示。

② 特点代号是表征电机的性能、结构或用途，也采用汉语拼音字母表示。如：隔爆型用 B 表示，YB 表示隔爆型异步电动机。

③ 设计序号是指电机产品设计的顺序，用阿拉伯数字表示。对于第一次设计的产品不标注设计序号，对系列产品所派生的产品按设计的顺序标注。如：YB2。

④ 励磁方式代号分别用字母表示，S 表示三次谐波，J 表示晶闸管，X 表示相复励磁。

2）规格代号

主要用中心高、机座长度、铁心长度、极数来表示。

① 中心高。指由电机轴心到机座底角面的高度；根据中心高的不同可以将电机分为大型、中型、小型和微型 4 种。H 在 45 ~ 71mm 的属于微型电动机；H 在 80 ~ 315mm 的属于小型电动机；H 在 355 ~ 630mm 的属于中型电动机；H 在 630mm 以上属于大型电动机。

② 机座长度。用国际通用字母表示：S—短机座；M—中机座；L—长机座。

③ 铁心长度。用阿拉伯数字 1、2、3、4，由长至短分别表示。

④ 极数。分 2 极、4 极、6 极、8 极等。

3）特殊环境代号

如：户外用，代号为 W；化工防腐用，代号为 F；船用，代号为 H；湿热带用，代号为 TH 等。

4）补充代号

仅适用于有补充要求的电机。

（2）举例说明

1）型号为 YB2 - 132S - 4H 的电动机

各代号的含义为：

Y：产品类型代号，表示异步电动机；

B：产品特点代号，表示隔爆型；

2：产品设计序号，表示第二次设计；

132：电机中心高，表示轴心到地面的距离为 132mm；

S：电机机座长度，表示为短机座；

4：极数，表示 4 极电机；

H：特殊环境代号，表示船用电机。

2）型号为 Y180M1 - 4 的电动机

各代号的含义为：Y 表示三相异步电动机，中心高为 180mm，机座号 M 为中机座，1 号铁芯长，极数为 4 极。

4.4.2 电动机的使用

4.4.2.1 电动机的运行操作

（1）常规检查

运行前应做到“五查、一转和测量”，绝不可带病工作。“五查”是指一查铭牌性能(电压、功率等)是否符合要求，定子绕组接线是否正确；二查零部件是否齐全，螺丝有无松动；三查轴承润滑，是否需要加油或更换新润滑油；四查电源连线有无断线，连接处有无松动，接线是否正确；五查启动设备和保险是否良好，是否符合规定。“一转”是用手扳动转子，观察转动是否灵活，听听有无摩擦等杂声。“测量”是指测量各相绕组对地(外壳)绝缘电阻和相间绝缘电阻是否符合要求。凡是额定电压为500V以下的YB电动机，用500V摇表测量，其绝缘电阻值应≥1MΩ，否则，应进行干燥后才可使用。

（2）电动机启动时应注意的事项

① 测量电源电压是否正常、检查被拖动的机械及传动装置是否正常。

② 启动前，若电动机周围有人，操作人员应事先发出通知，引起在场人员的注意，以免发生事故。

③ 使用闸刀开关时，合闸动作要迅速、果断。利用Y－△启动器或补偿器启动时，要特别注意操作顺序。先推到“启动”位置，当转子达到一定转速后，立即推到“运行”位置，操作手柄不能在启动位置停留时间过长。

④ 合闸后，若发现电动机不转或启动很慢、或有异常声响时，应立即断开电源，检查原因。故障排除后，方能再次合闸启动。

⑤ 鼠笼式异步电动机的启动电流为额定电流的6~7倍。因此，电动机不能在短时间内频繁启动，以免起动设备和定子绕组过热。电动机在冷状态下，空载连续启动不应超过3~5次；在热状态下启动，不得连续超过2次。

（3）电动机运行中的监视

1）注意电动机的温升(或工作温度)变化

测试电动机的温度，最简便的方法是用手摸。根据实践经验，把手放在电动机的外壳上，如果感到烫手，则表明电动机已经过热了；如果没有烫手的感觉，则表示没有过热。另一种方法是在电动机外壳上滴几点水，如果只看得见热气但没有声音，则表示电动机没有过热。如果不但有蒸气，而且还可以听到“咝咝”的声音，则表明电动机已经过热了。

如果发现温度超过了允许值，或者温度上升得很快时，应认真检查原因，及时处理。如果在短时间内找不到原因，应停机进行检查。造成电动机过热的原因是多方面的，可从电源、电动机本身和负载3个方面进行检查和分析。

① 电源方面。电源电压过高或过低、三相电压严重不对称、两相运行等，都会使定子电流增大，造成电动机温度升高。

② 电机本身。例如接线错误、定子绕组匝间短路、一相绕组断线形成两相运行、一相绕组接地或两相绕组短路、通风不良或机械方面故障等，都会使电动机温度升高。而其中接线错误、绕组匝间短路、两相绕组短路、两相运行等故障，都将出现定子电流显著增大、三相电流显著不平衡、电动机温度急剧上升等现象。遇到这种情况时，应立即断开电源，停机

进行检查。如果时间稍长，就会造成烧毁电动机的严重事故。

③ 负载方面。电动机的功率与被拖动的负载不配套。“小马拉大车”是造成电动机过热的主要原因。此外，运行中负载增大及机械设备发生故障等，都会引起电动机过热。

注意电动机运行中是否有不正常的噪音，是否有焦糊味和绝缘漆味。电动机负载过大或两相运行时，会发出沉闷的“嗡嗡”声；定子和转子相摩擦时，会发出金属摩擦声和撞击声；轴承严重缺油或油内夹杂物时，会发出“沙沙”声。若电动机绕组温度过高时，会发生绝缘漆气味或焦糊味。总之，电动机运行中发生较明显的振动和异常响声及异常气味时，应立即停机查明原因，及时排除。

2）注意电源电压的变化

若额定电压变化超过 ±5% 时，则应按制造厂的规定或试验结果控制负载。运行中应经常观察电机上的电流指示值，不应超过该电机的额定电流。

3）防止电动机两相运行

正在运行着的三相异步电动机，如果发生一相断电，则形成两相供电，称为“两相运行”或“缺相运行”。电动机发生两相运行时，虽能继续转动，但发出沉闷的“嗡嗡声”，转速降低，绕组急剧发热，如果不及时断开电源。时间稍长就会烧毁绕组。在实际工作中烧毁电动机的原因，一方面是由于供电线路电压过低所造成的，另一方面就是因为两相运行而又没有及时处理所造成的。据统计，因两相运行烧毁电机绕组的，约占修理总数的 50% 以上。

4.4.2.2 电动机的检查

（1）每半年检查的主要内容

① 润滑脂的老化和消耗，按维护保养计划补加润滑脂或者将老化的润滑脂排掉。

② 测量、核对绝缘电阻是否在规定数以上。

③ 修补掉漆、生锈的地方。

（2）解体检查

普通电机每年应解体检查 1 次，隔爆型每 2 年解体检查 1 次。

① 轴承部位。去掉轴承及盖上的污物，换油。

② 线圈及绝缘。检查线圈绑扎的松紧情况，清扫粘附上的灰尘等。

③ 对内部部件的磨损、锈蚀、老化、机械损伤等情况进行检查。

（3）电动机电刷的定期检查和维护

① 电刷是否冒火；

② 电刷是否晃动或滞塞；

③ 电刷软导线是否完整，接触是否紧密，是否和外壳短路；

④ 电刷边缘是否磨坏；

⑤ 电刷是否滑环磨损、电刷固定太松及电动机振动等原因而振动。

（4）电机大修

新安装电动机的参考大修周期为运行 1 年后进行 1 次大修。正常运行电动机的参考大修周期一般为 3 ~5 年或运行 3000h 即应进行大修。当发现下列情况之一时，应及时进行大修或作对症检修：

① 电网和负载情况都正常，但电动机输出功率达不到铭牌数据；

② 机壳、端盖、接线盒、底脚等外部铸件开裂；

③ 电动机某一部位温升超过允许值；

④ 轴承间隙超过允许值(可更换轴承)；

⑤ 电动机因本身绝缘劣化导致绝缘性能不达标；

⑥ 绕组的直流电阻值误差大于2%；

⑦ 绕组绝缘有脱落、发脆、碰伤、露铜现象；

⑧ 交流耐压试验不合格。

4.4.2.3 电动机的常见故障与排除

异步电动机故障现象及处理方法见表4-18。

表4-18 电动机常见故障及排除方法

序号	故障现象	故障原因	排除方法
1	不能启动	控制设备接线错误	核对接线图
		熔丝等保护单元作用	检查控制设备及保护装置的状态
		电压过低	检查电网电压。采用降压启动时，适当提高起动电压
		定子绕组相间短路、接地或接线错误或定子、转子绕组断路	找出断路、短路部位并修复；对接线错误进行纠正
		负荷过大或传动机械有故障	更换较大功率的电动机或减轻负荷；脱开负荷，如电动机能正常启动，应检查拖运机械并排除故障
2	转速达不到额定值	过负荷	减少负荷
		启动后有一相电源断开，成为缺相运行	检查电源回路、开关设备有无接触不良
		端电压低	减少启动电流引起的电压降
		定子绕组匝间或相间短路	消除短路现象
3	电动机有异常噪音或振动过大	机械摩擦	检查转动部分与静止部分间隙，找出原因并纠正
		缺相运行	断电再合闸，如不能启动则可确定为缺相运行，检查电源或电动机并修复
		滚动轴承缺油或损坏	清洗轴承加新油；如轴承损坏，更换新轴承
		连轴器连接松动	查找松动处，拧紧螺栓
		安装基础不平或损坏	检查基础和机座的固定情况，加以纠正
		电动机与拖运设备轴中心偏移	重新找中心再连接
		被拖运机械故障	检查拖运机械
4	电动机温升过高或冒烟	过载	测量定子电流，发现过载，减负荷
		缺相运行	检查保护装置触点
		电源电压过低	检查电源电压
		定子匝间接地或匝间、相间短路	找出接地点、短路点并修复
		定子、转子相摩擦	检查轴承、轴承室有无松动；定子与转子装置有无不良情况

续表

序号	故障现象	故障原因	排除方法
5	轴承过热	轴承损坏	更换轴承
		滚动轴承润滑脂过多、过少或有杂质	更换润滑脂
		轴承与轴配合，过松或过紧	更换轴承
		电动机两端盖和轴承没有装配好	重新安装，旋紧螺栓
		连轴器装配不良	校正连轴器
		被拖运机械故障	检查拖运机械
6	电流表指针来回摆动	笼型转子断条	更换转子
		电源电压波动	查找电源电压波动原因
7	外壳带电	绕组受潮、绝缘损坏或接线处有污垢	干燥处理，清理接线
		引出线绝缘损坏	重新接线
		PE 线缺陷	测量 PE 线接地电阻

4.4.3 电动机的维修

4.3.3.1 故障维修内容

① 查电机各部件有无机械损伤，若有则作相应修复或更换。

② 对拆开的电机进行清理，清除所有油泥、污垢。清理中，注意观查绕组绝缘状况。若油漆为暗褐或深棕色，说明绝缘已老化，对这种绝缘要特别注意不要碰撞使它脱落。若发现有脱落应进行局部绝缘修复和刷漆。

③ 拆下轴承，浸在柴油或汽油中彻底清洗后，再用干净汽油清洗一遍。检查清洗后的轴承是否转动灵活，有无异常响声，内外钢圈有无晃动。根据检查结果，确定对润滑油脂或轴承是否进行更换。

④ 检查定子绕组是否存在故障。使用兆欧表测绕组绝缘电阻，绝缘电阻的大小可判断出绕组受潮程度或短路情况。若有，要进行相应处理。

⑤ 检查定、转子铁心有无磨损和变形，若观察到有磨损处或发亮点，说明可能存在定、转子铁心相擦。可使用锉刀或刮刀将亮点刮低。

⑥ 对电机进行装配、安装，测试空载电流大小及对称性，最后带负载运行。

4.4.3.2 异步电动机电气故障检修

三相异步电动机定子绕组是产生旋转磁场的部分。受到腐蚀性气体的侵入，机械力和电磁力的冲击，以及绝缘的老化、磨损、过热、受潮等原因，都会影响异步电动机的正常运行。另外，异步电动机在运行中长期过载、过压、欠压、断相等，也会引起定子绕组故障。定子绕组的故障是多种多样的，其产生的原因也各不相同。如短路故障有相间短路、匝间短路和对地短路(接地)。断路故障有绕组断路和电源断路(缺相运行)。常见的故障有以下几种，应针对不同故障采取不同的检修方法。

(1) 定子绕组接地故障的检修

三相异步电动机的绝缘电阻较低，虽经加热烘干处理，绝缘电阻仍很低，经检测发现定子绕组已与定子铁心短接，即绕组接地，绕组接地后会使电动机的机壳带电，绕组过热，从而导致短路，造成电动机不能正常工作。

1）定子绕组接地的原因

① 绕组受潮。长期备用的电动机，经常由于受潮而使绝缘电阻值降低，甚至失去绝缘作用。

② 绝缘老化。电动机长期过载运行，导致绕组及引线的绝缘老化，降低或丧失绝缘强度而引起电击穿，导致绕组接地。绝缘老化现象为绝缘发黑、枯焦、酥脆、破裂、剥落。

③ 绕组制造工艺不良，以致绕组绝缘性能下降。

④ 绕组线圈重绕后，在嵌放绕组时操作不当而损伤绝缘，线圈在槽内松动，端部绑扎不牢，冷却介质中尘粒过多，使电动机在运行中线圈发生振动、摩擦及局部位移而损坏主绝缘，或槽绝缘移位，造成导线与铁心相碰。

⑤ 铁心硅钢片凸出，或有尖刺等损坏了绕组绝缘。或定子铁心与转子相摩擦，使铁心过热，烧毁槽楔或槽绝缘。

⑥ 绕组端部过长，与端盖相碰。

⑦ 引线绝缘损坏，与机壳相碰。

⑧ 电动机受雷击或电力系统过电压而使绕组绝缘击穿损坏等。

⑨ 槽内或线圈上附有铁磁物质，在交变磁通作用下产生振动，将绝缘磨穿。若铁磁物质较大，则易产生涡流，引起绝缘的局部热损坏。

2）定子绕组接地故障的检查方法

① 观察法。绕组接地故障经常发生在绕组端部或铁心槽口部分，而且绝缘常有破裂和烧焦发黑的痕迹。因而当电动机拆开后，可先在这些地方寻找接地处。如果引出线和这些地方没有接地的迹象，则接地点可能在槽里。

② 兆欧表检查法。用兆欧表检查时，应根据被测电动机的额定电压来选择兆欧表的等级。500V 以下的低压电动机，选用 500V 的兆欧表；3kV 的电动机选用 1000V 的兆欧表；6kV 以上的电动机应选用2500V 的兆欧表。测量时，兆欧表的一端接电动机绕组，另一端接电动机机壳。按 120r/min 的速度摇动摇柄，若指针指向零，表示绕组接地；若指针摇摆不定，说明绝缘已被击穿；如果绝缘电阻在 0.5MΩ 以上（YB 电机应≥1MΩ），则说明电动机绝缘正常。

③ 万用表检查法。检测时，先将三相绕组之间的连接线拆开，使各相绕组互不接通。然后将万用表的量程旋到 R×10kΩ 挡位上，将一只表笔碰触在机壳上，另一只表笔分别碰触三相绕组的接线端。若测得的电阻较大，则表明没有接地故障；若测得的电阻很小或为零，则表明该相绕组有接地故障。

3）定子绕组接地故障的检修

① 接地点在槽口：当接地点在端部槽口附近且又没有严重损伤时，则可按下述步骤进行修理。

a. 在接地的绕组中，通入低压电流加热，在绝缘软化后打出槽楔。

b. 用划线板把槽口的接地点撬开，使导线与铁心之间产生间隙，再将与电动机绝缘等级相同的绝缘材料剪成适当的尺寸，插入接地点的导线与铁心之间，再用小木锤将其轻轻打入。

c. 在接地位置垫放绝缘以后，再将绝缘纸对折起来，最后打入槽楔。

② 槽内线圈上层边接地可按下述步骤检修。

a. 在接地的线圈中通入低压电流加热，待绝缘软化后，再打出槽楔。

b. 用划线板将槽机绝缘分开，在接地的一侧，按线圈排列的顺序，从槽内翻出一半线圈。

c. 使用与电动机绝缘等级相同的绝缘材料，垫放在槽内接地的位置。

d. 按线圈排列顺序，把翻出槽外的线圈再嵌入槽内。

e. 滴入绝缘漆，并通入低压电流加热、烘干。

f. 将槽绝缘对折起来，放上对折的绝缘纸，再打入槽楔。

③ 槽内线圈下层边接地可按下述步骤检修。

a. 在线圈内通入低压电流加热。待绝缘软化后，即撬动接地点，使导线与铁心之间产生间隙，然后清理接地点，并垫进绝缘。

b. 用校验灯或兆欧表等检查故障是否消除。如果接地故障已消除，则按线圈排列顺序将下层边的线圈整理好，再垫放层间绝缘，然后嵌进上层线圈。

c. 滴入绝缘漆，并通入低压电流加热、烘干。

d. 将槽绝缘对折起来，放上对折的绝缘纸，再打入槽楔。

④ 绕组端部接地可按下述步骤检修。

a. 先把损坏的绝缘刮掉并清理干净。

b. 将电动机定子放入烘房进行加热，使其绝缘软化。

c. 用硬木做成的打板对绕组端部进行整形处理。整形时，用力要适当，以免损坏绕组的绝缘。

d. 对于损坏的绕组绝缘，应重新包扎同等级的绝缘材料，并涂刷绝缘漆，然后进行烘干处理。

（2）定子绕组短路故障的检修

定子绕组短路是异步电动机中经常发生的故障。绕组短路可分为匝间短路和相间短路，其中相间短路包括相邻线圈短路、极相组之间短路和两相绕组之间的短路。匝间短路是指线圈中串联的两个线匝因绝缘层破裂而短路。相间短路是由于相邻线圈之间绝缘层损坏而短路，一个极相组的两根引线被短接，以及三相绕组的两相之间因绝缘损坏而造成的短路。

绕组短路严重时，负载情况下电动机根本不能启动。短路匝数少，电动机虽能启动，但电流较大且三相不平衡，导致电磁转矩不平衡，使电动机产生振动，发出“嗡嗡”响声，短路匝中流过很大电流，使绕组迅速发热、冒烟并发出焦臭味甚至烧坏。

1）定子绕组短路的原因

① 修理时嵌线操作不熟练，造成绝缘损伤，或在焊接引线时烙铁温度过高、焊接时间过长而烫坏线圈的绝缘。

② 绕组因年久失修而使绝缘老化，或绕组受潮，未经烘干便直接运行，导致绝缘击穿。

③ 电动机长期过载，绕组中电流过大，使绝缘老化变脆，绝缘性能降低而失去绝缘作用。

④ 定子绕组线圈之间的连接线或引线绝缘不良。

⑤ 绕组重绕时，绕组端部或双层绕组槽内的相间绝缘没有垫好或击穿损坏。

⑥ 由于轴承磨损严重，使定子和转子铁心相擦产生高热，而使定子绕组绝缘烧坏。

⑦ 雷击、连续启动次数过多或过电压击穿绝缘。

2）定子绕组短路故障的检查

① 观察法。观察定子绕组有无烧焦绝缘或有无浓厚的焦味，可判断绕组有无短路故障。也可让电动机运转几分钟后，切断电源停车之后，立即将电动机端盖打开，取出转子，用手触摸绕组的端部，感觉温度较高的部位即是短路线匝的位置。

② 万用表（兆欧表）法。将三相绕组的头尾全部拆开，用万表或兆欧表测量两相绕组间的绝缘电阻，其阻值为零或很低，即表明两相绕组有短路。

3）定子绕组短路故障的检修

① 端部修理法。如果短路点在线圈端部，是因接线错误而导致的短路，可拆开接头，重新连接。当连接线绝缘管破裂时，可将绕组适当加热，撬开引线处，重新套好绝缘套管或用绝缘材料垫好。当端部短路时，可在两绕组端部交叠处插入绝缘物，将绝缘损坏的导线包上绝缘布。

② 拆修重嵌法。在故障线圈所在槽的槽楔上，刷涂专用溶剂（丙酮 40%，甲苯 35%，酒精 25%），约 30min 后，抽出槽楔并逐匝取出导线，用聚氯胶带将绝缘损坏处包扎好，重新嵌回槽中。如果故障在底层导线中，则必须将妨碍修理操作的邻近上层线圈边的导线取出槽外，待有故障的线匝修理完毕后，再依次嵌回槽中。

③ 局部调换线圈法。如果同心绕组的上层线圈损坏，可将绕组适当加热软化，完整地取出损坏的线圈，仿制相同规格的新线圈，嵌到原来的线槽中。对于同心式绕组的底层线圈和双层叠绕组线圈短路故障，可采用“穿绕法”修理。穿绕法较为省工省料，还可以避免损坏其他好线圈。

④ 截除故障点法。对于匝间短路的一些线圈，在绕组适当加热后，取下短路线圈的槽楔，并截断短路线圈的两边端部，小心地将导线抽出槽外，接好余下线圈的断头，而后再进行绝缘处理。

⑤ 去除线圈法或跳接法。在急需使用电动机，而一时又来不及修复时，可进行跳接处理，即把短路的线圈废弃，跳过不用，用绝缘材料将断头包好。但这种方法会造成电动机三相电磁不平衡，恶化了电动机性能，应慎用，事后应进行补救。

（3）定子绕组断路故障的检修

当电动机定子绕组中有一相发生断路，电动机星形接法时，通电后发出较强的“嗡嗡”声，启动困难，甚至不能启动，断路相电流为零。当电动机带一定负载运行时，突然发生一相断路，电动机可能还会继续运转，但其他两相电流将增大许多，并发出较强的“嗡嗡”声。对三角形接法的电动机，虽能自行启动，但三相电流极不平衡，其中一相电流比另外两相约大 70%，且转速低于额定值。

1）定子绕组断路的原因

① 绕组端部伸在铁心外面，导线易被碰断，或由于接线头焊接不良，长期运行后脱焊，以致造成绕组断路。

② 导线质量低劣，导线截面有局部缩小处，原设计或修理时导线截面积选择偏小，以及嵌线时刮削或弯折致伤导线，运行中通过电流时局部发热产生高温而烧断。

③ 接头脱焊或虚焊，多根并绕或多支路并联绕组断股未及时发现，经一段时间运行后发展为一相断路，或受机械力影响断裂及机械碰撞使线圈断路。

④ 绕组内部短路或接地故障，没有发现，长期过热而烧断导线。

2）定子绕组断路故障的检查方法

将电动机出线盒内的连接片取下，用万用表或兆欧表测各相绕组的电阻，当电阻大到几乎等于绕组的绝缘电阻时，表明该相绕组存在断路故障。

3）定子绕组断路故障的检修

① 当绕组导线接头焊接不良时，应先拆下导线接头处包扎的绝缘，断开接头，仔细清理，除去接头上的油污、焊渣及其他杂物。如果原来是锡焊焊接的，则先进行搪锡，再用烙铁重新焊接牢固并包扎绝缘，若采用电弧焊焊接，既不会损坏绝缘，接头也比较牢靠。

② 引线断路时应更换同规格的引线。若引线长度较长，可缩短引线，重新焊接接头。

③ 槽内线圈断线的处理。出现该故障现象时，应先将绕组加热，翻起断路的线圈，然后用合适的导线接好焊牢，绝缘后再嵌回原线槽，封好槽口并刷上绝缘漆。但注意接头处不能在槽内，必须放在槽外两端。另外，也可以调换新线圈。有时遇到电动机急需使用，一时来不及修理，也可以采取跳接法，直接短接断路的线圈，但此时应降低负载运行。这对于小功率电动机以及轻载、低速电动机是比较适用的。这是一种应急修理办法，事后应采取适当的补救措施。如果绕组断路严重，则必须拆除绕组重绕。

④ 当绕组端部断路时，可采用电吹风机对断线处加热，软化后把断头端挑起来，刮掉断头端的绝缘层，随后将两个线端插入玻璃丝漆套管内，并顶接在套管的中间位置进行焊接。焊好后包扎相应等级的绝缘，然后再涂上绝缘漆晾干。修理时还应注意检查邻近的导线，如有损伤也要进行接线或绝缘处理。对于绕组有多根断线的，必须仔细查出哪两根线对应相接，否则接错将造成自行断路。多根断线的每两个线端的连接方法与上述单根断线的连接方法相同。

4.4.3.3 电动机常见机械故障

（1）轴承的检修

1）轴承损坏

轴承的外圈或滚珠破裂，是由于轴承被强力套入转轴，造成轴承与轴配合不当而损坏轴承；轴承少油、滚珠干磨引起高温，或加油过多、高速转动时剧烈搅拌发热，或在装配时轴或轴承座配合不当及安装时轴不对中；轴承滚道内有金属颗粒，主要是金属材料疲劳或有异物侵入轴承，造成磨损。

2）轴承检查的方法

① 听声音检查。用螺丝刀顶在电动机的外轴承盖上，仔细听电动机运转的声音，通过轴承滚动所发出的声音来判断轴承故障。

a. 听到滚动体有不规律的撞击声，则说明个别滚珠有破裂现象。

b. 听到滚动体有明显的振动声，则说明轴承间隙过大，有跑套现象。

c. 滚动体声音发哑，声色沉重，则说明轴承润滑油太脏，有杂质侵入。

d. 听到轴承滚动发出尖叫声，则说明轴承润滑油过少或干枯。

e. 声音单调且均匀，但轴承温度过高，则说明轴承润滑油过量或润滑油黏度太大。

f. 声音有周期性的忽高忽低，则说明电动机的负载有变化，轻重不一致。

g. 对已拆卸并清洗过的轴承，套在手上，用力转动外圈，若听到有不均匀的杂音和有振动感，则说明轴承有间隙过大。

② 手动检查。

a. 用手握住电动机的转轴，用力上下晃动，若发现有松动现象，超过定子铁心和转子铁心的正常间隙，则说明轴承已损坏。

b. 用手指捏住轴承的外圈，沿着轴向的方向晃动数次，若晃动过大，则说明轴承间隙过大。

c. 将已拆卸并清洗过的轴承用手握紧，用力摇动，若滚珠在内外圈之间有明显的撞击声，则说明轴承间隙过大。

③ 温度检查。对一台正在运行的电动机，用温度计测量轴承的温度，若滚动轴承的温度超过60℃、滑动轴承的温度超过45℃，则说明轴承发热严重，有故障。

④ 测量检查。用塞尺测量滑动轴承轴颈与衬套之间的间隙，若超过规定值，说明轴承已损坏。

3）轴承检修的方法

① 轴承有锈迹。可用砂纸擦除锈迹，再用汽油清洗干净。对已破损或钢圈有裂纹的轴承，就必须更换相同型号的新轴承。

② 轴承过紧。拆卸轴承，用砂纸打磨转轴，再正确装配轴承。

③ 轴承过松。轴承过松情况有两种，一种是轴承内圈与转轴配合不紧，俗称跑内套；另一种是轴承外圈与端盖内圆配合不紧，俗称跑外套。处理方法是在转轴和端盖内圆的表面上用冲子冲出一些对称的麻点，以减小轴承与它们之间的距离，增大摩擦力。

4）轴承的清洗及加油

① 轴承清洗过程。先刮去钢珠表面的废油，用棉布擦去残余的废油；然后把轴承浸在汽油里，用毛刷洗刷钢珠；再把轴承放在干净的汽油里漂洗干净；最后把轴承放在纸上使汽油挥发干。

② 轴承加油过程。轴承加润滑油时，应从轴承的一面把油挤压进去，然后用手指轻轻刮去多余的油，只要把油加到能平平封住钢珠即可。在轴承盖上加润滑油时，不要加得太满，容量不宜超过轴承室容积的2/3，约有60% ~70%即可。

（2）转轴的检修

电动机的转轴是传递转矩的部件，转轴的加工质量和安装质量，都会影响电动机的正常运行，造成严重损害，也影响生产，造成经济损失。

轴不对中的影响：增加机械应力，摩擦增大，损坏电动机。轴不对中根源：安装对中不当；地脚松动导致定子或基座扭曲产生机械应力和振动。

1）对转轴的要求

轴的中心线应为直线，没有弯曲；轴径与轴枢表面应平滑，没有凹坑、波纹、刮痕；键槽的工作表面应平滑、垂直、没有裂痕和毛角。

2）转轴检修的方法

① 转轴弯曲。用千分表测量转轴，弯曲度不得超过0.2mm，否则将轴放在压力机上矫正、矫直。

② 键槽磨损。先在键槽磨损处进行堆焊，然后放在车床上重新铣削键槽。

③ 轴颈磨损。轴颈磨损较轻时，可用电镀在轴颈处镀一层铬，再磨削至原有尺寸。轴颈磨损较重时，可在轴颈磨损处进行堆焊，然后放在车床上车削磨光，达到原有尺寸。

④ 轴有裂纹或断裂。对有裂纹或断裂的轴，一般需要换新轴。

（3）机座检修

机座一般用铸铁制成，若有裂纹或断裂时，可用铸铁焊条进行焊接，在焊接时应注意不要烫伤定子绕组。若地脚完全断裂，可用角铁修补。

（4）端盖检修

① 端盖破裂修理。若端盖破裂会影响电机定子和转子的同心度，可用铸铁焊条进行焊接。若端盖破裂严重，裂纹较多，不宜电焊时，可用5～7mm厚的钢板修补。按修补裂缝所需尺寸割取适当形状的钢板，用螺栓紧固在端盖上。

② 端盖轴承孔间隙过大修理。端盖轴承孔间隙超过0.05mm，将造成电机定子和转子铁心相接触，出现扫膛现象。处理方法是：装配时用一条宽度等于轴承宽度的薄铜片，垫在轴承外圆与端盖内圆之间，来消除间隙。

③ 端盖止口松动修理。由于端盖拆装频繁或锤击、腐蚀等原因，造成止口表面受伤，影响与机壳的配合。可用锉刀把突出的伤痕锉平，若止口松动，可在止口圆周上衬垫薄铜皮，否则更换新端盖。

（5）铁心检修

① 铁心表面有擦伤。由于轴承磨损、轴弯曲和端盖松动等故障，会造成定转子铁心相接触，在运行过程中相互摩擦、发热，严重时将烧坏铁心和绕组。修理时先找到根源，予以排除，再用刮刀将擦伤处的毛刺刮掉，并在铁心表面涂一层薄薄的绝缘漆。

② 铁心表面烧伤。当绕组发生接地故障，会在槽口处烧坏铁心，形成凹凸不平的现象，妨碍嵌线，埋下故障隐患。修理时可用小圆锉把烧损铁心表面的溶积物和毛刺锉平。

③ 铁心齿松动。在拆除绕组时，易把铁心在槽口处的齿片拔松，会造成齿片振动。修理时可用较宽的槽楔把齿卡紧。

（6）风扇检修

① 风扇叶修理。风扇分为铸铝风扇和塑料风扇。一般风扇在拆装过程中容易损坏，若风扇叶断裂，则需更换相同规格的新风扇；若塑料风扇有裂纹，可用强力胶把裂纹处粘牢。若铸铝风扇的加紧头松动，可在加紧头与转轴间垫上薄铜皮处理。

② 风扇罩修理。风扇罩受外力作用凹陷时，可拆下风扇罩，在风扇罩里面用铁锤轻轻敲击凹陷处，使其恢复平整。

4.4.4 电动机的控制

4.4.4.1 电动机直接启动

异步电动机的直接启动是一种简单、可靠、经济的启动方法，但因启动电流达额定值的6～7倍，过大的启动电流会造成电网电压显著下降，直接影响到其他电动机的正常工作，甚至使它们停转或无法启动，故宜接启动电动机的容量受到一定限制。能否采用直接启动的电动机容量，可用下面的公式来确定：

$$\frac{I_q}{I_{ed}} \leqslant \frac{3}{4} + \frac{S}{4P} \tag{4-12}$$

式中 I_q——电动机的启动电流，A；

I_{ed}——电动机的额定电流，A；

S——变压器容量，kVA；

P——电动机容量，kW。

一般小于10kW的电动机均可直接启动。

直接启动的控制线路大部分由继电器、接触器、启动按钮等有触点电器组成。

图4－43为三相异步电动机的直接启动控制线路。三相交流电源经空气断路器QF、接

触器 KM 的常开主触头、热继电器 FR 的发热元件到电动机，构成主回路。

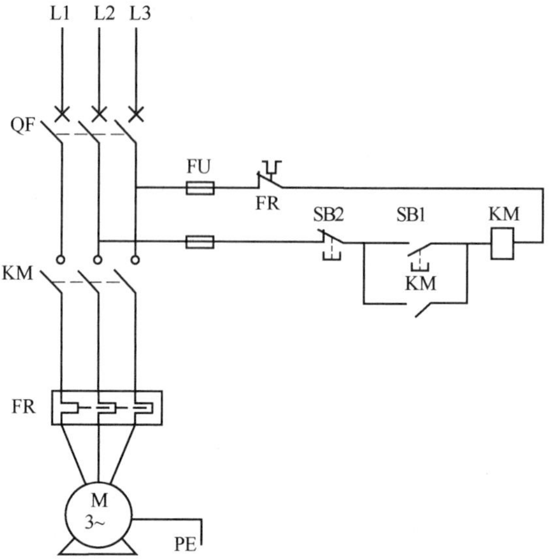

图 4－43　直接启动控制电路

由控制按钮 SB1、SB2，熔断器 FU、接触器线圈 KM 和其常开辅助触头 KM、热继电器 FR 的常闭触头构成控制回路。

（1）电路工作原理

启动时，合上刀开关 S 接通三相电源。按启动按钮 SB1，接触器 KM 线圈接通电源并动作，其主触头 KM 闭合，电动机 M 全电压启动旋转，同时其辅助触头 KM 也闭合，给接触器继续通电提供通路。当松开 SB1 时，接触器线圈仍然通电吸合，从而保证了电动机的连续运转。这种当松开启动按钮 SB1 后仍然自行保持接通的控制电路叫自锁（或自保）控制电路。与 SB1 并联的一对常开辅助触头 KM 叫做自锁（或自保触头）。

需要停车时，按停止按钮 SB2，接触器 KM 线圈断电，主触头、自锁触头恢复常开状态，电动机停止运转，控制电器断电。只有再次按启动按钮 SB1，电动机才可启动旋转。

（2）电路保护

图 4－44 的控制电路具有短路保护、过载保护及欠电压保护和失压（零压）保护。QF 作为线路短路保护，热继电器 FR 作为电动机长期过载保护。电动机因长期过载，电流超过额定值，主回路中热元件发热，使双金属片弯曲变形，断开控制回路中的常闭触头 FR，切断控制电源，接触器 KM 的线圈断电，断开主触头，将电动机三相电源切断，从而实现过载保护。自锁控制线路的欠压保护：当电源电压因某种原因下降至一定数值时，接触器线圈磁通减弱，电磁吸力不足，动铁心释放，常开辅助触头断开，失去自锁，断开主触头，切断电动机电源，实现了欠压保护。自锁控制线路的失压保护：在电源临时停电又恢复供电时，由于自锁触头已断开，控制线路不可能自行接通，因而电动机不会自行启动运转，可避免意外事故发生，这种保护称为失压保护。

（3）电动机的正反转控制

① 正向起动过程。按下起动按钮 SB1，接触器 KM1 线圈通电，与 SB1 并联的 KM1 的辅助常开触点闭合，以保证 KM1 线圈持续通电（自锁），串联在电动机回路中的 KM1 的主触点持续闭合，电动机连续正向运转。

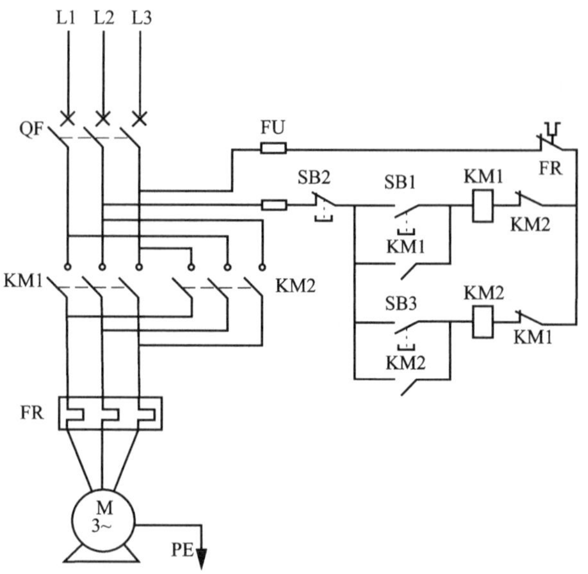

图 4 - 44 正反转控制电路

② 停止过程。按下停止按钮 SB2，接触器 KM1 线圈断电，与 SB1 并联的 KM1 的辅助触点断开，以保证 KM1 线圈持续失电，串联在电动机回路中的 KM1 的主触点持续断开，切断电动机定子电源，电动机停转。

③ 反向起动过程。按下起动按钮 SB3，接触器 KM2 线圈通电，与 SB3 并联的 KM2 的辅助常开触点闭合，以保证 KM2 线圈持续通电，串联在电动机回路中的 KM2 的主触点持续闭合，电动机连续反向运转。

特别注意：KM1 和 KM2 线圈不能同时通电，因此不能同时按下 SB1 和 SB3，也不能在电动机正转时按下反转起动按钮，或在电动机反转时按下正转起动按钮。如果操作错误，将引起主回路电源短路。

4.4.4.2 三相异步电动机的降压启动

（1）星形 - 三角形降压启动

Y - △降压启动控制电路如图 4 - 45 所示。它由 3 个接触器、1 个热继电器、1 个时间继电器和按钮等组成。其中时间继电器 KT 是用来完成 Y - △的自动切换。

1）工作原理

合上电源开关 QS→按下起动按钮 SB2→接触器 KM1、KM3 线圈得电→电动机定子绕组联结成星形进行降压起动→同时时间继电器 KT 线圈得电→经一段延时后 KT 断开，KM3 失电，延时闭合常开触点 KT 闭合→KM2 线圈得电并自锁→电动机绕组联结成三角形全压运行。

该电路为了电机启动时避免有大电流的产生而制成的电路，启动开始时电机三相绕组的接法是星形（三相电分别从绕组一端进入另一端接在一起），启动后接法改为三角形（三相电进入绕组，三相绕组头尾相互连接）。

采用时间接触器延时功能实现自动切换，合上 QS，按下 SB2，接触器 KM1 线圈通电，KM1 常开主触点闭合，KM1 辅助触点闭合并自锁。同时 Y 形控制接触器 KM2 和时间继电器 KT 的线圈通电，KM2 主触点闭合，电动机作 Y 连接起动。KM2 常闭互锁触点断开，使△形控制接触器 KM3 线圈不能得电，实现电气互锁。

经过一定时间后，时间继电器的常闭延时触点打开，常开延时触点闭合，使 KM2 线圈

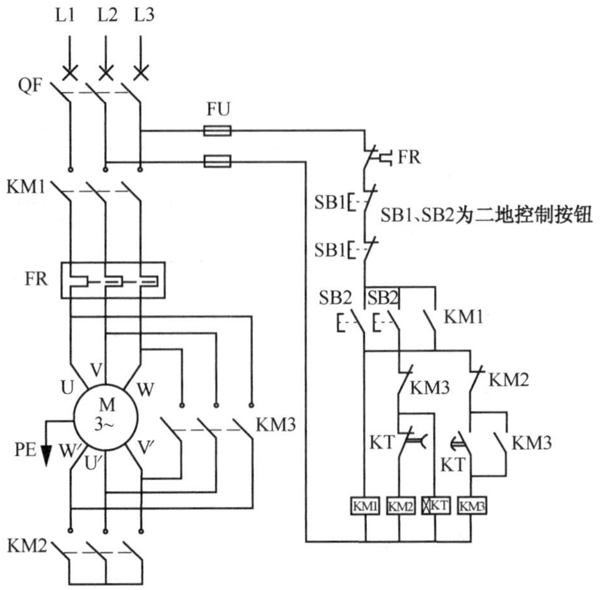

图 4－45　Y－△启动控制电路

断电，其常开主触点断开，常闭互锁触点闭合，使 KM3 线圈通电，KM3 常开触点闭合并自锁，电动机恢复△连接全压运行。KM3 的常闭互锁触点分断，切断 KT 线圈电路，并使 KM2 不能得电。实现电气互锁。

SB1 为停止按钮，必须指出，KM2 和 KM3 实行电气互锁的目的，是为了避免 KM2 和 KM3 同时通电吸合而造成的严重的短路事故。

2）适用范围

三相笼型异步电动机采用 Y－△降压起动时，定子绕组星形连接状态下起动电压为三角形连接直接起动的电压的 $1/\sqrt{3}$。起动转矩为三角形连接直接起动的 1/3，起动电流也为三角形连接直接起动电流的 1/3。与其他降压起动相比，Y－△降压起动投资少，线路简单，但起动转矩小。这种起动方法，适用于空载或轻载状态下起动，同时，这种降压起动方法，只能用于正常运转时定子绕组接成三角形的异步电动机。

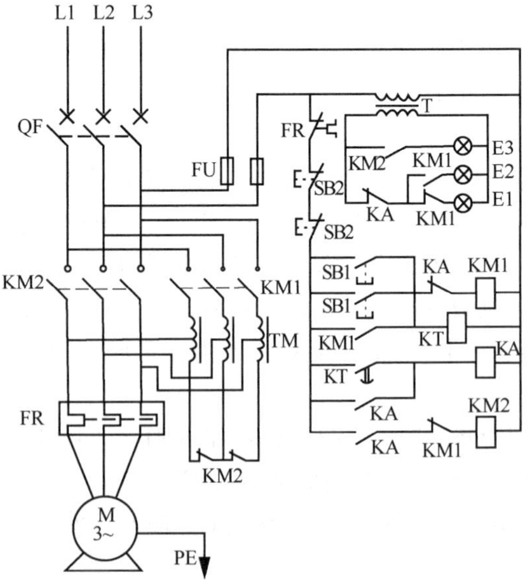

图 4－46　XJ01 型自动启动补偿器控制电路

因为 Y－△降压启动只适用于△接法时运行于 380V 的电动机，所以在使用前，首先要弄清楚电动机的接线方式。

（2）自动补偿自耦变压器（补偿器）降压启动

补偿器降压启动是利用自耦变压器来降低启动电压，达到限制启动电流的目的。

常用的自动启动补偿器如 XJ01 型自动启动补偿器，它由自耦变压器、交流接触器、中间继电器、时间继电器和按钮等组成。可用于 14～300kW 三相异步电动机降压启动。其控制线路如图 4－46 所示。图中分为主电路、控制电路和指示电路 3 部分。主电路由自耦变压器 TM、接触器 KM13 副主触头、接触器 KM2 的 3

副主触头和2副辅助触头、热继电器FR的热元件及电动机M所组成。

控制电路包括2只熔断器FU、热继电器FR的常闭触头、停止按钮SB2与启动按钮SB1（虚线框中的SB1、SB2表示在两地的控制按钮）、接触器KM1酌线圈与常开、常闭辅助触头、接触器KM2的线圈、时间继电器KT的线圈及延时闭合常开辅助触头、中间继电器KA的线圈及两副常开触头、一副常闭触头。

指示电路包括指示灯电源变压器T、3个指示灯、接触器KM2的常开辅助触头、中间继电器KA的常闭触头及接触器KM1的常开、常闭辅助触头。

控制原理如下：当三相电源接入时，电源变压器T有电，指示灯E1亮，表示电源正常，电动机处于停止状态。

启动时，按启动按钮SB1，KM1通电并自锁，E1指示灯断电，E2指示灯亮，电动机经自耦变压器TM降压启动；同时KT通电，其常开通电延时闭合触头经延时后闭合。在未闭合前电动机处于降压启动过程，当KT延时终了，中间继电器KA通电并自锁，使KM1断电，随接KM2通电。E2为电动机降压启动指示灯，E3为电动机正常运行指示灯。

4.4.4.3 软启动器

软启动器是电力电子技术与自动控制技术(包括计算机技术)的综合，是将强电与弱电结合起来的控制技术。在软启动中三相电源与被控电机之间串入三相反并联晶闸管，利用晶闸管移相控制原理，启动时使晶闸管的导通角从0°开始，逐渐前移，电机的端电压从零电压开始逐渐上升，直至达到满足启动转矩的要求，保证启动成功。

软启动器是一种启动笼型异步电动机的新装备。它可使启动电流以恒定的斜率平稳上升，对电网无冲击；启动电流不受电网波动影响；减少启动转矩对负载的冲击；有过载和缺相保护功能等。

（1）软起动的定义

电压由零慢慢提升到额定电压，这样电机在启动过程中的启动电流就由过去的过载冲击电流不可控制变成为可控制，并且根据需要调节运动电流的大小，电机在启动全过程都不存在冲击转矩，而是平滑的启动运行，这就是软启动。

（2）软启动器的定义

软启动器是一种集电机软启动、软停车、轻载节能和多种保护功能于一体的新颖电机控制装置。

（3）与传统起动方式的不同之处

① 无冲击电流。软起动器在起动电机时，通过逐渐增大晶闸管导通角，使电机起动电流从零线性上升至设定值。

② 恒流起动。软起动器可以引入电流闭环控制，使电机在起动过程中保持恒流，确保电机平稳起动。

③ 根据负载情况及电网继电保护特性选择，可自由地无级调整至最佳的起动电流。

（4）适用场合

原则上，笼型异步电动机凡不需要调速的各种应用场合都可适用。目前的应用范围是交流380V(也可660V)，电机功率从几千瓦到800kW。软起动器特别适用于各种泵类负载或风机类负载，需要软起动与软停车的场合。同样适用于变负载工况、电动机长期处于轻载运行。

（5）保护功能

① 过载保护功能：软起动器引进了电流控制环，因而随时跟踪检测电机电流的变化状况。通过增加过载电流的设定和反时限控制模式，实现了过载保护功能，使电机过载时，关断晶闸管并发出报警信号。

② 缺相保护功能：工作时，软起动器随时检测三相线电流的变化，一旦发生断流，即可作出缺相保护反应。

③ 过热保护功能：通过软起动器内部热继电器检测晶闸管散热器的温度，一旦散热器温度超过允许值后自动关断晶闸管，并发出报警信号。

④ 其他功能：通过电子电路的组合，还可在系统中实现其他联锁保护。

（6）软启动器应用

在电动机控制系统中，选用了软启动器后，为了便于控制和应用，往往将软启动器、断路器和控制电路组成一个较完整的电动机控制系统，以实现电动机的软启动、软停车、故障报警、自动控制等功能。如图 4－47 所示，在软启动器晶闸管两端并联接触器触头 KM1。当电动机启动结束后，KM1 接通，电机工作电流将通过 KM1 送至电动机。若要求电动机软停车，一旦发出停车信号，先将 KM1 分断，然后再由软启动器对电动机进行软停车。由于 KM1 通断时，软启动器两端基本为等电位，这将大大延长 KM1 的触头寿命。同时，软启动器仅在启动和停车时工作，可以避免长期运行使晶闸管发热，延长了使用寿命。

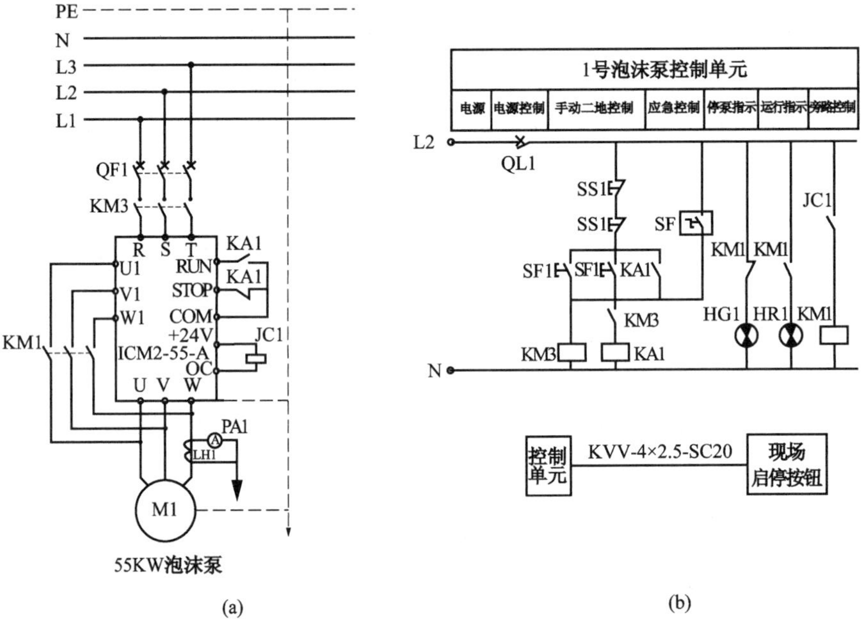

图 4－47　软启动器控制电路

4.5 电涌保护器（SPD）

电涌也叫突波，顾名思义就是超出正常工作电压的瞬间过电压。本质上讲，电涌是发生在仅仅几百万分之一秒时间内的一种剧烈脉冲。可能引起电涌的原因有：重型设备、短路、电源切换或大型发动机。当电压增加仅持续 1mμs 或 2mμs 时，被称为尖峰。当电压增加持续 3mμs（十亿分之一秒）或更长时间时，被称为电涌。如果电涌或尖峰电压足够高，它就可能对计算机造成某种严重损坏。

电涌保护器(Surge Protection Device，简写为SPD)是电子设备雷电防护中不可缺少的一种装置，过去常称为“避雷器”或“过电压保护器”。电涌保护器的作用是把窜入电力线、信号传输线的瞬时过电压限制在设备或系统所能承受的电压范围内，或将强大的雷电流泄流入地，保护被保护的设备或系统不受冲击而损坏。

电涌保护器，是一种为各种电子设备、仪器仪表、通讯线路提供安全防护的电子装置。当电气回路或者通信线路中因为外界的干扰突然产生尖峰电流或者电压时，电涌保护器能在极短的时间内导通分流，从而避免电涌对回路中其他设备的损害。

4.5.1 电涌保护器工作原理

电涌保护器的类型和结构按不同的用途有所不同，但它至少应包含一个非线性电压限制元件。用于电涌保护器的基本元器件有：放电间隙、充气放电管、压敏电阻、抑制二极管和扼流线圈等。

4.5.1.1 放电间隙(又称保护间隙)

它一般由暴露在空气中的两根相隔一定间隙的金属棒组成，其中一根金属棒与所需保护设备的电源相线L1或零线(N)相连，另一根金属棒与接地线(PE)相连接，当瞬时过电压袭来时，间隙被击穿，把一部分过电压的电荷引入大地，避免了被保护设备上的电压升高。这种放电间隙的两金属棒之间的距离可按需要调整，结构较简单，其缺点时灭弧性能差。改进型的放电间隙为角型间隙，它的灭弧功能较前者为好，它是靠回路电动力的作用以及热气流的上升作用而使电弧熄灭的。

4.5.1.2 气体放电管

它是由相互离开的一对冷阴板封装在充有一定的惰性气体(Ar)的玻璃管或陶瓷管内组成的。为了提高放电管的触发概率，在放电管内还有助触发剂。这种充气放电管有二极型的，也有三极型的。

气体放电管可在直流和交流条件下使用，其所选用的直流放电电压U_{dc}分别如下：在直流条件下使用：$U_{dc} \geqslant 1.8U_0$(U_0为线路正常工作的直流电压)。

在交流条件下使用：$U_{dc} \geqslant 1.44U_n$(U_n为线路正常工作的交流电压有效值)。

4.5.1.3 压敏电阻

它是以ZnO为主要成分的金属氧化物半导体非线性电阻，当作用在其两端的电压达到一定数值后，电阻对电压十分敏感。它的工作原理相当于多个半导体P-N的串并联。压敏电阻的特点是非线性特性好，通流容量大，常态泄漏电流小，残压低(取决于压敏电阻的工作电压和通流容量)，对瞬时过电压响应时间快，无续流。

压敏电阻的最大参考电压应由被保护电子设备的耐受电压来确定，应使压敏电阻的残压低于被保护电子设备的耐受电压水平。

4.5.1.4 抑制二极管

抑制二极管具有箝位限压功能，它是工作在反向击穿区，由于它具有箝位电压低和动作响应快的优点，特别适合用作多级保护电路中的最末几级保护元件。

① 额定击穿电压。它是指在指定反向击穿电流下的击穿电压，对于齐纳二极管额定击穿电压一般在2.9~4.7V范围内，而雪崩二极管的额定击穿电压常在5.6~200V范围内。

② 最大箝位电压。指管子在通过规定波形的大电流时，其两端出现的最高电压。

③ 脉冲功率。它是指在规定的电流波形(如10/1000μs)下，管子两端的最大箝位电压与管子中电流等值之积。

④ 反向变位电压。它是指管子在反向泄漏区，其两端所能施加的最大电压，在此电压下管子不应击穿。此反向变位电压应明显高于被保护电子系统的最高运行电压峰值，也即不能在系统正常运行时处于弱导通状态。

⑤ 最大泄漏电流。它是指在反向变位电压作用下，管子中流过的最大反向电流。

4.5.1.5 扼流线圈

扼流线圈是一个以铁氧体为磁芯的共模干扰抑制器件，它由2个尺寸相同、匝数相同的线圈对称地绕制在同一个铁氧体环形磁芯上，形成一个四端器件，要对于共模信号呈现出大电感具有抑制作用，而对于差模信号呈现出很小的漏电感几乎不起作用。扼流线圈使用在平衡线路中能有效地抑制共模干扰信号(如雷电干扰)，而对线路正常传输的差模信号无影响。

4.5.2 电涌保护器的分级防护

由于雷击的能量是非常巨大的，需要通过分级泄放的方法，将雷击能量逐步泄放到大地。第一级防雷器可以对于直接雷击电流进行泄放，或者当电源传输线路遭受直接雷击时传导的巨大能量进行泄放，对于有可能发生直接雷击的地方，必须进行CLASSI的防雷。第二级防雷器是针对前级防雷器的残余电压以及区内感应雷击的防护设备，对于前级发生较大雷击能量吸收时，仍有一部分对设备或第三级防雷器而言是相当巨大的能量会传导过来，需要第二级防雷器进一步吸收。同时，经过第一级防雷器的传输线路也会感应雷击电磁脉冲辐射LEMP，当线路足够长时，感应雷的能量就变得足够大，需要第二级防雷器进一步对雷击能量实施泄放。第三级防雷器是对LEMP和通过第二级防雷器的残余雷击能量进行保护。

4.5.2.1 第一级保护

目的是防止电涌电压直接从LPZ0区传导进入LPZ1区，将数万至数十万伏的电涌电压限制到2500~3000V。入户电力变压器低压侧安装的电源防雷器作为第一级保护时应为三相电压开关型电源防雷器，其雷电通流量不应低于60kA。该级电源防雷器应是连接在用户供电系统入口进线各相和大地之间的大容量电源防雷器。一般要求该级电源防雷器具备每相100kA以上的最大冲击容量，要求的限制电压小于1500V，称之为CLASSI级电源防雷器。这些电磁防雷器是专为承受雷电和感应雷击的大电流以及吸引高能量电涌而设计的，可将大量的电涌电流分流到大地。它们仅提供限制电压(冲击电流流过电源防雷器时，线路上出现的最大电压称为限制电压)为中等级别的保护，因为CLASSI级保护器主要是对大电涌电流进行吸收，仅靠它们是不能完全保护供电系统内部的敏感用电设备的。

第一级电源防雷器可防范10/350μs、100kA的雷电波，达到IEC规定的最高防护标准。其技术要求为：雷电通流量大于或等于100kA(10/350μs)；残压值不大于2.5kV；响应时间小于或等于100ns。

4.5.2.2 第二级防护

目的是进一步将通过第一级防雷器的残余电涌电压的值限制到1500~2000V，对LPZ1－LPZ2实施等电位连接。分配电柜线路输出的电源防雷器作为第二级保护时应为限压型电源防雷器，其雷电流容量不应低于20kA，应安装在向重要或敏感用电设备供电的分路配电处。这些电源防雷器对于通过了用户供电入口处电涌放电器的剩余电涌能量进行更完善的吸收，对于瞬态过电压具有极好的抑制作用。该处使用的电源防雷器要求的最大冲击容量为每相45kA以上，要求的限制电压应小于1200V，称之为CLASSII级电源防雷器。一般用户供电系统做到第二级保护就可以达到用电设备运行的要求了。

第二级电源防雷器采用C类保护器进行相－中、相－地以及中－地的全模式保护，主要技术要求为：雷电通流量大于或等于40kA(8/20μs)；残压峰值不大于1000V；响应时间不大于25ns。

4.5.2.3 第三级保护

目的是最终保护设备的手段，将残余电涌电压的值降低到1000V以内，使电涌的能量不致损坏设备。

在电子信息设备交流电源进线端安装的电源防雷器作为第三级保护时应为串联式限压型电源防雷器，其雷电通流容量不应低于10kA。

最后的防线可在用电设备内部电源部分采用一个内置式的电源防雷器，以达到完全消除微小的瞬态过电压的目的。该处使用的电源防雷器要求的最大冲击容量为每相20kA或更低一些，要求的限制电压应小于1000V。对于一些特别重要或特别敏感的电子设备具备第三级保护是必要的，同时也可以保护用电设备免受系统内部产生的瞬态过电压影响。

对于微波通信设备、移动机站通信设备及雷达设备等使用的整流电源，宜视其工作电压的保护需要分别选用工作电压适配的直流电源防雷器作为末级保护。

根据被保护设备的耐压等级，假如两级防雷就可以做到限制电压低于设备的耐压水平，就只需要做两级保护，假如设备的耐压水平较低，可能需要四级甚至更多级的保护。第四级保护其雷电通流容量不应低于5kA。

4.5.3 电涌保护器的分类

4.5.3.1 按工作原理分

（1）开关型

其工作原理是当没有瞬时过电压时呈现为高阻抗，但一旦响应雷电瞬时过电压时，其阻抗就突变为低值，允许雷电流通过。此类装置有：放电间隙、气体放电管、闸流晶体管等。

（2）限压型

其工作原理是当没有瞬时过电压时为高阻抗，但随电涌电流和电压的增加其阻抗会不断减小，其电流电压特性为强烈非线性。用作此类装置的器件有：氧化锌、压敏电阻、抑制二极管、雪崩二极管等。

开关型SPD为间隙放电型器件，其雷电能量泄放能力大，在线路上使用的主要作用是泄放雷电能量；限压型SPD为氧化锌压敏电阻器件，其雷电能量泄放能力小，但其过电压抑制能力好，在线路上使用的主要作用是限制过电压。因此，一般在建筑物入口处选用开关型SPD来泄放雷电能量，然后，在后级电路使用限压型SPD来限制因前级雷电能量泄放后，在后级线路产生的高过电压。两种SPD配合使用，能保证配电线路中设备的安全。

（3）分流型或扼流型

分流型：与被保护的设备并联，对雷电脉冲呈现为低阻抗，而对正常工作频率呈现为高阻抗。扼流型：与被保护的设备串联，对雷电脉冲呈现为高阻抗，而对正常的工作频率呈现为低阻抗。

4.5.3.2 按用途分类

① 电源保护器。交流电源保护器、直流电源保护器、开关电源保护器等。

② 信号保护器。低频信号保护器、高频信号保护器、天馈保护器等。

4.5.4 电涌保护器的安装要求

4.5.4.1 抗冲击要求

① 总配电柜。要求耐冲击电流≥50kA，耐冲击电压≥6kV。SPD 与相线连接的铜导线要求≥16mm^2，与 PE 线连接的铜导线要求≥25mm^2。

② 分配电柜(与总配电柜在同一建筑物)。要求耐冲击电流≥20kA，耐冲击电压≥4kV。SPD 与相线连接的铜导线要求≥10mm^2，与 PE 线连接的铜导线要求≥16mm^2。分配电柜(与总配电柜不在同一建筑物)。要求耐冲击电流≥50kA，耐冲击电压≥6kV。

③ 区域配电箱。要求耐冲击电流≥10kA，耐冲击电压≥2.5kV。SPD 与相线连接的铜导线要求≥6mm^2，与 PE 线连接的铜导线要求≥10mm^2。

④ 需要特殊保护的配电箱。要求耐冲击电流≥10kA，耐冲击电压≥1.5kV。SPD 与相线连接的铜导线要求≥4mm^2，与 PE 线连接的铜导线要求≥6mm^2。

⑤ 需要特殊保护的信息设备(如安防系统、监控系统、火灾报警及消防联控系统)。要求耐冲击电流≥10kA，耐冲击电压≥0.5kV。

4.5.4.2 安装要求

（1）二级 SPD 间距要求

总配电柜与分配电柜分别安装电涌防护箱，两级之间距离过近，将起不到雷电流良好泄放的作用。《建筑物电子信息系统防雷技术规范》规定，当电压开关型电涌保护器至限压型电涌保护器之间的线路长度小于 10m、限压型电涌保护器之间的线路长度小于 5m 时，在两级电涌保护器之间应加装退耦装置。

（2）连接导线长度要求

“电涌保护器连接导线应平直，其长度不宜大于 0.5m”据统计，我国 80% 的雷电冲击电流在(40～330)kA 之间，其中 60% 在 100kA 以下。经计算，在 50kA 的雷电冲击电流作用下，导线截面为 16mm^{2}的 1m 长导线，电阻约为 1.075×10^{-3}欧姆，线路将产生 54V 的压降。线路压降越大，将导致 SPD 达不到工作电压而不动作，起不到防雷的作用。

依据“通信局(站)防雷与接地工程设计规范(GB 50689—2011)”的要求，SPD 安装时，使用模块式电源 SPD 时，引接线长度应小于 1m，SPD 接地线的长度应小于 1m。使用箱式 SPD 时，引接线和接地线长度均应小于 1.5m。各类 SPD 的接线端子应采用与接地线截面积相适应的铜材料制造。SPD 的引接线和接地线，应通过接线端子或铜鼻子连接牢固。电源 SPD 的引接线和地线应布放整齐，并应在机架上进行绑扎固定，走线应短直，不得盘绕。

（3）3 +1 接线方式

TN – S 系统中，接线方式为 L1、L2、L3、N 安装 4 个 SPD，称为 3 +1 接线方式，放电电流通过 PE 线流入大地。

N 线接线排：应架设在绝缘子上，不得与 PE 线作电气连接（连接就变成 TN – C 系统）。PE 线接线排：应与配电柜机壳连接。SPD 出线与 PE 线连接，不得与 N 线连接。SPD 应对 N 线起保护作用（如 SPD 出线与 N 线连接，N 线就起不到保护作用）

4.6 变频器

4.6.1 异步电动机变频调速及应用

4.6.1.1 变频调速概述

变频调速就是通过改变电源频率调整电动机转速的连续平滑调速方法。主要用于同步电动机和鼠笼型异步电动机。

变频器是利用电力半导体器件的通断作用将工频电源变换为另一频率的电能控制装置，能实现对交流异步电机的软起动、变频调速、提高运转精度、改变功率因数、过流/过压/过载保护等功能。

变频器由主回路（包括整流器、中间直流环节、逆变器）和控制回路组成。

4.6.1.2 调速原理

变频调速技术的基本原理是根据电机转速与工作电源输入频率成正比的关系：

$$n = \frac{60f(1-s)}{p} \tag{4-13}$$

式中，n 表示转速、f 表示输入频率，s 表示电机转差率，p 表示电机磁极对数。

从式中可见，改变供电频率 f、电动机的磁极对数 p 及转差率 s 均可达到改变转速的目的。通过改变电动机工作电源频率达到改变电机转速是目前比较常见的办法和手段。

4.6.1.3 变频调速方式

这是利用电动机的同步转速随频率变化的特性，通过改变电动机的供电频率进行调速的方法。采用晶闸管、电力晶体管等静止变频装置构成变频电源对异步电动机进行调速。

（1）间接变换方式（交 – 直 – 交变频）

把交流电通过整流器变为直流电，再用逆变器将直流电变为频率可变的交流电供给异步电动机，这种变换方式又分为以下 3 种类型：

① 电压型变频调速。整流输出经电感电容滤波，具有恒压源特性，逆变器具有反馈二极管，是一种方波电压逆变器。变频器对三相交流异步电动机提供可调的电压与频率成比例的交流电源。这种方法若不设置与整流器反向并联的再生逆变器，则不能实现再生制动。电压型变频器一般在单方向运转，不要求快速调节及多台电动机协调运行等场合使用。

② 电流型变频调速。整流输出靠直流电抗滤波，具有恒流源特性，供给异步电动机方波电流。这种方式电力能返回电源，适用于要求快速调速的场合，在轧机、风机、泵类等单机运行广泛采用。

③ 脉冲宽度调制变频（PWM 变频）调速。其电路结构与电压型变频调速相似，只是用不

可控整流器代替了原来的可控整流器，逆变器可以用晶闸管，但更多的是用大功率晶体管或可判断晶闸管。脉冲宽度调制变频调速是将一个周期的逆变电压分割成几个脉冲，分配脉冲时使电源谐波成分尽量减少。改变脉冲数和脉冲宽度，使供给电动机的基波电压与频率成正比例变化，频率越高脉冲数越少。与其他变频调速方式相比，此种方式有电源侧功率因数高、电机侧谐波成分少、调速范围宽(1∶20 以上)和响应快的特点。

调速范围即 $D = N_{max}/N_{min}$（N_{max}为最高转速，N_{min}为最低转速）

(2) 直接交换方式(交－交变频器)

交－交变频调速，是利用晶闸管的开关作用，从交流电源控制输出不同频率的交流电供给异步电动机进行调速的一种方法。其最高频率仅为电源频率的 1/2～1/3。不能高速运转是其缺点。但由于直接交换频率高，输出波形得到改善，直接变频器调速已在中低速领域内，作为驱动中、大容量异步电动机的调速方法而广泛应用。

变频调整采用间接变换方式、直接交换方式的主要特点比较见表 4－19。

表 4－19　交－交变频与交－直－交变频主要特点比较

比较项目＼变频器类型	交－交变频	交－直－交变频
换能形式	一次换能，效率高	两次换能，效率低
换流形式	电源电压换流	强迫换流或负载换流
装置元件数量	元件较多，元件利用率低	元件少，元件利用率高
调频范围	最高频率为电源频率的 1/3～1/2	频率调节范围宽，不受电源频率限制
电网功率因素	较低	移相调压、低频低压时功率因素低，用斩波或 PWM 调压，功率因素高

4.6.1.4　使用变频器的优点

变频器可实现软启动：减小启动时对设备的机械冲击，减少设备的磨损。可提高 $\cos\varphi$：变频器是把交流电整流为直流电，通过滤波后，再逆变为交流电，相对电网的阻抗特性为阻性。可实现电源隔离：把电网与电机的电力进行隔离。可改变转速(无级调速)：转速可从 0→额定转速。可节约电费：减少成本开支 20%～50%。带有通讯接口，可与计算机连接，适合自动化控制(PC、PLC)。可设计为闭环控制(PID、PG 控制)：使操作更简单。可远程操作：可配远程操作盒。可改变电压：可把单相交流电变为三相交流电供三相小功率电机使用，适合三相电压取用不方便的场合。带有各种(过流、过压、欠压、接地、短路等)保护功能：使设备运行更可靠。自动转矩补偿：适用于带负荷启动的负载进行启动。可多段速运行，带有马达失速防止功能。带有直流制动与软体刹车功能：适用于大惯量负载。带有点动功能：便于调试设备。可任意设定加减速时间：使设备启停更平稳。

4.6.2　变频器的使用

4.6.2.1　变频器的安装

变频器内部是大功率的电子元件，极易受到工作温度的影响，但为了保证工作安全、可靠，使用时应考虑留有余地，最好控制在40℃以下。如环境温温度太高且温度变化大时，变频器的绝缘性会大大降低。环境相对湿度不超过90%（无结露），必要时，在变频柜箱中增加干燥剂和加热器。

装有变频器的控制柜受到机械振动和冲击时，会引起电气接触不良。这时除了提高控制柜的机械强度、远离振动源和冲击源外，还应使用抗震橡皮垫固定控制柜外和内电磁开关之类产生振动的元器件。设备运行一段时间后，应对其进行检查和维护。

变频器的电气环境主要应考虑防止电磁波干扰，防止输入端过电压。

柜式安装是目前最好的安装方式，因为可以起到很好的屏蔽作用，同时也能防尘、防潮、防光照等。单台变频器安装应尽量采用柜外冷却方式(环境比较洁净，尘埃少时)，采用柜内冷却方式时，变频柜顶端应安装抽风式冷却风扇，并尽量装在变频器的正上方(便于空气流通)。多台变频器安装应尽量并列安装，如必须采用纵向方式安装，应在2台变频器间加装隔板。不论用哪种方式，变频器应垂直安装。

4.6.2.2 变频器的接线

（1）主电路接线

① 变频器输入(R、S、T)，输出(U、V、W)绝对不能接错。

② 将变频器接地端子良好的接地。多台变频器接地，各变频器应分别和大地相连，不允许一台变频器的接地和另一台变频器的接地端串联方式后再接地。

③ 将变频器的电源输入端子经过漏电保护开关接到电源上。

（2）控制电路的接线

① 模拟量控制线应使用屏蔽线，屏蔽一端接变频器控制电路的公共端(COM)，另一端接外控制系统接地点。

② 开关量控制线允许不使用屏蔽线，但同一信号的2根线必须互相绞在一起，绞合线的绞合间距应尽可能小。

（3）变频器的防雷

在变频器中，一般都设有雷电吸收网络，主要防止瞬间的雷电侵入，使变频器损坏。但在实际工作中，特别是电源线架空引入的情况下，单靠变频器的吸收网络是不能满足要求的。在雷电活跃地区，这一问题尤为重要，如果电源是架空进线，在进线处装设变频专用避雷器(防电涌保护)，或有按规范要求在离变频器20m的远处预埋钢管做专用接地保护。如果电源是电缆引入，则应做好控制室的防雷系统，以防雷电窜入破坏设备。实践表明，这一方法基本上能够有效解决雷击问题。

4.6.3 变频器的检查与维护

由于变频器使用环境的变化，如温度、湿度、烟雾等的影响，以及变频器内部元器件的老化等因素，可能会导致变频器发生各种故障。因此，在存贮、使用过程中必须对变频器进行日常检查，并进行定期保养维护。

4.6.3.1 开机前检查项目

开机前的检查工作对于防止变频器的损坏至关重要。即使是一台完好的变频器，在搁置了一段时间后，也应该按下法进行检查。

① 合上电源，指示灯亮。检查键盘监控显示和功能是否正常，有无故障码显示。观察机内有无异味、冒烟或异常响声。风扇是否运转(少数机型须负载投入后才运转)。

② 检查频率设定是否定置于额定值，如 50Hz。

4.6.3.2 日常检查

在变频器正常开启时，请确认如下事项：

① 电机是否有异常声音及振动。

② 变频器及电机是否发热异常，环境温度是否过高。

③ 负载电流表是否与往常值一样。

④ 变频器的冷却风扇是否正常运转。

⑤ 变频器是否有腐蚀、变色或内部有异味。

4.6.3.3 定期维护

变频器定期保养检查时，一定要切断电源，待监视器无显示及主电路电源指示灯熄灭后，才能进行检查。如检查接头是否松动、元器件积灰情况。若发现积灰，可用 0.4 ~ 0.6MPa 干燥压缩空气吹扫。

4.6.4 变频器的故障分析与处理

在变频器日常维护过程中，经常遇到各种各样的问题，如外围线路问题、参数设定不良或机械故障。

4.6.4.1 变频器故障分析

① 整流模块损坏。一般是由于电网电压或内部短路引起。在排除内部短路情况下，更换整流桥。在现场处理故障时，应重点检查用户电网情况，如电网电压，有无电焊机等对电网有污染的设备等。

② 逆变模块损坏。一般是由于电机或电缆损坏及驱动电路故障引起。在修复驱动电路之后，测驱动波形良好状态下，更换模块。在现场服务中更换驱动板之后，还必须注意检查马达及连接电缆。在确定无任何故障下，运行变频器。

③ 上电无显示。一般是由于开关电源损坏或软充电电路损坏使直流电路无直流电引起，如启动电阻损坏，也有可能是面板损坏。

④ 上电后显示过电压或欠电压。一般是由于输入缺相，电路老化及电路板受潮引起。找出其电压检测电路及检测点，更换损坏的器件。

⑤ 上电后显示过电流或接地短路。一般是由于电流检测电路损坏。如霍尔元件、运放等。

⑥ 启动显示过电流。一般是由于驱动电路或逆变模块损坏引起。

⑦ 空载输出电压正常，带载后显示过载或过电流。一般是由于参数设置不当或驱动电路老化，模块损伤引起。

4.6.4.2 变频器故障处理

① 全面检查。寻找故障部位并分析原因，严禁在已知故障情况下或未查明故障的情下再次送电，这样会扩大故障。盲目送电，可能会造成相关电路及器件进一步损坏。如制动单元损坏时，重复送电会使晶闸管单元损坏甚至同一模块中酌整流单元损坏；又如逆变模块损

坏时重复送电，会使保护熔断器损坏(原已损坏者例外)，控制板故障扩大，甚至有可能危及开关电源。

② 分析原因，采取排除对策。从多种故障现象中找出造成故障的主要原因，并加以排除。例如：电网电压是否正常。负载电动机是否有短路、接地现象。变频器参数设置是否恰当。是否进行过运行中的切换操作。变频器的运行环境是否异常(如受潮、异物进入、内置风扇损坏、风道堵塞等)。是否由于内部元器件损坏而引起(不排除存在变频器本身设计上不合理或存在缺陷而引起的故障)。

③ 更换器件的基本要求。当确认器件已损坏，应按器件的基本参数要求，即额定工作电压、额定工作电流、增益、引脚位置安装方式、外形尺寸等予以更换；所有接插件在拆卸时均应作记录或记号，在恢复时不能弄错，否则会造成严重后果；功率器件与散热器接触而应均匀涂覆导热硅脂，在安装紧固螺钉时用力应均匀。

在更换故障的元器件时应仔细观察，往往能发现异常细节，有助于加深和准确判断故障的原因。对于复杂故障应请专业技术人员排除。

4.7 电气图绘制

4.7.1 电气图的表示方法

油库电气图是电气技术领域中绘制的各种图的总称，它包括配电系统、电力拖运及照明系统、动力装置控制系统、防雷防静电系统、接地系统、通讯信息系统等。

4.7.1.1 电气图的表示方法

电气图的表示方法有多种，如：多线表示法、单线表示法、集中法、分开表示法。

多线表示法是指在图上每根导线都分别用一条线表示的方法。

单线表示法是指在图上两根及以上的导线只用一根线表示的方法。

集中表示法是指在图上将设备或成套装置中一个项目各组成部分的图形符号都绘制在一起表示的方法。

分开表示法是指在图上将一个项目中某些部分的图形符号分开布置，并仅用项目代号表示出它们之间的关系的表示方法。从而使设备和装置的电路布局清晰，易于识别。

4.7.1.2 电气图的种类

电气图的种类有系统图或框图、电路图、等效电路图、接线图、端子接线图、展开图等。

接线表、端子接线表、设备元件表、数据单等也属于电气图的范畴。

4.7.2 常用电气图例

4.7.2.1 常用的电气图例

常用的电气图如表 4 - 20 所示。

表 4－20　电气图用常见电气符号(部分)

序号	符号名称	图形符号	序号	符号名称	图形符号
1	开关/触点		18	带接地插座 单相/三相	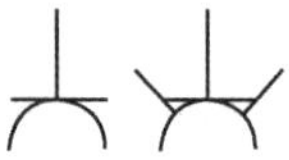
2	按钮开关	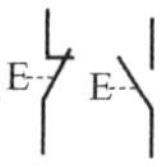	19	带接地暗装插座 单相/三相	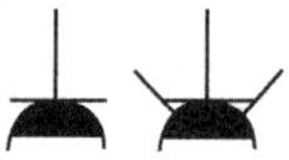
3	闭锁按钮开关	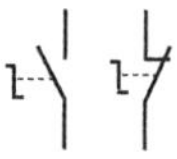	20	带接地防护插座 单相/三相(防水)	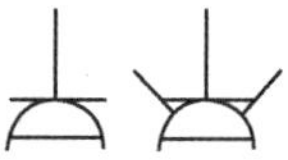
4	线圈吸合时 延时断开		21	带接地防爆插座 单相/三相	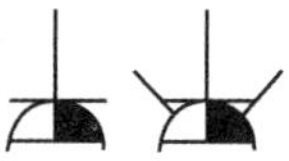
5	线圈吸合时 延时闭合	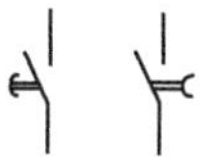	22	带单极开关 带接地单相插座	
6	接触器触点	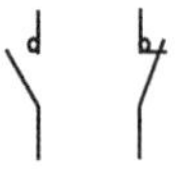	23	开关	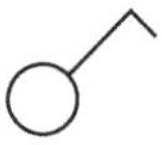
7	断路器		24	暗装开关	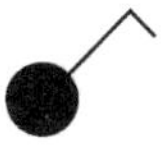
8	隔离开关		25	防护开关 (防水)	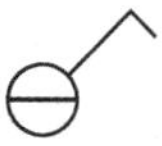
9	负荷开关		26	防爆开关 (单极/双极)	
10	中间断开 双投隔离开关		27	拉线开关	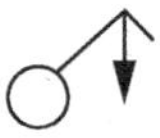
11	线圈	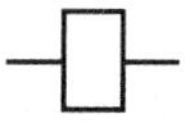	28	荧光灯	
12	时间继电器 线圈与触点	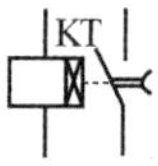	29	防爆荧光灯	
13	动力配电箱	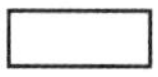	30	应急照明灯	
14	动力/照明配电箱		31	灯/防水防尘灯	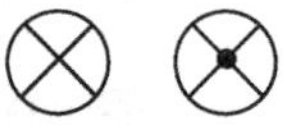
15	照明配电箱		32	防爆灯	
16	无接地极接地线		33	壁灯	
17	有接地极接地线	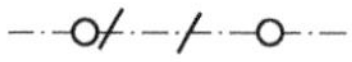	34	吸顶灯/天棚灯	

4.7.2.2 电气设备常用基本文字符号

表4－21是电气原理图中常用的部分文字符号。

表4－21 电气设备常用基本文字符号（部分）

意 义	符 号	意 义	符 号
避雷器	F	电度表	PJ
具有延时动作的限流保护器件	FR	电压表	PV
熔断器	FU	断路器	QF
同步发电机	GS	隔离开关	QS
指示灯	HL	控制/选择开关	SA
继电器	K/KA	按钮开关	SB
接触器	KM	电流互感器	TA
时间继电器	KT	电压互感器	TV
电动机	M	电力变压器	TM
电流表	PA		

4.7.2.3 导线敷设方式和线路敷设部位表示法

在电气平面布置图中，对导线的敷设方式、线路的敷设部位，国家有明确的规定。表4－22是部分表示法。

表4－22 导线敷设方式和线路敷设部位表示法（部分）

导线敷设方式		线路敷设部位	
名 称	代 号	名 称	代 号
用塑料线槽敷设	PR	沿屋架或跨屋架敷设	BE
用钢线槽敷设	SR	沿柱或跨柱敷设	CLE
穿水煤气管敷设	RC	沿墙面敷设	WE
穿钢管敷设	SC	沿天棚面或顶板面敷设	CE
穿电线管敷设	TC	暗敷在梁内	BC
穿硬塑料管敷设	PC	暗敷在柱内	CLC
穿半硬塑料管敷设	FPC	暗敷在墙内	WC
穿塑料波纹电线管敷设	KPC	暗敷在地面内	FC
用电缆桥架敷设	CT	暗敷在顶板内	CC
穿金属软管敷设	CP	暗敷在不能进入的吊顶内	ACC

4.7.3 油库供配电系统图绘制

各种电气设备可分为一次设备和二次设备，其中一次设备是指各种控制设备（如隔离开关、负荷开关）、变换设备（如变压器、电流互感器、电压互感器）、保护设备（如熔断器、过电流继电器等）及母线等。联接一次设备的线路称为一次线路图（也称电气系统图，主接线图）。二次设备是指对一次设备进行监视、测量、保护与控制的设备称为二次设备。将二次设备按照一定次序联接起来的线路图，称为二次接线图（也称二次系统图）。

例如某大容量电机供电线路中的电源母线、开关、电动机、导线等是一次设备。二次设备有监视母线是否送电的电源指示灯、对电源质量进行监测的电压表、频率表、控制电流通断的控制设备、监视电动机工作情况的电流表、功率表、功率因数表、累计电动机消耗电能的电能(度)表、对线路和电动机发生短路或断相等故障进行保护的设备等。

4.7.3.1 电气系统图(一次线路图)

电气系统图表示配电系统、动力装置、电力拖动和照明系统中电气设备的组成和连接方式，它表示着电能输送的路径。这里的电能可以理解为主电流或一次电流，一次电流流经的元件，如发电机、变压器、断路器、隔离开关、母线、互感器、电抗器、移相电容器、避雷器、输配电线路等。

电气系统图多为单线图，即通常的三相线路用一根粗线表示。它具有简洁、清晰的特点。某些380/220V低压配电系统图可部分地采用三线图或三相四线图。

电气系统图只表示元件的连接关系，不表示元件的形状、安装位置、具体接线方法。电气系统图集中反映了设备的安装容量、配电方式、导线和电缆的型号及敷设方式，开关设备的型号规格等，它是供电规划设计、电气计算、主要设备选择、拟定配电装置的布置和安装位置的主要依据。

配电系统的接线方式(即主接线方式)应根据用户对供电可靠性的要求而定。图4-48A为独立变电所电气系统图，图4-48B为低压配电系统的接线图。

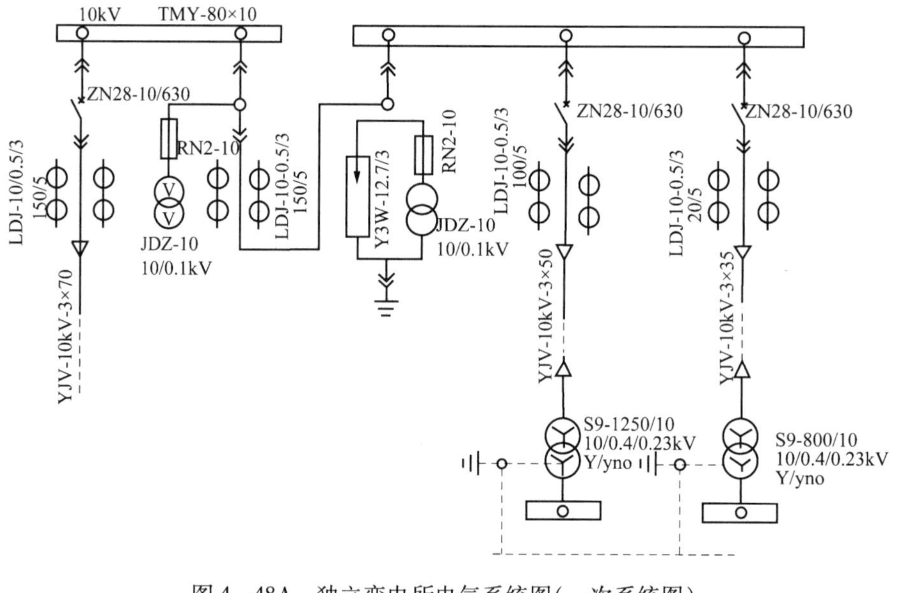

图4-48A 独立变电所电气系统图(一次系统图)

4.7.3.2 二次接线图(二次系统图)

二次接线图是电气工程图的重要组成部分，与一次线路图或电气系统图相比，往往复杂一些，因为二次设备数量多，而监视、测量、控制、保护用的二次设备和元件多达数十种。电压等级越高、设备容量越大、自动化控制程度和保护接地的系统也越复杂，二次设备的种类和数量也就越多。

一次设备的电压等级很少，如10kV变电所，一次设备的电压等级只有10kV和220/380V，但二次设备的工作电源种类有直流、交流。电压等级有多种，如380V、220V、110V、36V、24V、12V、6.3V、1.5V等。二次设备的工作电流也较小，通常只有毫安级。

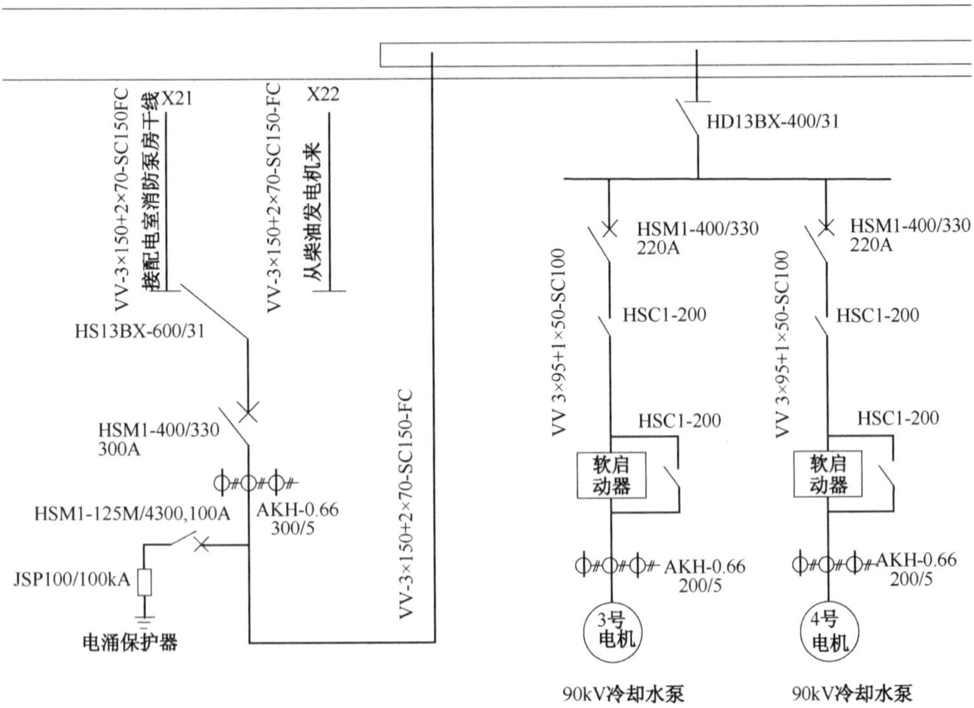

(a)动力配电系统图

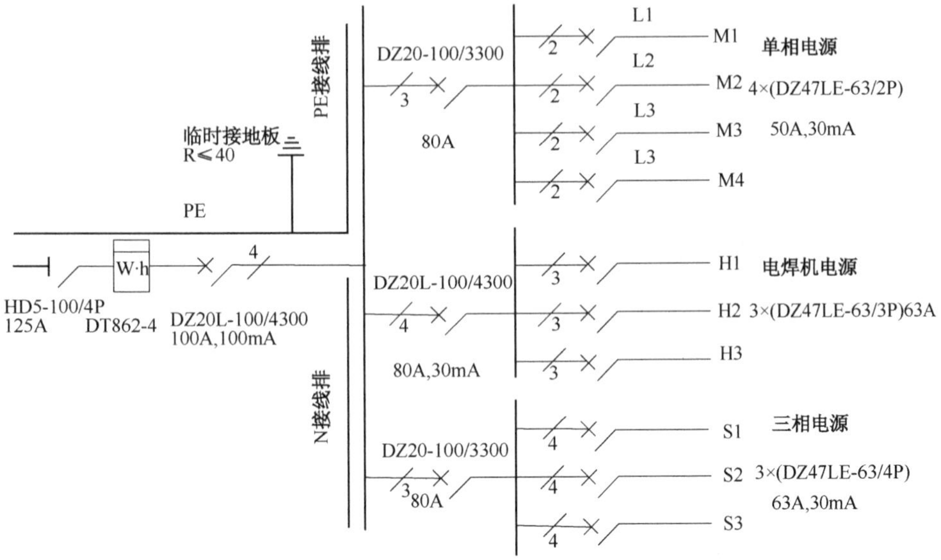

(b)动力照明配电系统图

图4－48B　低压配电系统的接线图(一次系统图)

二次设备数量多，联接设备所用的导线数量多，而且联线比较复杂。通常情况下，一次设备只在相邻设备之间联接，而且导线数缝仅限于单相2～3根线、三相3～5根线。而二次设备的联线不限于相邻的元器件之间，而是跨越较远的距离，或是相互之间交错相联。例如一个中间继电器除本身线圈外，接点可达十几对，从这个中间继电器引出的导线就可达20多根。

由于二次设备工作种类多，在某一确定的系统中，一般二次接线图有整体式原理接线图、展开式原理接线图、屏面布置图、屏后安装接线图、端子排接线图、二次电缆电线布置图等。

（1）原理接线图

二次设备种类很多，每一种设备都有其特定的符号表示，在二次接线图上的标注方法也是多种多样的，从二次接线图中可以看出一些二次设备的简单工作原理。识图顺序适宜先抓住图纸所表达的主要目的，再分析其完成功能的动作过程，然后明确安装施工方法。

原理接线图简称原理图，是表示二次回路构成原理的最基本的图。在图上所有的继电器及各种电器是以整体形式的图形符号表示的，不画出其内部接线，只画出其接点，用直线画出它们之间的相互联系。在原理图中各开关电器继电器触点都是按照它们的正常状态表示的。所谓正常状态，是指开关电器在断开位置、无外力作用和继电器线圈中没有电流时的状态。

原理接线图的特点是一、二次回路画在一起，对所有设备具有一个完整的概念，因而清楚、形象地表明了继电保护、信号系统和操作控制等的接线和动作原理。电气原理图一般分为主电路和辅助电路 2 大部分。主电路中通过的电流较大，它主要是对电动机等主要用电设备供电，通常用粗实线画在图纸左边或上部，它受辅助电路的控制。辅助电路主要是对控制电器供电，它是控制主电路动作的电路，所以又叫控制电路或控制回路，一般用细实线画在图纸右边或下部，如图 4 – 49 所示。图中 KM1 是正转控制接触器，KM2 是反转控制接触器。

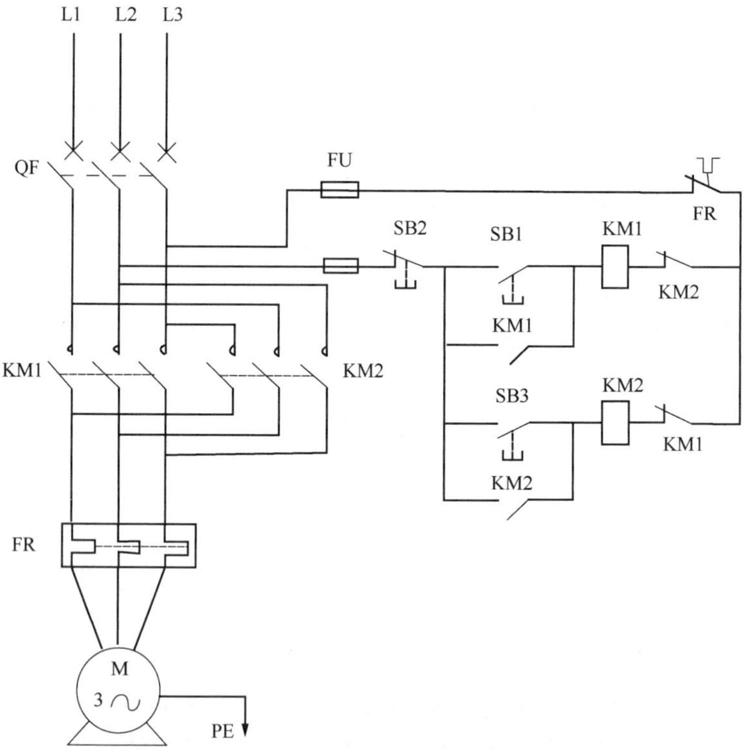

图 4 – 49　电动机正反转控制原理图

（2）展开接线图

展开接线图简称展开图，展开图和原理图是一种接线的两种表示方法。图 4 – 50 为某保护系统二次接线展开图。其特点如下：

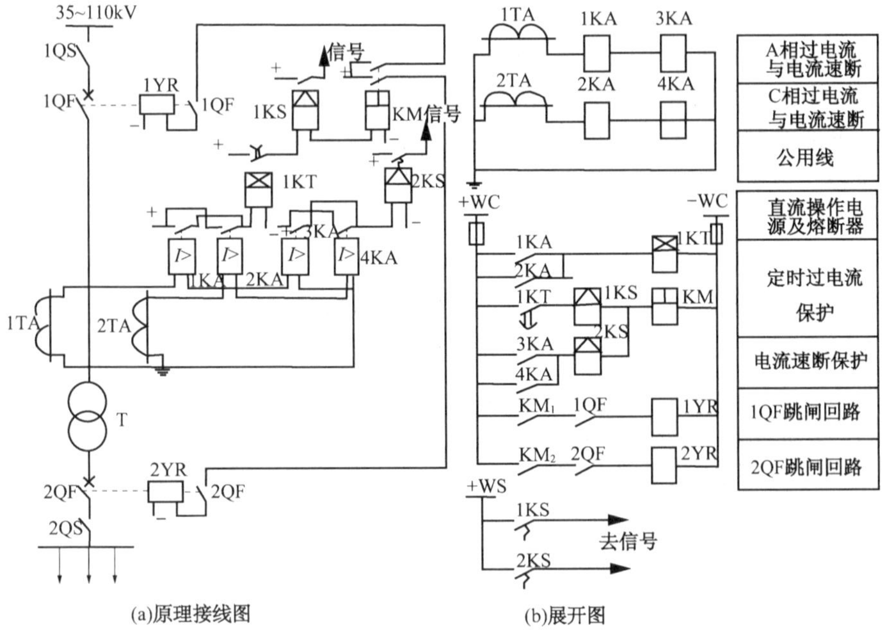

图 4－50　保护系统二次接线展开图

① 能把二次回路的设备分成交流电流回路、交流电压回路、直流回路、信号回路。

② 将同一设备的线圈和接点分别画在所属回路内。属于同一回路的线圈和触点，按照电路通过的顺序依次从左向右连接，结果就形成各条独立的电路，即所谓展开图的“行”。各行又按照设备动作的先后. 由上而下垂直排列。

③ 对于同一设备的线圈和触点采用相同的文字符号表示。例如中间继电器 KA1，其线圈和触点也应标示为 KA1。同样设备不止一个，还需加上数字序号，如 KA1、KA2。

④ 展开图的右侧，对应于电路处通常有文字说明，以表明回路的作用，以便于阅读。

⑤ 绘制成的展开图都应有回路标号。回路标号按“等电位原则”进行，即在回路中连于一点的所有导线，因为它们具有同一电位而标以相同的标号。由电气设备的线圈、触点或电阻、电容等元件(或部件)所分隔的线段，则看成不同的线段而标以不同的回路标号。一般情况下，回路标号由不超过 3 个数字组成。如需标明回路的相别或其主要特征，则在数字标号之前或之后增注文字符号。

(3) 安装接线图

安装接线图中，各种仪表、电器、继电器及连接导线等，都必须按照它们的实际图形、位置和连接关系绘制。安装接线图包括屏面布置图、屏背面接线图和端子排图。

1) 屏面布置图

屏面布置图表示屏上设备的布置情况，要求按实际尺寸照一定的比例绘制，供屏面开孔及安装设备时用。

油库变、配电所在配电装置上采用就地控制方式时，控制设备和保护设备均装设在配电装置上，不另设控制屏和继电器屏。只有在采用复杂的继电保护，继电器在配电盘上布置不下时，才设继电器屏。同时在值班室内设置中央信号箱，监视运行情况。采用在控制室内集中控制方式时，控制室内应设置控制屏、继电器屏及中央信号屏。

二次设备的布置、排列应按照一定的顺序，如国家标准规定：在继电器屏上，调整、检查工作较少的继电器布置在屏的上部，较多的布置在中部。一般按如下次序由上至下排列；电流、电压、中间、时间继电器等布置在屏的上部；方向、差动、重合闸继 E 器等布置在屏的中部；下部放置调试工作量较大的继电器及试验部件和连接片。在控制屏上，一般把电流表、电压表、频率表和功率表放在屏的上部位置，光字牌、指示器、信号灯和控制开关等放在屏的中部位置。

2）屏背面接线图

屏背面接线图是在屏上配线时所必需的图纸，也是施工和运行中的参考图。它标明了屏上各设备在屏背面引出端子间以及与端子排间的连接情况。

屏背面接线图是设想将屏的立体结构从屏背面向上和左右展开为屏背面、屏左侧、屏右侧、屏顶四部分而绘制成的平面图。

屏背面部分，是用来安装各种控制和保护设备。如仪表、控制开关、信号设备及继电器等。屏侧部分，是用来安装端子排(分右侧端子排和左侧端子排)的。屏顶部分，是用来装设各种小母线、熔断器、附加电阻、小闸刀、警铃和蜂鸣器等，以便于操作和调整。

3）端子排图

端子排图是表示屏上需要装设的端子，反映数目、类型、排列次序以及屏上设备与屏顶设备、屏外设备连接情况的图纸。

图 4 –51 表示了某 10kV 出线电流保护二次系统展开图、端子排图、安装接线图的情况。

4.7.4　电气平面布置图的绘制

电气平面图是电气施工中的主要图纸。它包括动力、照明、防雷防静电、接地、弱电的平面图。平面图要表示进户线、配电箱(柜/盘)及动力、照明线路的位置，线路敷设方式，导线型号、数量、截面积，穿线管的种类、管径，各种用电设备的种类、规格、安装位置和方式，配电箱(柜/盘)型号，开关的种类、安装方式及位置，各支路的编号及要求等。

4.7.4.1　油库电气平面布置图(电缆走向图)

(1) 绘制要求

① 在平面布置图基础上绘制。绘制油库电气平面布置图时，最好标示出电缆转弯点的座标参数，便于日常安全管理，特别是破土作业的安全。

② 绘出所有配电箱的位置、负荷、备用容量。

③ 标出电缆、电线的数量、线芯截面积、敷设方式、保护方式、埋地深度等

(2) 油库电气平面布置图

图 4 –52 是某油库电气平面布置图。

4.7.4.2　动力与照明电气平面布置图

动力与照明电气平面布置图是表示建筑物内动力、照明设备和线路布置的图纸。

(1) 基本要求

绘制动力与照明电气平面布置图时，应满足下列要求：

① 动力与照明电气平面布置图应按建筑物不同标高的楼层分别画出。

② 导线和各种用电设备必须用国际规定的图形、符号。

③ 导线及各种设备的垂直距离和空间位置均采用标注安装标高，必要时可以附以施工说明，而不另用立面图表示。

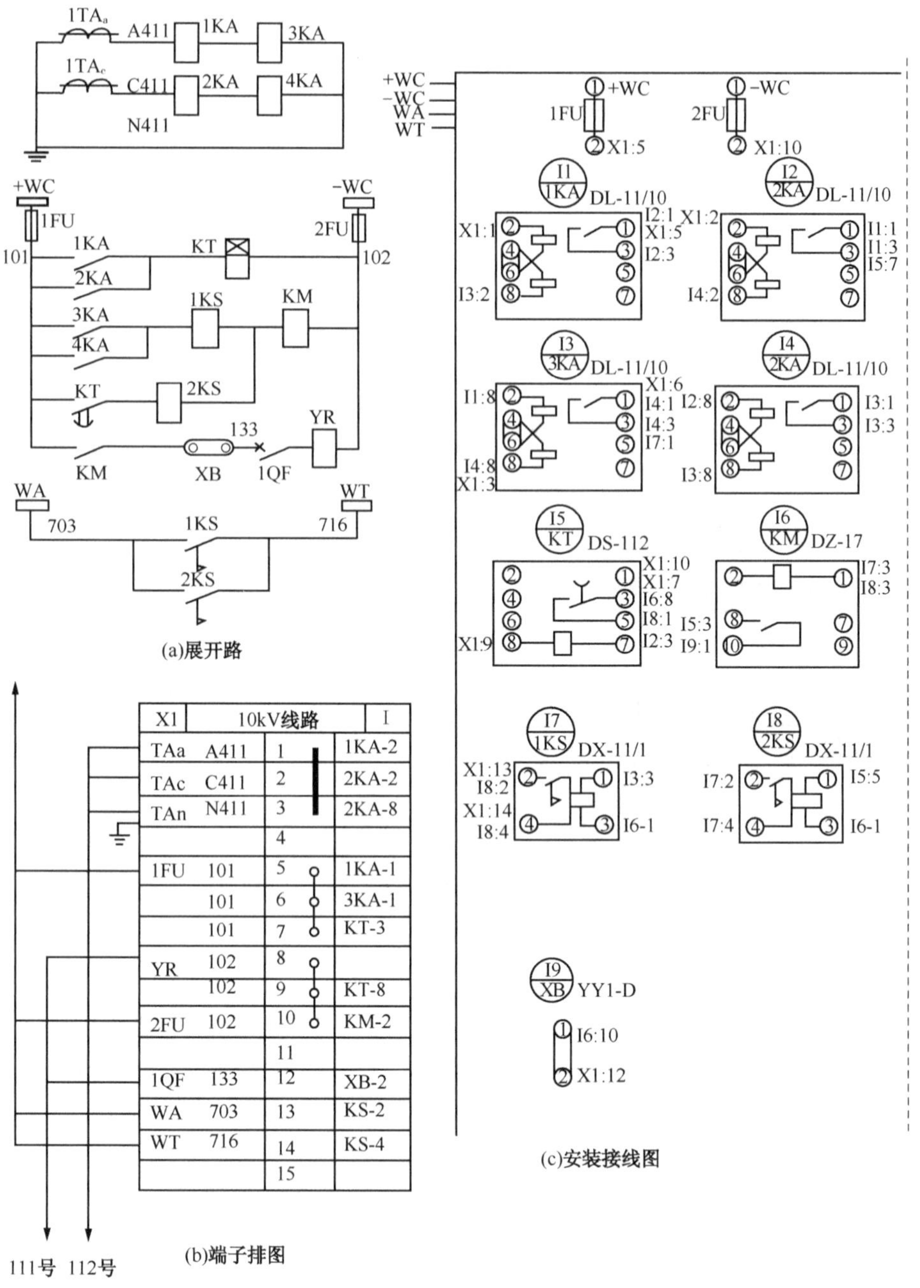

图 4－51　10KV 出线电流保护二次安装接线图

④ 动力与照明电气平面布置图一般是绘制在简化的土建平面图上，图上应标画出与电气系统有关的门窗位置、楼梯与房间的布置、采暖通风及排水管线、建筑物轴线等。为使图纸清晰，图上的土建部分用细实线表示。

一般为了便于管理也避免动力与照明互相影响，通常动力系统与照明系统是分开绘制的。

（2）动力及照明平面布置图

图 4－53 是某消防泵房动力电气平面布置图。

图 4－54 是某消防泵房照明电气平面布置图。

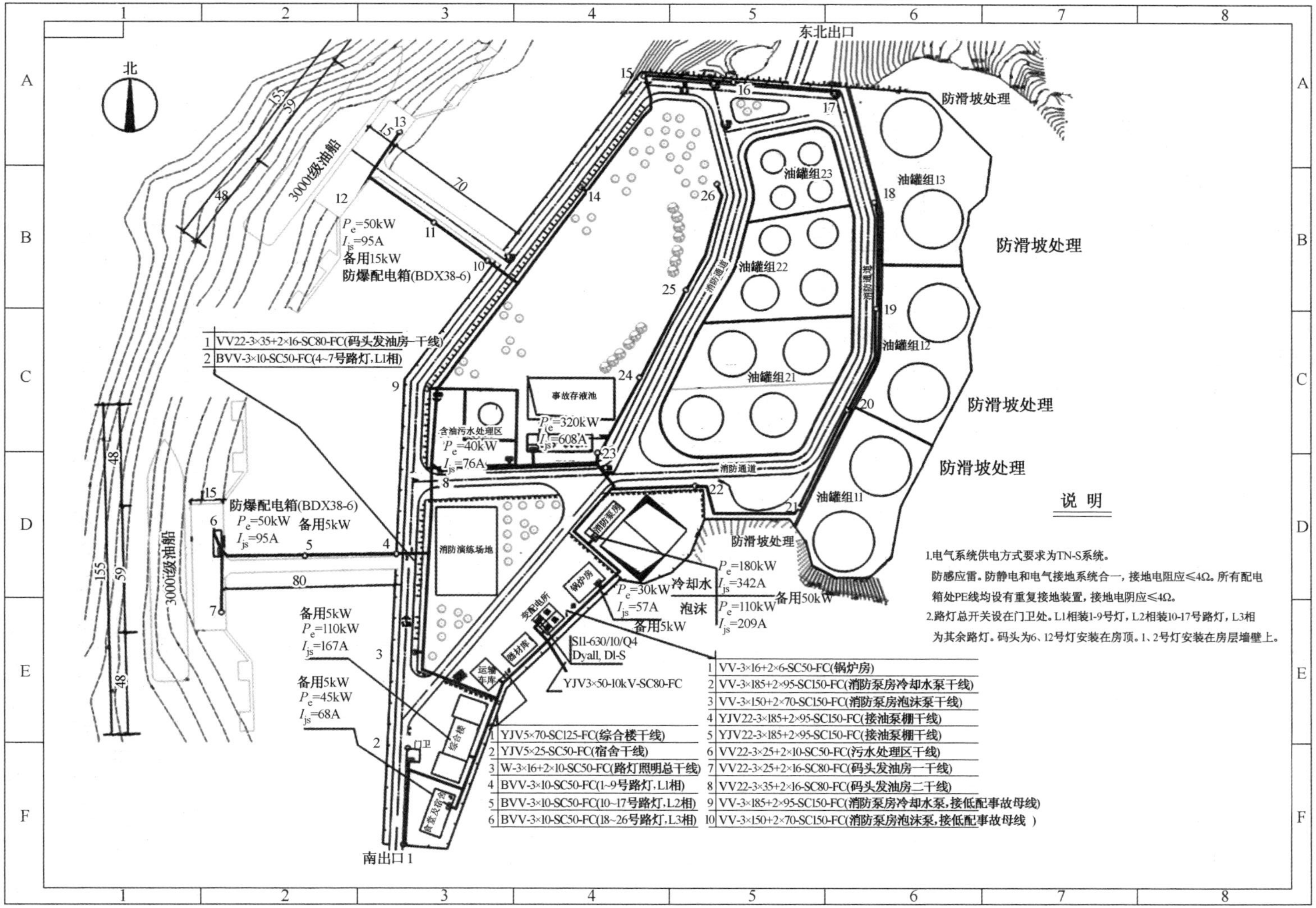

图 4－52　某油库电气平面布置图

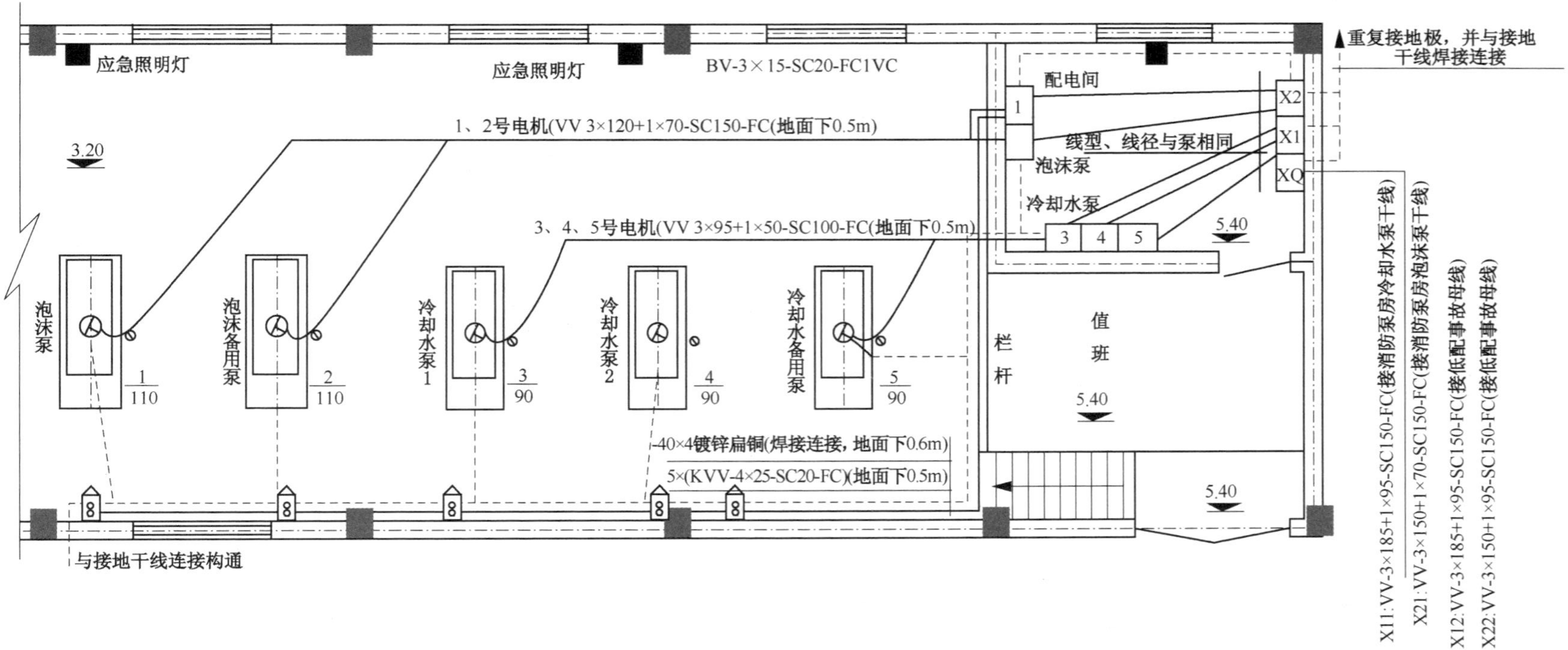

图 4－53　某消防泵房动力电气平面布置图

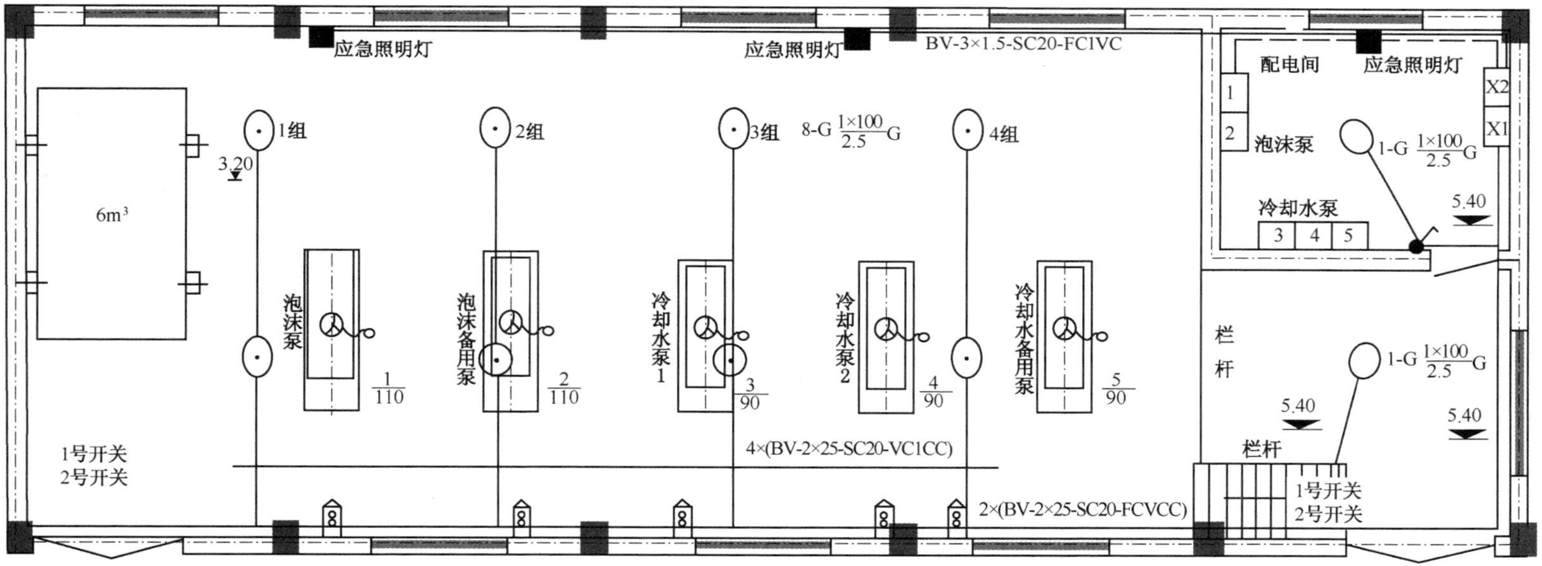

图 4－54　某消防泵房照明电气平面布置图

4.7.5 电气系统图识读

识读电气原理图需要熟记电气图形符号。看图时，首先看主电路，其次看辅助电路，最后看照明、信号、保护等电路。

4.7.5.1 电气原理图的阅读

（1）看主电路的步骤

① 看主电路中有些什么用电设备(如电动机、电弧炉等)以及它们的用途和工作特点。例如电动机的启动方式，有无正、反转，调速和制动等要求。

② 看主电路中的用电设备是用什么电器控制的。

③ 看主电路中还接有什么电器，这些电器起什么作用。通常，主电路中除了用电设备和控制电器外，还有电源开关、熔断器、热继电器等。

④ 看电源。要了解主电路的电源电压是380V还是220V。

（2）看辅助电路的步骤

看电源。首先要看清电源是交流电源还是直流电源，其次要看电源是从何处接来，电压有多大。通常，从主电路的两根相线上接来的电源，其线电压为380V；从主电路的一根相线和一根地线上接来的电源，其相电压为220V。此外，从变压器上接来的电源电压有127V、36V、24V或6.3V等。在图4-48中，辅助电路的电源线从主电路的两根相线上接来，其电压为380V。

根据辅助电路的回路研究主电路的动作情况。在电路图中，整个辅助电路构成一条大回路，大回路又分为几条独立的小回路，每一条小回路控制一个用电设备或一个电器的一个动作。在图4-47中，辅助电路只有一条回路。按下启动按钮，接通原来断开的电路，电流进入接触器的线圈KM1，主电路中的主触头闭合，于是电动机接入电源而运转。

按下停止按钮，电路断开，KM1断电，接触器释放，主触头断开，于是电动机被切断电源而停止运转。这就是开关(或按钮)→接触器(或继电器)→电动机的控制方式，也是机械自动化或半自动化的基本形式。

（3）研究电器之间的相互联系

电路中的所有电器都有相互联系、相互制约的。有时用甲电器去控制乙电器，甚至用乙电器再去控制丙电器，在阅读电路图时应仔细查明它们之间的相互联系。

（4）看其他电路

其他电路是指照明、信号、保护等电路，这些电路一般比较简单，只要看涉及它们的线路走向、电路的来龙去脉即可。

4.7.5.2 展开图的阅读

在阅读展开图时，首先要了解各种控制器和继电器的简单结构和动作原理。否则，就不知道这些电器在什么情况下动作，动作时有什么特点。展开图中设备都有国家统一规定的标准图形符号和文字标号。只有了解电路图中所用设备的图形符号及文字标号，才能看懂展开图。展开图中所示继电器接点和电气设备辅助接点的位置都是“正常状态”，即继电器线圈内未通电流、断路器没有动作时所处的状态。

阅读展开图顺序如下：

① 先读交流电路后读直流电路。

② 直流电流的流通方向是从左到右，即从电源正极经触点到线圈再回到电源负极，其

展开图各行是从左向右阅读。

③ 设备的动作顺序是从上到下，从左到右，整个电路图从上到下阅读。

在二次回路展开图中，对各个回路要进行标号。标号的目的：一是便于了解该回路的用途和性质；二是根据标号能正确连接，以便于安装施工和运行检修。

4.7.5.3 电气平面布置图阅读

电气平面布置图就是在建筑的平面图上，应用国家规定的电气平面图图形符号和有关文字符号，按照电气设备安装位置及电气线路的敷设方式、部位和路径绘出的电气平面图。

电气平面布置图按布线状态分油库库区电气平面布置图、泵房电气平面布置图和生活区电气平面布置图。按线路性质分有动力电气平面布置图、照明电气平面布置图和弱电系统（包括广播、电话和有线电视等）电气平面布置图等。

电气平面布置图是电气施工中的主要图纸；它包括动力、照明、防雷和弱电的平面图。平面布置图要表示进户线、配电箱（盘）及动力、照明线路的位置，线路敷设方式，导线型号、数量、截面积，穿线管的种类、管径，各种用电设备的种类、规格、安装位置和方式，配电箱（盘）型号，开关的种类安装方式及位置，各支路的编号及要求等。

电气平面布置图识读注意事项如下：

① 用$\frac{a}{b}$形式表示的是用电设备的位置，依次进行编号，并注明设备的容量。如图4－30所示，3号电机的负荷容量为90kW。

② 用$d-(e\times f)-g$形式表示的是导线的相关参数。d是导线型号，e是导线的根数，f是导线的截面，g是导线的敷设方式。如VV－3×35＋1×16－SC50－FC（0.5m），其中VV表示：聚氯乙烯绝缘聚氯乙烯护套电力电缆，3×35＋1×16表示：3根相线截面为35mm^2，一根PE线截面为16mm^2，SC50－FC（0.5m）表示：电缆穿Φ50钢管埋地敷设，埋地深度地面下0.5m。

上述二种表示形式，也可用$a\frac{b-c}{d-(e\times f)-g}$形式来表示。式中，$a$为设备编号；$b$为设备型号；$c$为设备的额定容量，kW；$d$为导线型号；$e$为导线根数；$f$为导线截面，mm^2；$g$为导线敷设方式。

4.8 电气安全管理

为了保障电气作业人员的人身安全，有关规程规定，在高压电气设备或线路上工作，必须完成保护工作人员安全的组织措施和技术措施；在停电的低压配电装置和低压导线上工作也要采取安全措施后才能进行。

4.8.1 作业安全管理

4.8.1.1 组织措施

在电气设备上工作，保证安全的组织措施有：工作票制度，工作许可制度，工作监护制度，工作间断、转移和终结制度。

（1）“三三二五”管理要求

“三三二五”是电气管理的基本要求，包括电气组织管理与电气技术管理要求。

"三票"指工作票、操作票、临时用电票。

"三图"指一次系统图、二次回路图、电缆走向图。

"三定"指定期检修、定期试验、定期清扫。

"五规程"指检修规程、试验规程、运行规程、安全规程、事故处理规程。

"五记录"指检修记录、试验记录、运行记录、事故记录、设备缺陷记录。

（2）工作票制度

工作票是准许在电气设备或线路上工作的书面命令。工作票签发人应由熟悉设备情况的油库分管主任批准。工作票签发人不得兼任工作负责人。

工作票应在进行工作的前一天或当天预先交给值班员。由运行值班员在开工前将工作票内的全部安全措施一次做完。

工作票的有效时间，以批准的检修期为限。工作至预定时间，工作尚未完成，应由工作负责人办理延期手续，紧急事故处理可不用工作票，但应履行工作许可手续，并应记入操作记录簿内，工作前做好安全措施，并应有专人监护。

工作完毕，工作负责人应对工作结果进行认真验收，验收后记入运行日记并在工作票上签名注销。当所有工作票全部回收后，方可恢复送电。

（3）工作许可制度

电气工作开始前，必须完成工作许可手续。工作许可人（运行值班负责人）应负责审查工作票所列安全措施是否正确完善，是否符合现场条件，并负责落实施工现场的安全措施。在变配电所内工作时，工作许可人应会同工作负责人指明带电设备的位置和注意事项，然后分别在工作票上签名，工作班组方可开始工作。

工作过程中，工作负责人和工作许可人任何一方不得擅自变更安全措施，值班人员不得变更有关检修设备的运行接线方式。工作中如有特殊情况需变更时，应事先取得对方同意。

线路停电检修，运行值班员必须在变配电所将线路可能受电的各方面均拉闸停电，并挂好接地线，将工作班组数目、工作负责人姓名、工作地点和工作任务记入记录簿内，然后才能发出许可工作的命令。

在工作中需注意：严禁约定时间停电和送电。

（4）工作监护制度

完成工作许可手续后，工作负责人（监护人）应向工作班人员交待现场安全措施、带电部位和其他注意事项。工作负责人（监护人）必须始终在工作现场，对工作班人员的安全认真监护，及时纠正违反安全的动作。

工作班人员必须服从工作负责人（监护人）的指挥。工作负责人（监护人）如发现工作人员有违反安全工作规程或进行不安全工作的，应该立即指正，必要时可暂停其工作。

工作负责人或专责监护人因故离开现场时，须指定能胜任的人员临时代替，并交待清楚，使监护工作不间断。

所有工作人员（包括工作负责人）不许单独留在高压区内或室外变配电所高压设备区内，以免发生意外触电或电弧灼伤事故。

监护人所监护的内容归纳如下：

① 部分停电时，监护所有工作人员的活动范围，与带电部分要保持规定的安全距离。

② 带电作业时，监护所有工作人员的活动范围，与接地部分保持规定的安全距离。

③ 监护所有工作人员工具使用是否正确，工作位置是否安全，操作方法是否正确等。

（5）工作间断、转移和终结制度

工作间断时，工作班人员应从工作现场撤出，所有安全措施保持不动，工作票仍由工作负责人执存。间断后继续工作，无需通过工作许可人。每日收工，应清扫工作地点，开放已封闭通路，并将工作票交回运行值班员。次日复工时，应得到运行值班员许可，取回工作票，工作负责人必须在工作前重新认真检查安全措施是否符合工作票的要求，然后才能继续工作。若无工作负责人或监护人带领，工作人员不得进入工作地点。

在同一电气连接部分用同一工作票依次在几个工作地点转移工作时，全部安全措施由运行值班员在开工前一次做完，不需再办理转移手续，但工作负责人在转移工作地点时，应向工作人员交待带电范围、安全措施和注意事项。

全部工作完毕后，工作班应清理现场。工作负责人要周密地检查，待全体工作人员撤离工作地点后，再向运行值班人员汇报所修项目、发现的问题、试验结果和存在的问题等，并与运行值班人员共同检查设备状况，有无遗留物件，是否清洁等，然后在工作票上填明工作终结时间，经双方签名后，工作票方告终结。

只有在同一停电系统的所有工作票结束，拆除所有接地线、临时遮栏和标示牌，恢复常设遮栏，并得到运行值班负责人的许可命令后，方可合闸送电。

合闸送电后，工作负责人应检查电气设备或线路的运行情况，正常后方可离开工作现场。

4.8.1.2 技术措施

在实施上述保证安全工作的组织措施的同时，为确保电气工作安全，还必须实施技术措施。根据有关规程规定：在全部停电的电气设备上工作必须完成停电、验电、装设接地线、悬挂标示牌和装设遮栏等技术措施。

（1）停电

在工作地点，必须停电的设备如下：

① 检修的设备。

② 保证工作人员在进行正常工作时的安全距离达到有关规定要求，如10kV及以下电压等级时，无遮栏工作间距为0.7m；有遮栏工作间距为0.35m。

③ 带电部分在工作人员后面或两侧无可靠安全措施的设备，必须把各方面的电源完全断开（运行中的星形接线设备的中性点，必须视为带电设备）。禁止在只经断路器（高压开头）断开电源的设备上工作。必须拉开隔离开关（高压刀闸），使各方面至少有一个明显的断开点。与停电设备有关的变压器和电压互感器，必须从高、低压两侧断开，以防止向停电检修设备反送电。

线路作业必须停电的范围是：

a. 检修线路的所有断路器和隔离开关。

b. 危及检修线路停电作业，且不能采取安全措施的交叉跨越、平等及同杆架设线路的断路器和隔离开关。

c. 可能把电源返送至线路的用户自备发电机的断路器和隔离开关。

（2）验电

检修的电气设备和线路停电后，在悬挂接地线之前必须用验电器检验无电压。因为虽然设备或线路电源是切断了，但很难保证没有邻近带电设备或线路对它的感应电，有时感应电压还不低，为了检修工作安全，所以在挂接地线之前必须进行验电。

验电时，必须用电压等级合格的验电器，在检修设备进出线两侧各相分别验电。验电前，应先在有电设备上进行试验，确证验电器是良好的，然后进行验电。

线路验电应逐项进行。先验低压，后验高压；先验下层，后验上层。

验电时必须戴绝缘手套。

表示设备断开和允许进入的信号及经常接入的电压表只能作为参数，不能作为设备有无电压的依据。但如果信号和仪表指示有电，则禁止在设备上工作。

验电安全用具技术性能必须符合规定，并进行定期试验和检查。

（3）悬挂接地线

检修设备在完成停电、验电后，虽已确认不再带电，但还不能工作，因为在工作过程时突然来电，对安全工作就构成严重威胁，所以为了工作安全，还必须悬挂接地线。

根据有关规定：当验明设备已无电压后，应立即将检修设备接地并三相短路。这样可防止突然来电，同时设备断开部分的剩余电荷，也可因接地而放尽。

对于可能送电至停电设备的各方面或停电设备可能产生感应电压的都要装设接地线，所装接地线与带电部分符合安全距离的规定。

接地线应采用多股铜软绞线，其截面积应符合短路电流的要求，但不得小于25mm^2。接地线必须使用专用的线夹固定在导体上，严禁用缠绕的方法进行接地或短路。装设接地线必须先接接地端，后接导体端，而且接触必须良好。拆接地线顺序与此相反。装、拆接地线均应使用绝缘棒和戴绝缘手套。装设接地线必须由2人进行。若为单人值班，只允许使用接地刀闸接地。

（4）悬挂标示牌和装设遮栏

检修设备在完成停电、验电、悬挂接地线后还不能工作，以防工作中工作人员及工作工具误碰带电设备或距离太近，造成带电设备对人体放电，同时防止误合闸造成误送电，所以还必须完成悬挂标示牌，装设遮栏工作。只有做好上述各项技术措施后，才能开始工作。

在一经合闸即可送电到工作地点的断路器（高压开关）和隔离开关（高压刀闸）的操作把手上，均应悬挂“禁止合闸”的标示牌。如果线路上有人工作，应在线路断路器和隔离开关的操作把手上悬挂“禁止合闸”的标示牌。标示牌的格式、字样应符合规定。标示牌的悬挂和拆除，应按调度员的命令执行。

部分停电的工作，10kV及以下电压等级，安全距离小于0.7m以内的未停设备，应装设临时遮栏，临时遮栏与带电部分的距离，不得小于0.35m的规定数值。临时遮栏可用干燥木材、橡胶或其他坚韧绝缘材料制成，装设应牢固，并悬挂“高压危险！”的标示牌。

严禁工作人员在工作中移动或拆除遮栏、接地线和标示牌，以确保工作安全。

4.8.2 设备安全管理

影响电气设备安全运行的主要因素有三个方面：

① 产品设计和制造质量及正确选择。产品设计、制造质量好，选择正确是保证产品运行安全的先决条件；

② 设备安装和验收。假如安装质量差，没按有关安装和验收规范认真安装和验收，则设备投用后就不能安全可靠地运行；

③ 电气设备投用后的运行维护和缺陷管理。由于电气设备在运行中，电流引起发热及受灰尘、潮湿、过电压等各种因素的影响，随着时间的推移，会使电气设备的绝缘不断老化，从而降低了安全运行的水平。

石油库应做好电工用具定期检验。绝缘手套、电工胶鞋、验电棒、验电笔等专用工具必须定期检测，检测合格才能使用。通常用具检测周期为6个月，工具检测周期为1年。

第5章　检测仪表

5.1　超声波探伤仪

5.1.1　概述

超声波探伤仪是一种便携式工业无损探伤仪器，它是利用材料及其缺陷的声学性能差异对超声波传播波形反射情况和穿透时间的能量变化来检验材料内部缺陷的无损检测方法。它能够快速、便捷、无损伤、精确地进行工件内部多种缺陷(裂纹、夹杂、疏松、气孔等)的检测。常用于对油罐、管线的焊缝进行检测，判断是否有裂纹、夹杂等缺陷。

5.1.2　仪器原理

超声波在被检测材料中传播时，材料的声学特性和内部组织的变化对超声波的传播产生一定的影响，通过对超声波受影响程度和状况的探测，了解材料性能和结构变化。根据此原理，利用超声波可以测量各种金属、非金属、复合材料等介质内的裂缝、气孔、夹杂等缺陷信息。

5.1.3　结构组成

超声波探伤仪一般由主机、探头(直探头、斜探头)、电路等组成，如图5－1～图5－3所示。

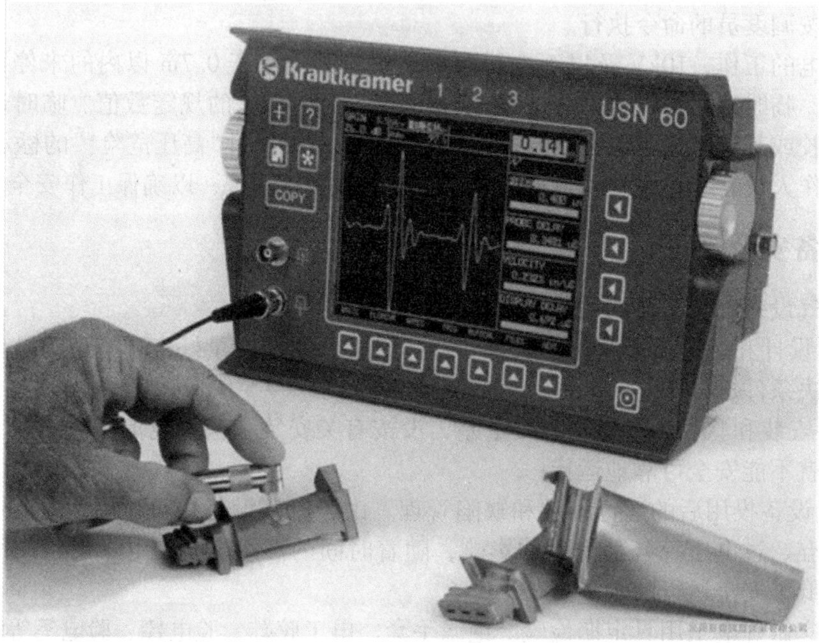

图5－1　超声波探伤仪

图 5－2　超声波探伤仪探头

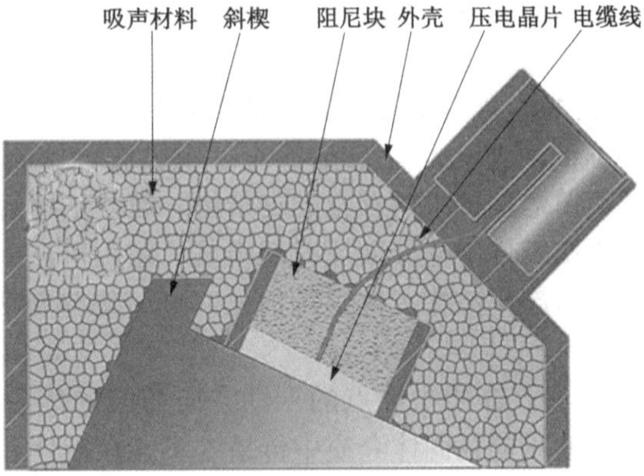

图 5－3　横超声波探伤仪斜探头

5.1.4　探伤仪分类

5.1.4.1　按缺陷的显示方式分

① A 型显示探伤仪：A 型显示是一种波形显示，探伤仪的屏幕的横坐标代表声波的传播距离，纵坐标代表反射波的幅度。由反射波的位置可以确定缺陷位置，由反射波的幅度可以估算缺陷大小。

② B 型显示探伤仪：B 型显示是一种图像显示，屏幕的横坐标代表探头的扫查轨迹，纵坐标代表声波的传播距离，因而可直观地显示出被探工件任一纵截面上缺陷的分布及缺陷的深度。

③ C 型显示探伤仪：C 型显示也是一种图像显示，屏幕的横坐标和纵坐标都代表探头在工件表面的位置，探头接收信号幅度以光点辉度表示，因而当探头在工件表面移动时，屏

上显示出被探工件内部缺陷的平面图象，但不能显示缺陷的深度。

5.1.4.2 按仪器型号分

分为模拟式和数字式。数字式比模拟式具有检测速度快、检测精度高等优点。

5.1.5 常用频率

工业探伤上常用的超声波范围是：0.5 ~20MHz ，其中：

① 金属探伤最常用的频率是：1 ~5MHz。

② 探水泥构建用的频率是： < 0.5MHz，如 100kHz、200kHz。

③ 探测玻璃陶瓷中微米级小缺陷用的频率是(100 ~200)MHz，甚至更高。

5.1.6 检测方法分类

5.1.6.1 按原理分类

① 脉冲反射法。超声探头发射脉冲波到被测试件内，根据反射波的情况来检测试件缺陷的方法。在金属板中缺陷定位判断、检测套管腐蚀和缺陷、人体血管壁超声传输特性研究、钢管的厚度测量、混凝土内部结构等领域都得到广泛应用。

② 穿透法。依据脉冲穿透试件后能量变化来判断试件缺陷情况的方法。这种方法主要在金属夹杂物缺陷的检测等探伤方面得到广泛的应用。

③ 共振法 。试件厚度为超声波半波长的整数倍时，将引起共振，依据试件的共振特性，来判断缺陷的情况和工作厚度变化情况的方法称为共振法。

5.1.6.2 按波型分类

① 纵波探伤－垂直探伤法。介质中质点的振动方向与波的传播方向互相平行的波，称为纵波，用 L 表示。钢中纵波声速一般为 5960m/s 。用纵波可探测金属铸锭、坯料、中厚板、大型锻件和形状比较简单的制件中所存在的夹杂物、裂缝、缩管、分层等缺陷。探头发射和接收超声波，脉冲超声在工件中遇界面反射超声波，超声再在探头中换成电信号经放大后显示，显示屏上横座标表示超声波在工件中传播的时间，纵坐标表示反射的超声波声压，与反射面积大小对应。

② 横波探伤－斜射探伤法。介质中质点的振动方向与波的传播方向互相垂直的波，称为横波，用 S 或 T 表示。横波只能在固体介质中传播，不能在液体和气体介质中传播。钢中横波声速一般为 3230m/s。用横波可探测管材中的周向和轴向裂缝、划伤、焊缝中的气孔、夹渣、裂缝、未焊透等缺陷。

③ 表面波探伤 。当介质表面受到交变应力作用时，产生沿介质表面传播的波，称为表面波，常用 R 表示，又称瑞利波。表面波的能量随深度增加而迅速减弱，当传播深度超过 2 倍波长时，质点的振幅就已经很小了，因此，一般认为表面波探伤只能发现距工件表面 2 倍波长深度内的缺陷。

④ 板波探伤。在板厚与波长相当的薄板中传播的波，称为板波。根据质点的振动方向不同可将板波分为 SH 波和兰姆波。板波一般应用于薄板、薄壁钢管探伤。

5.1.6.3 按耦合方式分

① 直接耦合接触法，又称接触法。探头与试件探测面之间，涂有很薄的耦合剂层，这种方法为直接法。特点是检测图形简单，判断容易，检出缺陷灵敏度高，操作方法简单，但要求检测面光洁度高。

② 液浸法。将探头和工件浸于液体中以液体耦合剂进行检测的方法，称为液浸法，分

为全浸式和局部浸没式。

5.1.7 注意事项

① 操作人员操作前要接受正规的探伤方法培训。

② 根据检测对象标准规定的要求，选择仪器。对于定位要求较高的，选择水平线性误差小的仪器；对于定量要求高的，选择垂直线性好、精度高的仪器；对于大型工件探伤，应选择灵敏度余量高、信噪比高、功率大的仪器；为了有效发现近表面缺陷和区分相邻缺陷，应选择盲区小、分辨力好的仪器；对于室外检测，应选择重量轻，荧光屏亮度好，抗干扰能力强的便携式仪器。

③ 根据测量对象和目的，选择探头。如：焊缝 - 斜探头；钢板、铸件 - 直探头；近表面缺陷 - 双直探头；表面缺陷 - 表面波探头；不锈钢焊缝与螺栓检测 - 纵波斜探头。

④ 选择耦合剂的要求：对工件表面和探头表面有足够浸润性，并既有流动性，又有附着力，且易清洗；声阻抗大，应尽量和被检工件接近；对人体无害，对工件无腐蚀作用，不污染环境；来源广，价格低廉；性能稳定，不易变质，能长期保存。

⑤ 如果仪器出现不能自动关机、不能测量、按键不能工作、测量值反复无常等不正常状况，用户切勿拆机自修，应将仪器寄至厂家指定的维修部门。

5.2 X射线探伤仪

5.2.1 概述

X 射线探伤，是工业无损检测中的一个重要检测手段，它是利用 X 射线可以穿透物质和其在物质中有衰减的特性，来发现物质内部缺陷的一种无损检测方法。它可以检查金属和非金属材料及其制品的内部缺陷，如焊缝中的气孔、夹渣、未焊透等体积型缺陷。这种检测方法有其独特的优越性，即焊接缺陷的直观性、准确性和可靠性，而且得到的射线底片可用于缺陷的分析和作为质量凭证存档。但此法也存在着设备较复杂、成本较高的缺点，并需要对射线进行防护。按结构形式分为便携式、移动式和固定式。

5.2.2 仪器原理

X 射线探伤仪，使用射线照射法进行检测，就是根据被检焊接件与其内部缺陷介质对射线衰减能量的不同，使射线透过焊件后的强度也不同，从而使缺陷在射线底片上显示出来。当射线束透过焊件时，由于缺陷内部介质(如空气、非金属夹渣等)对射线的吸收能力比母材对射线的吸收能力要低得多，因而透过缺陷部位的射线强度高于周围完好部位的射线强度。在感光胶片上，对应有缺陷部位将接受较强的射线曝光，经暗室处理后将变得较黑，因此，焊件中的缺陷通过射线照相后就会在底片上产生缺陷影迹。这种缺陷影迹的大小实际上就是焊件中的缺陷在投影面上的大小。

5.2.3 仪器构成

便携式 X 射线探伤仪一般由 X 射线发生器、控制器、冷却器和高压电缆等部件组成，如图 5 -4 所示。

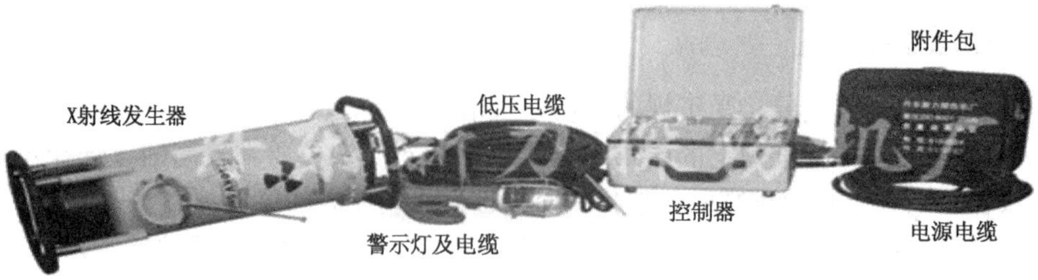

图 5－4　X 射线波探伤仪

5.2.4　技术参数

① X 射线管电压：　150～250kV。
② 最大穿透厚度：　23～50mm。
③ 输入电源：　220V±10%，50Hz。
④ 冷却方式：　强制风冷。
⑤ 绝缘方式：　SF6 高压绝缘气体。

5.2.5　X 射线探伤仪的安全操作

① 每次探伤作业前，探伤作业人员应检查探伤机，检查安全装置、联锁装置的性能及警告信号、标志的状态。

② 每次探伤作业前，检查控制区，确保在放射源暴露前控制区内无任何人员。

③ 在控制 X 光机的曝光条件时，必须严格遵守设备操作规程。

④ 作业场所启用时，应围绕控制区边界测量辐射水平，并按不超过 15μGy/h 的要求进行调整。

⑤ 现场探伤的工作条件和现场变动时，必须进行场所监测，并验证确定的控制区和监督区。

5.2.6　X 射线探伤仪操作人员的安全防护要求

① 探伤作业时，至少有 2 名操作人员同时在场，每名操作人员应配备一台个人剂量报警仪和个人剂量计。

② 现场探伤时，操作者须配备报警仪或适用的移动式防护设施。

③ 个人剂量计应定期送交有资质的检测部门进行测量，外照射个人剂量监测周期一般为 30d，最长不应超过 90d，并建立个人剂量档案。

5.2.7　X 射线探伤仪的安全防护方法

（1）时间防护

时间防护的原理是：在辐射场内的人员所受照射的累积剂量与时间成正比，因此在照射率不变的情况下，缩短照射时间便可减少所接受的剂量，或者人们在限定的时间内工作，就可能使他们所受到的射线剂量在最高允许剂量以下，确保人身安全(仅在非常情况下采用此法)，从而达到防护目的。时间防护的要点是尽量减少人体与射线的接触时间，即缩短人体受照射的时间。

根据：剂量 = 剂量率 × 时间，因此可根据照射率的大小确定容许的受照射时间。

（2）距离防护

距离防护是外部辐射防护的一种有效方法，采用距离防护的基本原理是首先将辐射源作为点源情况下，辐射场中某点的照射量、吸收剂量均与该点和源的距离的平方成反比，我们把这种规律称为平方反比定律，即辐射强度随距离的平方成反比变化(在源辐射强度一定的情况下，剂量率或照射量与离源的距离平方成反比)。增加射线源与人体之间的距离便可减少剂量率或照射量，或者说在一定距离以外工作，使人们所受到的射线剂量在最高允许剂量以下，就能保证人身安全。从而达到防护目的。距离防护的要点是尽量增大人体与射线源的距离。

（3）屏蔽防护

屏蔽防护的原理是：射线穿透物质时强度会减弱，一定厚度的屏蔽物质能减弱射线的强度，在辐射源与人体之间设置足够厚的屏蔽物(屏蔽材料)，便可降低辐射水平，使人们在工作所受到的剂量降低最高允许剂量以下，确保人身安全，达到防护目的。屏蔽防护的要点是在射线源与人体之间放置一种能有效吸收射线的屏蔽材料。

5.3 电火花测漏仪

5.3.1 概述

电火花测漏仪亦称为针孔检测仪，它是用来检测油气管道、电缆、搪瓷、金属储罐、船体等金属表面防腐涂层施工的针孔缺陷以及老化腐蚀所形成的微孔、气隙点，它已成为石油工程建设质量检验评定的专业工具之一。这类仪器的工作原理基本相同，只是在内部线路、外形、可靠性等方面不尽相同。根据目前防腐蚀涂层的规范和要求，这类仪器的研制逐渐趋向交直流两用；高压输出连续可调；电压显示为数显；适用防腐蚀层以及输出高压范围更宽，并实现针孔漏点的计数、打标新功能。图 5 -5、图 5 -6 分别是移动式和便携式电火花测漏仪。

图 5 -5　移动式电火花测漏仪

图 5－6　便携式电火花测漏仪

5.3.2　测漏原理

该仪器采用脉冲原理，金属表面绝缘防腐层过薄、漏金属及漏电微孔处的电阻值和气隙密度都很小，当有高压经过时就形成气隙击穿而产生火花放电，给报警电路产生一个脉冲信号，报警器发出声光报警，根据这一原理达到防腐层检漏目的。

5.3.3　仪器结构

仪器包括主机、高压枪、探头 3 部分。

① 主机：电源、高压脉冲发生器和报警系统。

② 高压枪：内装倍压整流元件，是主机和探头的连接件。

③ 探头：分为弹簧式、铜刷式和导电橡胶 3 种。

5.3.4　技术参数

① 测量范围：0.03～10.0mm。

② 输出高压：0.05～35.0kV。

③ 交流供电电压：220V ±5%。

5.3.5　操作步骤

① 检测前对仪器试验，保证仪器性能良好。

② 检测时将高压枪的接地线接到被测物体防腐层的导电体上，打开电源开关。

③ 戴上高压手套，按住高压枪按钮，仪器显示输出电压，调节旋钮，根据防腐层的厚度选择合适的电压，也可根据各行业提供的检测标准自行选择电压。

④ 调节增益旋钮，使显示器的输出电压与测试该物体涂层厚度的电压检测标准相一致。

⑤ 将探头在被测物体上移动，若看到火花并有声光报警，此处即为防腐层针孔。

5.3.6　注意事项

① 操作人员应熟悉本仪器的使用说明书，严格按照该仪器的操作规程使用，注意保护仪器，不得摔碰、火烤或置于腐蚀气体和潮湿的地方。

② 在检测过程中，检测人员应戴上绝缘手套，任何人不得接触探极和被测物，以防触电。

③ 被测的物体应尽量离开地面 20cm 以上(除墙壁防腐层的测试)，使探极和地面绝缘。检测时金属软管不要与被测物导电体或大地相接触，否则会产生打火、不报警现象。

④ 弹簧探极不能拉伸过长，防止失去弹性。

⑤ 在使用过程中，如果仪器自动关机则说明电压不足，需要对电池进行充电后再使用。主机不充电或开机无反应，应检查交直流保险丝。

⑥ 野外使用时，机内高能蓄电池电压不得低于10V，否则应停止使用，立即充电，不致因过放电而损坏电池。

⑦ 被测防腐层表面应保持干燥，如表面沾有导电尘，要用清水冲洗干净并使其干燥，否则，不能确定漏点的精确位置。

5.4 火灾探测器

5.4.1 概述

5.4.1.1 火灾报警系统工作原理

火灾发生时，必然会伴随着产生烟雾、高温和火光，探测器对这些都很敏感。当有烟雾、高温、火光产生的时候，它就改变平时的正常状态，引起电流、电压或机械部分发生变化或位移，再通过放大、传输等过程，发出警报声，有的还能同时发出灯光信号，并显示发生火灾的部位、地点。图 5－7 是火灾报警系统工作原理图。

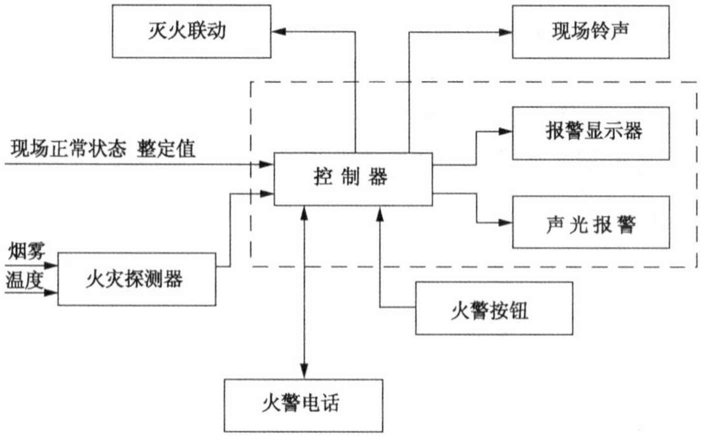

图 5－7 火灾报警系统工作原理图

5.4.1.2 火灾探测器

火灾探测器是火灾自动报警控制系统组成部分之一，是系统中对现场进行探查，发现火灾的设备，是系统的“感觉器官”，它的作用是监视环境中有没有火灾的发生。一旦有了火情，就将火灾初期所产生的烟、热、光等转换成电信号，并立即动作向火灾报警控制器发送报警信号。

5.4.2 工作原理

火灾探测器通过对火灾发出的燃烧气体、烟雾粒子、温度和火焰的探测，将探测到的火情信号转化为火警电信号。火灾报警控制器接收到火警电信号，经确认后，一方面发出预警、火警声光报警信号，同时显示并记录火警地址和时间，另一方面将火警电信号传送至各防火分区所设置的火灾显示盘。在消防控制室（中心）还可能通过火灾报警控制器的通信接口，将火警信号在 CRT 微机彩显系统显示屏上更直观地显示出来。

5.4.3 类型

一般按对现场的信息采集类型分为：感烟火灾探测器、感温火灾探测器、感光火灾探测器、气体火灾探测器、复合型火灾探测器。这里仅介绍感烟火灾探测器、感温火灾探测器和感光火灾探测器。

5.4.4 感烟火灾探测器

图5-8 感烟火灾探测器

感烟火灾探测器是一种响应燃烧或热解产生的固体或液体微粒的火灾探测器，是使用量最大的一种火灾探测器，如图5-8。因为它能探测物质燃烧初期所产生的气溶胶或烟雾粒子浓度，因此，有的国家称感烟火灾探测器为“早期发现”探测器。

常见的感烟火灾探测器有离子型、光电型等。

① 离子感烟探测器由内外两个电离室为主构成。外电离室(即检测室)有孔与外界相通，烟雾可以从该孔进入传感器内；内电离室(即补偿室)是密封的，烟雾不会进入。火灾发生时，烟雾粒子窜进外电离室，干扰了带电粒子的正常运行，使电流、电压有所改变，破坏了内外电离室之间的平衡，探测器就会产生感应而发出报警信号。

② 光电感烟探测器内部有一个发光元件和一个光敏元件，平常由发光元件发出的光，通过透镜射到光敏元件上，电路维持正常。如有烟雾从中阻隔，到达光敏元件上的光就会显著减弱，于是光敏元件就把光强的变化转换成电流的变化，通过放大电路发出报警信号。

5.4.5 感温火灾探测器

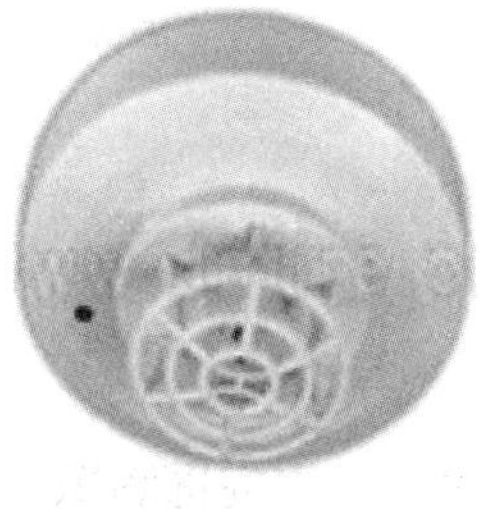

图5-9 感温火灾探测器

火灾时物质燃烧产生大量的热量，使周围温度发生变化。感温探测器是对警戒范围中某一点或某一线路周围温度变化时响应的火灾探测器，如图5-9所示。它将温度的变化转换为电信号以达到报警目的。根据监测温度参数的不同，一般用于工业和民用建筑中的感温式火灾探测器有定温式、差温式、差定温式等。

① 定温式探测器。定温式探测器是在规定时间内，火灾引起的温度上升超过某个定值时启动报警的火灾探测器。它有线型和点型2种结构，其中线型是当局部环境温度上升达到规定值时，可熔绝缘物熔化使两导线短路，从而产生火灾报警信号；点型定温式探测器利用双金属片、易熔金属、热电偶热敏半导体电阻等元件，在规定的温度值上产生火灾报警信号。

② 差温式探测器。差温式探测器是在规定时间内，火灾引起的温度上升速率超过某个规定值时启动报警的火灾探测器。它也有线型和点型两种结构，线型差温式探测器是根据广泛的热效应而动作的，点型差温式探测器是根据局部的热效应而动作的，主要感温器件是空气膜盒、热敏半导体电阻元件等。

③ 差定温式探测器。差定温式探测器结合了定温和差温两种作用原理并将两种探测器结构组合在一起。差定温式探测器一般多是膜盒式或热敏半导体电阻式等点型组合式探测器。

5.4.6 感光火灾探测器

物质燃烧时，在产生烟雾和放出热量的同时，也产生可见或不可见的光辐射。感光式火灾探测器又称火焰探测器，它是用于响应火灾的光特性，即扩散火焰燃烧的光照强度和火焰闪烁频率的一种火灾探测器，见图 5－10。

图 5－10　感光火灾探测器

根据火焰的光特性，目前使用的火焰探测器有两种：一种是对波长较短的光辐射敏感的紫外探测器，另一种是对波长较长的光辐射敏感的红外探测器。紫外火焰探测器是敏感高强度火焰发射紫外光谱的一种探测器，它使用一种固态物质作为敏感元件，如碳化硅或硝酸铝，也可使用一种充气管作为敏感元件。红外光探测器基本上包括一个过滤装置和透镜系统，用来筛除不需要的波长，而将收进来的光能聚集在对红外光敏感的光电管或光敏电阻上。感光式火灾探测器宜安装在有瞬间产生爆炸的场所，如石油、炸药等化工制造的生产存放场所等。

5.4.7　火灾探测器主要的干扰源

5.4.7.1　粉尘

自然环境的破坏、绿地的减少、城市的建设、工厂的乱排乱放等都造成了空气中的粉尘含量越来越高，而粉尘对火灾探测器(特别是感烟火灾探测器)来说是“头号杀手”。因为过多的粉尘停留在探测器的光学元件上，会导致探测器的灵敏度下降或造成失效；另一方面，过多的粉尘停留在采样室中会造成光线的大量散射，使感光元件接收太多的光线导致探测器误报警。对于离子式探测器，会因为大量的灰尘进入采样室与带电离子结合而导致探测器误报警。当具有腐蚀性的粉尘停留在探测器的电路板上，就会腐蚀电路板，遇上潮湿的天气情况会变得更严重。

5.4.7.2　潮气

潮气，特别是南方的梅雨天气下，湿度通常大于95%，这会对探测器的电子板件及探测元件造成很大的影响。首先，会造成电子板件受潮短路而损坏，或是使绝缘性降低而产生系统接地；其次，当潮气进入探测器的探测室时，会对探测元件造成干扰。特别是对感烟探测器，当潮气进入探测室后，大量散射探测器光源发出的光线，从而导致探测器误报警。

5.4.8　探测器误报的原因分析及处理

① 环境恶劣或使用场所不当。改善环境或变更场所。

② 光电感烟探测器污染。清洗光电感烟探测器。

③ 探测器损坏。更换探测器。

第 6 章　成品油管道

6.1　成品油管道输送工艺

6.1.1　成品油管道系统的工艺流程

管道系统的常用输油工艺有“从罐到罐”、“旁接油罐”和“从泵到泵”3 种。

① “从罐到罐”式输油工艺是上站来油全部进入油罐，再通过油罐向下游站场输送的输油工艺，蒸发损耗大。

② “旁接油罐”式输送工艺是上站来油可进入泵站的输油泵，也可同时进入油罐的输油工艺，油罐通过旁路连接到干线上，当本输油站与上下两站的输量不平衡时，油罐起缓冲作用。

其特点是：各管段输量可以不相等，油罐起调节作用；各管段单独成为一个水力系统，有利于运行参数的调节和减少站间的相互影响。与“从泵到泵”方式相比，不需要较高精度的自动调节系统，操作简单。

③ “从泵到泵”输油也称为“密闭输送”工艺，在这种输油工艺中，中间输油泵站不设供缓冲用的油罐，上站来油全部直接进泵。

其特点是：工艺流程简单，可基本上消除中间站的轻质油蒸发损耗；整个管道构成一个统一的水力系统，可充分利用上游余压，减少节流损失，它要求各站必须有可靠的自动调节和保护装置。目前，成品油管道普遍采用“密闭输送”的工艺流程。

6.1.2　成品油管道输送的基本构成

成品油管道输送由站场、线路和辅助系统构成。

（1）站场

成品油管道的站场分为首站、中间分输泵站、中间泵站、中间分输站、末站、集输站等。

成品油管道首站的任务是收集石油产品，经计量后向下站输送，首站的主要组成部分是油罐区、输油泵房和油品计量装置等。输油泵从油罐汲取油品经加压、计量后输入管道。成品油管道的首站大都与炼油厂、油库、码头相连接。油品沿管道向前流动，压力不断下降，需要在沿途设置中间泵站继续加压，直至将油品送到终点，其工艺如图 6 - 1 所示。

末站可能是属于成品油管道的转运油库，也可能是其他企业的附属油库。末站的任务是接收来油并向用油单位供油，同时接收并处理沿线产生的混油，其站内工艺如图 6 - 2 所示。

成品油管道沿线常设有多个分输站场或分输泵站，如图 6 - 3 所示，将管道中的油品分输出一部分满足当地市场的需求，或输往管道支线末站满足支线末站市场需求。成品油管道沿线常有多个集输站，集输站的任务是将管道沿途附近炼厂、油库、码头来油注入管道中，输往管道下游地区。

（2）线路

成品油管道的线路部分包括管道本身、管线阀室，通过河流、山谷、铁路、公路的穿（跨）越构筑物，阴极保护设施以及沿线的简易公路。

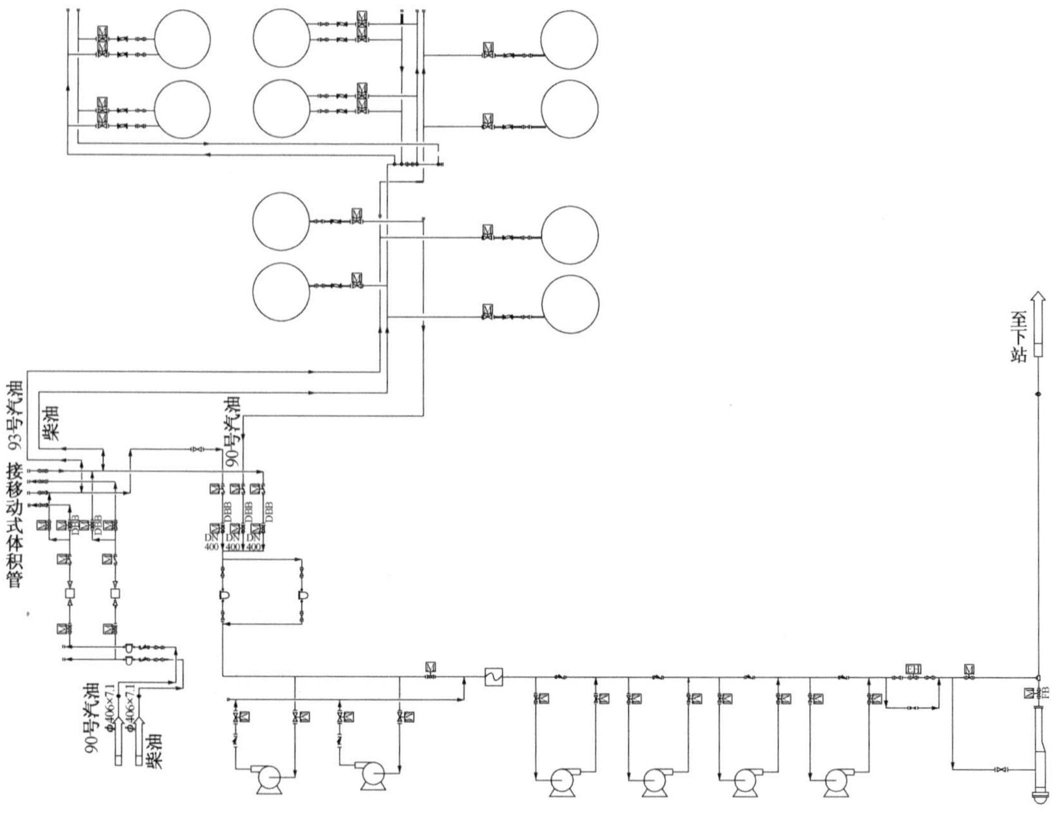

图 6－1　首站工艺流程

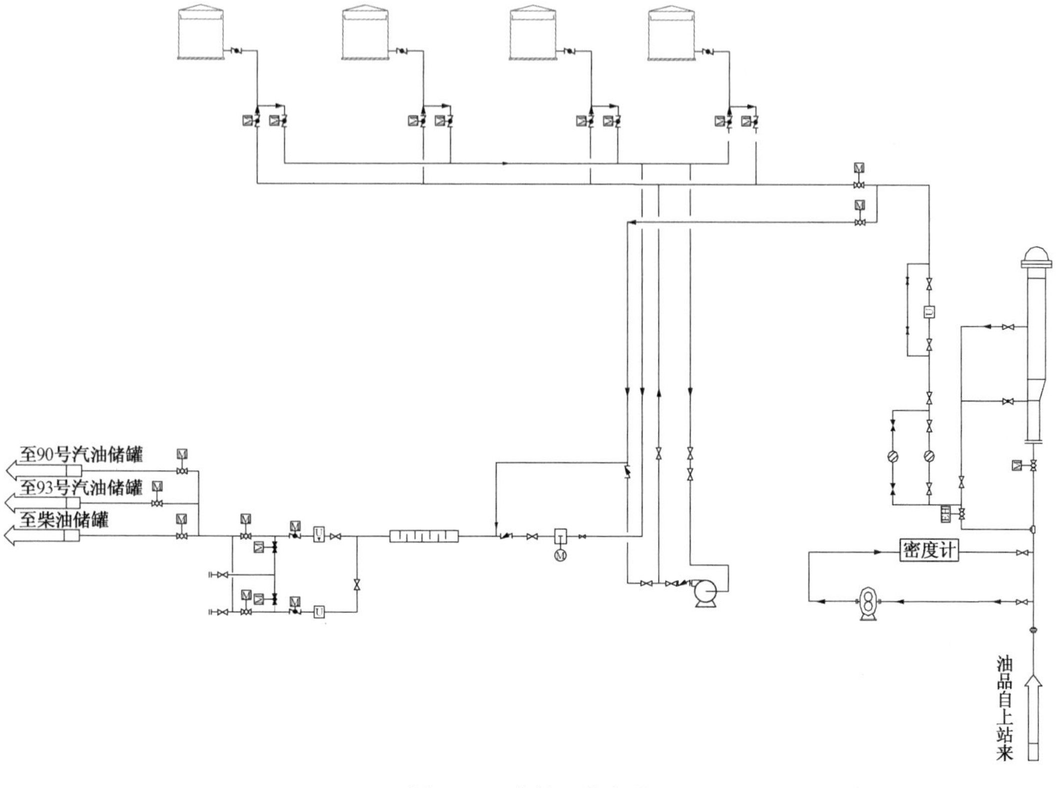

图 6－2　末站工艺流程

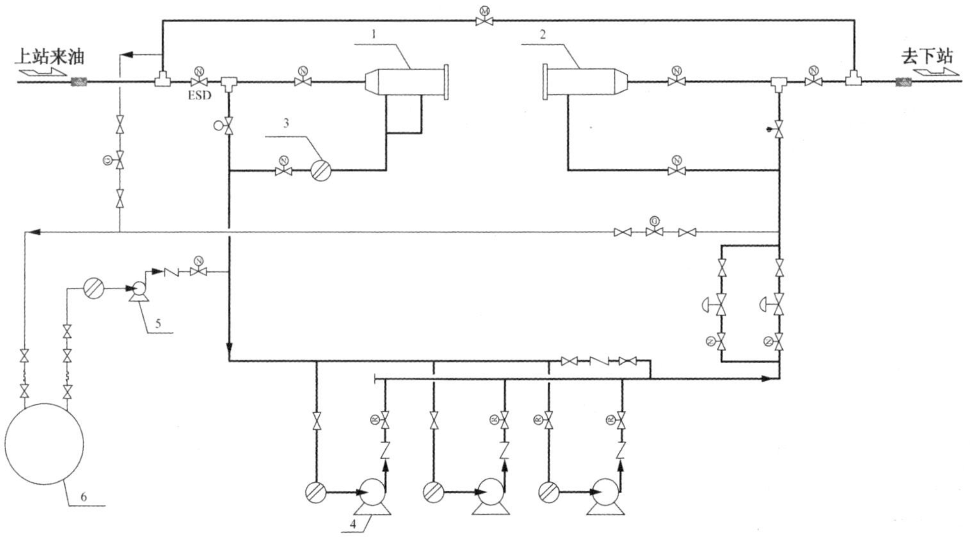

图 6－3　中间泵站工艺流程图

1—清管器收球筒；2—清管器发球筒；3—过滤器；4—外输主泵；5—注油泵；6—注油罐

成品油管道由钢管焊接而成，除跨越段外全线一般都埋地敷设。为防止土壤对钢管的腐蚀，管外包有防腐绝缘层，并采用外加电流阴极保护措施。每隔一定距离设有截断阀门，进、出站处及大型穿跨越构筑物两端也有。一旦发生事故可以关闭，及时截断管道内介质流动，防止事故扩大和便于抢修。

（3）辅助设施

成品油管道的配套辅助设施，如通讯系统、道路、水电供应系统，是不可缺少的设施。有线及无线通讯系统也是其中之一，它是生产调度和指挥的重要工具。

调度控制中心及 SCADA 系统是输油管道的神经中枢，通常由全线中心控制、站场控制和就地控制 3 级组成。它对全线各个站场、关键设备进行远距离数据采集、传输和记录、处理，对管道进行监控、统一调度和控制，具有报警、联锁保护、紧急关断等安全保护功能。

6.1.3　成品油管道站场的工艺流程

输油站工艺流程是指在输油站内把设备、管件、阀件等连接起来的输油管路系统，它展示了输送油品的来龙去脉。输油站所承担的任务不同，所具有的工艺流程也不同；站内各个设备所承担的任务都具有相对独立的工艺流程，它们是相互关联的，构成输油站的总体工艺流程。

一般情况下，管道系统工艺均包括以下单体工艺流程：输油泵工艺流程、清管工艺流程、交接计量系统工艺流程、密度计系统工艺流程、水击泄压系统工艺流程、污油系统工艺流程等。

（1）输油泵工艺流程

输油站内消耗动力最大的设备是输油泵。根据离心泵的特性和工艺要求，离心式输油泵可并联和串联使用。

（2）清管工艺流程

清管是保证输油管道长期高效、安全运行的基本措施之一。为了清除管内壁的杂质，常输管道大多数输油站都安装了管道清管系统。管道清管系统包括收、发清管球 2 个流程。如图 6－4 所示。

（3）交接计量系统工艺流程

成品油管道在首站或下载站，都使用质量流量计交接计量，记录油品流量大小和流量累计，如图6－5所示。

（4）密度计系统工艺流程

为了做好油品的检测和切割工作，长输成品油管道在各站进站处使用密度计检测系统，检测当前输送油品的密度，如图6－6所示。

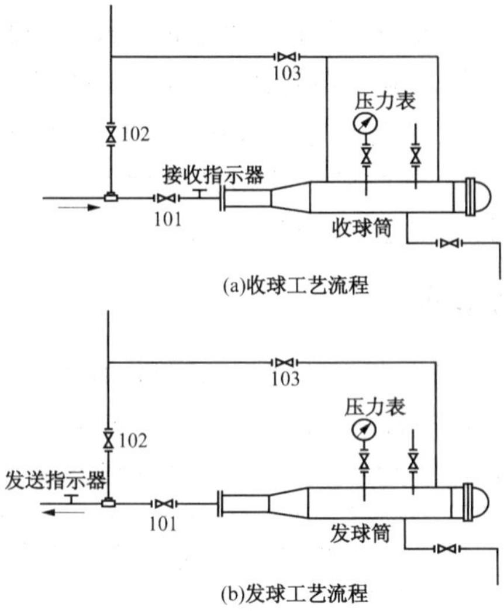

图6－4　清管工艺流程

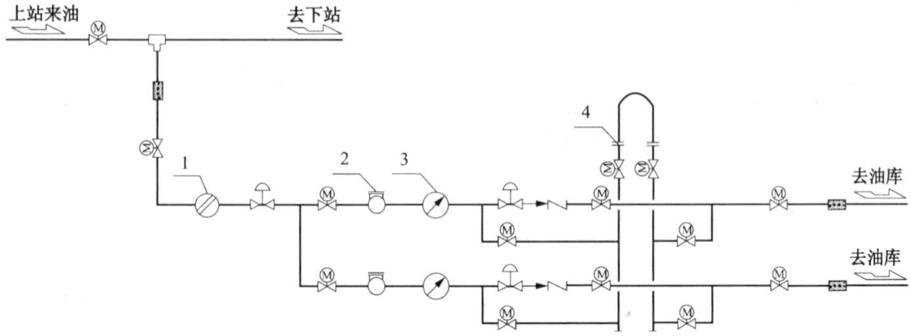

图6－5　分输计量工艺流程

1—过滤器；2—消气器；3—流量计；4—标准体积管

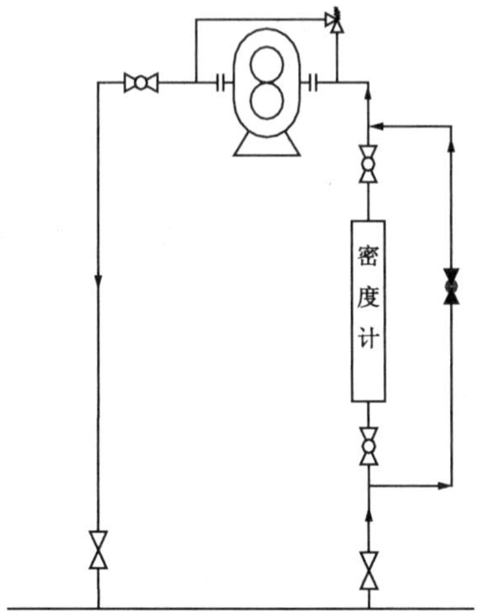

图6－6　密度计系统工艺流程

6.2 SCADA 系统

SCADA 系统是一种集散型控制系统，其控制层次通常为 3 级：控制中心级、站控级和设备控制级，在某些大型管道系统中还设有分中心控制级。这种结构体现了集中管理分散控制的现代大系统的控制原则。该原则特别适用于长输管道这种分散性大范围系统的运行管理和控制。控制中心的任务是对全线进行集中监视、控制和调度管理；站控级的任务则是由 PLC 或 RTU 完成泵站、注入站、分输站等站场的站内控制；设备控制级是监控系统的末端，它的任务是完成对泵机组、调节阀等单体设备的就地控制。

6.2.1 SCADA 系统基本组成

SCADA 系统其网络结构主要由调度控制中心网络(DCC)，站控系统(SCS)，以及连接中心和站场的通信系统(COMM)3 部分构成，主要的配置包括远程终端装置(如 PLC/RTU)，控制中心计算机系统，数据传输及网络系统、应用软件等组成，如图 6 –7 所示。

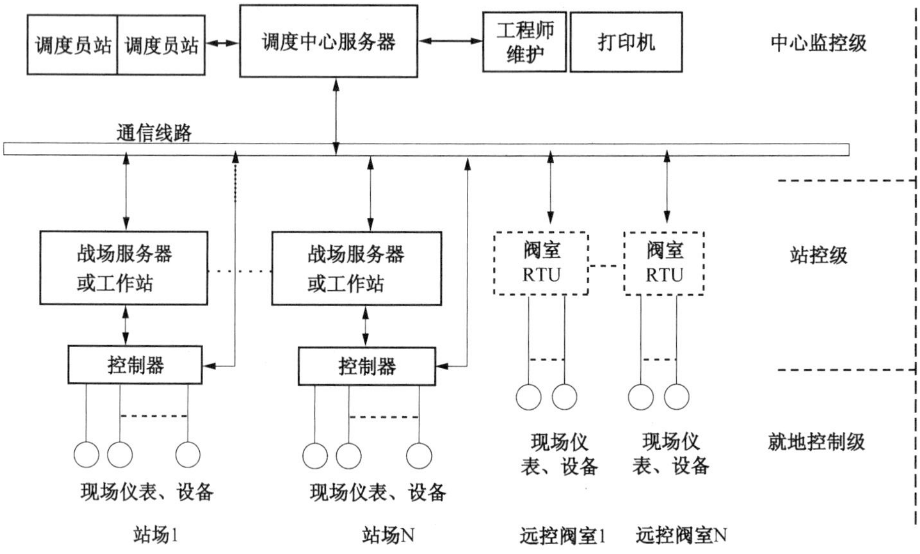

图 6 –7　SCADA 系统基本结构示意图

（1）中心监控级

调度控制中心负责整个管线的调度和监控，监视全线各站场的工艺参数和设备的状态，对各站下达控制命令，完成全线生产协调控制。

控制中心的计算机一般为网络冗余结构，冗余方法有热备(自动切换)、冷备(人工切换)等。

（2）站控级

站控的基本功能是对本站的站内设备、辅助系统以及生产过程进行监督和控制，完成数据采集和逻辑控制。

站控系统一般由工业控制计算机及相应的人机接口、卡件(AI，DI，RTD，AO，DO)及通信接口组成。现在多用 PLC 充当 RTU，大型的站控系统也可以采用 DCS，关键的设备也采用冗余结构。

PLC 是 Programmable Logic Controller 的缩写，即可编程逻辑控制器，是以微处理器为基础，综合了计算机技术、自动控制技术和通讯技术而发展起来的一种新型、通用的自动控制装置。

RTU 是 Remote Terminal Unit 的缩写，即远程终端单元，通常由信号输入/输出模块、微处理器、有线/无线通讯设备、电源及外壳等组成。

DCS 是 Distributed Control System 的缩写，即分散控制系统，国内一般习惯称为集散控制系统。它是一个由过程控制级和过程监控级组成的以通信网络为纽带的多级计算机系统，综合了计算机(Computer)、通信(Communication)、显示(CRT)和控制(Control)等4C 技术，其基本思想是分散控制、集中操作、分级管理、配置灵活、组态方便。

SCADA 系统数据采集的类型主要有：

AI 一般是4~20mA 的电流信号，如站场压力变送器的信号。

DI 一般是触点闭合或断开的开关量信号，如开关阀门的全关、全开、就地/远程、故障报警、压力开关、液位开关等信号；

RTD 一般是热电阻的电阻信号，如机泵的各种温度等。

输出的信号类型主要有：

AO 信号(一般是4~20mA 的电流信号，如控制各种调节阀的信号)。

DO 信号(触点闭合或断开的开关量信号，如控制阀门开或关的命令、启停泵的命令等)。

(3) 就地控制级

站内大型设备，如本机组等，往往配有自己的控制系统，这就是装置控制系统，它直接对生产设备进行控制。在长输管道中，通常认为就地控制级是指站控级以下，通过各类设备现场的控制系统或动力机构或操作柱对现场设备进行手动操作。

在管道系统中，就地控制级主要是指各类的现场设备以及各智能设备的控制系统或执行机构。

6.2.2 SCADA 系统功能

6.2.2.1 调控中心的功能

(1) 采集各站运行数据和状态信息，并进行动态显示

调控中心系统服务器可以采集各站所有具远传功能的运行数据和设备状态信息，并进行动态显示，实时刷新。每一台操作员工作站都可显示，并用来监视和操作。画面显示通过一定的方式(如通过管线及设备的颜色变化等)可以较为直观地显示管线和设备是处于运行还是停止状态。

(2) 实现远程控制各站设备

每个远控功能的阀门或机泵都具有就地/远控操作切换按钮，置为远控后，根据该站操作权限的需要可以在站场或调控中心控制该设备。

(3) 历史数据的存储、比较和趋势显示

系统可以自动存储历史数据，并且根据需要存储具有特定格式的历史数据，比较参数的变化、运行情况等。

趋势显示是一种提供浏览数据的方法，包括实时趋势和历史趋势，实时趋势用于记录生产过程中各参数的当前动态变化过程，而历史趋势则用于提取特定的历史数据文件。趋势图

可以显示多个参数的数据，便于各参数的比较。

（4）报警、事件功能

报警：当异常情况发生时，系统以某种方式提示信息给操作员，以引起操作人员的注意并及时采取措施。报警可分为系统报警和过程报警 2 大类：系统报警是指当服务器、控制器、卡件等硬件及通讯网络出现故障时，所发出的报警为系统报警。过程报警是指当过程控制对象出现异常时，系统所发出的信息为过程报警，例如工艺过程参数超出正常范围的低报和高报，远控设备异常的启停等。

事件即系统自动记录下每项操作过程或者是系统内部执行的命令，并按照时间的顺序保存到历史数据库中，且事件是不可以清除的。

（5）报表生成和打印

系统可选择组态多种格式的报表，比较常用的是 EXCEL 格式。从时间上，报表可以分为日报表、周报表、月报表等，根据需要进行编排组态。报表组态好以后可以定期生成，还可以组态成自动打印，也可组态成人工选择打印，能够及时准确地提供规范化的参数记录，减轻操作员的工作量。

（6）运行有关的应用软件

SCADA 系统可为第三方应用软件提供实时数据，在专门设置的机器上运行应用软件，通过 SCADA 数据库获取数据后，进行数据分析、处理等，实现水击、检漏、清管器跟踪、批量跟踪等功能。

（7）时钟同步功能

通过域控服务器同步全线的服务器，从而确保整个 SCADA 系统的时钟统一、准确，保障整个系统的记录时间及其相关事件、数据的可靠性和有效性。

6.2.2.2 站控系统的功能

站控系统是一个过程控制系统，是实现中心控制的基础，除包含了调控中心的大部分功能外，更侧重于与现场仪表及设备的通信，为调控中心提供信号。站控系统主要由服务器、PLC、交换机及其他自动控制设备组成，主要功能如下：

① 过程参数巡回检测和数据处理。

② 向控制中心上传各输油站的数据、设备状态及报警信息，并接收来自调控中心的调度控制命令，如远程远控设备、输油批次数据更新等。

③ 提供运行状态、工艺流程、动态数据的画面、图像显示、报警、存储、报表记录、打印功能。

④ 除执行控制中心的控制命令外，还可独立进行工作，实现 PID 控制。如机泵、阀门的控制(开/停)等。

⑤ 站场的逻辑联锁和紧急停车。

⑥ 进行故障检测，通过自诊断程序将结果报告站控和控制中心显示。

⑦ 提供 SCADA 系统的通信接口，采集流量计算机的流量信号、电气 SCADA 系统过来的电压、电流信号等。

⑧ 系统组态、维护。

6.2.3 SCADA 系统控制逻辑

控制逻辑是根据某些条件的逻辑关系决定实施的控制措施。通过 SCADA 系统实现控制逻辑包括启输停输控制、站启站停控制、批输下载、泵切换、水击联锁保护等。

6.2.3.1 常见控制方式

(1) 顺序控制

通常指设备开、停时执行一组人为事先编排好的、按照一定顺序执行的的逻辑动作，这类控制允许由操作人员决定是否投用。

(2) 联锁保护控制

信号报警和联锁系统包括信号报警系统和联锁系统，信号报警起到自动监视的作用，当工艺参数超限或运行状态异常时，以信息条配以灯光或音响的形式发出警报，提示操作员注意，并及时加以处理。联锁保护实际是一种自动操作系统，能使有关设备按照规定的条件或程序完成操作任务，达到消除异常、防止事故的目的。联锁保护的最高级别是 ESD 保护，ESD 是 Emergency Shutdown System 的简称，中文意思是紧急停车系统，它用于监视装置或独立单元的操作，如果生产过程超出安全操作范围，可以使其进入安全状态，确保装置或独立单元生产过程安全。

联锁保护系统由 3 部分组成：

① 发信元件。包括工艺参数或设备状态检测接点、控制盘开关、按钮、选择开关，以及操作指令等，它们起到参数检测、发布指令的作用。这些元件的通断状态也是系统的输入信号。如泵入口压力开关等。

② 执行元件。也叫输出元件，如阀门的执行机构等。

③ 逻辑元件。又叫中间元件，它们根据输入信号进行逻辑运算，并向执行机构发出控制信号。现在普遍采用 PLC、DCS 和 SCADA 系统的控制器。

(3) 简单控制系统

通常是指由一个被控对象、一个检测元件及传感器、一个调节器和一个执行器所构成的闭环控制系统，也称单回路控制系统，如图 6－8 所示。

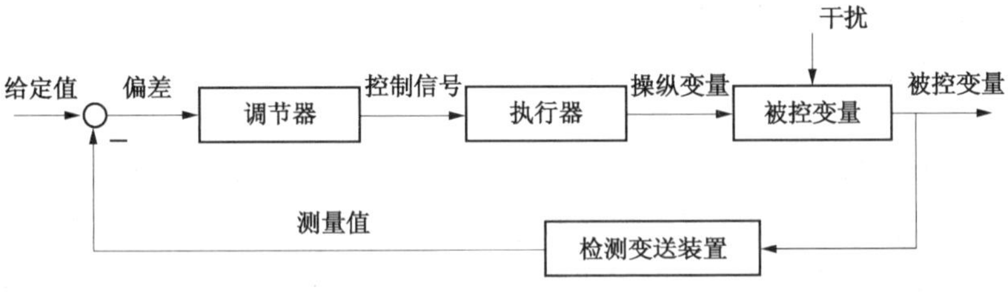

图 6－8　简单控制回路方块图

(4) 复杂回路控制

复杂回路控制一般可分为串级控制和选择控制。

① 串级控制。串级控制系统是由其结构上的特征而得名。它是由主、副 2 个调节器串联工作的，主调节器的输出作为副调节器的给定值，副调节器的输出去操作调节阀，以实现对主变量的定值控制，如图 6－9 所示。

② 选择控制。选择性控制又叫取代控制。在该系统中，一般有 2 只或 2 只以上调节器，它们的输出通过一只选择器后，送往执行器。这 2 只调节器，一只在正常情况下工作，另一只在非正常情况下工作。如图 6－10 所示。

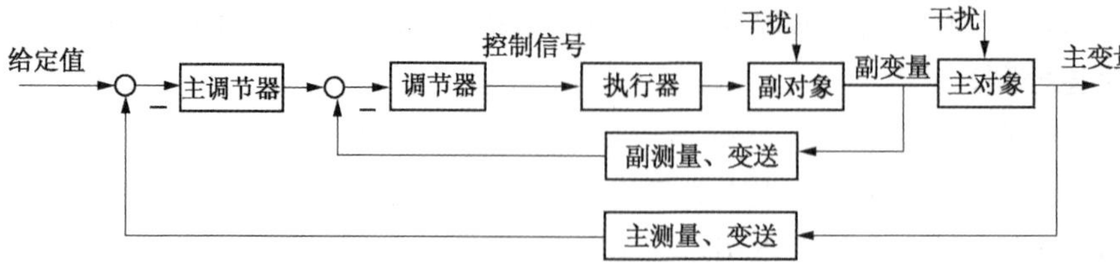

图 6－9　串级控制回路方块图

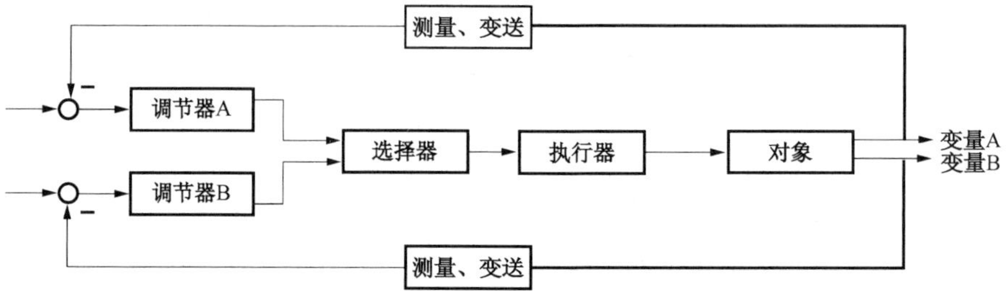

图 6－10　选择性控制回路方块图

6.2.3.2　典型泵站控制逻辑

（1）阀门的控制

① 开关式阀门。SCADA 系统与现场连接的信号包括：现场执行机构传过来的 DI 信号，即阀门的就地/远程信号，全开信号、全关信号、故障信号；SCADA 输出到现场的信号，即开阀和关阀信号。部分关键阀门还有单独一路 ESD 关阀信号。操作方法：单击工艺流程画面上的该阀门设备本体，弹出一个操作面板，点击相应的开阀或关阀按钮，再确认即可完成操作。

② 调节类阀门。SCADA 系统与现场连接信号包括：现场执行机构传过来的 DI 信号，即就地/远程信号、故障信号以及阀门开度反馈（AI 信号）；SCADA 输出到现场的信号为开度输出（AO 信号）。操作方法：单击工艺流程画面上的该阀门设备本体，弹出一个操作面板，在面板的输出框里输入 0～100 的开度数字，再回车确认即可完成操作。一般也有模式的切换下拉框，如程序/操作员控制，自动还是串级等，对于其控制算法的不同，面板略有不同。

在实施阀门的单体控制操作中，特别需要注意：在现场就地电动操作与远程控制操作切换时，应确保无扰动切换，即从远程控制操作切到现场就地电动操作时，要先检查现场的操作命令按钮不能在反方向位置，防止在切换过程中导致阀门的误动作，反过来从现场就地电动操作切换到远程控制操作时也要先注意室内画面上阀门的操作面板上的输出值，是否跟当时阀门的开度位置一致，如果不一致，要先变更作操作面板上的输出值一致后，才可把阀门切回远程控制，防止在切换过程中导致阀门的误动作。

（2）机泵的控制

SCADA 系统与现场连接信号包括：现场过来的信号，即就地/远程信号、运行信号；SCADA 输出到现场的信号，即启泵信号、停泵信号。

基于工艺及设备本身的安全考虑，机泵的启停需要考虑与之相关的压力及泵进出口阀门的状态，在控制逻辑中会联动进出口阀门，在实施机泵控制逻辑中，需要注意的几点有：

① 机泵启动前应满足一系列的条件，如压力是否满足，进口阀和出口阀是否已经处于预先考虑好的位置，机泵本身涉及的机械密封、振动条件、温度等条件是否满足。这个一般

都作为启泵前的一个必要条件加入保护逻辑中，条件不满足不允许启泵。

② 启泵/停泵信号是脉冲信号还是长信号，根据电气方面的要求一般都是脉冲信号，通常 SCADA 输出先到继电器的干触点，再触发继电器闭合输出信号到电气柜来动作机泵。

③ 需要考虑机泵运行或停止后与阀门动作的联系

启泵时，通常出口阀门开始处于一个小开度或全关的位置，泵启动以后延时一定时间，待机泵运行较平稳后，出口阀再慢慢打开。

停泵时，通常先关小出口阀门后再停泵，避免甩泵造成压力及流量的大波动。如果是紧急停泵，如联锁条件触发，那么可考虑直接停泵同时关出口阀门的方法。

（3）联锁保护

管道中联锁保护控制的应用主要有：

① 站场保护。如发生火灾或可燃气体报警时，可执行紧急停车保护。在监控画面上可设一个软按钮，具有一定权限的人员输入密码后可进行操作。

② 油罐保护。设立低液位报警，低液位联锁关阀，防止油罐抽空；设立高液位报警，高高液位联锁关阀，防止冒罐。高高液位联锁报警后，应进行打通切罐流程，防止憋压。

③机泵的保护。对泵机组的工况进行监视和控制，并自动联锁停泵。主要监控的参数有：泵出入口压力、泵壳温度、泵及电机轴承温度、电机定子绕组温度、电机电流、电压、泵轴承振动、泵密封泄漏量等。每种参数都可构成联锁条件。

④ 下载压力超高保护。下载减压阀后的管线和设备都是低压的，要求压力不能过高，当减压阀的压力超出联锁值时，会自动联锁关闭下载第一道阀门和各下载切换阀。

6.2.4 SCADA 系统常见故障判断和处理

6.2.4.1 操作画面死机

（1）故障现象。

操作画面数据不更新，或无法点击画面设备。

（2）处理方式。

① 注销及重新登陆。

② 重启机器。

对于无法正常注销的，取得专业人员的同意后通过主机电源开关重启机器或联系专业人员协助进行处理。

6.2.4.2 监控画面仪表信号显示不正常

（1）故障现象或原因

① 现场变送器等元件故障。

② 连接线问题，包括信号线接反、松动、脱落、断路。

③ 卡件或通道故障。

（2）采取的措施

① 检查该点所在的卡件是否正常，若卡件正常，则检查线路。

② 检查现场设备信号是否正常送入 SCADA，信号送入是否准确，若送入不准确，则进行检测仪表处理。

③ 如果显示值与现场不一致，检查 SCADA 里组态设置的量程是否与仪表一致。

④ 若通道故障，则改接至备用通道的端子上进行试验，确认以后更换通道，需变更接

线和相应的组态。

6.2.4.3 阀门远程操作不正常

采取的措施：

① 检查命令是否正常发出。

② 如果命令正常发出，检查卡件通道是否正常。

③ 检查浪涌保护器是否正常，检查各接线端子是否正常。

④ 如果以上都正常，那么应在阀门执行机构上检查信号是否到达以及执行机构的工作情况。

6.2.4.4 机泵或阀门误动作

采取的措施：

① 首先通过事件记录查看是否为人为动作。

② 在报警记录中查看是否有报警或者联锁动作信息。

③ 联系专业人员到程序中查看与该设备相关的程序是否动作，信号是否发出。

④ 如果并非从系统内部发出指令，那么查看现场的情况，检查现场操作柱或执行机构。

6.2.4.5 某站的数据在调控中心显示不正常或数据中断

采取的措施：

① 查看该站与调控中心的通信线路是否畅通，并诊断故障出现的节点位置。

② 检查服务器与该站控服务器或控制器的通讯状态是否正常，不同厂家采集数据的方式不一样，有些从该站服务器读取，有些直接从该站控制器中读取数据。

③ 登陆该站服务器，检查该站场的数据是否正常。

④ 检查控制器的工作状态是否正常。

6.2.4.6 SCADA 系统单体设备故障

采取的措施：

① 检查设备的各种运行状态指示灯，一般都有电源灯、状态灯等，检查是否正常，外部供电是否正常，故障灯是否亮。

② 可联系专业人员进入系统内部程序中检查设备的工作状态，是否正常工作。

③ 如果设备出现故障，由于设备长时间运行后可能出现一些软故障，可通过断电重启后解决，有些设备卡件也可通过重新插拔的方式看看是否恢复正常；如果是卡件故障，由于同类卡件都是通用的，可更换好的卡件来检查底座是否有问题，或者把卡件插到好的底座上检查。

④ 以上方法如不能解决问题，则需要更换设备。

6.2.4.7 通信线路故障

采取的措施：

① 查看调控中心与各站的通信线路是否畅通，可以通过 ping 包命令进行检查，诊断故障出现的节点位置。

② 检查内部电话和工业电视监控是否正常，是否为光缆中断导致。

③ 检查交换机和路由器的工作状态，是否正常工作。

④ 检查通信机房相关设备是否有故障，是否有告警。

⑤ 联系通信专业人员协助检查处理。

6.2.4.8 第三方通信数据信号故障判断及处理

目前与SCADA系统通讯的第三方设备主要有密度计、流量计算机、CIU液位计、E+H液位计、电气SCADA系统及部分用户库区系统等，采用串行通讯实现数据的互传，传输方式为RS485，通信协议为Modubus RTU。故障现象通常是其中一种或几种设备的通信数据异常，无数据或数据不刷新不变化，这是由于其中一种或几种设备与SCADA系统的通信不通所导致。

第三方通讯故障的判断方法，一般都是通过Modscan软件对第三方设备传输过来的数据进行扫描(即采用该软件与第三方设备进行通讯)，观察数据是否到达；也可用串行通信软件与SCADA通信口连接，检查SCADA的通信端口和输出数据包的情况。

需要用到的设备：笔记本电脑、232转485转换器及部分信号线。将第三方设备的2根线接上转换器的正端和负端，并将转换器插在笔记本的串口，打开Modscan软件，填写设备地址、传输波特率、停止位、校验类型、起始地址、数据个数、数据类型等参数进行通讯测试。如果没有数据显示，说明第三方设备数据传输故障或线路有问题，那么需要联系相关部门或专业进行处理；对于库区液位的通讯，需要协调油库处理。

6.3 成品油管道运行操作与控制

6.3.1 成品油管道操作控制原则

① 成品油管道全线的操作控制按照中心控制、站控和就地控制3级管理的原则。

② 输油工艺的运行参数应控制在规定的范围之内。

③ 流程切换应执行操作票制度。

④ 流程的操作和切换，必须实行集中调度、统一指挥。任何人未经授权的值班调度人员同意，不得擅自改变操作。如即将或已经发生火灾、爆管、冒罐等事故按照应急措施处置。

⑤ 流程切换应遵循“先开后关”的原则，即确认新流程已经导通后，方可切断原流程。

⑥ 具有高压衔接部位的流程操作时，必须先导通低压部分，后导通高压部位；切断流程时，应先切断高压部位。

⑦ 流程切换时应防止管道系统压力突然升高或降低。

⑧ 正常开关阀门时，必须缓开缓关，以防止憋压和水击现象损坏管道或设备。

⑨ 输油泵机组切换宜采用“先启后停”的运行方式，特殊情况可采用“先停后启”的运行方式。

⑩ 输油泵切换期间，应认真调节启、停泵机组的负荷，基本保持出站压力平衡，严防出站压力超高。

6.3.2 成品油管道安全控制要求

对于长输成品油管道来说，操作控制的指标就是压力和流量。

6.3.2.1 管线的压力控制

压力控制对管道安全平稳运行至关重要。为了达到和维持合适的流量，操作员必须了解和掌握压力操作范围。所有的管道都有其最大和最小运行压力。管道压力必须高于所输油品的蒸汽压，同时在泵的入口处还要高于泵的允许汽蚀余量，压力过低会导致管道在低输量和低效率下运行。管道的运行压力还必须低于最大允许运行压力，否则会造成泄漏甚至管道破裂。

压力控制是基于进、出站压力控制，通过压力控制维持管线平衡。压力控制是确保管道平稳运行的基本要素，必须控制以下压力。

① 泵站的最大出站压力必须低于管线的最大允许运行压力。

② 泵的入口压力必须高于泵的汽蚀余量，高于设计要求的泵入口压力值。

③ 管线中任一点的压力必须高于所输液体的蒸汽压，同时低于管道的最大允许运行压力。

④ 对于站内管道压力不得超过设计要求的压力范围。

6.3.2.2 管线的流量控制

在管道的运行过程中，要求各站的出站流量不能低于运行泵的最小连续稳定流量，同时不得低于每段管段的最小流量，最大不能造成运行泵电机超电流。

为防止在管线运行操作调节过程中，压力、流量波动过大，影响管线的安全平稳运行，因此限制不同工况下调节阀的最大调节幅度值和最小调节频率。

在进行全线停输时，应逐步调整沿线各站场的进站压力，逐步降低管线中的流量，以保证沿线高点不汽化。因为管道内油品界面位置是随时变化的，每次停输时各站控制压力也就不一样。总的原则是确保管道和站场不超压的情况下，将高点压力控制在 0.2MPa 以上。

6.3.2.3 水击控制与防护

（1）水击产生的原因

输油管道密闭输送的关键之一是解决“水击”问题。“水击”是由于突然停泵(停电或故障)或阀门误关闭等造成管内液流速度突然变化，因管内液体的惯性作用引起管内压力的突然大幅度上升或下降所造成对管道的冲击现象。水击所产生的压力波在输油管道内以1000 ~ 1200 m/s 的速度传播。水击压力的大小和传播过程与管道条件、引起流速变化的原因及过程、油品物性、管道正常运行时的流量及压力等有关(对于输油管道，管道中液流骤然停止引起的水击压力上升速率可达 1MPa/s，水击压力上升幅度可达 3MPa。)

（2）水击引起的后果

水击对输油管道的直接危害是导致管道超压，包括两种情况：一是水击的增压波(高于正常运行压力的压力波)有可能使管道压力超过允许的最大工作压力，使管道破裂；二是减压波(低于正常运行压力的压力波)有可能使稳态运行时压力较低的管段压力降至液体的饱和蒸汽压，引起液流分离(在管路高点形成气泡区，液体在气泡下面流过)。对于建有中间泵站的长距离管道，减压波还可能造成下游泵站进站压力过低，影响下游泵机组的正常吸入。

（3）防止管道水击措施

通常采用 2 种方法来解决水击问题，即泄放保护及超前保护。泄放保护是在管道上装有自动泄压阀系统，当水击增压波导致管内压力达到一定值时，通过阀门泄放出一定量的油品，从而削弱增压波，防止水击造成危害。超前保护是在产生水击时，由管道控制中心迅速向有关泵站发出指令，各泵站采取相应的保护动作，以避免水击造成危害。例如，当中间泵站突然停泵时，泵站进口将产生一个增压波向上游传播，这个压力与管道中原有的压力叠加，就可能在管道中某处造成超压而导致管道破裂。此时若上游泵站借助调压阀节流或通过停泵产生相应的减压波向下游传播，则当减压波与增压波相遇时压力互相抵消，从而起到保护作用。

6.3.3 成品油管道操作

输油管道的自动控制有2个方面：一是从流体力学角度对管道进行控制；二是对管道的运输进行管理。前者是通过对管道沿线泵站上的机泵、阀门及相关设备动作的操作，控制管内介质按预定状态运行，完成货物的运输。后者是要保证运输油品的种类、质量及执行输油计划，它包括隔离球投放、预测隔离球的位置、批次切换、仪表校验、泄漏检测、预测混油量以及收油罐分配等与管道运行有关的业务。另外，还包括输油计划及调度计划的制定。

在具有多点进出的成品油管道系统中不可避免地会出现中途进油、卸油等操作，一般将操作分为以下4种类型：

（1）输入操作

当某一批次油品全部从管线首站或沿线某一输入站进入管线时，即发生输入操作。该操作使上游各站停输，而从此站产生至下游全部输量。

（2）注入操作

当需要从某一注入站向管线中经过的油品中注入一定量的相同或相似油品时，即发生注入操作。该操作使该注入站上游输量减小，下游（含该站）输量不变。

（3）分输操作

当需要从某一分输站向分支管路或油罐中从管线中经过的油品中分输部分油品时，即发生分输操作。该操作使上游输量不变，下游（含该站）输量减小。

（4）输出操作

当需要从某一输出站（或某一末站）将管线中经过的某一批次的油品全部离开管线时，即发生输出操作。该操作性质同终点站，即上游输量不变，下游停输。

6.3.4 成品油管道常规操作

6.3.4.1 启泵操作

① 站场按照单体设备操作规程对泵进行检查，确定满足条件。

② 导通相关流程。

③ 打开排气阀对泵入口管线、泵体进行排空，开阀时应缓慢，空气排净后即可关闭排气阀。

④ 根据输油泵特点，全关泵出口阀或微开出口阀。

⑤ 检查泵体底部排污阀及关严该阀。

⑥ 按照泵的启泵操作规程启泵。

⑦ 当泵达到正常转速、电流表的电流指针回落到正常位置时，根据电流显示值，将泵的出口阀逐渐打开，控制电机电流不超过额定电流。

⑧ 检查泵机组各类参数在要求范围内（包括进出口压力、电流、振动等）。

⑨ 在启动过程中要注意泵和电机应无异常声响。

6.3.4.2 停泵操作

① 缓慢关闭出站调节阀，调节本站的出站压力。

② 当出站压力下降到一定值，调节阀前后压差达到一定值时，停运输油泵。

③ 输油泵停运，关闭出口阀。

④ 调节出站调节阀开度，保持运行要求的出站压力。

6.3.4.3 泵切换操作

① 站场按照单体设备操作规程对泵进行检查，确定满足条件。

② 打开欲启泵排气阀对泵入口管线、泵体进行排空，开阀时应缓慢，空气排净后即可关闭排气阀；打开泵入口阀，将出口阀开至一定开度。

③ 按照泵的切换操作规程进行操作。

④ 在切换过程中要密切监控泵机组出口压力，同时监控气动泵各项参数在要求范围内；

⑤ 输油泵在切换过程中，根据将要启动泵的进出口压力判断是否允许泵先启动(即确认启动后泵的出口压力小于管线设计压力，在不影响后续管道安全的情况下，泵的切换程序一般是“先启后停”)，如果高于此压力值则报警提示。输油泵切换期间，应调节泵机组负荷，保持出站压力平衡。

6.3.4.4 分输下载操作

① 确认下载库满足下载要求。

② 确认管线满足下载要求(下载油品与管线流经油品相同)。

③ 导通相关流程，先导通低压部分再导通高压部分。

④ 调整站场进出站压力，使压力满足下载需要。

⑤ 油品到达时，开始下载。

6.3.4.5 管线启输操作

(1) 启输前准备

① 确认干线阀门已开启。

② 导通主输流程，打开站场的相应阀门。

③ 确认分输下载站场满足下载要求，并导通相应流程。

④ 各泵站按照泵的启泵条件进行准备工作。

⑤ 根据具体情况投用进出站压力自动调节系统和保护系统。

(2) 管线启输

① 启动给油泵。

② 确认给油泵已经启动，并用出站压力控制来限制初始流量和压力波动。

③ 当首站压差和流量开始上升时，启动下游站场，逐步提量。

④ 管线流量一致后，根据需要对全线进站压力、出站压力、流量和背压进行调整。

6.3.4.6 管线停输操作

管线完全停输就是整个管线内油品停止流动。计划内停输时压力坡降线要保持足够高，以防止液柱分离。

管线停输的一般顺序：

① 确定混油段的位置，尽量将混油界面停在最大限度减少混油增加的位置，即密度小的油品在海拔高的地段，重质油品在海拔低的地段。

② 根据输油计划的安排及混油段位置，确定最佳停输的时间。

③ 调整首站压力和末站进站压力，降低流量。

④ 调整中间站进站压力，使设定压力接近于期望停输压力。

⑤ 用设定值控制和停用泵机组使管线停输。

⑥ 首站主泵停运后，停给油泵。

⑦ 静态压力线建立后，关闭干线截断阀。

6.3.5 成品油管道非常规操作

6.3.5.1 管线紧急停输

在输油过程中如出现火灾报警、线路截断阀关闭、管线泄漏等情况，应立即停输。管线紧急停输时，不考虑高程和最终压力线。需要首先考虑的是如何尽快地以安全有效地方式使输油停下来。管线紧急停输应按照下述步骤进行：

① 立即停事故点上游站场所有泵机组。

② 停首站所有泵机组。

③ 停首站给油泵机组。

④ 停首站到末站间的所有泵机组。

⑤ 关闭可疑泄漏点两端的线路截断阀。

⑥ 关闭事故段上游紧邻的两个线路截断阀。

⑦ 关闭事故段下游紧邻的两个线路截断阀。

⑧ 关闭所有线路截断阀和站内截断阀。

⑨ 通知抢维修人员进行处理。

6.3.5.2 泵机组意外停运或自锁

泵机组意外停运或自锁将导致输入管线的能量减少，损失的能量与停运泵机组的功率成正比，所以操作员必须迅速确定这些减少的能量对管线控制和平衡的影响，同时必须迅速做出反应，控制管线使之恢复平衡或停输。

引起泵停运的主要原因有：泵入口压力超低、出站压力超高、汇管压力超高、管线压力保护程序触发等。

泵机组自锁是指停运的泵机组退出运行；引起泵机组自锁的主要原因有：泵机组运行参数超出厂商规定过的限制、出现危急情况、泵站的电力供应出现问题等。

（1）处理泵机组意外停运或自锁的原则

① 在泵机组停运或自锁时，运行首先要考虑的是尽可能减少泵机组停运或自锁对运行的影响。

② 为了补偿泵机组停运或自锁时减少的能量，操作员必须确定是否需要启动另一台泵或通过减小节流增加能量。

③ 如果压力限制允许，需要启动停运或自锁位置上游站的泵。否则，就需要降低输送量，使管道在新状态下达到新的平衡。

（2）泵机组意外停运或自锁的处理方法

泵机组意外停运或自锁会导致输入管线的能量减少。根据管道的设备状况，操作人员应立即启动备用泵；如果启动不成功，可根据具体情况选择执行全越站、压力越站、全线降量输送或全线停输操作。

6.3.5.3 油罐事故

（1）冒罐

发生冒罐时，应立即实施紧急切换程序。切换至同类油品的油罐下载油品，停止向该油罐进油，关闭该油罐进口阀。如该种油品储罐容量不足，则停止该站的油品下载，调控中心根据输油情况，下达降量输送或者上、下游站增加下载量指令。

（2）抽空

油罐抽空时，应立即切换至同类油品的油罐，停止该油罐发油操作，关闭油罐出口阀，继续发油计划；如果备油不足，则停止发油操作或执行局部或全线停输操作。

（3）跑油

发生跑油事故时，关闭油罐出口阀，查明跑油原因，关断跑油段两端阀门，采取控制、回收。

（4）火灾

油罐发生火灾事故，立即停止着火罐的一切作业。

① 首站发生火灾后，全线停输。

② 分输站发生火灾后，立即关闭罐区阀门和进站阀门，停止油品下载，根据输油情况，调控中心调整沿线分输下载量，下达降量输送或者上游站增加下载量，分输泵站越站或者全线停输指令。

③ 末站罐区发生火灾时，立即关闭罐区阀门和进站阀门，停止油品下载。根据输油情况，增加上游站场的下载量或降量输送或全线停输指令。

④ 在采取工艺处理措施的同时，启动事故应急处理预案。

6.3.5.4 站场过滤器堵塞

各站场均设有进站过滤器前后压差报警，当过滤器发生堵塞，前后压差超过设定值时，发生报警；当运行的一路过滤器压差超高报警时，立即切换至备用过滤器，备用一路全开后，关闭故障一路的阀门；当站场两台过滤器均堵塞，则执行越站或者全线停输操作。

6.3.5.5 自控系统故障

自控系统故障主要包括：通信故障、仪表故障、SCADA 软硬件故障。

① 当光纤通信系统事故中断后，自动启用公网备用通信系统。

② 当线路紧急截断阀室检测信号（RTU）中断时，应继续正常输油，同时密切监视紧急切断阀上下游压力的变化；同时应通知检修人员查明原因，尽快恢复通信。

③ 当分输站和支线末站信号中断时，转入站控状态，站长进行监视，不允许进行启停设备或倒换流程，直至信号恢复。

④ 首站与调控中心通讯中断后，全线停输。

⑤ 其它站场与调控中心通讯中断后，调控中心立即把信息发给能够接受到信号的站场，所有站场值班人员开始计时，并按计划继续正常输油 60min，如果在这个过程中通信恢复，调控中心要立即通知各个站场；如果 60min 还没有恢复，则该站场越站操作。

⑥ 上传的仪表读数与现场仪表读数不符时，站场人员应主动报告调控中心，调控中心密切注意事故上下游站的情况并通知检修人员及时检修仪表。

⑦当主调控中心的 SCADA 操作系统发生故障后，立即启用备用调控中心控制全线操作。

6.4 混油检测与处理

6.4.1 混油的形成过程

油品在管道中运移时由于相邻油品的性质不同会产生混油；混油界面经过泵站时会由于

泵的搅动产生混油；泵站进行油品切换也会造成一段初始混油；停输也会造成混油的增加。成品油管道在顺序输送时，要尽量减少混油损失。

管道顺序输送过程中除了局部混油、意外混油外，正常输送条件下，沿程混油是最主要的。沿程混油的产生是基于两个基本的机理：对流传递(convective transport)和扩散传递(diffusive transport)。

对流传递过程是由速度场不均匀引起，它使混油轴向伸展不断增大。

扩散传递包括分子扩散和湍流中的涡流扩散，在扩散的方向上又分为轴向扩散和横向扩散，轴向扩散促进轴向伸展，而横向扩散却对轴向伸展有抑制作用，如图所示，使溶解物从快流速的中心区域向管壁的慢流速区域移动。这样，溶解物分布的前端就不能像没有横向扩散作用时运动那么快。而在分布的后端，溶解物从管壁区向管流中心区移动，因而帮助后端赶上前端。因此，径向扩散的作用使得混油的轴向分布变得紧凑，也就抑制了混油的轴向伸展。

在层流或者湍流强度不大的流动情况下，管道横截面上油流流速分布不均匀的对流传递是造成层流沿程混油的主要原因，扩散传递完全依靠分子扩散。后行油品的楔形油头突入前行油品中，由于油品的密度差，这种楔形油头可能偏离管道中心，并随改输后种油品时间的延续而变长。

湍流时，管道截面上的流速接近平均流速，没有抛物型流速断面，对流传递不显著，仅在层流底层由于局部流速不均匀而存在，扩散传递过程成为影响混油形成的主要原因。湍流中的涡流扩散引起一个附加的扩散，在径向上，该附加扩散比分子扩散大很多，大大加强了径向分子扩散的作用。

6.4.2 混油的检测

在成品油的顺序输送中，必须及时掌握混油界面的准确位置。目前，国内外输油管线用于输送不同油品界面检测方法大致有：密度型，电容型，放射型，记号型，声波型，热导型等。

(1) 密度型界面检测系统

密度型界面检测系统是国内外成品油和原油管线顺序输送中最普遍的方法，有多种形式，如浮筒式、质量式、压差式、振动式、射线式。从实用、价格、精度等角度看，振动式比较好。缺点：由于不同品级的油品密度范围常有重叠或差别极小，往往给该系统的正常判断带来困难。密度型界面检验系统是通过测量不同油品的密度差别来检测输油管道中不同油品的界面，是一种比较直接的界面检测方法。

兰成渝成品油管道就是在各分输(泵)站进站管线、末站的进站管线上安装高精度(可达万分之一)密度计，在线监测管内油品密度的变化，以用于柴油和汽油界面的检测。自动控制系统对在线密度计的检测结果进行自动分析，准确地判定纯净油和混油的界面，并按预先设定的操作程序将纯净油和混油分离，完成对混油界面的自动切割。利用密度计和自动跟踪控制相结合的方法，可有效地将汽、柴油的混油界面切割，能够在一定程度上保证油品的质量。

(2) 记号型界面检测

这种方法是先把作为记号的物质溶解在与管线所输油特性类似的有机溶剂中，再将示踪物的混合液从首站注入界面，在末站检测记号物质即可得知混油段。

1）荧光记号型

在顺序输送不同级别的油品之间的混油界面注入某种荧光剂，然后使用界面检测器可检测到混油界面。

2）气体记号型

将某种气体作为示踪物质注入管内不同油品界面之间，然后在分输站用色谱仪采样分析示踪气体在油品中的浓度分布即可检测到混油界面。

3）声波型

声波型界面检测是利用油品密度与声速的关系来检测混油界面。声速界面检测器的操作是通过准确地测量超声脉冲通过通道时的速度来实现的。

6.4.3 混油的切割与处理

成品油顺序输送产生的混油是一种不合格的油品，产生混油是使成品油顺序输送中油品贬值的主要原因之一，混油不能作为成品出售，只能再经过处理合格后才能按成品出售。采取合理的混油处理方法是提高成品油顺序输送管道经济效益的重要因素之一。

(1) 混油的切割

混油切割应根据油品分析结果和末站（或中间下载站）接收油罐容积等条件确定混油切割方案。混油头和混油尾应尽量收入大容量的纯净油品的储罐中，以减少纳入混油罐的混油量。混油切割的检测指标范围应根据相邻输送的批次油品质量潜力确定，如图 6－11 所示。

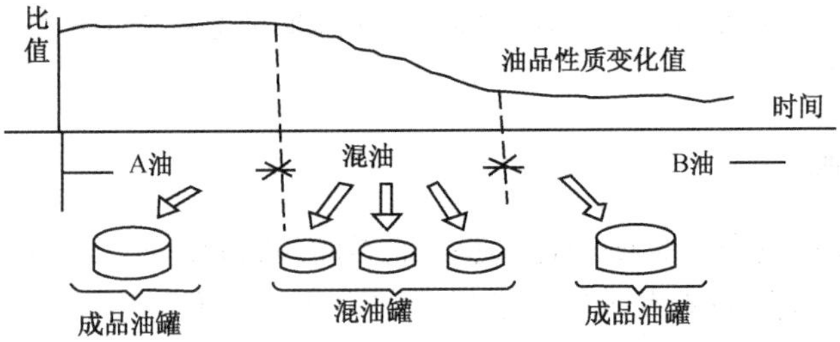

图 6－11　混油切割示意图

当混油到达末站时，通常是将 1% ~99% 之间的混油作为混油切出，把混油按 50% 切割，分成两部分，分别切入两个不同的混油罐中。在实际操作中，通常不知道混油界面的百分比，而是通过密度的变化来进行混油界面的切割。切割可分为：

① 两段切割：用于相同品种不同牌号油品。

② 三段切割：用于不同品种少量混油情况。

③ 四段切割：用于不同品种大量混油情况。

兰成渝管道的混油的切割方案为：

将含有后行油品 1% 的混油段直接切入前行油品中；

① 将含有 1% ~33% 后行油品的混油段切入富含前行油品的混油罐中；

② 将含有 33% ~66% 后行油品的混油段切入中间混油罐中；

③ 将含有 66% ~99% 后行油品的混油段切入富含后行油品的混油罐中；

④ 将含有后行油品 99% 的混油段直接切入后行油品中。

(2) 混油的处理

混油的处理方法一般有两种：一种是重新加工；另一种是掺混后供用户使用。

掺混是目前国内外所通用的一种行之有效而且比较简便的方法。所谓掺混方法是把混油段中含甲种成品油份量较多的混油头在站场内掺入甲种成品油储罐内；而将含乙种成品油份量较多的混油尾掺入站场内乙种成品油储罐内，条件是被掺混进混油头的甲种成品油和掺混进混油尾的乙种成品油的油品性质的控制指标必须符合国家规定标准。当然，所输送的甲、乙两种成品油的质量指标在从炼厂出厂时必须留有一定余量(即所谓“质量潜力”)，在掺混后仍能符合国家标准。

1）柴油和汽油相互掺混的计算公式

汽油中掺混柴油的允许浓度和柴油中掺混汽油的允许浓度可按下面公式进行计算：

$$K_{柴} = \frac{[t_a] - t_a}{16.7} \tag{6-1}$$

$$K_{汽} = 0.061t_b - \sqrt{(0.061t_b)^2 - 0.313(t_b - [t_b])} \tag{6-2}$$

式中 $K_{柴}$——柴油混入汽油中，柴油的允许浓度，%；

$K_{汽}$——汽油混入柴油中，汽油的允许浓度，%；

t_a——有一定质量潜力的汽油的实际终馏点，℃(200℃)；

$[t_a]$——国标中规定的汽油的允许终馏点，℃(205℃)；

t_b——有一定质量潜力的柴油的实际闪点，℃(70℃)；

$[t_b]$——国标中规定的柴油的允许闪点，℃(65℃)。

2）两种汽油掺混时主要控制汽油的辛烷值

牌号较低的汽油向牌号较高的汽油中掺混，牌号较低汽油的允许体积百分比浓度可按下式计算：

$$K_{辛} = \frac{N(N_2 - N_1) - N_2(N - N_1)}{(N - N_1)N_1} \times 100\% \tag{6-3}$$

式中 N——较高牌号汽油在国标中规定的最低辛烷值；

N_1——较低牌号汽油的实际辛烷值；

N_2——较高牌号汽油的实际辛烷值。

3）混油掺混浓度

混油掺混浓度见表6－1。

表6－1 混油掺混浓度

类别	柴油中允许掺混汽油	汽油中允许掺混柴油	3号汽油中允许掺混90号汽油
浓度	<0.1874%	<0.2994%	<50%

4）掺混处理工艺

将预定的混油量输入油罐，进行一定时间的油罐循环，化验。

步骤为：确定掺混量(掺混试验)；检测混油的相对浓度(取样)；根据储罐计算掺混体积。

6.4.4 混油的影响因素及控制方法

6.4.4.1 混油的影响因素

(1) 雷诺数的影响

雷诺数越小，混油长度越大，混油量越大。

(2) 输送次序对混油量的影响

不同油品在长输管道顺序输送过程中，影响混油形成的因素相当多。输送油品的物性

（密度、黏度）对混油量有一定的影响。

1）密度

顺序输送的相邻油品的密度差异对混油量的影响大大小于黏度差异对混油量的影响，在正常的输送条件下这种影响可以忽略不计。但是，在混油段发生事故性停输的情况下，相邻油品密度的差异可大大增加混油量，不仅在大口径水平管道中，特别是线路起伏、高密度油品处于斜坡的上方，低密度油品处于斜坡的下方时更是如此。

我国顺序输送试验中，曾把运行了368km的柴油－航煤混油段中的一部分停在880m长，高差166m的山坡地带，山顶处是柴油，停输285h后继续运行到381km。在正常情况下，1%～99%浓度范围内的混油长度为1650m，但因停输而增至2250m，即增加了36%，与正常的混油段相比，停输使混油浓度分布发生了畸变。停输时混油量增加量与停输时间成正比，同时与线路地形和油品密度有关。

2）黏度

黏度差对混油量的影响与顺序输送油品的次序有关：黏度小的油品后行时的混油量比黏度小的油品前行时的混油量多10%～15%。在古比雪夫－勃良斯克成品油管道上输送黏度相差几乎9倍的柴油和汽油时，因输送次序不同产生的混油量差别可达10%。在我国的顺序输送试验中也发现，油品交替时，黏度小的油品顶替黏度大的油品所形成的混油长度大于次序相反时的混油长度，两者比值在1.04～1.36之间，随流速和输送距离的变化而不同。

有文献认为由于混油黏度变化，局部流速断面发生变形，导致有效分散系数在混油段发生变化。在柴油前行、汽油后行的输送情况下，在混油形成最快的阶段，在管内壁残留有柴油层，具有这种层流底层的混油的流速断面与柴油的流速断面一致；在输送次序相反时，即当汽油前行、柴油后行时，在混油形成最快的阶段，混油的流速断面与汽油的流速断面一致，混油区内的有效分散系数几乎和汽油中的一样，小于柴油前行、汽油后行的有效分散系数，从而形成的混油量也比柴油前行、汽油后行的混油量小。

（3）管道首站初始混油量的影响

在输送首站开始两种油品交替时，倒换流程的过程如下：首先开启后行油品储罐的阀门，逐渐关闭前行油品储罐的阀门，实现输油批量的交替。在油罐切换的短暂时间内，前后两种油品同时进入首站的吸入管道，形成所谓的初始混油。初始混油量的大小取决于切换油罐的速度、首站吸入管道的布置和首站的排量。

我国一条159成品油管道的初始混油长度通常为200～300m；前苏联古比雪夫－勃良斯克顺序输送管道，管径为0.5m，初始混油长度约为600m。初始管道愈长，初始混油量对管道终点总的混油量影响就愈小。在管道首站产生的初始混油，对短距离管道影响是很大的，当管道长度增加到300km时，初始混油的影响已不明显。因此，可以得出下述结论：初始混油会使管道终点的混油量有所增加，为了减少总的混油量，采取措施减少初始混油对短距离管道有效，但对长距离管道效果较小。

（4）中间泵站对混油量的影响

在顺序输送过程中，混油段每经过一个中间站或中间分输站，混油长度就有所增加。中间站场产生混油的主要原因有：

① 站内分支管道较多，支管到阀门之间的存油不断地与进站油品掺合，使混油段浓度发生变化，混油量增加。

② 站内管道阀门、管件多，造成局部扰动，加剧混油过程。

③ 混油段通过中间泵站时，泵内叶轮的剧烈剪切也会加强混油过程，增加混油量。根据某成品油输送管道运行统计，混油段经过中间泵站时，混油长度平均增加 36m。从减少中间泵站对混油量影响的角度考虑，对于顺序输送管道，尽量简化中间泵站的流程，减少涡流源和盲管长度。

（5）停输对混油量的影响

在油品输送过程中，管道的事故工况或计划内的维修工作都会造成管道的临时停输。停输时，管内液体的紊流脉动消失了，被输送液体之间的密度差成为产生混油的主要因素。在密度差的作用下，混油段横截面上的油品会在垂直方向上产生运移。较轻的油品向上运动，较重的油品向下运动。如果停输时混油段正处在高差大的山坡地段且密度大的油品正处在高处时，在密度差的作用下，混油量会较大地增加。所以，为减少混油，在油品交替时尽可能避免计划停输。

6.4.4.2　减少混油的操作措施

① 确保在紊流状态下输送，而且雷诺数尽可能高，杜绝在层流下输送。

② 合理组织顺序输送次序，在满足质量要求的前提下，应将黏度相近的油品安排在一起，以减少混油。尽管黏度大的油品顶黏度小的油品可以减少混油，但对一个循环而言，有助于混油的减少。因为伴随的低黏度油品顶高黏度的混油将会增加。

③ 尽量减少油罐的切换时间，减少初始混油。

④ 尽可能减少停输。不得已停输时，应尽量使混油段位置停在平坦的地段，并关闭线路上混油段两端的阀门。

⑤ 尽量加大每种油品的一次输送量。对于特定管道的顺序输送，某种油品的输送量必须大于规定的最小允许输送量。

第 7 章　检维修及施工项目管理

7.1　设备检维修作业安全管理

设备检修是为了保持和恢复设备、设施规定的性能而采取的技术措施，包括检查和修理。

7.1.1　检修前的安全要求

① 外来检修施工单位应具有国家规定的相应资质，并在许可范围内开展检修施工业务。在签订设备检修合同时，应同时签订安全管理协议。

② 根据设备检修项目的要求，检修部门或检修施工单位应制订设备检修方案，检修方案应经有关部门审核，主要负责人批准。检修方案中应有对检修项目风险分析，采取安全技术措施内容，明确项目安全负责人。

③ 检修前设备使用单位应对检修作业人员进行安全教育。

安全教育内容如下：

a. 有关检修作业的规章制度。

b. 检修作业现场和检修过程中存在或出现的危险因素及对策。

c. 检修作业中所使用个人防护器材的使用方法和注意事项。

d. 相关案例经验和教训。

④ 检修前检查和安全措施：

a. 检修现场按规定设置相应的安全标志。

b. 检修项目负责人组织检修作业人员到现场进行检修方案交底。

c. 当设备检修涉及用火、临时用电、破土、进入受限空间、高处作业时，应按规定办理作业证。

d. 对检修作业使用的脚手架、起重机械、电气焊用具，手持电动工具等进行检查，凡不符合作业安全要求的器具不得使用。

e. 转动设备检维修前应采取可靠的断电措施，切断需检修设备上的电源，并经启动复查确认后，在电源开关处悬挂“禁止合闸”的安全标志。

f. 对检修中使用的气体防护器材、消防器材、通信设备、照明设备等器材应经专人检查；对梯子、栏杆、平台、盖板等进行检查，保证完好可靠。

g. 对检修现场存在可能危及安全的坑、井、沟、孔洞等应采取有效防护措施，设置警示标志，夜间检修现场应设警示红灯。

h. 检查、清理检修现场的消防通道、行车通道，保障畅通无阻。

7.1.2　检修作业中的安全要求

① 作业人员应按规定穿戴好劳动防护用品。

② 特种作业人员持证上岗，各岗位作业人员应遵守本岗位操作规程，并严格执行。

③ 严禁变更作业内容，扩大作业范围或转移作业地点。

④ 对审批手续不全、安全措施不落实、作业环境不符合要求的，作业人员有权拒绝作业。

⑤ 当发现异常，可能危及人员健康和安全时，应停止作业，撤离作业现场。

7.1.3 检修后的安全要求

① 检修项目负责人会同有关人员检查项目内容是否有遗漏，工具和材料等是否遗落在设备内。

② 因检修需要转移和拆除的盖板、扶手、栏杆、防护罩等安全措施应恢复正常。

③ 检修所使用的工具、脚手架、临时电源、临时照明设备应及时拆除。

④ 设备检修单位会同设备使用单位和有关部门，对检修的设备进行单机和联动试车。

7.2 油罐的检测和处理

7.2.1 油罐检测

油罐检测前应进行清洗，罐壁内外无油污和其他杂物，罐内油气浓度降到爆炸下限的4%以下；根据检测需要对相关部位和焊缝进行除锈。检测时，打开人孔、光孔，并进行通风换气。油罐质量要求按照 GB 50128《立式圆筒形钢制焊接油罐施工及验收规范》执行。

油罐检测的主要内容有罐体腐蚀、罐体几何尺寸及变形、油罐附件、防腐涂层。

7.2.1.1 油罐腐蚀的检测布点

为准确反映油罐腐蚀状况，评定油罐质量情况，确定检修部位，腐蚀检测布点和确定检测点数是关键。

（1）腐蚀检测点布点

罐体腐蚀检测布点，一般应按以下 3 种布点方法：

① 按照拍板的每块板布点，一般用于大面积检测。

② 按照每块板上的局部腐蚀深度布点，主要用于密集点腐蚀检测。

③ 按照点蚀情况布点，多用于分散蚀点检测

前 2 种情况检测每一块和每一块钢板上一个腐蚀区域平均减薄量，后一种情况检测腐蚀比较严重点的腐蚀深度。

（2）检测点的数量

① 检测点的数量以能较准确地反映被测板的实际平均厚度为原则，根据油罐不同部位的不同腐蚀情况确定。

② 一般情况下，一个检测区域(一块板或一块板上的一个局部腐蚀区)用超声波测厚仪或钢板测厚仪检测时，检测点数不应少于 5 个；当平均减薄量大于设计厚度的 10% 时，应加倍增加检测点；检测腐蚀比较严重的点蚀深度时，应根据点蚀分布情况和数量，确定检测点数。

③ 密集蚀点。密集蚀点是指点蚀数大于 3 个，任意两点间最大距离小于 50mm，最大深度大于原设计壁板厚度的 10% 的腐蚀区。

7.2.1.2 罐底板的检测与评定

（1）罐底板检测

边缘板的腐蚀检测应包括罐壁外侧延伸部分的边缘板，并测量边缘板外露尺寸宽度。中幅板检测时，应特别注意检测由下而上的点蚀。一般应在除锈过程中检查是否有由下而上的腐蚀穿孔出现。检测中幅板时，可以少量开孔检查，但一个开孔面积不大于 $0.5m^2$，且应距离焊缝 200mm 以上。检查完毕后，应按技术要求补板并做真空试漏。

（2）罐底板评定

① 边缘板腐蚀平均减薄量不大于原设计板厚的 15%。

② 中幅板的平均减薄量不大于原设计厚度的 20%。

③ 密集点蚀的深度不大于原设计厚度的 40%。

④ 罐底板应无折角、撕裂。

⑤ 油罐底板的余厚应不超过最小允许余厚，见表 7－1。

检测情况符合上述各条要求时，则认为油罐底板可以安全运行；超过时应进行修理。

当腐蚀超过上述要求时，腐蚀面积大于一块检测板的 50%，且在整块板上呈分散分布时，宜更换整块钢板；腐蚀面积小于 50% 时，应考虑补板或局部更换新板。当油罐壁板根部沿圆周方向存在带状严重腐蚀时，应考虑切除严重腐蚀部分并更换边缘板。当罐底板的局部超过 $2m^2$ 以上的凹凸，或局部凹凸变形大于变形长度的 2% 或超过 50mm 时，应考虑整修。

表 7－1 油罐底板余厚允许最小值

底板厚度/mm	4	>4	边缘板厚度 t
允许厚度/mm	2.5	3	$0.7t$

7.2.1.3 罐壁板的检测与评定

（1）罐壁板检测

① 罐壁板重点检测内表面底板向上 1m 范围内，外表面为罐壁裸露区，且分内外两面检查。

② 检测罐体几何尺寸。

③ 检测罐体凹凸偏差和折皱。

（2）罐壁板评定

① 罐壁板点蚀深度不超过允许最大深度，见表 7－2。

② 罐的垂直允许偏差应不大于罐壁高度的 0.4%，且不得大于 50mm。

③ 罐壁板凹凸变形偏差不超过允许最大值，见表 7－3。

④ 罐壁板折皱高度不超过允许最大值，见表 7－4。

表 7－2 罐壁板点蚀深度允许最大值

钢板厚度/mm	3	4	5	6	7	8	9	10	12
麻点深度/mm	1.2	1.5	1.8	2.2	2.5	2.8	3.2	3.5	3.8

表 7-3 罐顶板和壁板凹凸变形允许最大值

测量距离/mm	1500	3000	5000
偏差值/mm	20	35	40

表 7-4 罐壁板折皱高度允许最大值

壁板厚度/mm	4	5	6	7	8
折皱高度/mm	30	40	50	60	80

7.2.1.4 罐顶板的检测与评定

（1）罐顶板检测

罐顶板应先进行外观检查，然后对腐蚀严重的地方进行厚度检测。必要时应进行整体强度和稳定性检测。

（2）罐顶板评定

罐顶板的点蚀深度和凹凸变形参照罐壁板评定。罐顶板及其焊缝不得有任何裂纹和穿孔。对于腐蚀严重的构件应单独进行评价。

7.2.1.5 油罐附件检测与评定

（1）附件检测

油罐附件检测主要是检测其性能和功能是否满足使用要求。

① 开孔接管法兰的密封面应平整，不得有焊瘤和划痕，法兰密封面应与接管的轴线垂直，倾斜不应大于法兰外径的1%，且不得大于3mm。

② 测量导向管的垂直允许偏差，不得大于管高的0.1%，且不得大于10mm。

③ 密封装置不得有损伤。

（2）附件评定

① 罐顶安全阀、呼吸阀、通气窗、量油口完好无损，开关正常。

② 油罐进出口阀门灵活好用，无泄漏。

③ 防雷、防静电设施齐全完好，导电性能符合安全技术要求。

④ 消防设施、喷淋装置完好，无腐蚀、无泄漏。

检测情况符合上述要求时，则认为油罐附件合格，可以继续使用，否则应进行修理或更换。

7.2.2 油罐基础沉降检测

油罐基础的差异沉降，使油罐产生不同程度的倾斜。这对管线安装和油罐的正常使用带来诸多困难。过大的差异沉降能导致罐底破裂，引起泄漏，有时还能使罐体破坏。由于罐底局部不均匀沉降，罐壁上部会变成椭圆形，假若椭圆度过大，可能把浮顶卡住，甚至造成严重事故。

7.2.2.1 基础沉降测量

在油罐底板外侧有基础顶面（距罐壁150mm）沿环向均匀布置永久性测点，见图7-1。测点间距有环梁时，不宜大于10m，无环梁时不宜大于3m，且油罐直径大于等于22m时，不少于8个测点。

新建油罐充水试验，一般在罐壁下部圆周每隔10m左右设置一个观测点，点数宜为4

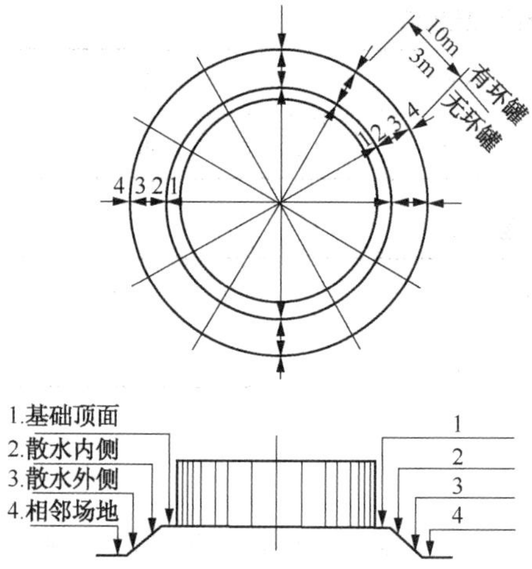

图 7－1　基础标高检测点布置

的整数倍，且不得小于 4 点。

测量各点及相邻场地和标高，计算各点与相邻场地地面之间的高差、相邻测点之间的高差、同一直径上两测点之间的高差。各高差值应符合下述要求：

① 各测点与其相邻场地地面之间的高差不小于 300mm。

② 两测点之间的高差，有环梁时，每 10m 弧长内任意两点的高差不大于 6mm，且整个圆周长度内任意两点的高差不应大于 12mm；无环梁时，每 3m 弧长内任意两点的高差不大于 6mm，且整个圆周长度内任意两点的高差不应大于 20mm。

③ 罐基础直径方向上的沉降差，不应超过表 7－5 的许可值。

表 7－5　储罐基础径向沉降差许可值

外浮顶罐与内浮顶罐		固定顶罐	
罐内径 D/m	任意直径方向最终沉降差许可值	罐内径 D/m	任意直径方向最终沉降差许可值
$D \leqslant 22$	$0.007D$	$D \leqslant 22$	$0.015D$
$22 < D \leqslant 30$	$0.006D$	$22 < D \leqslant 30$	$0.010D$
$30 < D \leqslant 40$	$0.005D$	$30 < D \leqslant 40$	$0.080D$
$40 < D \leqslant 50$	$0.004D$	—	—
$D > 60$	$0.0035D$	—	—

7.2.2.2　油罐基础构造的检测

油罐基础的构造，凡存在下述情况之一，均属不符合安全性要求，应予以修理。

① 护坡技术的护坡龟裂、酥碎、坡度小于 1%，或罐底边缘板已被护坡覆盖。

② 钢筋混凝土环梁断裂、劈裂、龟裂、酥碎或钢筋外露。

③ 钢筋混凝土环梁基础未设排水孔（泄漏检查孔），其周向间距不宜大于 20m，每台罐最少 4 个，钢管直径不宜小于 *DN*50 且不宜大于 *DN*70。

④ 基础顶面局部或全面凹陷，致使底板凹陷、空鼓或罐壁正下方的边缘板局部悬空。

7.2.2.3　储罐基础沉降观测方法

新建罐区，每台罐充水前均应进行一次观测。油罐基础可分为坚实地基基础和软地基基础。

坚实地基基础，预计沉降量很小时，每一台罐可快速充水到罐高的 1/2，进行沉降观测，并应与充水前观测到的数据进行对照，计算出实际的不均匀沉降量。当未超过允许的不均匀沉降量时，可继续充水到罐高的 3/4 进行观测，当仍未超过允许的不均匀沉降量，可继续充水到最高操作液位，分别在充水后和保持 48h 后进行观测，当沉降量无明显变化时，即可放水；当沉降量有明显变化时，则应保持最高操作液位，进行每天的定期观测，直至沉降稳定为止。

当第一台罐基础沉降量符合要求，且其他储罐基础构造和施工方法和第一台罐完全相同，对其他储罐的充水实验，可取消充水到罐高的1/2和3/4时的两次观测。

软地基基础，预计沉降量超过300mm或可能滑移失效时，应以0.6m/d的速度向罐内充水。当水位高度达到3m时，停止充水。每天定期进行沉降观测并绘制时间－沉降量的曲线图，当沉降量减少时，可继续充水，但应减少日充水高度。以保证在载荷增加时，日沉降量仍保持下降趋势。当罐内水位接近最高操作液位时，应在每天清晨做一次观测后再充水，并在当天傍晚再做一次观测，当发现沉降量增加，应立即把当天充入的水放掉，并以较小的日充水量重复上述的沉降观测，直到沉降量无明显变化，沉降稳定为止。

7.2.3 油罐基础沉降处理方法

若油罐基础设计不当或施工质量差，易造成油罐建成试水(或投用)后基础不均匀下沉，严重者会影响油罐的正常运行，罐体也随之倾斜。对于这样的倾斜油罐宜采用以下步骤和方法进行矫正处理。

(1) 准备工作

首先应明确油罐基础沉降处理组织领导、人员分工；其次应科学测量油罐的倾斜方向，确定调整的具体位置；然后制定油罐基础沉降处理的方法和步骤、施工工程中的工艺技术要求以及安全措施。

矫正前应先了解油罐全高、安全高度、安全容积、油罐直径等基础数据；断开与油罐相连的出入口管道、断开油罐防静电接地线、断开与油罐相连设备并封堵盲板、拆下油罐消防设备(施)、做好附近油罐、下水井、管道的防火防爆措施；检查油罐清洗情况，油罐是否完好，油罐基础是否完好；准备好电焊机、火焊架、千斤顶、枕木、槽钢、钢板、喷砂机、细砂机等设备工具。

(2) 修复过程和方法

① 在罐壁外底圈板距罐底400mm处打一道支撑横梁，用钢托架将其固定在罐壁上。见图7－2；

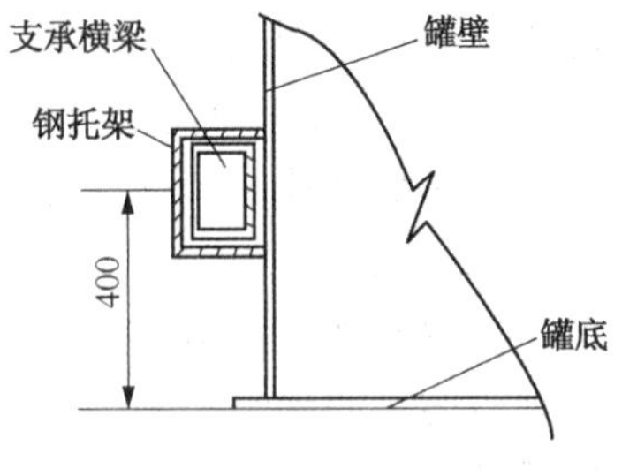

图7－2　油罐基础沉降修复示意图

② 在顶起罐之前，用4组细钢丝成90°角分别由罐顶吊下，确保其罐顶起后方便测量铅垂度。

③ 在支承横梁下等间距摆放千斤顶，千斤顶下用钢板进行铺垫，确保接触面积，用千斤顶缓缓将罐体顶起，使罐壁在各方位都符合规范标准；在顶升过程中要及时测量钢丝与罐体之间的距离，防止造成油罐顶起高度过高。

④ 油罐顶升到位后应采取有效措施进行加固，防止油罐回落。

⑤ 加固后先用喷砂机将细砂喷到罐底与基础的间隙处，砂子必须喷满；然后将水泥沙浆向罐底顶起部分进行浇灌，不得留有缝隙。

⑥ 待水泥达到强度后，拆除千斤顶及顶升到位后安装的加固装置。

⑦ 对罐底用真空箱法做严密性试验，试验压力为0.05MPa，无渗漏为合格。

⑧ 油罐重新进行充水试验，按坚实地基基础进行充水观测。

⑨ 拆除油罐壁板加固梁。

当油罐基础下沉量很大时，则应增强基座的承受力，可以采用构筑钢筋混凝土圈梁、用化学方法加强土壤耐力的方法。

7.2.4 油罐的变形处理

7.2.4.1 金属油罐变形的原因

① 施工质量低劣引发变形。

② 焊接工艺不符合技术要求引发变形。

③ 充水试验操作不当引发变形。

④ 运行中的油罐出现故障或操作不当引发变形。

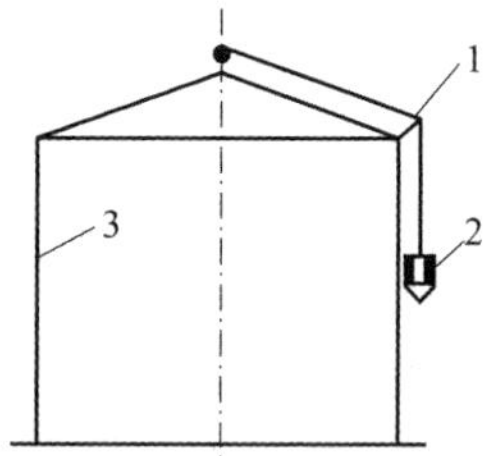

图 7-3 油罐变形观测示意图

1—滑轮；2—重锤；3—油罐

7.2.4.2 立式钢油罐变形检查

油罐顶、壁凹陷、鼓包、折皱等变形检查除用目测外，应按图 7-3 所示，将重锤与线挂好，用钢直尺测量拉线和罐顶间的距离，即可得某一位置的变形尺寸。测完一个位置后，将滑轮沿罐圈移动 20～30cm 再测另一个位置。这样重锤线沿罐周移动且上下升降，测量出顶、壁有代表性点的变形，将测量结果做好记录，为油罐维修提供依据，并存档备案。

7.2.4.3 油罐变形修复

油罐在建造和使用过程中，由于设计、施工、材质、操作、管理等方面的原因，常常使油罐局部出现变形，如凹凸、翘底等。油罐变形往往由某一种原因引起，多种原因促成，促成超限的因素很多。因此，在变形油罐修复之前，应仔细观察，认真调查，找出变形所在，根据变形和损坏程度采取不同的修复方法和工艺。

金属油罐变形整形方法主要有更换钢板法、切割重焊法、机械（人工）整形法、角钢（槽钢、钢板条）加固法、自然温差升压法、注水压缩气体法、气压整形法等进行油罐变形处理。采用自然温差升压法或注水压缩气体法、气压整形法进行油罐变形处理前应进行理论校核，防止在油罐升压过程中发生罐底板边缘翘起现象，并确保油罐壁板、顶板及底板处应力不超过材料的许用应力。

（1）注水压缩气体法

注水压缩气体法其程序是：准备工作、罐内注水、加压整形、检查整修、竣工验收。

1）准备工作

包括编制计划、组织人员、准备设备器材、清洗油罐、安装设备、清理现场等内容。组织计划主要是明确组织领导、人员分工、制定油罐变形处理的方法和步骤、工艺技术要求以及应采用的安全措施等；断开与油罐相连设备并封堵盲板；清洗油罐应达到安全卫生的要求；设备器材准备和安装是按照工艺技术要求将注水设备、输水管路、测控仪表等准备就绪并安装就位，编制油罐变形处理工艺示意图，见图 7-4。清理现场是清除不必要的物资器材，保证现场无危险品，道路畅通。

2）罐内注水

检查油罐液压整形工艺系统无误后，启动注水泵向罐内注水；在注水过程中，通过呼吸阀或采光孔保证排气畅通，注水量应略大于理论计算结果；注水中应注意检查油罐有无渗漏或异常变化，如有问题应根据具体情况，采取相应措施。

3）加压整形

密封油罐与大气连通的所有孔洞，使罐内形成密闭空间。启动注水泵，向罐内注水，压缩空间气体增压。注水速度应缓慢，流量宜控制在 1～3m^3/min，以便控制罐内升压速度；

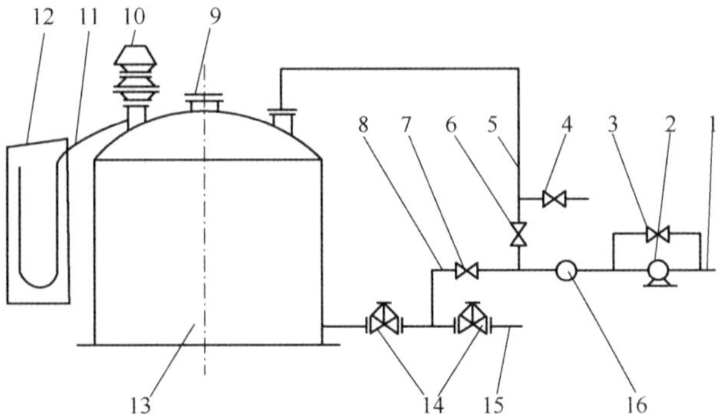

图 7－4　注水加压整形油罐工艺示意图

1—吸入水管(接水源)；2—注水泵；3—回流阀；4—卸压阀；5—加压水臂；6—加压控制阀；7—注水控制阀；8—注水管；9—采光孔；10—呼吸阀；11—连接胶管；12—U 型压力计；13—油罐；14—进出油阀；15—油管；16—流量表

逐渐消除变形部分内应力，促其复原。压力上升每 0.001MPa 应观察油罐复原情况，每次发出声响后，应关闭加压水管控制阀，开大回流阀，稳压 1～2min，并检查复原情况，然后再打开加压水管控制阀往罐内注水，并调整回流阀；发出声响后再停止注水加压，稳压检查。加压时压力表读数不得超过规定值，反复进行加压→声响→稳压工序至油罐恢复原状。在油罐复原后应稳压 30min，以消除变形部分的内应力使其稳定。在稳压过程中，还可用木锤敲击变形部位边缘，特别是皱折部位应反复敲击，以加速内应力的消除。与此同时应进行全面检查，尤其应注意焊缝、皱折部位有无渗漏。经稳压、检查后再排气卸压。卸压应缓慢，以防卸压过快再次吸瘪，直至打开油罐所有孔口。在整个加压整形过程中，要及时记录油罐变形复原情况、气温、注水时间、注水量、压力表读数、复原时伴随情况。

4）检查整修

在加压整形过程中，认真检查油罐各部连接、皱折、焊缝有无变形、裂纹、脱漆等。并根据具体情况加以校正、更换、补焊、加固、补漆，使其处于完好状态。

5）竣工验收

拆除加压整形时安装的工艺设备及封堵盲板，安装油罐附件，接通油管，恢复接地装置，清理现场，整理技术资料，会同有关单位和人员检查验收，填写竣工验收报告，将技术资料移交归档。

（2）自然温差升压法

自然温差升压法的程序是：准备工作、密封油罐与大气连通的所有孔洞、利用气温上升时罐内气体膨胀恢复变形部分、检查整修、竣工验收。

① 准备工作与注水压缩气体法基本相同，但应注意设备器材准备和安装必须在晴天早晨时安装就位。

② 升压整形。封闭油罐与大气连通的所有孔洞，安装压力表，安全阀、泄压阀等整形工艺系统无误后，随着气温升高，罐内气体膨胀，压力上升；在压力上升过程中应注意检查油罐有无漏气或异常变化，如有问题应根据具体情况，采取相应措施。当罐内压力上升到一定程度时，油罐变形部分会逐渐复原，每次发出声响后，应缓慢开启并调整泄压阀，稳压 1～2min，并检查复原情况，然后再关闭泄压阀；发出声响后再开启泄压阀，稳压检查。反复进行升压→声响→稳压工序至油罐恢复原状。其余与注水压缩气体法相同。

③ 检查整修、竣工验收与注水压缩气体法基本相同。

（3）气压整形法

气压整形法与注水压缩气体法程序基本相同，所不同是将注水加压系统改为注气加压系统。

① 气压整形法有 2 种不同做法。

罐内加水垫层送气增压整形，即注水量应略大于理论计算结果，送压缩空气进罐，使罐内气体空间增压整形。

气压加人工整形，即人带木锤进罐，然后密封送压缩空气进罐增压，利用气压及人工敲击修复罐底鼓包和油罐下部圈板的内陷。其根据是“高压氧舱”病员要承受 0.117MPa 的压力；而油罐整形压力一般低于 0.07MPa。

② 气压整形 2 种做法的比较。罐内加水垫层送气增压整形比较安全，实际中应用较多。气压加人工整形，适用于罐底鼓包，油罐下部圈板内陷的特定条件，虽然有的油库做过此类试验，且取得了成功，但其安全性相对来说更差些。

③ 气压整形同液压整形一样，整形过程也执行加压→声响→稳压，以及油罐复原后稳压的要求。

④ 气压整形变形修复注意事项：

a. 被整形油罐的隔离、清洗必须按动火作业的要求和程序进行，罐内和现场达到动火作业的安全卫生要求。

b. 一般不允许用输油管注水加压。因为输油闸阀不易控制，一旦发生倒流，罐内出现负压可能造成更大的事故。

c. 加压整形时，一定要控制罐内压力上升速度，绝不能过快。升压速度通常应控制在 500～1000Pa/min。且应逐渐减慢上升速度。

d. 加压整形过程中，必须升压、稳压相间，不准发生声响后继续加压，以防发生突变造成事故。

e. 在整形过程中必须有专人观察，将时间、压力、温度以及罐底、罐顶、罐壁等有关参数和变化情况详细记录，发现异常应立即停止加压，并采取措施。

f. 凡是经整形的油罐附件、连接短管、修复部位应进行严密性试验。

g. 气压加人工整形时，罐内照明应符合防火防爆的要求；规定罐内外联系的信号和方法；罐内人员应有适当的防护(主要是噪声)；油罐下部人孔连接应采用快速方法等安全措施。

h. 整形结束后排水时，必须控制好流速，以防罐内出现负压再次吸瘪，最好的预防办法是打开罐顶采光孔。

7.2.5 油罐翘底的修复

由于罐内正压超限而发生油罐上举事故将导致罐底板边缘翘起现象，同油罐吸瘪的现象一样普遍。

当罐内超压出现罐底板边缘翘起，严重的罐壁与罐底连接焊缝开裂而与底板分离，罐壁和底板接缝严重变形等；不严重的罐壁与罐底连接焊缝裂开而未与底板分离，罐壁和底板接缝有轻微变形等；还有一种情况是罐底板翘起，罐内卸压后恢复原状，或者虽未复原但焊缝完好。

① 严重情况时应分析钢板是弹性变形，还是塑性变形。若是弹性变形可用机械整形、焊修加固即可；无法用机械整形、焊修加固时，应将变形钢板割掉换板。若是塑性变形有时必须将变形部分割掉换板。

② 发生不严重情况时，整修变形部分焊修裂缝，必要时进行加固。

③ 罐底板边缘翘起后复原或未复原时，应检查焊缝有无裂纹，并根据情况加以焊修。未复原部分可用高标号水泥砂浆填塞处理，以防运行中进一步变形时可能出现的焊缝开裂。

④ 注意事项：

a. 动火焊修时必须严格执行动火作业的一切规定和要求。

b. 更换的钢板型号应与原钢板型号相同，其机械性能应符合质量标准。

c. 人工敲击修复油罐下部圈板的内陷时应注意钢板烧烤温度，防止温度过高造成钢板融化。

d. 应避免敲击力度过大造成钢板损伤。

e. 凡是经整形、焊修的部位都必须进行严密性试验，必要时应进行整体检验或整体强度试验。

f. 用高标号水泥砂浆填塞翘起部分时，应将杂物清除干净，可能时还应除锈涂漆，填塞应密实并采取防水措施

7.2.6 机械呼吸阀调试

7.2.6.1 机械呼吸阀的分级

呼吸阀一般由压力阀和真空阀组成，当罐内压力达到呼吸阀正压操作压力时，压力阀阀盘被顶开，气体从罐内排出，当罐内压力达到呼吸阀负压操作压力时，罐外空气顶开真空阀进入罐内，从而保证油罐在其允许压力范围内工作。呼吸阀的操作压力一般分为 3 级，其代号见表 7－6。

表 7－6 呼吸阀操作压力分级

操作压力/Pa	代　　号
+355、－295	A
+980、－295	B
+1765、－295	C

注：表中的“＋”号为正压，即表示“呼出”压力、“－”号为负压，即表示“吸入”压力。

7.2.6.2 机械呼吸阀调试步骤

① 呼吸阀开启压力测定：将被测呼吸阀安装在呼吸阀正负压力测试器上，调节测试压力逐步升高或降低，将阀盘调节到使其处于开启状态，读出压力值，然后再将阀盘分别转动 90°、180°重复上述试验、每工况重复 3 次，取其平均值，

测定结果允许偏差应符合正压时 －20 ~ 0 Pa、负压时 0 ~ 20Pa，呼吸阀的阀盘部件工作时动作灵敏可靠，其动作完成后应保证密封。

② 计算呼吸阀盘应增加或减少的质量：当呼吸阀测定压力偏差超过允许偏差时应增加或减少呼吸阀盘质量，其计算公式如下：

$$G = P_{开始} \cdot \pi d^2/4$$

式中 G——阀盘质量，kg；

D——阀座环内径，cm；

$P_{开始}$——油罐呼吸阀阀盘开始松动并且处于开启状态的压力，kg/cm^2。

③ 将改变质量后的呼吸阀阀盘安装好后重新进行压力测定，直至测定结果在呼吸阀压力允许偏差内结束。

7.3 方案的制订与审核

7.3.1 方案制订

方案制订应根据项目内容，结合国家、企业相关法律法规、技术标准写明编制依据，然后主要从施工的原因及目的、施工组织、施工内容、施工进度安排、技术保障措施 5 方面考虑。

（1）施工的原因及目的

主要介绍工程的基本情况，包括施工的原因、施工现场的情况、施工后要取得的效果等。

（2）施工组织

施工组织是根据批准的建设计划、设计文件（施工图）和工程承包合同，对土建工程任务从开工到竣工交付使用，所进行的计划、组织、控制等活动的统称。就是依据工程本身的特点，将人力、资金、材料、机械和施工方法这 5 要素进行科学、合理地安排，使之在一定时间内得以实现有组织、有计划、有秩序的施工，使得工程项目质量好、进度快、成本低。对于具体的工程项目在选定了施工方法和方案后，都要进行时间组织、空间组织和资源组织，这是施工组织最重要的 3 大组织。

简而言之，施工组织是针对施工过程中直接使用的建筑工人、施工机械和建筑材料与构件等的组织，即对基本施工过程和非基本施工过程和附属业务的组织，它既包括正式工程的施工，又包括临时设施工程的施工。

施工组织是项目施工管理中的主要组成部分，它所处的地位与作用直接关系着整个项目的经营成果。也可以说，它是把一个施工企业的生产管理范围缩小到一个施工现场（区域）上对一个工程项目的管理。

（3）施工内容

① 施工方法的确定。施工方法是施工方案的核心内容，具有决定性作用。施工方法一经确定，机具设备的选择就只能以满足它的要求为基本依据。

② 施工机械的选择。正确拟订施工方案和选择施工机械是合理组织施工的关键，二者又有相互紧密的联系。施工方法在技术上必须满足保证施工质量，提高劳动生产率，加快施工进度及充分利用机械的要求，做到技术上先进，经济上合理；而正确地选择施工机械能使施工方法更为先进、合理、经济。因此，施工机械选择的好与坏很大程度上决定了施工方案的优劣。

③ 施工顺序的安排。施工顺序安排是编制施工方案的重要内容之一，施工顺序安排得好，可以加快施工进度，减少人工和机械的停歇时间，并能充分利用工作面，避免施工干扰，达到均衡、连续地施工，实现科学组织施工，做到不增加资源，加快工期，降低施工成本。

④ 发现场平面布置。科学地布置现场可使施工机械、材料减少工地二次搬运和频繁移动施工机械产生的费用，可节省现场搬运的费用。施工平面布置的内容包括：原有地形地物；沿线的生产、行政、生活等区域的规划及其设施；沿线的便道、便桥及其他临时设施；基本生产、辅助生产、服务设施的平面布置；安全消防设施；施工排水临时设施；主要结构物平面位置等。施工平面布置设计原则包括：充分利用原有地形、地物，少占农田，因地制宜，以降低工程成本；充分考虑水文、地质、气象等自然条件的影响；场区规划必须科学合理；场内运输形式的选择及线路的布设，应尽量减少二次倒运和缩短运距；一切设施和布局，必须满足施工进度、方法、工艺流程及科学组织生产的需要；必须符合安全生产、保安防火和文明施工的规定和要求。

（4）施工进度安排

施工进度安排在项目施工组织设计中起着主导作用，它直接影响工程项目的施工成本、施工质量和安全。如果安排不当，会导致工期延误，增加施工现场各项费用的开支，使得工程项目的经济效益和社会效益受到严重影响。

（5）技术保障措施

技术保障措施是工程项目施工组织设计的内容之一。有些技术保障方面的内容，在施工内容中不能完全反映出来，是通过技术保障措施将它们反映出来的。技术保障措施主要反映工程项目的质量、工期、安全、环保等方面的要求和做法。

7.3.2 方案审核

单位工程的专项施工方案由项目部技术负责人编制后，报项目经理审查，然后填写《安全技术方案（措施）审批表》，报公司职能部门（技术管理部、生产计划部、质量安全部等）审核，经总工程师审批，并盖取企业公章。

公司审批后的专项方案，报建设单位和监理单位的负责人审批，经批准同意后，项目部按此组织施工。

审批过程中，对于内容不全面、针对性不强，或违反施工工艺，达不到安全技术标准的，返回项目重新修订后，再按程序签批。

7.4 检维修方案制订

7.4.1 油罐大修方案制订

7.4.1.1 油罐大修周期

油罐检修一般可分为日常检修和大修2大类，油罐的大修周期一般为3～5年。凡属表7－7内容之一者均列为大修理项目。需人员进罐修理或需动火作业修理的项目，一般应作为大修理项目对待。本节中油罐大修不包括油罐防腐施工，油罐防腐施工见7.5.5“油罐防腐施工方案制定”。

表7－7 油罐大修理项目标志

油罐大修理项目	主要标志
更换油罐内外所有垫片	油罐人孔、进出油孔、排污阀等处垫片老化，发现2处以上经紧固螺栓无效的（凡油罐大修时，均应检查更换全部垫片）
油罐表面保温及防腐涂漆	油罐表面保温层或漆层起皮脱落达1/4以上
罐体、罐顶或罐底腐蚀严重超过允许范围需动火修理或换底	① 罐体圈板纵横焊缝，尤其是底圈板的角焊缝，发现连续针眼渗油或裂纹，应立即腾空修理，不得继续储油。 ② 圈板麻点深度超过规定值，见表7－2。 ③ 钢板表面伤痕深度不应大于1mm。 ④ 罐底板允许最小余厚，见表7－1。 ⑤ 底板出现面积为$2m^2$以上，高度超过150mm的凸出或隆起部
油罐圈板凹陷，鼓泡折皱超过规定值的修理	① 凹陷、鼓泡允许值，见表7－3。 ② 折皱允许值，见表7－4。

续表

油罐大修理项目	主要标志
油罐基础下沉、倾斜的修理	① 罐底板的局部凹凸变形，大于变形长度的2/100，或超过50mm ② 罐体倾斜度超过设计高度的1%
结构和部件方面损坏或有严重缺陷，应进入罐内修理	① 桁架油罐内部各构件扭曲、构架间或构架与罐壁间的焊缝开裂 ② 内浮盘密封及连接架、柱等开裂、损坏等；内浮盘渗漏油，或其固定零件与罐壁摩擦。 ③ 排污管堵塞

7.4.1.2 大修理主要工程内容

① 油罐清洗。

② 油罐本体大修理包括罐壁外部检查(如变形、腐蚀等)与修理；罐壁板、底板的检查与修理。

③ 油罐附件的检查、修理与更换。

a. 加热盘管检修。

b. 呼吸阀检查与修理。

c. 消防喷淋、泡沫系统检修。

d. 阀门检修。

e. 盘梯、操作平台检修。

f. 罐基础外壁防水层检修。

g. 采样孔、量油孔、人孔检修。

h. 自控仪表部分检修。

④ 附属设施、罐外壁局部防腐。

7.4.1.3 油罐大修方案的内容

(1) 油罐大修工程概况

主要介绍大修油罐的基本情况，包括油罐的储油品种、公称容积、类型、直径、高度、油罐使用的材质，大修的原因等。

(2) 油罐大修组织机构。

① 设立工程管理组织机构，明确油库管理人员、施工方管理人员负责工程技术、施工质量、生产计划、设备材料供应、安全保障5方面的职责。

② 设立施工组织机构，明确施工现场操作人员职责。

(3) 油罐大修主要内容

① 确定油罐大修理范围，根据主要工程内容确定拆装及修理方法。

② 对大修油罐的运行情况进行分析，制定施工主要机具及备件清单，应包括起吊装置、防爆工具、垫片、焊机、钢板、检测仪器等。

③ 制定油罐大修的工艺程序，对施工具体步骤提出要求。主要考虑以下4方面内容：

a. 断开与大修油罐相连的管线、电气设备、消防设施。

b. 清洗油罐。

c. 入罐检查及修理。

d. 验收程序(应包括罐底严密性试验方法、油罐充水试验方法、固定顶严密性和强度试验方法、检查、探伤、试压、试水、零部件更换等验收记录等)。

④ 根据油罐区现场情况划出作业区，根据油库就近水源、电源分布情况布置施工现场。

（4）施工进度安排

根据油库日常作业要求，结合油库腾空油罐的时间，合理安排施工进度表。

（5）技术保障措施

① 油罐大修理检修项目技术要求主要包括：

a. 罐体及浮盘检查与修理技术要求；

b. 罐壁板、底板、罐顶板及构架支柱腐蚀检查与修理技术要求；

c. 油罐附件检修、更换相关技术要求；

d. 油罐除锈刷漆防腐方法。

② 质量保证措施包括施工工程中的质量监督措施、工程验收需要达到的要求及检验方法等。应包括更换钢板材质验收方法及要求、铁锈等杂物清除方法及要求、焊缝外观检验质量标准、焊缝探伤质量标准等相关内容。

③ 安全保证措施包括针对施工作业特点对施工队伍入场的前安全教育、动火条件的确认方法、施工中出现事故的应急处理措施、为保证施工安全应采取的防范方法等。

④ 环保措施包括施工废料废水处理方法、施工现场环境管理、材料摆放要求等。

⑤ 职业卫生措施，包括文明施工和个体防护、职业健康等。

7.4.2 油泵大修方案制订

7.4.2.1 油泵大修周期

《油库设备检修规程》中规定离心泵大修理参考周期一般为 3 ~ 5 年或连续运行达 8000h 以上；滑片泵、潜油泵大修理参考周期一般为 3 ~ 5 年或累计运行达 4000h 以上；摆动转子泵、真空泵、齿轮泵、螺杆泵大修理参考周期一般为 2 ~ 3 年或累计运行达 4000h 以上，并根据状态监测结果及设备运行状况，可适当调整检修周期。

7.4.2.2 油泵大修理项目内容

（1）离心泵大修理项目内容

① 解体检查泵体和各零部件磨损、腐蚀和汽蚀程度，必要时进行修理和更换。

② 检查和调整轴的弯曲度或更换轴。

③ 校核转子晃动度，必要时测定转子平衡。

④ 检查修理轴承，必要时进行更换。

⑤ 检查调整轴套、压盖、底套、减压环、封油环、口环、隔板、衬套、中间托瓦等密封件各处间隙。

⑥ 测量并调整泵体水平度。

⑦ 调整间隙和校核联轴同心度。

⑧ 修补或重新浇灌基础，必要时更换机座。

⑨ 修理机械密封。

（2）潜油泵大修理项目内容

① 解体检查各部件，视情况进行修理或更换。

② 检查液压马达的磨损、腐蚀、损坏程度，必要时进行更换。

③ 检查油液性能，视情况进行更换。

④ 校核弹簧压力，更换失效的弹簧。

⑤ 每半年检查、校核一次压力表。

（3）滑片泵大修理项目内容

① 解体检查各部件，视情况进行修理或更换。

② 检查滑片的磨损、腐蚀、损坏程度，必要时进行更换。

③ 检查泵壳前后盖密封面的情况，视情况进行研磨或更换。

④ 校核弹簧压力，更换失效的弹簧。

⑤ 检查调整转动件的各部间隙及轴的弯曲度。

⑥ 测量调整泵体水平度，校验安全阀灵敏度，整修外部涂刷油漆。

（4）齿轮泵大修理项目内容

① 解体检查各部件，视情况进行修理或更换。

② 检查齿轮的磨损、腐蚀、损坏程度，必要时进行更换。

③ 检查泵壳前后盖密封面的情况，视情况进行研磨或更换。

④ 每半年校验一次压力表，一年校验一次安全阀，校核弹簧压力，更换失效的弹簧。

⑤ 检查调整转动件的各部间隙及轴的弯曲度。

⑥ 测量调整泵体水平度，校验安全阀灵敏度，整修外部涂刷油漆。

（5）螺杆泵大修理项目内容

① 解体检查各部件磨损情况，测量并调整各部件配合间隙。

② 检查齿轮磨损情况，调整同步齿轮间隙。

③ 检查螺杆直线度及磨损情况。

④ 检查泵体内表面磨损情况。

⑤ 每半年校验压力表一次，一年校验安全阀一次。

（6）摆动转子泵大修理项目内容

① 解体检查各部件，视情况进行修理或更换。

② 检查转子的磨损、腐蚀、损坏程度，必要时进行更换。

③ 检查泵壳前后盖密封面的情况，视情况进行研磨或更换。

④ 检查调整转动件的各部间隙及轴的弯曲度。

⑤ 测量调整泵体水平度，整修外部涂刷油漆。

7.4.2.3 油泵大修方案主要内容

（1）油泵的概况

主要介绍大修油泵的基本情况，包括油泵的厂家、型号、投产年限、运行情况、大修的原因等。

（2）油泵大修组织

明确管理人员负责工程技术、施工质量、生产计划、设备材料供应、安全保障5方面的职责，明确维修现场操作人员职责。

（3）油泵大修主要内容

① 确定油泵大修理范围，根据主要工程内容确定拆装及修理方法，包括解体检查泵体和各零部件磨损、腐蚀情况；检查和调整轴的弯曲度；校核转子晃动度；检查修理轴承；检查调整轴套、压盖、底套、减压环、封油环、口环、隔板、衬套、中间托瓦等密封件各处间隙；测量并调整泵体水平度；调整间隙和校核联轴同心度；检查泵基础等。

② 对大修油泵的运行情况、故障原因进行分析判断，制定施工主要机具及备件清单，应包括起吊装置、防爆工具、拆卸油封、轴承的专用工具等需要更换的易损件、检测仪器等。

③ 油泵大修的顺序，主要考虑以下 6 方面内容：

a. 断开与大修油泵相连的管线、电气设备。

b. 拆卸油泵及电机。

c. 更换受损件。

d. 安装油泵及电机

e. 试运转方案(添加润滑油种类及数量、盘车要求、带负荷试运转时间、轴温、震动、噪音、电流、密封渗漏等技术指标)。

f. 验收程序(现场验收安排、检修、验收、试运转、零部件更换等记录归档)。

④ 现场平面布置，包括起吊装置的位置、断开管线安装盲板的位置等。

(4) 施工进度安排

根据油库日常作业要求，结合油库泵组空余时间合理安排大修进度安排表。

(5) 技术保障措施

① 大修理检修项目技术要求包括：检测油泵主要配件是否完好的测量检查方法、技术要求，组装油泵的装配顺序、装配尺寸偏差精度要求(泵轴的安装质量要求；轴套的技术要求；泵叶轮的技术要求；泵壳口环与叶轮口环、中间托瓦与中间轴套的直径间隙要求；泵轴密封的装配技术要求；转子的组装质量要求；泵总装的技术要求)等。

② 质量保证措施包括大修中的质量监督措施、大修后验收需要达到的要求及检验方法等。

③ 安全保证措施包括大修前进行作业安全风险分析、大修中出现事故的应急处理措施，为保证大修安全应采取的防范方法等。

④ 环保措施包括废料废油处理方法、现场环境管理要求。

⑤ 职业卫生措施包括文明施工和个体防护、职业健康等。

7.4.3 管道更换方案制订

(1) 更换管道的概况

主要介绍更换管道的基本情况，包括管道的直径、材质、投产年限、运行情况、更换的原因等。

(2) 管道更换组织

明确施工方、油库管理人员负责工程技术、施工质量、生产计划、设备材料供应、安全保障 5 方面的职责，明确施工现场操作人员职责。

(3) 管道更换施工内容

① 管道的检查。防腐层检查，管道腐蚀情况检查，管道阴极保护装置损坏情况检查，管件、补偿器、支座等损坏情况检查等。

② 管道的更换。根据管道损坏程度确定管道更换长度，根据管道是否便于拆卸确定采用拆卸至安全地点用火还是在原地用火的修理方法。应制定管道清洗吹扫方法、管线法兰拆卸方法、管线切割焊接方法、法兰连接方法、管道压力试验方法、管线防腐方法等。

③ 根据管道的检查和运行情况进行分析，制定施工主要机具及备件清单，包括起吊拆

卸管道的设备、钢管、防爆工具、焊机、焊条、黄油或隔爆胶泥、检测仪器等。

④ 管道更换的顺序，主要考虑以下 6 方面内容：

a. 断开与更换管道施工有关的管线、设备。

b. 清洗吹扫管道使之符合用火条件。

c. 采用管线法兰拆卸或管线切割取下受损的管道。

d. 安装更换新管道。

e. 试运行(检查管线的安全距离、坡度、跨距；管线的接地电阻和跨线电阻重新进行测试；新安装的管线重新进行清洗吹扫、水压试验等)。

f. 验收后管线防腐。

⑤ 现场平面布置，包括起吊装置的位置、断开管线安装盲板的位置、安装清洗管线设备的位置，施工位置等。

(4) 施工进度安排

针对油库作业要求，管道损坏程度、长度，现场作业条件，试运行等合理安排施工进度。

(5) 技术保障措施

① 管道更换的技术要求：管线冲洗的技术要求、无损检测技术要求、管道安装的技术要求、管道压力技术要求等。

② 质量保证措施：更换管道中的质量控制及监督措施(应包括焊接材料质量、焊缝坡口加工质量、焊接质量等控制要求；管线法兰连接偏差控制要求；管线防腐层质量控制要求；管子切口质量控制要求等)，更换管道后验收需要达到的要求及检验方法等。

③ 安全保证措施：更换管道前进行作业安全风险分析，针对施工作业特点对施工人员进行教育，动火条件确认方法，大更换管道中出现事故的应急处理措施，为保证更换管道安全应采取的防范方法等。

④ 环保措施包括废料废油处理方法、施工现场材料摆放要求、施工作业人员的健康防护措施。

⑤ 职业卫生措施，包括文明施工和个体防护、职业健康等。

7.5 施工方案制订

7.5.1 油库技改方案制订

(1)油库技改的概况

主要介绍油库基本情况、对技改的必要性进行阐述、技改后达到的预期目标及经济效益。

(2) 油库技改组织

① 设立技术改造施工管理组织机构，明确油库管理人员和施工方管理人员负责工程技术、施工质量、生产计划、设备材料供应、安全保障 5 方面的职责。

② 设立施工组织机构，明确施工现场操作人员职责。

(3) 油库技改施工内容

① 确定油库技改施工范围，根据技术改造工程涉及内容确定施工方法，编制预算。

② 对油库技改的施工情况进行分析，制定施工主要机具及备件清单，应包括施工机械、备品备件、劳动保护用品、检测仪器等。

③ 制定技术改造的工艺程序，对技改具体步骤提出要求并可能出现的问题提出整改措施。主要考虑以下 4 方面内容：

a. 根据施工内容断开施工区域与影响施工的输油(水)管线、电气设备设施。

b. 油库日常运行需求。

c. 施工工程中的检查检测与调试与试运行内容。

d. 验收程序。

④ 根据油库改造施工现场情况划出作业区，根据油库就近水源、电源分布情况布置施工现场。

(4) 施工进度安排

主要包括施工图设计工期、施工图审查工期、施工作业工期、调试与试运行工期安排。

(5) 技术保障措施

主要包括、施工技术措施、验收程序、验收标准、施工质量控制措施、施工安全保证措施、施工环保控制措施、职业健康措施。

7.5.2 工艺投用方案制订

(1) 工艺投用的概况

主要介绍油库工艺投用前基本情况、投用后达到的预期目标。

(2) 工艺投用组织

① 设立工艺投用指挥部，明确油库管理人员、施工方管理人员负责投用前检查、试运行、工程技术保障、应急物资供应、事故情况下应急处置五方面的职责。

② 设立工艺投用组织机构，明确投用现场操作人员职责。

(3) 工艺投用内容

① 确定油库工艺投用需要的条件，根据工艺投用中涉及的内容确定投用前需检查设备范围、安全检查方法、投用过程中设备操作方法、巡检要求、新工艺投产前教育内容等，主要包括清理所有不必要的检修材料、消防与安全设施检查内容及检查方法、新工艺管线与设备内容及检查方法、相关系统(动力、冷却、循环系统等)是否满足启动要求、动力系统在启动前绝缘检测是否合格、电气设备是否符合防爆要求、所有操作者已经拿到有关设备启动的操作规程，了解各自投用过程中的工作内容，再经过培训合格、检查操作人员是否取得相应的资格证书、投用中的人员操作步骤、检查内容、报告程序。

② 对油库工艺投用情况进行分析，制定主要机具及备件清单，应包括抢险工具用具、备品备件、劳动保护用品、检测仪器等。

③ 制定工艺投用的程序，对工艺投用具体步骤提出要求并可能出现的问题提出补救措施，主要应考虑以下 4 方面内容：

a. 根据施工投用内容检查相关的输油(水)管线、电气设备、消防设施。

b. 油库安全运行需求。

c. 运行中的检查检测。

d. 验收程序。

④ 根据工艺投用现场情况划出作业区、警戒区。

(4) 投用进度安排

主要内容包括投用前安全检查时间、试运行时间。

（5）技术保障措施

主要包括安全检查技术措施、对工艺投用过程进行风险评价、事故状态下关键设备、要害部位应急处理措施、应急处置措施、紧急疏散路线、验收程序、验收标准。

7.5.3 油罐投用方案制订

（1）油罐投用的概况

主要介绍油罐区工艺、投用油罐设备安装、水压试验等基本情况、投用后达到的预期目标。

（2）油罐投用组织

① 设立油罐投用指挥部，明确油库管理人员和施工方管理人员负责安全教育、投用前工艺检查、试运行、工程技术保障、应急物资供应、事故情况下应急处置 6 方面的职责。

② 设立油罐投用组织机构，明确投用现场操作人员职责。

（3）油罐投用内容

① 根据油罐投用中涉及的内容确定投用前需检查设备范围、安全检查方法、投用过程中设备操作方法、巡检要求等。包括：

a. 确定油库油罐投用的前提条件：确定投用油罐已验收合格、油罐容积表准确并在检定期内、油罐已清扫合格、油罐各部位已连接完好。

b. 明确油罐的技术参数：油罐高度、安全高度、安全容积、油罐直径等。

c. 确定投用油罐工艺管线的流程：包括所属的罐区、罐号、贮油品种、进油线、输转泵、入泵线、装车线等。

d. 制定油罐投用检查方法：包括检查油罐投用流程是否开通，油罐开孔处是否泄漏，油罐各接管处是否泄漏，检查油罐各焊缝是否渗漏，检查油罐投用流程中各管线、焊缝、法兰、阀门等处是否完好，检查消防与安全设施是否完好，检查输油泵、冷却、泡沫系统等相关系统是否满足启动要求、检查液位仪、可燃气体报警仪等电气设备是否符合防爆要求等。

e. 明确操作者在各自投用过程中的工作内容，检查操作人员是否取得相应的资格证书、人员操作步骤、巡检检查内容、报告程序。

② 对油罐投用情况进行分析，制定主要机具及备件清单，应包括抢险工具用具、备品备件、劳动保护用品、通信工具等。

③ 制定工艺投用的程序，对工艺投用具体步骤提出要求并可能出现的问题提出补救措施。主要考虑以下 4 方面内容：

a. 根据油罐投用内容检查相关的输油（水）管线、电气设备、消防设施。

b. 油库安全运行需求。

c. 运行中的检查。

d. 验收程序。

④ 根据油罐投用现场情况划出作业区、警戒区。

（4）投用进度安排

主要内容包括投用前安全检查时间、油罐试运行时间、进油后观察时间。

（5）技术保障措施

主要包括安全检查技术措施，进行风险评价，事故状态下关键设备、要害部位应急处理措施，验收程序，验收标准。

7.5.4 输油管线防腐施工方案制订

（1）防腐管道的概况

主要介绍油库输油管道工艺、管道的直径、投用时间、运行状况等基本情况。

（2）管道防腐组织

明确油库管理人员和施工方管理人员负责工程技术、施工质量、安全管理、材料供应4方面的职责，明确防腐施工人员职责。

（3）管道防腐施工内容

① 确定管道防腐的范围，根据管道防腐中涉及的内容确定管道防腐范围、检查方法、防腐过程中操作方法等，包括开工前检查、管道防腐的外部条件，表面除锈处理的方法：防锈漆的涂刷要求、面漆的多层涂刷要求、埋地管道防腐处理要求、防腐层厚度、结构检查要求等。

② 对管道投用情况进行分析，制定主要工具用具及备件清单，应包括除锈工具、防锈漆、面漆、涂刷工具、劳动保护用品、电火花检漏仪、漆层测厚仪等。

③ 制定管道防腐的程序，对管道防腐具体步骤提出要求并可能出现的问题提出补救措施。参照《石油化工涂料防腐蚀工程施工技术规程》SH/T 3606 制定施工技术要求。主要考虑以下4方面内容：

a. 油库对防腐质量的要求。

b. 隐蔽工程的现状。

c. 施工现场安全需求。

d. 验收程序。

④ 根据管道防腐现场情况划出作业区、警戒区。

（4）施工进度安排

针对管道腐蚀程度、管线长度、现场作业条件、油库作业要求合理安排施工进度。

（5）技术保障措施

① 防腐技术保障措施：包括油漆在使用前做色标检查的要求；对底漆、面漆的层数和颜色、厚度、涂刷后效果提出要求。

② 质量控制保障措施：包括明敷管线、埋地管线工程质量控制要求；防腐层检测标准；防腐质量检查检测措施等。参照《石油化工涂料防腐蚀工程质量验收规范》SH/T 3548 制定质量验收要求。

③ 安全保证措施：管道防腐前进行作业安全风险分析，针对施工作业特点对施工人员进行教育；动火条件确认方法；施工作业中出现事故的应急处理措施，制订施工现场应急撤离路线图；高处作业时搭设脚手架或安装悬挂装置等施工辅助设备的检查防护措施等。

④ 环保措施包括废弃油漆桶、刷子等施工废弃物的处理方法，施工现场材料摆放要求，喷砂、涂刷油漆、进入受限空间的作业人员应采取的健康防护措施。

7.5.5 油罐防腐施工方案制定

（1）防腐油罐的概况

主要介绍油罐所处的地理位置、气候环境、油罐的容积、直径、投用时间、运行状况等基本情况。

（2）油罐防腐组织

明确油库管理人员和施工方管理人员负责工程技术、施工质量、安全管理、材料供应4方面的职责，明确防腐施工人员职责。

（3）油罐防腐施工内容

① 确定油罐防腐的范围，根据油罐防腐中涉及的内容确定油罐防腐范围、检查方法、防腐过程中操作方法等，包括开工前检查；悬吊系统或脚手架搭设要求；表面除锈处理的方法；防锈漆的涂刷要求；油罐顶板、壁板、底板多层涂刷面漆的作业要求；防腐层厚度、结构检查要求等。

② 对油罐投用情况进行分析，制定主要工具用具及备件清单，应包括悬吊装置、除锈工具、防锈漆、面漆、涂刷工具、劳动保护用品、漆层测厚仪等。

③ 制定油罐防腐的程序，对油罐防腐具体步骤提出要求并可能出现的问题提出补救措施。按照GB 50393《钢制石油储罐防腐蚀工程技术规范》，参照《石油化工涂料防腐蚀工程施工技术规程》SH/T 3606 制定施工技术要求。主要考虑以下5方面内容：

a. 油库对防腐质量的要求。

b. 钢板腐蚀的现状。

c. 施工现场安全需求。

d. 油罐内外防腐要求的不同

e. 验收程序。

④ 根据油罐防腐现场情况划出作业区、警戒区。

（4）施工进度安排

针对油罐容积、现场作业条件、油库作业要求合理安排施工进度。

（5）技术保障措施

① 防腐技术保障措施：包括油漆在使用前做色标检查的要求；对底漆、面漆的层数和颜色、厚度、涂刷后效果提出要求。

② 质量控制保障措施：包括油罐顶板、壁板、底板及油罐附件防腐工程质量控制要求；防腐层检测标准；防腐质量检查检测措施等。按照GB 50393《钢制石油储罐防腐蚀工程技术规范》，参照《石油化工涂料防腐蚀工程质量验收规范》SH/T 3548 制定质量验收要求。

③ 安全保证措施：防腐前进行作业安全风险分析，针对施工作业特点对施工人员进行教育；进入受限空间、动火时的安全措施及确认方法；高空作业安全措施；发生人员中毒、高空坠落、物体打击等事故的应急处置措施，制订施工现场应急撤离路线图等。

④ 环保措施包括废弃油漆桶、刷子等施工废弃物的处理方法，施工现场材料摆放要求，罐内施工完毕后现场清理要求，喷砂、涂刷油漆措施。

⑤ 职业卫生措施，包括文明施工和个体防护、进入受限空间的作业人员的健康防护措施。

7.6 施工项目的验收

7.6.1 施工项目的中交

石油化工工程中间交接标准。

① 三查四定：三查：查设计漏项、查施工质量隐患、查未完工程。四定：对检查出的问题定任务、定人员、定措施、定时间。

② 九完：工程按设计文件规定的内容施工完；工程质量初评合格；管道的耐压试验合格，系统清洗、吹扫、气密合格，保温基本完；静设备强度试验、无损检测、清扫合格；动设备单机试车合格；大型机组用空气、氮气或其他介质负荷试车合格，机组保护性联锁和报警等自控系统调试联校合格；装置电气、仪表、计算机、防毒防火防爆等系统调试联校合格；装置区施工临时设施已拆除，工完、料尽、场地清，竖向工程施工完；对联动试车有影响的"三查四定"项目及设计变更处理完，其他未完尾项责任明确，完成时间明确。

③ 五交：按设计内容对工程实物量的核实交接；工程质量初评资料及有关调试记录的审核验证与交接；安装专用工具、仪器和剩余随机备件、材料的交接；工程尾项清理及完成时间的确认；随机技术资料的交接。

7.6.2　施工项目的验收

施工项目竣工验收的交工主体应是承包人，验收主体应是发包人。竣工验收的施工项目必须具备规定的交付竣工验收条件，竣工验收阶段管理应按下列程序依次进行：竣工验收准备、编制竣工验收计划、组织现场验收、进行竣工结算、移交竣工资料、办理交工手续。

7.6.2.1　竣工验收准备

项目经理应全面负责工程交付竣工验收前的各项准备工作，建立竣工收尾小组，编制项目竣工收尾计划并限期完成。

项目经理和技术负责人应对竣工收尾计划执行情况进行检查，重要部位要做好检查记录。

项目经理部应在完成施工项目竣工收尾计划后，向企业报告，提交有关部门进行验收。实行分包的项目，分包人应按质量验收标准的规定检验工程质量，并将验收结论及资料交承包人汇总。

承包人应在验收合格的基础上，向发包人发出预约竣工验收的通知书，说明拟交工项目的情况，商定有关竣工验收事宜。

7.6.2.2　交工文件

（1）交工文件的基本要求

交工文件是施工承包单位在施工过程中形成的技术资料，是工程竣工档案资料的一部分。在办理工程交工时，施工承包单位应按本规定的要求向建设单位提交工程建设交工技术文件(以下简称交工文件)。建设单位与施工承包单位签订工程承发包合同时，应明确规定交工文件的要求。由工程承包单位对工程项目进行总承包时，应在总承包合同中明确规定建设单位和监理单位关于交工文件的管理责任。交工文件应具有真实性、完整性和系统性。建设单位、监理单位和施工承包单位从工程开始就应指定有关部门和人员负责交工文件的编写、整理、签证和汇总，并负责办理交接。工程质量检验、评定资料应按相应工程质量检验评定标准的规定和格式进行，并由施工承包单位按规定保存；其中单位工程质量评定资料应作为交工文件编入有关案卷，并将其评定结果填入《工程交工证书》中。

石油化工建设项目按照SH/T 3503《石油化工建设项目交工技术文件规定》进行编制交工文件。

（2）交工文件的内容及份数

交工文件应包括下列内容：施工组织设计；工程技术专题洽商记录；设备、材料代用审批单；设备、材料、半成品的质量证明文件和按规定进行抽查的检测、复验报告；综合及通用部分的交工文件；建筑工程交工文件；设备安装工程交工文件；管道安装工程交工文件；电气安装工程交工文件；仪表安装工程交工文件；设计变更文件；竣工图；单位工程质量评定资料。

施工承包单位向建设单位提供交工文件的份数为2份，但其中设备、材料、半成品的质量证明文件可仅提供1份(原件)。当承包合同对交工文件份数另有规定时，应按合同规定执行。除向建设单位提交的交工文件外，施工承包单位应自行保存1套交工文件(不包括竣工图)，以备查阅。

(3) 竣工图的编制

① 用于编制竣工图的施工图(通用图、标准图除外)，应由建设单位按规定的份数，提供给施工承包单位，施工承包单位应妥善保存，不得作现场施工图用。

② 竣工图应加盖竣工图专用章(以下简称竣工图章)，竣工图章上应有编制单位和审核人。

③ 竣工图的编制应符合下列要求：

a. 凡按图施工无变动的，由施工承包单位在原施工图上加盖竣工图章。

b. 在施工中发生过设计变更的，应由设计单位按最终修改状况绘制最终版施工图，加盖终版图章后发施工承包单位，由施工承包单位核对确认后加盖竣工图章。

c. 设计单位的最终版施工图应在工程中间交工后一个月内发给施工承包单位。

d. 凡新建工程涉及原有工程内容变更时，应由建设单位负责在相关的竣工图资料案卷中增补必要的资料或说明。

e. 竣工图的审核人应为施工承包单位专业技术负责人。

f. 建设(监理)单位应及时协助施工承包单位、设计单位按规定做好竣工图的编制工作。

7.6.2.3 竣工资料

承包人应按竣工验收条件的规定，认真整理工程竣工资料。企业应建立健全竣工资料管理制度，实行科学收集，定向移交，统一归口，便于存取和检索。竣工资料的内容应包括：工程施工技术资料、工程资料、工程检验评定资料、竣工图，规定的其他应交资料竣工资料的整理应符合下列要求：

① 工程施工技术资料的整理应始于工程开工，终于工程竣工，真实记录施工全过程，可按形成规律收集，采用表格方式分类组卷。

② 工程质量保证资料的整理应按专业特点，根据工程的内在要求，进行分类组卷。

③ 工程检验评定资料的整理应按单位工程、分部工程、分项工程划分的顺序，进行分类组卷。

④ 竣工图的整理应区别情况按竣工验收的要求组卷。

交付竣工验收的施工项目必须有与竣工资料目录相符的分类组卷档案。承包人向发包人移交由分包人提供的竣工资料时，检查验证手续必须完备。

7.6.2.4 竣工验收管理

单独签订施工合同的单位工程，竣工后可单独进行竣工验收。在一个单位工程中满足规定交工要求的专业工程，可征得发包人同意，分阶段进行竣工验收。

单项工程竣工验收应符合设计文件和施工图纸要求，满足生产需要或具备使用条件，并符合其他竣工验收条件要求。

第8章　安全、健康与环保

8.1　概述

8.1.1　基本概念

（1）危害与危险

危害是指可能引起的损害，包括引起疾病和外伤，造成财产、工厂、产品或环境破坏，导致生产损失。

危害因素是指一个组织的活动、产品或服务中可能导致人员伤害或疾病、财产损失、工作环境破坏、有害的环境影响或这些情况组合的要素，包括根源和状态。危害因素是导致事件、事故的因素，包括人的不安全行为和物的不安全状态。分析事故就是要识别危害因素。

危险就是危害或危害因素。

（2）危害因素辨识

危害因素辨识是指识别危害因素的存在并确定其特征的过程。这里的“特征”是指危害因素的本质，是人的因素还是物的因素，危害出现的规律性等。

（3）事故与事件

事故是指造成死亡、疾病、伤害、污染、损坏或其他损失的意外情况。事故是意外事件，是人们不希望发生的；同时该事件产生了违背人们意愿的后果。如果事故的后果是人员死亡、受伤或身体的损害就称为人员伤亡事故。如果没有造成人员伤亡就是非人员伤亡事故。

事件是指导致或可能导致事故的情况。结果未产生疾病、伤害、损坏或其他损失的事件叫“未遂事件”。事故是由事件引起的。比如起重作业时吊物伤人事故就是同“吊物坠落”和“人员处于吊物之下”两个事件共同引起的。分析事故时，先要找“事件”。

8.1.2　危险、有害因素的分类

安全评价中常用按“导致事故的直接原因”、“参照事故类别”和“职业健康”的方法对危险、有害因素进行分类。

8.1.2.1　按导致事故的直接原因分类

《生产过程危险和有害因素分类与代码》(GB/T 13861—2009)，将生产过程中的危险和有害因素分为4大类。

（1）人的因素

① 心理、生理性危险和有害因素。

② 行为性危险和有害因素。

（2）物的因素

① 物理性危险和有害因素。

② 化学性危险和有害因素。

③ 生物性危险和有害因素。

（3）环境因素

① 室内作业场所环境不良。

② 室外作业场所环境不良。

③ 地下（含水下）作业环境不良。

④ 其他作业环境不良。

（4）管理因素

① 职业安全卫生组织机构不健全。

② 职业安全卫生责任制未落实。

③ 职业安全卫生管理规章制度不完善。

④ 职业安全卫生投入不足。

⑤ 职业健康管理不完善。

⑥ 其他管理因素缺陷。

8.1.2.2 参照事故类别分类

参照《企业职工伤亡事故分类标准》（GB 6441—1986），综合考虑起因物，引起事故的诱导性原因、致害物、伤害方式等，将危险因素分为 20 类：①物体打击；②车辆伤害；③机械伤害；④起重伤害；⑤触电；⑥淹溺；⑦灼烫；⑧火灾；⑨高处坠落；⑩坍塌；⑪冒顶片帮；⑫透水；⑬放炮；⑭火药爆炸；⑮瓦斯爆炸；⑯锅炉爆炸；⑰容器爆炸；⑱其他爆炸；⑲中毒和窒息；⑳其他伤害。

在油库工作中，可能发生的事故有：物体打击、车辆伤害、机械伤害、触电、淹溺、火灾、高处坠落、中毒等。

8.1.2.3 按职业健康分类

参照卫生部颁发的《职业危害因素分类目录》，将危害因素分为粉尘、放射性物质、化学物质、物质因素、生物因素、导致职业性皮肤病的危险因素、导致职业性眼病的危害因素、导致职业性耳鼻喉口腔疾病的危害因素、职业性肿瘤的职业危险因素、其他职业危险因素 10 类。

8.2 危险有害因素辨识方法

8.2.1 危险有害因素辨识常用方法

常用的危险、有害因素辨识的方法有直观经验分析方法和系统安全分析方法。

直观经验分析方法适用于有可供参考先例、有以往经验可以借鉴的系统，不能应用在没有可供参考先例的新开发系统。

系统安全分析方法是应用某些系统安全工程评价方法中的某些方法进行危险、有害因素辨识。系统安全分析方法常用于复杂、没有事故经历的新开发系统。常用的系统安全分析方法有事件树、事故树等

在危险有害因素辨识过程中，选择合适的方法是危险有害因素辨识人员所关心的主要问题之一，而熟练掌握各种危险有害因素辨识方法的内容、适用条件和范围是做好危险有害因素辨识工作的基础，本节将简单介绍油品销售企业常用的几种危险有害因素辨识方法。

8.2.1.1 安全检查表分析法

安全检查种类多、适用面广、使用方便，可根据不同的要求制定不同的检查表进行检

查，因此，它作为一种定性危险有害因素辨识方法有着广泛的应用。

安全检查表分析法(Safety Checklist Analysis，SCA)是利用检查条款按照相关的标准规范等对已知的危险类别、设计缺陷和与一般工艺设备、操作、管理相关的潜在危险性和有害性进行判别检查，是基于经验的方法。安全检查表分析法是进行安全检查、发现潜在隐患的一种实用而简单可行的定性分析法。

为了系统地识别油库、班组、岗位或设备设施以及各种操作管理和组织中的不安全因素，事先将要检查的项目，以提问方式编制成表，以便进行系统检查和避免遗漏，这种表叫做安全检查表(Safety Check List，SCL)

(1) 安全检查表的主要优点

① 事先编制，有充分的时间组织有经验的人来编写，检查项目系统、完整，可以做到不遗漏任何能导致危险的关键因素，因而能保证安全检查的质量。

② 可以根据已有的规章制度、标准、规程等，检查执行情况，得出准确的评价。

③ 安全检查表采用提问的方式，给人的印象深刻，能使人知道如何做才是正确的，因而可起到安全教育的作用。

④ 简明易懂容易操作，同时编制安全检查的过程本身就是一个系统安全分析的过程，可使检查人员对系统的认识更深刻，更便于发现危险因素。

(2) 安全检查表类型

安全检查表按其使用场合大致分为：

① 设计用安全检查表。主要供设计人员进行安全设计使用，也可作为审查而设计的依据。其主要包括：厂址选择、平面布置、工艺流程的安全性，建筑物、安全装置、操作的安全性，危险物品的性质、储存与运输、消防设施等。

② 公司级安全检查表。供公司安全检查时使用，内容较为全面。

③ 车间级安全检查表。供车间进行定期安全检查时使用。其内容主要包括员工安全、设备布置、安全设施、照明、噪声、安全标志、消防设施及操作规程等。

④ 岗位安全检查表。主要用于自查、互查及安全教育。其内容应根据岗位的工艺与设备的防灾控制要点确定，要求简单易行。

⑤ 专业性安全检查表。由职能部门编制和使用。主要用于定期的专业检查或季节性检查，如对电气、压力容器、特殊装置与设备等的专业检查表。

(3) 安全检查表的编制依据

编制安全检查表主要依据是：有关标准、规程、规范及操作规程；国内外同行和同类事故案例；通过系统安全分析确定的危险部位及防范措施。

(4) 分析步骤

① 选择、确定所要分析的设备设施等分析对象，并根据分析对象的功能组件，确定每一分析项目。

② 针对分析项目，分析人员查阅有关标准、规范、规定、作业指南，确定相关标准要求。如果无法获取相关的标准要求，分析人员必须运用自己的经验和可靠的参考资料确定检查标准，制定出检查表。

③ 分析人员依据现场观察、阅读系统文件、与操作人员交流以及个人的理解，通过回答安全检查表所列的问题，发现系统的设计和操作等各个方面与标准、规定不符的地方，记下差异。

④ 分析差异(危害)可能产生的后果，针对产生的后果按照工作危害分析(JHA)的风险

评价步骤和要求进行风险评价，并提出具体的、有针对性的、切实可行的改正措施或建议。

8.2.1.2 预先危险分析

预先危险分析(Preliminary Hazard Analysis，PHA)是一项实现系统安全危险分析的初步或初始的工作，是在方案开发初期阶段和设计阶段之处完成的，可以帮助选择技术路线。它是工程项目预评价中有较多的应用。对系统存在危害类别、出现条件、事故后果等进行分析，尽可能评价出潜在的危险性。

(1) 预先危险分析的目的

① 大体识别与系统有关的主要风险。

② 分析产生风险的原因。

③ 预测事故发生对人员的和系统的影响。

④ 判别风险等级，提出消除或控制风险的对策措施。

(2) 分析步骤

① 收集装置或系统的有关资料，以及其他可靠的资料[如任何相同或相似的装置，或者即使工业过程不同但使用的设备和物料，参照过去同类及相关产品或系统发生事故的经验，查明所开发的系统(工艺、设备)是否会出现同样的问题]。包括：主要工艺参数、主要设备的类型、装置的基本操作说明书、防火及安全设备；

② 识别可能导致不希望的后果的主要危害和事故的情况。考虑：

a. 危险设备和物料，如有毒物质、爆炸、高压系统。

b. 操作、测试、维修及紧急处理规程。

c. 影响设备和物料的环境因素，如地震、洪水、静电放电。

d. 安全设备设施，如调节系统、备用、灭火及人员保护设备。

e. 设备与物料之间的与安全有关的隔离装置，如物料的互相作用、火灾、爆炸的产生和发展、控制系统。

③ 分析这些危害的可能原因及导致事故的可能后果。

④ 然后分析每种事故所造成的后果，这些后果表示可能事故的最坏的结果。

⑤ 进行风险评价。

⑥ 建议消除或减少风险控制措施。

8.2.1.3 作业危害分析

作业危害分析(Job Hazard Analysis，JHA)是一种定性风险分析方法。

实施作业危害分析，能够识别作业中潜在的危险，确定相应的工程措施，提供适当的个体防护装置，以防止事故发生，防止人员受到伤害。适用于涉及手工操作的各种作业，如作业活动、检维修作业、分析化验或管理活动进行分析。

作业危害分析是从作业活动清单中选定一项作业活动，将作业活动分解为若干个相连的工作步骤，识别每个工作步骤的潜在危害因素，然后通过风险评价判定风险等级，制定控制措施。

(1) 作业危害分析特点

① 该方法是一种半定量评价方法。

② 简单易行，操作性强。

③ 分解作业步骤，比较清晰。

④ 有利于掌握每一步骤的危险情况，不仅能分析作业人员不规范的危害，而且能分析作业现场存在的潜在危害(客观条件)，促进操作人员与管理者之间的信息交流，有助于得到更为合理的安全操作规程。

（2）作业危害分析的主要步骤

① 选择待分析的“作业”。

② 将“作业”划分为一系列的步骤，作业流程长，作业步骤多。

③ 辨识每一步骤的潜在危害。辨识危害要考虑可能发生什么事故，谁(什么)会受到伤害，伤害(事故)是怎样发生的。

④ 识别现有安全控制措施，通过检查是否有管理制度、是否严格执行、是否考核，找出现行管理上存在的漏洞或缺陷。

⑤ 确定相应的预防措施。对于风险不可容忍的危害，应提出具体的、针对性的、切实可行的改进或控制措施。控制与预防措施，一般从以下 4 个方面考虑：工程控制(能量隔离)、行政管理、个人防护设备(PPE)、临时措施。

（3）JHA 分析

在油库每个作业岗位，还有当新员工上岗、员工转岗时都要求对新岗位操作做 JHA 分析，下面以发油作业为例做出了一张 JHA 分析表(见表 8－1)。

表 8－1　××油库工作危害分析(JHA)记录表(轻油下装作业)

工作/任务：轻油付油下装作业　　　　区域/工艺过程：发货区/发油下装作业

分析人员：　　　　日期：

序号	工作步骤	危害或潜在事件	主要后果	管理措施	员工胜任程度/设备现状	可能性(L)	严重性(S)	风险度(R)	建议改正/控制措施
1	入库检查	高温天气	着火、爆炸	油库安全管理制度，严格执行	胜任/良好	2	5	10	恶劣天气暂停作业
		无人检查	问题不能及时发现	出入库管理制度，严格执行	胜任/良好	2	4	8	
		消防器材配备不足	火灾事故	入库车辆安全职责，严格执行	胜任/良好	2	5	10	严格检查
2	引导入库	司机不服从指挥	交通事故	付油场地须知，严格执行	胜任/良好	2	2	4	
		车辆超速行驶	交通事故	付油场地须知，严格执行	胜任/良好	2	4	8	
		无引导人员	停错车位	付油场地须知，严格执行	胜任/良好	2	3	6	
		路面太滑	财产损失	油库安全生产责任制，严格执行	胜任/良好	2	3	6	
		积雪未清理	人身伤害	付油场地须知，严格执行	胜任/良好	2	4	8	
		路标不明	停错车位	石油库安全评价标准，严格执行	胜任/良好	2	2	4	
		灯光不足	人身伤害	石油库安全评价标准，严格执行	胜任/良好	2	2	4	
		引导失误	混油	付油场地须知，严格执行	胜任/良好	2	2	4	
		现场修车、洗车	着火、爆炸	付油场地须知，严格执行	胜任/良好	2	5	10	严格巡检

续表

序号	工作步骤	危害或潜在事件	主要后果	管理措施	员工胜任程度/设备现状	可能性(L)	严重性(S)	风险度(R)	建议改正/控制措施
3	验卡	卡验不出	影响发货	验卡员岗位职责，严格执行	胜任/良好	2	2	4	
		数量不准	财产损失	验卡员岗位职责，严格执行	胜任/良好	2	3	6	
4	灌装准备灌装准备	未接地线、防溢装置	着火、爆炸	发货操作规程，严格执行	胜任/良好	2	5	10	严格执行作业规程
		地线、防溢装置失灵	着火、爆炸	付油场地须知，严格执行	胜任/良好	2	5	10	加强设备检查维护
		鹤管接口密封不严	着火、爆炸	发货操作规程，严格执行	胜任/良好	2	5	10	严格执行作业规程
		安全员监督不到位	问题不能及时发现	安全管理规定，严格执行	胜任/良好	2	4	8	安全员加强巡视
		灭火机配置不足或失效	火灾事故	付油场地须知，严格执行	胜任/良好	2	5	10	配备合格的灭火器
		防爆电器处渗漏油品	着火、爆炸	付油场地须知，严格执行	运行良好	2	5	10	加强设备检查保养
5	灌装作业	发油数据错误	财产损失	发货操作规程，严格执行	胜任/良好	2	4	8	
		微机失灵	财产损失	发货操作规程，严格执行	胜任/良好	2	3	6	
		操作人员未防静电穿工作服	着火、爆炸	油库防静电规定，严格执行	胜任/良好	2	5	10	按规定着装
		作业人员、现场巡视人员不在位	问题不能及时发现	发货员安全职责，严格执行	胜任/良好	2	4	8	安全员加强巡视检查
		油气回收阀门失灵	环境污染	发货操作规程，严格执行	胜任/良好	2	3	6	
6	灌装收尾工作	下装鹤管未卸下	设备损坏	发货操作规程，严格执行	胜任/良好	2	4	8	
		接地线、防溢装置未取出	财产损失	付油场地须知，严格执行	胜任/良好	3	3	9	
		灌装油阀门失灵	油品泄露	付油场地须知，严格执行	胜任/良好	2	4	8	

续表

序号	工作步骤	危害或潜在事件	主要后果	管理措施	员工胜任程度/设备现状	可能性(L)	严重性(S)	风险度(R)	建议改正/控制措施
7	罐车离库	未收回出门票	单据丢失	油库安全管理规定，严格执行	胜任/良好	3	3	9	
		未打封铅	经济损失	门卫管理制度，严格执行	胜任/良好	2	4	8	
		未复核油品数量	造成纠纷	门卫管理制度，严格执行	胜任/良好	2	3	6	
		未收回防火帽	财产损失	门卫管理制度，严格执行	胜任/良好	2	3	6	

8.2.1.4 危险与可操作性研究

危险与可操作性研究(Hazard and Operability，HAZOP)是一种定性的危险有害因素辨识方法，其基本过程是按照引导词，找出过程中工艺状态的变化。即可能出现的偏差，然后分析找出偏差的原因、后果及应该采取的安全对策措施。

危险与可操作性分析与其他危险有害因素辨识方法的明显不同之处是：其他方法可由某人单独去做，而危险与可操作性研究则必须由一个多方面的、专业的、熟练的人员组成的小组来完成。它适用于设计阶段，又适用于现有的生产装置。

8.2.1.5 故障树分析

故障树是一种描述事故因果关系的有方向的“树”，故障树分析(Fault Tree Analysis，FTA)是系统安全工程中的重要的分析方法之一。

该方法能对各种系统的危险性进行识别评价，既适用于定性分析，又能进行定量分析。该方法具有简明、形象化的特点，体现了以系统工程方法研究安全问题的系统性、准确性和预测性。

8.2.2 选择危险有害因素辨识方法应注意的问题

选择危险有害因素辨识方法时，应根据危险有害因素辨识的特点、具体条件和需要，针对被评价系统的实际情况、特点和评价目标，认真地分析、比较。必要时，要根据评价目标的要求，选择几种危险有害因素辨识方法进行辨识，相互补充和相互验证，以提高评价结果的可靠性。在选择危险有害因素辨识方法时，应注意以下几个方面的问题：

① 充分考虑被评价系统的特点。根据被评价系统的规模、组成、复杂程度、工艺类型、工艺过程、工艺参数以及产品、作业环境等。

② 评价的具体目标和要求。由于评价目标不同，要求的评价结果也不同。因此需要根据被评价目标选择适用的辨识方法。

③ 评价资料的占有情况。如果被评价系统技术资料、数据齐全，可进行定性、定量评价方法。反之，如果是一个正在设计的系统，缺乏足够的数据资料或工艺参数不全，则只能选择较为简单的、需要数据较少的辨识方法。

④ 危险有害因素辨识人员的知识、经验、习惯，对辨识方法的选择是十分重要的。

8.3 重大危险源辨识

8.3.1 概念和术语

危险源是指可能造成人员伤亡、财产损失或环境破坏的根源，可以是存在危险的一件设备、一处设施、一个系统，也可以是其中的一部分。如油罐区构成一个系统，也构成了火灾、爆炸的危险源。

单元是指一个(套)生产装置、设施或场所，或同属一个生产经营单位的且边缘距离小于500m 的几个(套)生产装置、设施或场所。

临界量是指对于某种或某类危险化学品规定的数量，若单元中的危险化学品数量等于或超过该数量，则该单元定为重大危险源。

重大危险源是指长期地或临时地生产、搬运、使用或者储存危险物品，且危险物品的数量等于或者超过临界量的单元。

8.3.2 危险化学品重大危险源辨识

（1）辨识依据

危险化学品重大危险源的辨识依据是危险化学品的危险特性及其数量。

危险化学品临界量的确定按《危险化学品重大危险源辨识》中表 8 -2 中的量值确定。若一种化学品具有多种危险性，按其中最低的临界量确定。

（2）危险化学品重大危险源指标

单元内存在的危险化学品的数量根据处理危险化学品种类的多少区分为以下 2 种情况：

单元内存在的危险化学品为单一品种，则该危险化学品的数量即为单元内危险化学品的总量，若等于或超过相应的临界量，则定为重大危险源。

单元内存在的危险化学品为多品种时，则按式(8 -1)计算，若满足式(8 -1)，则定为重大危险源：

$$q_1/Q_1 + q_2/Q_2 + \cdots + q_n/Q_n \geqslant 1 \tag{8-1}$$

式中 $q_1, q_2, \cdots, q_n$——每种危险化学品实际存在量，t；

$Q_1, Q_2, \cdots, Q_n$——与各危险化学品相对应的临界量，t。

例：某个油库现有 7 个油罐，每个油罐容量 $1\times10^4\text{m}^3$，其中 4 个存储汽油，3 个存储柴油，依据 GB18218—2009 的规定，通过分析计算该石油库危化品实际存在量及临界量如表 8 -2 所示。

汽油储存：$4\times10000\times0.85\times0.75=25500\text{t}$

柴油储存：$3\times10000\times0.85\times0.85=21675\text{t}$

（注：充装系数 0.85，汽油密度取 0.75，柴油密度取 0.85。）

表 8 -2 危化品实际存在量及临界量一览表

序号	名称	临界量/t	实际量/t
1	汽油	200	25500
2	柴油	5000	21675

根据以上数据可知，其储存量远大于其对应的临界量。

由此可知，依据式(8－1)计算，该油库已构成危险化学品重大危险源。

8.4 风险评价及控制

8.4.1 风险评价

风险是指某一特定危害事件的可能性以及发生事件结果严重性的结合。风险评价就是评价风险程度并确定风险是否可容许的全过程。风险评价的任务是评价识别出的危险源(危害)的风险程度，对企业现阶段的危险源所带来的风险进行评价分级，确定不可容许风险和重大风险，并给出优先顺序的排列，以针对性地进行风险控制。

常用的风险评价方法包括风险矩阵法、作业条件风险评价法(LEC)等。这些方法大都建立在实际经验的基础上，合理打分，根据最后的分值或概率风险与严重程度的乘积进行分级。现对风险矩阵法的运用进行介绍。

风险矩阵法就是根据事故发生的可能性(L)和后果的严重程度(S)确定风险度(R)在开展评价之前，首先要制定风险评价准则，包括事故发生的可能性(L)(表8－3)和严重性(S)(表8－4)及风险度(R)判别准则。

表8－3　事件发生的可能性(L)判别准则

级别	可能性	含　义
5	肯定发生	预计每天至每周发生一次
4	几乎肯定发生	预计在多数情况下事件每周至每月发生一次，如单个仪器或阀门故障
3	很可能发生	多数情况下事件每月至每半年发生一次
2	中等可能	事件有时发生，每半年至每年发生一次
1	不大可能	多个设备或阀门故障、许多人为失误、大型工艺过程或装置自发失效

表8－4　事件发生后果的严重性(S)判别准则

级别	后果	损失(影响)			
		员工	公众	环境	设备/10^4元
5	重大	多人死亡或群伤	多人死亡或群伤	有重大环境影响的不可控排	设备损失>100
4	严重	丧失劳动能力	丧失劳动能力	有中等环境影响的不可控排放	设备损失 >50
3	中等	严重伤害，需医院诊治	严重伤害，需医院诊治	有较轻环境影响的不可控排放	设备损失 >25
2	轻微	仅需急救的伤害	臭味，噪声等，无直接影响	有局部环境影响的可控排放	设备损失 >10
1	可忽略	皮外伤，短时间不适	无直接影响	对环境既无没有影响	无设备损失

风险矩阵法是将可能性(L)和严重性(S)的5个级别分别赋予1，2，3，4，5的值，得到用相对数值表示的风险度，用可能性做横坐标，用后果做纵坐标，绘制风险矩阵示意图见

表8－5。根据风险度，划分风险等级，制定控制措施，风险等级的判定准则可参照表8－6进行。

表8－5　风险评估表

风险区		严重性				
		1	2	3	4	5
可能性	1	1	2	3	4	5
	2	2	4	6	8	10
	3	3	6	9	12	15
	4	4	8	12	16	20
	5	5	10	15	20	25

表8－6　风险登记判定准则及控制措施与实施期限

风险度（R）	风险等级	应采取的行动/控制措施	实施期限
20～25	巨大	在采取措施降低危害前，不能继续作	立刻
15～16	重大	采取紧急措施降低风险，建立运行控制程序，定期检查、测量及评价	立即或近期整改
9～12	中等	可考虑建立目标、建立操作规程，加强培训及沟通	装置停工时处理
4～8	可容忍	可考虑建立操作规程、作业指导书但需定期检	有条件、有经费时治理
<4	轻微或可忽略	无需采用控制措施，但需保存记	—

8.4.2　风险控制

（1）确定风险可接受准则时应遵循的基本原则

① 不接受不必要的风险，接受合理的风险。只要合理可行，任何重大危害的风险都要努力降低。

② 如果一个事故可能对社会造成较严重的影响，应努力降低此事故发生的概率，即降低社会风险。

③ 比较原则。该原则是指新系统的风险与已经接受的现存系统的风险相比较，新系统的风险水平至少要与现存系统的风险水平大体相当。

④ 最低限度内源性死亡率（Minimum Endogenous Mortality，MEM）原则，该原则是指新活动带来的危险不应比人们在日常生活中接触到的其他活动的风险有明显的增加，有的研究人员认为新活动增加的风险不应超过1%。

（2）低且合理可行（ALARP）准则

风险接受准则的确定是一个决策过程。在风险分析中，ALARP准则是最常用的风险可接受准则。ALARP准则的意义是：任何工业活动都具有风险，不可能通过预防措施来彻底消除风险，并且当系统的风险水平越低时，要进一步降低就越困难，其成本往往呈指数曲线上升，因此，必须在系统的风险水平和成本之间做出平衡。

如图 8－1 所示，ALARP 准则由可接受风险上限和可接受风险下限 2 条线将其分为风险不可接受区、AIARP 区和风险可接受区。若风险评价落在风险不可接受区，除特殊情况下，该风险无论如何不能接受。对于处于设计阶段的风险，则该设计方案不能通过。对已存在的风险，必须立即停止生产或作业，采取强制性措施降低风险水平。

（3）对于风险控制提出安全对策措施应遵循的原则

① 安全技术措施等级顺序。当劳动安全技术措施（简称安全技术措施）与经济效益发生矛盾时，应优先考虑安全技术措施上的要求，并应按下列安全技术措施等级顺序选择安全技术措施：

a. 直接安全技术措施。

b. 间接安全技术措施。

c. 指示性安全技术措施。

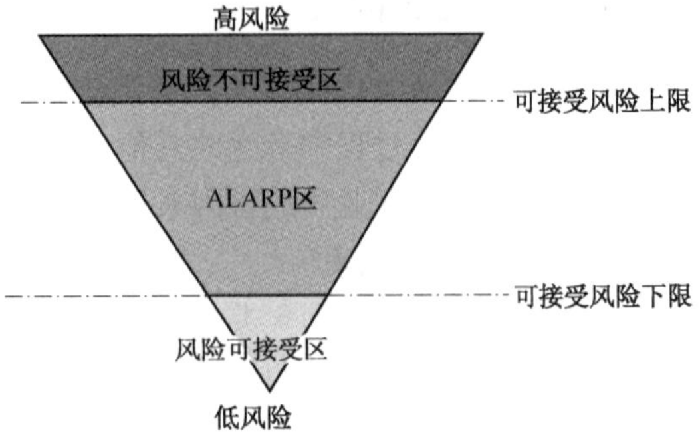

图 8－1　ALARP 风险可接受准则

d. 若间接、指示性安全技术措施仍然不能避免事故、危害发生，则应采用安全操作规程、安全教育、培训和个体防护用品等措施来预防、减弱系统的危险、危害程度。

② 安全技术措施等级应遵循顺序是：消除、预防、减弱、隔离、连锁、警告。

③ 安全对策措施应具有针对性、可操作性和经济合理性。

a. 针对性是指针对不同行业的特点和评价中提出的主要危险、有害因素及其后果，提出对策措施。

b. 提出的对策措施是设计单位、建设单位、生产经营单位进行安全设计、生产、管理的重要依据，因而对策措施应在经济、技术、时间上是可行的，能够落实和实施的。

c. 经济合理性是指不应超越国家及建设项目生产经营单位的经济、技术水平，按过高的安全指标提出安全对策措施。

④ 对策措施应符合有关的国家标准和行业安全设计规定的要求

（4）现场发油监护风险度及控制措施

以发油作业为例，列出现场发油监护存在的风险度和控制措施见表 8－7。

表 8－7　现场发油监护风险度及控制措施

工作步骤	危害或潜在事件	主要后果	可能性（L）	严重性（S）	风险度（R）	建议改正/控制措施
现场发油监护	现场人员着化纤服、穿钉鞋	产生静电火花引起火灾爆炸	1	5	5	严格管理
	消防器材失效	不能及时扑灭火灾	1	4	4	加强检查
	驾驶员离开现场	危急情况无法疏散车辆	2	4	8	严格管理
	现场使用通讯器材、播放音响	火灾爆炸	2	5	10	安装屏蔽设施
	静电夹未夹好	静电积聚、火灾爆炸	1	5	5	电脑联锁
	防溢油探头未放到位	漏油、污染	2	5	10	电脑联锁
	打雷闪电	火灾爆炸	2	5	10	严格管理
	维修车辆作业、开引擎盖	火灾爆炸	2	5	10	严格管理

8.5 职业健康危害分析与控制

8.5.1 职业危害因素

职业危害因素是指在生产、劳动过程中、作业环境中存在的各种有害的化学、物理、生物因素以及在作业过程中产生的其他危害因素

职业病是指由职业病危害因素所引起的疾病称为职业病。

8.5.1.1 职业危害因素

按其来源可分为下列 3 类：

（1）生产过程有关的职业性危害因素

生产过程有关的原材料、工业毒物、粉尘、噪声、振动、高温、辐射、传染病因素等。包括化学因素、物理因素和生物因素。

1）化学性因素

生产性毒物是在生产过程中产生的，存在于工作环境空气中的化学物质称为生产性毒物。有的为原料，有的为中间产品，有的为产品。

生产性粉尘是在生产过程中产生的，较长时间悬浮在生产环境空气中的固体微粒，称为生产性粉尘。

2）物理性因素

① 高温，如夏天进人油罐车或油槽车内作业等。

② 噪声，如泵、机械传送带、电气设备等。

③ 振动，如循环压缩机转动，使用风动工具，交通运输工具等。

④ 辐射，如工业探伤用的 X 射线，高频电磁场，电焊、氩弧焊等。

3）生物性因素

生物性有害因素指细菌、寄生虫或病毒所引起的与职业有关的某些疾病。

（2）劳动过程中有关的职业性危害因素

① 劳动组织不合理如劳动时间过长。

② 劳动精神过度紧张，多见于新工人或新装置投产试运行，或生产不正常时。

③ 劳动强度过大或安排不当，如超负荷地加班加点。

④ 个别器官、系统过度疲劳，如光线不足使视力紧张。

⑤ 长时间处于不良体位或使用不合理的工具设备。

（3）作业环境有关的职业性危害因素

① 生产场所设计不合理。如车间布置不当，有毒与无毒岗位设在同一工作间；厂房矮小、狭窄，设计时没考虑必要的卫生技术设施，如通风、换气或照明等。

② 防护措施缺乏、不完善或效果不好。如缺少防毒、防噪声等措施。

③ 缺乏安全防护设备和必要的个人防护用品。如铆工与焊工在同一厂房作业，铆工有耳塞防噪声，但焊工却没有；焊工有防紫外线的面罩，保护眼睛，铆工却没有。

④ 自然环境因素。如炎热季节的太阳辐射，长时间头部受照而发生中暑。

⑤ 环境污染因素。

8.5.1.2 职业危害的分类

按《职业病目录》将职业危害分为 10 大类

① 粉尘类。

② 放射性物质类(电离辐射)。

③ 化学物质类。

④ 物理因素。

⑤ 生物因素。

⑥ 导致职业性皮肤病的危害因素。

⑦ 导致职业性眼病的危害因素。

⑧ 导致职业性耳鼻喉口腔疾病的危害因素。

⑨ 导致职业性肿瘤的职业危害因素。

⑩ 其他职业危害因素。

8.5.2 职业危害因素的识别

由于行业不同，生产工艺、致害途径、有害物质种类、数量、差别悬殊、对作业场所的影响也各不相同。在进行职业病危害因素别识时，首先要明确项目概况、主要生产设备、工艺流程及其布局，生产过程使用的原料、辅料、中间品等基本情况，在此基础上，应用检查表法、经验法、类比法、综合法等方法对职业病有害因素进行识别。全面辨识出究竟哪些作业场所、何种工艺流程中存在及产生的职业病危害，经过工艺流程分析所产生的有害因素、原因、准确地识别，确定有意义的职业病危害因素。

（1）检查表法

检查表是针对不同的行业，专为各种职业病危害因素识别设计编制的表格。表格中能直观地反映出不同工艺流程中存在和产生的职业病危害因素或原因，有害物的种类及危害因素的类型、操作方式及作业人员所处的岗位、可能导致的职业病。检查表的特点是简明易懂，方法简单适用，易于掌握，能弥补有关人员的知识经验不足。优点是通过系统的检查，能比较全面地进行辨识，应用范围广。缺点是通用性较差、同样受经验等因素的影响、大项目实施起来花费时间长。

（2）经验法

经验法是指依据掌握的相关专业知识和实际工作经验，凭借经验和判断能力直观地对评价对象的职业病危害因素进行识别。要点是依据具体情况决定是否需要采用经验法，是否收集了足够的相关行业、生产工艺的职业卫生基础资料，能否全面识别、分析项目职业病危害因素及其防护措施的有效性。简便、易行是它的优点，缺点是受评价人员的知识、经验和资料的限制，可能出现遗漏和偏差。

（3）类比法

类比法是指利用已经建成投产的相同或类似工程的职业卫生检测、监护和统计分析资料进行类比，分析评价项目的职业病危害因素及其防护措施的有效性。在实际应用中，通常采用全部类比法和部分类比法。优点是通过对类比现场的调查、监测，可以定量、直观的识别职业危害因素。缺点是相似可比性的差异带来偏差。

（4）综合法

综合法是指在不能完全用一种方法完成识别时，可以将项目划分为几个部分，综合使用经验法、类比法等进行职业病危害因素识别，要点是将几种评价方法进行划分，根据各自的要点逐一分析。特别应注意其可比性、完整性和真实性。

8.5.3 作业环境监测

为防止暴露于对健康有害的物质中，其关键是识别、量化、评价、控制措施和识别危害及潜在危害和评估危害的程度。处于作业场所的人，有可能从几种途径面临危害。进行评估的一个重要的手段，就是利用测试来确定危害的程度。

（1）作业环境监测的目的

① 监督职业病法规的贯彻执行。

② 检查作业环境质量，评价劳动条件是否符合卫生标准。

③ 掌握作业环境有害物质性质、浓度和在时间、空间的分布。

④ 为控制危害及修订卫生标准和防治计划提供依据。

（2）环境监测的主要手段

包括物理手段（对于声、光的监测），化学手段（各种化学方法，包括质量法、分光广度法等），生物手段（监测环境变化对生物及生物群落的影响）。

按照监测对象，环境监测分为环境质量监测和污染源监测2种。

（3）职业危害检测

销售企业油库主要功能是油品的储存和输送。主要职业病危害因素有溶剂汽油、苯、甲苯、二甲苯，这些有害因素主要存在于油品装卸操作过程中。以发油区为采样对象，对其检测取样：

① 采样规范：GBZ 159—2004 工作场所空气中有害物质监测的采样规范。

② 采样器：QC—4 型大气采样仪、活性炭管；检测仪器：气相色谱仪。

③ 检测依据：见表8－8。

表8－8 检测依据

检测项目	检测方法
溶剂汽油	工作场所空气有害物质测定 混合烃类化合物（GBZ/T 160.40—2004）
苯、甲苯、二甲苯	工作场所空气有害物质测定 芳香烃类化合物（GBZ/T 160.42—2007）

④ 职业卫生标准：见表8－9。

表8－9 工作场所化学有害物质职业接触限值

项 目	MAC（mg/m^3）	PC－TWA/（mg/m^3）	PC－STEL/（mg/m^3）	超限倍数
溶剂汽油	—	300	—	1.5
苯	—	6	10	—
甲苯	—	50	100	—
二甲苯	—	50	100	—

注：PC—STEL：短时间接触容许浓度；PC—TWA：时间加权容许浓度；MAC：最高容许浓度。“—”表示没用到该项标准或没有该项标准。

⑤ 检测结果：见表8－10。

表 8－10 发油现场检测结果

岗位	检测地点	检测项目	短时间检测结果/(mg/m³)		$C_{TWA(40)}$/(mg/m³)	单项判定
发油员	汽油发油鹤位	溶剂汽油	0.901	0.355	0.262	合格
		苯	$<3.75\times10^{-3}$	$<3.75\times10^{-3}$	$<3.75\times10^{-3}$	合格
		甲苯	$<6.58\times10^{-3}$	$<6.58\times10^{-3}$	$<6.58\times10^{-3}$	合格
		二甲苯	$<3.99\times10^{-3}$	$<3.99\times10^{-3}$	$<3.99\times10^{-3}$	合格

8.5.4 职业危害控制

职业危害的控制主要是指针对作业场所存在的职业危害因素的类型、分布、浓度、强度等情况，采用多种措施加以控制，使之消除或者降到容许接受的方位之内，以保护作业人员的身体健康和生命安全。职业危害控制的主要技术措施包括工程控制技术措施、个体防护措施和组织管理措施等。

（1）工程控制技术措施

工程控制技术措施是指应用工程技术的措施和手段(如密闭、通风、冷却、隔离等)，控制生产工艺过程中生产或存在的职业危害因素的浓度或强度，使作业环境中有害因素的浓度或强度降至国家职业卫生标准容许的范围之内。例如，控制作业场所中存在的粉尘，常采用湿式作业或者密闭抽风除尘的工程技术措施，以防止粉尘飞扬，降低作业场所粉尘浓度；对于化学毒物的工程控制，则可以采取全面通风、局部送风和排气体净化等措施；对于噪声危害，则可以采用隔离降噪、吸声等技术措施。

（2）个体防护措施

对于经工程技术智力后仍然不能达到限值要求的职业危害因素，为避免其对劳动者造成健康损害，则需要为劳动者配备有效的个体防护用品。针对不同类型的职业危害因素，应选用合适的防尘、防毒或防噪等的个体防护用品。常用的个体防护用品有防噪声耳塞、耳罩、头盔、防毒面具、防毒口罩、防尘口罩、防护鞋、手套等。

（3）组织管理等措施

在生产和劳动过程中，加强组织与管理也是职业危害控制工作的重要一环，通过建立健全职业危害预防控制规章制度，确保职业危害预防控制有关要素的良好与有效运行，是保障劳动者职业健康的重要手段，也是合理组织劳动过程、实现生产工作高效运行的基础。

8.5.5 建设项目职业危害预评价与控制效果评价

建设项目职业危害预评价与控制效果评价是职业卫生防护设施“三同时”原则的体现，同时可为新健、改建、扩建等建设项目职业危害分类的管理、项目设计阶段的防护设施设计和审查等提供科学依据。

8.5.5.1 评价原则

建设项目职业危害预评价与控制效果评价工作不但具有较复杂的技术性，而且还有很强的政策性，因此必须以建设项目为基础，以国家职业卫生法律、法规、标准、规范、为依据、用严肃的科学态度开展和完成职业危害评价任务，在评价工作过程中必须始终遵循严肃性、严谨性、公正性、可行性的原则。

8.5.5.2 评价的主要方法

（1）检查表法

依据现行职业卫生法律、法规、标准编制检查表，逐项检查建设项目在职业卫生方面的符合情况。该评价方法常用于评价拟建项目在选址、总平面布置、生产工艺与设备布局、车间建筑设置卫生要求、卫生工程防护技术措施、卫生设施、应急救援措施、个体防护措施、职业卫生管理等方面与法律、法规、标准的符合性。该方法的优点是简洁、明了。

（2）类比法

通过与拟建项目同类和相似工作场所检测、统计数据，健康检查与监护，职业病发病情况等，类推拟建项目作业场所职业危害因素的危害情况，用于比较和评价拟建项目作业场所职业危害因素浓度(强度)、职业危害的后果、拟采用职业危害防护措施的预期效果等。类比法的关键在于，类比现场的选择应与拟建项目在生产方式、生产规模、工艺路线、设备技术、职业卫生管理等方面，有很好的可类比性。

（3）定量法

对建设项目工作场所职业危害因素的浓度(强度)、职业危害因素的固有危害性、劳动者接触时间等进行综合考虑，按国家职业卫生标准计算危害指数，确定劳动者作业危害程度的等级。

8.5.5.3 评价的主要内容

（1）减少项目职业危害预评价

对建设项目的选址、总体布局、生产工艺和设备布局、车间建筑设计卫生、职业危害防护措施、辅助卫生用室设置、应急救援措施、个人防护措施、职业卫生管理措施、职业健康监护等进行评价分析与评价，通过职业危害预评价，识别和分析建设项目在建成投产后可能产生的职业危害因素及主要存在的环节，评价可能造成的职业危害及程度，确定建设项目在职业病防治方面的可行性，为建设项目的设计提供必要的职业危害防护对策和建议。

（2）建设项目职业危害控制效果评价

对评价范围内生产或操作过程中可能存在的有毒有害物质、物理因素等职业危害因素的浓度或强度，以及对劳动者健康的可能影响，对建设项目的生产工艺和设备布局、车间建筑设计卫生、职业危害防护措施、应急救援措施、个体防护措施、职业卫生管理措施、职业健康监护等方面进行评价，从而明确建设项目产生的职业危害因素，分析其危害程度及对劳动者健康的影响，评价职业危害防护措施及其效果，对未达到职业危害防护要求的系统或单元提出职业危害预防控制措施的建议。

8.5.6 职业健康监护

职业健康监护是职业危害防治的一项主要内容。其主要内容包括：职业卫生教育与培训、职业健康检查、建立职业健康监护档案、从业人员健康监护信息管理。

（1）职业卫生教育与培训

用人单位应对从业人员上岗前、在岗期间进行定期职业安全卫生知识培训，使他们了解并遵守职业病防治法律、法规、规章和操作规程，正确地使用、维护防护设备、个人防护用品，了解从业人员依法享有的职业卫生权利。

（2）职业健康检查

健康检查应包括上岗前的健康检查，接触危害因素从业人员的定期健康检查，离岗时健康检查。用人单位发生分合、解散、破产时、在调换工作、从事特殊工种时，亦应对接触职业危害因素的工人进行健康检查。

职业病普查也是一种健康检查，主要是对接触某种职业危害因素的人群，普遍地进行一次健康检查，通过普查发现职业病，还可检查出有职业禁忌证的人和高危人群。

《职业健康监护技术规范》对各种职业危害因素的作业人员职业健康体检周期与体检项目给出了具体规定。检查中，发现有职业禁忌症者，不得从事所禁忌的作业或调离所禁忌的作业，对需要复查和医学观察者，应按要求进行复查和医学观察。发现疑似职业病病人应按规定报告，并安排进行职业病诊断或医学观察。用人单位应及时将健康检查结果如实告知。

(3) 职业健康监护档案

用人单位应建立职业健康监护档案，每人1份。档案内容包括：

① 从业人员职业史、既往史和职业病危害因素接触史。

② 作业场所职业病危害因素监测结果。

③ 职业健康检查结果及处理情况。

④ 职业病诊疗等有关健康资料。

用人单位应妥善保存职业健康监护档案，从业人员有权查阅、复印本人的职业健康档案，离开用人单位时有权索取本人健康监护档案复印件。

(4) 职业健康监护信息管理

健全的职业健康监护信息管理制度，有利于早期发现医学禁忌症、疑似职业病病人，对保护从业人员的健康有重要意义。

8.5.7 职业病

(1) 职业病产生的3个因素

① 劳动者的身体健康状况。

② 接触职业病危害因素的种类。

③ 有害物质对人体作用的条件(接触的方式、浓度、强度和时间)。

(2) 职业病的特点

① 发病与劳动条件有关，即与接触职业病有害因素的数量、时间、劳动强度、周围环境有关。

② 有明确的病因，即职业性危害因素。

③ 常有群体发病状况。在同一环境中，往往不是一个人发病，而是同时或先后发现一批相同的职业病。

④ 有一定的临床特征，限于一定的范围。

8.5.8 职业病预防

8.5.8.1 职业中毒

在生产中使用和产生的毒物，称为生产性毒物。在劳动过程中，由生产性毒物引起的中毒，叫职业中毒。职业中毒的发生，与毒物本身的性质、毒物侵入人体的途径及数量、接触时间及身体状况、防护条件等多种因素有关。

生产性毒物按其存在的形态、用途、化学结构及对人体的影响可分为金属与非金属毒物、刺激性气体、窒息性气体、有机溶剂、苯的氨基和硝基化合物、高分子化合物生产中的毒物、农药等。

毒物进入人体主要是通过呼吸道、皮肤、消化道3种途径。各种毒物的毒性及作用于机体的器官不同，有的可能引起全身性中毒，有的可损害神经系统、消化系统、呼吸系统、血液系统、泌尿系统、心血管系统、生殖系统及内分泌系统等器官。某些毒物还具有致癌、致畸作用，对人体产生远期影响。

预防中毒的综合措施：

（1）防毒技术措施

主要分为以下几个方面：

① 改革工艺设备和工艺操作方法，从根本上杜绝和减少毒物的产生。

② 以无毒或低毒原料代替有毒或高毒材料。

③ 密闭式操作。生产过程的密闭化包括设备本身的密闭及投料、出料、物料的运输、粉碎、包装等过程的密闭化。

④ 通风排毒与净化回放。

⑤ 隔离操作。将毒源或工艺过程与操作者隔离开，以减轻职业危害。

⑥ 个体防护。个体防护用品是保护员工在生产过程中的人身安全和健康必备的防御性装置，对于减轻职业危害起到了相当重要的作用。防护工具包括工作服、工作鞋、手套、口罩、眼镜、过滤式防毒呼吸器、隔离式防毒呼吸器等。

（2）防毒管理措施

企业及其主管部门在组织生产的同时，要加强对防毒工作的领导和管理。在组织生产中自觉贯彻“管生产必须管安全”的原则，有计划地改善劳动条件，建立健全有关防毒管理制度，教育群众自觉保护自己。

车间空气中有毒物质的检测工作是搞好防毒工作的重要环节。通过测定可以了解生产场所污染的程度、污染的范围及动态变化，以及了解毒害的程度及评价劳动条件，采取防毒措施。通过对作业环境的测定，可以为职业病的诊断提供依据，为制定和修改有关法规标准积累资料。

（3）防毒教育措施

对员工进行防毒的宣传教育，让员工既明白有毒物资对人体的危害性，又了解这些危害是可以预防的，从而使员工主动遵守安全操作规程，加强个人防护，积极学习和总结防毒先进经验，不断地改善劳动条件。要对工人进行个人卫生指导，如指导工人不在作业场所吃饭、饮水等，坚持饭前漱口、班后洗浴，工作服清洗等。企业要定期对从事有毒作业的劳动者进行健康检查，以便能对职业中毒者早期发现、早期治疗。

8.5.8.2 听力保护

（1）职业噪声的危害

噪音是工业生产过程中一种较为严重的职业危害，高强度的噪声，导致人的心血管系统植物神经功能的失调和耳聋。强噪声除了可导致耳聋外，还可对人体的神经系统、心血管系统、消化系统以及生殖机能等产生不良影响。特别强烈的噪声还可导致神经失常、休克、甚至危及生命。由于噪声易造成心理恐惧以及对报警信号的遮蔽，它常又是造成工伤死亡事故的重要配合因素。

（2）预防噪声危害的技术途径

① 消声。消声是控制和消除噪声的根本措施。改革工艺过程和生产设备，以低声或无

声工艺及设备代替产生噪声的工艺和设备，将噪声源远离员工作业区均是噪声控制的有效手段。

② 控制噪声的传播。用吸声材料、吸声结构和吸声装置将噪声源封闭，吸收辐射和反射的声能，防止噪声传播。常用的隔声材料有隔声墙、隔声罩、歌声地板。常用的吸声材料有玻璃棉、矿渣棉、毛毡、泡沫塑料、棉絮等。

③ 采用合理的防护措施。佩戴护耳器，包括耳塞与耳罩；合理安排劳动时间，限制噪声作业时间。

④ 定期体检。接触噪声的人员应定期体检。对于出现听力下降者，应加以治疗和观察，重者应调离噪声作业。就业前体检或定期体检中发现明显的听觉器官疾病、心血管病、神经系统器质性病变者不得参加接触强烈噪声的工作。

8.5.8.3 尘肺病的预防

粉尘是工业生产过程中因研磨、挤压、撞击等作用，有固体物质形成的微细颗粒，其大小一般为微米量级，长期在高浓度粉尘环境下作业，最严重的危害对象是人的呼吸器官。例如职业性鼻炎、呼吸道感染。

要预防尘肺病，应采取如下措施，才能达到标本兼治的效果。

① 加强技术治理，减少作业空气的粉尘浓度。

尘肺病的发病率与人吸入的粉尘量成正比例关系。因此，根本措施是减少空气的粉尘浓度。

a. 减少尘源的产尘量。我们通常将连续不断产生粉尘的设备或作业工序称为尘源。用单位时间内的产尘量——产尘强度，表示尘源的产尘能力。改善作业工艺，减少原料的破碎程度；在尘源处设置除尘器。

b. 设置通风除尘设备，净化作业空气。

② 加强安全教育，增强工人的职业卫生意识。

③ 加强劳动保护。

④ 加强粉尘检测。

8.6 作业指导书编制

8.6.1 概述

作业指导书是指为保证过程的质量而制订的程序。过程可理解为一组相关的具体作业活动(如计量、接卸、维修等)。它是针对某个部门内部或某个岗位的作业活动的文件，侧重描述如何进行操作，是对程序文件的补充或具体化。作业指导书有时也称为工作指导令或操作规范、操作规程、工作指引等。

作业指导书与操作规程相比在于强调风险控制；更加系统化，作业文件增加了“条”，完善了“块”；更加具体化，作业文件的格式、内容更加明确，更加具体，责任更明确。作业指导书按发布形式可分为：书面作业指导书、口述作业指导书 、计算机软件化的工作指令 、音像化的工作指令 。

针对不同岗位编制的岗位作业指导书，内容也会有所不同。因为有的岗位要巡回检查，有的重复性较强，有的随机、临时性工作较多，所以，有的岗位作业指导书内容较多，有的则比较简单。以比较复杂的岗位作业指导书为例介绍其包括的内容，一般包括 12 个项目：即岗位描述；岗位工作目标和要求；安全职责；岗位职责；巡回检查路线和检查标准；工作规范(内容)；隐患分析及削减措施；系统内设备操作规程和参数；系统内工艺流程图；管理制度；应急预案；常用法律法规、标准目录及附录。

8.6.2 编写作业指导书的原则

① 要与法律、法规和各项规章制度衔接一致。

② 要结合风险评估、环境因素评价的结果，体现控制风险的措施，达到消除和降低风险的目的。

③ 要与本单位的管理特点和人员素质相适应。

④ 要与基层岗位的职责想相适应且便于操作。

⑤ 要简洁明了，用词通俗易懂。

8.6.3 企业编写作业指导书的步骤

① 首先要确定一个具体部门承担编写任务。

② 明确编写目的是编写部门编写作业指导书的首要环节。

③ 当作业指导书涉及其他过程(或工作)时，要认真处理好接口。

④ 编写作业指导书时应吸收操作人员参与，并使他们清楚作业指导书的内容。

8.6.4 编写好的作业指导书应满足的要求

8.6.4.1 内容应满足的要求：

(1)“5W1H”原则

任何作业指导书都须用不同的方式表达出：

① Where：即在哪里使用此作业指导书。

② Who：什么样的人使用该作业指导书。

③ What：此项作业的名称及内容是什么。

④ Why：此项作业的目的是干什么。

⑤ When：何时做。

⑥ How：如何按步骤完成作业。

(2)“最好，最实际”原则

① 最科学、最有效的方法。

② 良好的可操作性和良好的综合效果。

8.6.4.2 数量应满足的要求

① 不一定每一个工位，每一项工作都需要成文的作业指导书。

②“没有作业指导书就不能保证质量时”才用。

③ 描述质量体系的质量手册之中究竟要引用多少个程序文件和作业指导书；就根据各组织的要求来确定。

④ 培训充分有效时，作业指导书可适量减少。

8.6.4.3 格式应满足的要求

① 以满足培训要求为目的，不拘一格。

② 简单、明了、可获唯一理解。

③ 美观、实用。

作为受控文件，作业指导书应按规定的程序批准后才执行，一般由部门负责人批准，未经批准的作业指导书不能生效。批准后的作业指导书只能在规定的场合使用。严禁执行作废的作业指导书，作业指导书的更改和更新应按规定的程序进行。

8.6.5 油库发油作业指导书

以油库发油作业编写指导书为例：

（1）发油准备

① 着装。发油员穿着防静电工作服，戴耐油手套。

② 班前检查。发油员检查发油鹤管、静电接地、油气回收与溢油装置、消防器材等是否齐全完好。

（2）发油

① 核对。发油员核对提油卡、单信息、车号、品种、数量、货位。

② 检查、指导、油罐车停靠货位是否正确。（下装）检查油罐车停靠货位是否正确，提示司机熄火并拔下车钥匙，将钥匙挂在挡车牌上，接好静电接地和溢油报警装置，并检查防静电溢油指示灯是否为绿灯，连接油气回收气向管及下装鹤管，并确保连接到位可靠。

③ 安全提示。发油员教育驾驶员不得在发货场使用手机等通讯工具，严禁修车、擦车，发油期间不得离开油罐车等。

④ 发油。发油员确认一切工作复核无误后，押运员进行刷卡提油，核对卡、单信息，无误后，按“确定”按钮开始发油。

⑤ 巡查。发油期间，现场安全监督员要加强巡检，发现不安全隐患，立即停止发油，并立即上报，待隐患排除后方可继续发油，确保发货安全。

（3）发油结束

① 发油员按规定打印《×××公司油品移动全过程交接单》，双方签字确认，登记使用铅封编号，在数质量交接单上盖付讫章。

② 发油员检查、督导押运员是否将鹤管、气向管、静电接地溢油报警等设备复位。

③ 发油员核对铅封编号，按规定对车辆施打铅封。

④ 各项工作结束后，提示驾驶员慢速驶离发货场地。

⑤ 做好相关记录。

8.7 应急管理

应急管理是针对特重大事故灾害的危险问题提出的。应急管理是指政府及其他公共机构在突发事件的事前预防、事发应对、事中处置和善后恢复过程中，通过建立必要的应对机制，采取一系列必要措施，应用科学、技术、规划与管理等手段，保障公众生命、健康和财产安全；促进社会和谐健康发展的有关活动。危险包括人的危险、物的危险和责任危险 3 大类。首先，人的危险可分为生命危险和健康危险；物的危险指威胁财产安全的火灾、雷电、台风、洪水等事故灾难；责任危险是产生于法律上的损害赔偿责任，一般又称为第三者责任险。其中，危险是由意外事故、意外事故发生的可能性及蕴藏意外事故发生可能性的危险状态构成。

企业的应急管理应该按照自己的特殊性制定企业应急管理体系，而此体系也要在国家和地区的应急管理体系之内。因为企业不是独立存在的，而是存在于社会中，即整个社会构成了企业生存的环境。由于企业特别是从事危险化学品的企业有发生事故的可能性，且发生事故会威胁健康、污染环境、损失财产，所以对于涉及危险化学品的所有设备设施的意外事件风险都要引起高度重视，纳入重点管理事项。企业的意外事件源自危险源，事故引发源自企业内部人员、各级政府部门、周边人员及相关利益方，受到影响的包括企业内部人员、各级政府部门、周边民众及相关利益方，所以在出现事故的应急管理中要考虑多方情况，才能全面统筹管理，做到减灾防灾，避免和减少对健康、环境和财产的不利影响。

8.7.1　应急管理方针

“坚持预防和应急并重，常态和非常态相结合”是应急管理的方针。应急管理也是同样的道理，最理想的境界是少发生不发生突发事件，不得已发生了就要有力有序有效地加以处置。做到平时重预防，事发少损失，坚持和贯彻好这个方针是十分重要的

8.7.2　应急管理原则

国家突发公共事件总体应急预案提出了6项工作原则，即：以人为本，减少危害；居安思危，预防为主；统一领导，分级负责；依法规范，加强管理；快速反应，协同应对；依靠科技，提高素质。

8.7.3　组织机构与职责

8.7.3.1　应急组织机构分类

① 国家应急响应机构。

② 区域应急响应机构，包括应急指挥中心、相关的区域应急响应救援中心和相关的社会应急响应中心。

③ 企业应急响应机构，包括应急指挥中心、应急响应中心和应急抢维修中心。

8.7.3.2　企业应急组织机构

① 企业应急指挥中心。一般企业的应急指挥中心由企业的主要领导担任总指挥，次级领导担任副总指挥，各部门管理人员为主要成员。

② 应急指挥中心办公室。一般设在安全管理部门。办公室设主任、副主任，主任一般由该部门负责人担任，副主任由该部门副职担任，成员由该部门人员组成。

③ 现场应急指挥部。现场应急指挥部是应急指挥中心的派出机构。现场指挥由应急指挥中心指派。当现场指挥失去指挥职能时，应急指挥中心应立即指派或由现场最高领导接替。

④ 专家组。根据应急工作的实际需要，应急指挥中心应聘请有关专家，建立专家库。在应急状态下，可挑选就近的应急救援专家组成应急专家组。

8.7.3.3　职责

① 应急指挥中心职责。接受同级人民政府应急管理中心和上级公司的领导，请示并落实指令；审定并签发本单位总体应急预案和专项应急预案；协调全系统的有关应急行动；负责抢险救灾的上传下达工作；负责派出工作组赴受灾单位，协助其救灾工作。

② 应急指挥办公室职责。负责通知应急救援指挥部成员，如指挥人员无法完成指挥任务，按其职务高低递补；负责协调企业系统内的应急救援工作。

③ 其他部门职责。负责保持与地方政府或上级公司应急救援指挥部的联系，保证企业正、副指挥长及时参加其会议；负责对受灾单位的慰问等事宜；接到预警后，快速建立通讯、信息网络站，保证上传下达畅通无阻。负责调集系统内的警、消力量，消防器材、装备等抢险救灾物品；确保指挥部 24h 与上、下级和相邻单位的联络；掌握意外情况，及时向应急救援指挥部报告。遵照指挥部的指示，提供应急物资保障。负责救援工作的后勤物资保障；接受系统内(外)其他单位、个人的抢险救灾物资的支援，并安排相应的应急工作；负责伤员救护工作。

8.7.4 事故预防

实施危险源安全管理活动的主要目的是预防事故的发生，最大限度地避免健康危害、环境污染或财产损失。

8.7.4.1 企业内部事故预防

（1）安全文化

企业要建立并促进自己的安全文化，并在安全政策中体现出来。要建立“安全第一”和“所有事故都是可能预防的”的理念，让员工把安全理念变成自觉的安全行为。要明确安全承诺，并针对各岗位安全承诺以落实安全工作。要鼓励员工保障安全生产的主动意识和防范事故发生的防范意识。要加强岗位安全职责、知识和技能培训，确保员工熟悉和掌握安全操作规程。要持续努力、不骄不躁地抓好安全工作，对安全问题认真查找、认真对待，不掩饰、不放过、不马虎。

企业要建立安全制度。安全制度是企业安全文化的具体体现，对安全管理整体目标、方针及实施原则明确阐述。企业中各个层级都要根据企业安全管理制度制定自已的安全管理制度，并且要持续改进。

要建立适合企业自身特点的安全管理体系。企业安全管理体系的主要职能是对事故的预防、准备和响应。这一体系包括组织机构、危险源辨识与评估、设备及运行管理、变更管理、应急预案、绩效监督、制度评审与修订、事故调查与经验总结。

企业的安全管理部门要编制安全报告。安全报告中首先要明确危险源。要对危险源、周边环境、危险源辨识与风险评估等情况做详细描述。其次是针对危险源采取的相应措施。主要包括安全预案、安全方针、安全管理体系、事故报告程序等情况。

（2）危害识别和风险评估

风险评估是风险管理的一种工具，有助于相关人员了解风险、熟悉各种事故预防与控制方案。风险评估能够给出各种风险的相对大小，并对各种可选择的技术、组织、政策做出评估，以实现安全最大化。风险评估是选择最优方案和制定风险接受能力的标准，此标准是评价各种既定目标或组织活动的依据。

安全管理部门要对所有的危险源进行辨识和风险评估。评估时要仔细选用评价方法，以使评价更贴近自身情况。要充分认识到评估方法和决策程序中的缺陷，合理地在安全管理活动中运用。要考虑到人为失误、工艺缺陷、自然灾害和人为破坏等造成的事故。要分析各种可能的后果，包括环境、健康影响后果。

风险评估上一个连续不断的发展过程，要定期评估或重新评估。各企业间要充分交流，有利于提高风险评估方法的应用水平和评估结果的实用性。

（3）选址、设计和建设

① 企业选址。危险化学品生产、经营、运输等企业的选址对于事故的预防和减灾来说意义重大。选址是事故预防的首要措施。选址时要满足发生事故时对于周围人员的生命健康、环境以及财产的不利影响最小的原则。把危险源与其他企业或民用设备设施分开或保持适当距离，可以完全避免或者大大减少事故的危害，从而实现风险控制。另外，作为企业也要密切关注民用建筑在企业建立后因不合理规划带来的风险。在有较大风险时要提醒政府部门进行行政干预，防止民用建筑距离小于安全距离而给企业带来的风险。

② 设备设施的设计、规划和布局。危险化学品设备设施的方案设计及工程设计要考虑安全措施，以增强其本质安全性。要尽量选用本质安全型技术（如生产工艺）、降低危险源数量、容错设计、操作简单、符合人体工程学等要求。避免设计方案中加大生产风险或把风险转移的现象。可以提高自动化控制技术在生产和安全方面的应用。要在整体布局时考虑内外部安全距离、内部生产生活区域安全距离，必要时考虑噪声、三废等对环境的影响。

③ 建设施工。工程建设阶段要密切关注施工质量，保证施工依照设计要求完成，对于设计方案的任何修改都要如实记录，并在运行时加以考虑。对安全起关键作用的元件、仪器、装置要进行功能性测试。对于生产、储存相关的设备要选择厂商、确保功能和质量符合设计及安全要求。要与设备制造厂家充分沟通，共享信息。选择施工方时要注意其资质是否合法合规，人员、设备设施和管理水平是否达到施工要求和安全要求。

（4）生产运行

① 制度。企业要建立安全管理组织和制度，明确安全责任，完成安全职能。对所有设备设施要制定通俗易懂、阅读方便的操作规程和说明书，以满足设备设施或装置满足设计要求、维护其运行完整性。企业要针对危险源制定预案，以在火灾等事故中及时扑救，保护员工及设备设施。为员工配备必需的个体防护设备，并保持性能完好。危险化学品的储存、保管、运输和使用要严格按照管理规定执行。要采取必要的安全措施，防止泄漏或人为破坏。

② 员工。管理部门要确保每个员工都有足够的业务水平和身体状况来保证设备设施在任何情况下安全运行。每名员工都要严格遵守操作规程，同时要注意自己和他人的安全，做到不伤害自己、不伤害他人、不被他人伤害。管理人员要特别注意确保非正常上班期间或特殊情况期间有足够的人员及监督管理，避免员工过度劳累和压力过大达到不安全生产要求。对于与事故预防有关的工作任务实施许可证制度，对具体授权、工作证、许可证等事宜详细规定。在具体规定上要考虑个人行为对安全生产制度的影响，如吸烟、饮酒、服药等问题应列入员工合同中加以约束。管理人员要与各级操作人员密切配合，确保整个组织安全运行。管理人员要控制好安全与生产的关系，避免为了安全无法开展生产的现象。企业要考虑削减操作人员与管理人员可能对安全的影响。企业要把安全绩效要纳入整体绩效加以考核。企业要配置足够的安全专业人员，并以公正、独立的态度提供安全建议。安全专业人员的配置数量要与企业的规模、技术含量、复杂程度和危险程度相匹配。

③ 内部交流与培训。企业要建立有效的各个层级的安全信息双向交流通道，如安全委员会，以利安全经验信息双向交流，促进信任和理解，保证安全管理持续改进。要在信任的基础上以开放的心态对待员工就安全方面的抱怨，并努力解决问题。全体人员要杜绝“三违”。对承包商、临时人员要进行相关的培训，使之能够胜任其所从事的工作。全体员工都要接受安全教育与培训，使其意识、知识、技能都达到相应岗位安全要求。所有培训都要有

记录，安全教育与培训是员工工作的一部分，计入工时和工资。

④ 人为因素。在安全方面，人为因素有消极和积极 2 种影响。消极方面是人偶尔发生错误，会导致事故。积极方面是只有人员能够对异常情况有效地响应，能够分析原因，采取适当措施，应对异常情况，所以涉及危险源的所有活动都要考虑到“人为因素”。这些活动包括设计、建设、危害识别、风险评估、操作、培训和教育、维护、停机及报废。设计要充分考虑人机工程学原则，克服人体局限，符合人的体能、智能和心理承受能力。鼓励员工分享经验，降低人为错误。设备设施或装置改造和检修后，开关机时和损耗后要特别关注，这是人为错误多发的环节。

(5) 维护和修理

管理人员要制定日常维护、检查和检测设备的制度，确保设备设施任何时候都符合设计要求。要协同政府相关管理部门及设备厂家定期检查、维护报警设备、关键装置和要害部位。

(6) 变更

企业在技术上和组织上的变更会影响安全。对于这些变更要建立程序加以管理。变更发生后要对原始的危害分析进行修订，从而补充程序文件档案或设备档案。变更后要对变更项测试，确保该变更不影响安全。要让所有员工了解生产中的任何变更。对于设备、方法、员工、软件或者其他可能影响安全的任何重要变更，都要进行实际的训练和教育程序的修订，并增加必要的训练和教育。

(7) 安全管理绩效的审查和评估

企业要建立监控或审查系统，以保障危险源安全性地持续改进。监控系统建设要依据生产设备或装置特点和功能设计监控方案，且所有监控方案应该实施闭环管理。审查行动的政策、程序和成果应该努力做到透明化，利于企业建立和维持信任度。尽量多使用主要绩效指标作为衡量安全的一个方法和决定是否采取行动，降低实际风险。企业的监控或审查程序要由不同级别的审核构成，以检查设备或装置内各种不同的技术和管理系统。应该为审核活动建立审核队伍，参与审核的各个环节。审核包括与管理人员和操作人员的交流，以了解员工对操作程序的掌握程度。企业间可以信息和经验共享，以利相互学习借鉴。

(8) 报废、关闭和拆除

企业要建立危险源安全停车、报废、关闭和拆除的适当程序和组织结构。避免在相关过程中发生事故，避免危险源的泄漏、污染，要按法律法规进行相关活动。

(9) 其他企业的责任

① 产品安全和对其他企业的协助。危险化学品的生产商要在产品的整个生命周期内加强对所生产产品的管理，从设计到生产、使用到废弃，都要符合产品的安全概念。生产商要努力防止最终用户在操作和使用危险化学品时出现事故。销售危险化学品的企业要确认客户是否能安全地处理危险化学品。企业间要建立合作关系或伙伴关系，促进信息共享。大企业就向小企业或其他需要帮助的企业提供帮助，提供指导，分享经验。

② 技术转让。当企业转让工艺设备、技术或与安全有关的技术设备时，该企业要保证技术转让后其安全水平与在其工厂内使用时相同。技术转让要应当在满足下述条件时方可进行，即供需双方都满意，进行了实地考察和风险评估，技术接受方能够安全地使用技术，并考虑了当地的情况，以及安全操作所必需的法律和行政基础。

③ 收购或投资企业。在收购或投资危险源之前，企业要进行风险评估，以确定风险性

质和等级。能够获得所有的相关的公司安全政策和指导、事故预防、应急预案、应急响应等技术。企业应该提供每一个附属和分支机构与安全有关的信息，包括最新的信息、研究成果、技术、管理技术、能降低事故发生可能性或减轻事故发生后果的技术。企业应该在世界范围内记录在下属或附属企业的所有危险源的安全绩效和应急救援体系，以此确信符合安全标准。发生事故后，企业管理者应当立即通知附属或下属企业有关事故的情况、可能原因和对安全的建议。此外还应该附带附属或下属企业提供事故报告。

8.7.4.2 企业外部事故预防

（1）企业与政府管理部门的关系处理

① 企业要服从政府部门安全管理。各级政府部门是实施国家应急管理的部门，企业特别是有重大危险源的企业是政府部门的重要管理对象，所以企业要服从和配合政府管理部门的安全管理工作，与政府管理的目标一致。

② 寻求政府管理部门支持。政府对企业有管理和支持的双重职能。在涉及公众安全的应急管理中，政府会支持企业达到安全状态。比如企业在建设初期的土地使用规划中，就要考虑安全事项，与周边企业或民众保持安全距离，有效地控制风险。

（2）企业与公众和其他利益相关主体的关系处理

① 对公众。企业对危险源附近的公众以及可能受到危险事故影响的其他人应该提供相关信息，清楚在事故发生时应该做什么、怎么做、做到什么程度。利用多种方式向公众传达信息并进行安全教育。要利用现有的居民委员会进行事故预防、准备及响应的基本知识。

② 研究和学术机构。企业可以与研究和学术机构共同研究事故预防、准备和响应方面的工作。可以就完善现有理论，优化解决方案，采用先进设备或手段，提高医疗救护水平等诸多方面进行研究，并共享研究成果。

③ 生产厂商。提出设备需求，与生产厂家共同研制新技术新设备，以满足新危险源的本质安全要求。或者对原有设备提出改进意见，提高本质安全水平。生产厂家从技术原理、设计、生产工艺、材料等多方面上不断追求进步，为企业提供更高安全水平的技术和服务上的支撑。

8.7.5 应急准备

所谓应急准备是针对可能发生的事故，为迅速、有序地开展应急行动而预先制定的行动方案。

8.7.5.1 应急预案体系的构成

应急准备的主要内容是应急预案的建立。有危险源的企业都应该有一个适合自身特点的应急预案。此预案是以一系列假定事故为基础，包括从最轻的泄漏的方案到最严重的火灾爆炸情形的方案。正因如此，应急预案应形成体系，针对各级各类可能发生的事故和所有危险源制订专项应急预案和现场应急处置方案，并明确事前、事发、事中、事后的各个过程中相关部门和有关人员的职责。生产规模小、危险因素少的单位，综合应急预案和专项应急预案可以合并编写。

（1）总体应急预案

总体应急预案是从总体上阐述处理事故的应急方针、政策，应急组织结构及相关应急职责，应急行动、措施和保障等基本要求和程序，是应对各类事故的综合性文件。

（2）专项应急预案

专项应急预案是针对具体的事故类别（如油罐爆炸、输油管道泄漏等事故）、危险源和应急保障而制订的计划或方案，是综合应急预案的组成部分，应按照综合应急预案的程序和要求组织制订，并作为总体应急预案的附件。专项应急预案应制订明确的救援程序和具体的应急救援措施。

（3）现场处置方案

现场处置方案是针对具体的装置、场所或设施、岗位所制定的应急处置措施。现场处置方案应具体、简单、针对性强。现场处置方案应根据风险评估及危险性控制措施逐一编制，做到事故相关人员应知应会，熟练掌握，并通过应急演练，做到迅速反应、正确处置。

8.7.5.2 应急预案的主要内容

（1）总体应急预案的主要内容

① 总则。包括编制目的、编制依据、分类分级、适用范围、应急工作原则、应急预案体系、应急启动条件等方面的内容。

② 危险性分析。包括生产经营单位概况、危险源与风险分析等内容。

主要阐述本单位存在的危险源及风险分析结果。

③ 组织机构及职责。包括应急组织体系、指挥机构及职责 2 方面的内容。

④ 预测与预警。包括危险源监控、预报、预测、预警、信息报告与处置、预警解除等内容。

⑤ 应急响应。包括响应分级、响应程序、应急结束等方面的内容。

⑥ 信息发布。明确事故信息发布的部门，发布原则。

⑦ 后期处置。主要包括污染物处理、事故后果影响消除、生产秩序恢复、善后赔偿、抢险过程和应急救援能力评估及应急预案的修订等内容。

⑧ 保障措施。包括通信与信息保障、应急队伍保障、应急物资装备保障、经费及其他保障等。

⑨ 监督管理。包括应急预案演练、宣传与培训、责任与奖惩、应急预案管理等内容。

⑩ 附则。包括术语和定义、预案备案、预案维护和更新、预案制定与解释、应急预案实施等内容。

（2）专项应急预案的主要内容

① 事故类型和危害程度分析。在危险源评估的基础上，对其可能发生的事故类型和可能发生的季节及其严重程度进行确定。

② 应急响应基本原则。明确处置安全生产事故应当遵循的基本原则。

③ 组织机构及职责。包括应急组织体系、指挥机构及职责等。

④ 预测与预警。包括危险源监控和预警行动等内容。

⑤ 信息报告程序。包括确定报警系统及程序；确定现场报警方式，如电话、警报器等；确定 24h 与相关部门的通讯、联络方式；明确相互认可的通告、报警形式和内容；明确应急反应人员向外求援的方式等内容。

⑥ 应急响应。包括响应分级、响应程序、处置措施等内容。

⑦ 应急物资与装备保障。明确应急响应所需的物质与装备数量、管理和维护、正确使用等。

（3）现场处置方案的主要内容

① 事故特征。主要包括危险性分析，可能发生的事故类型；事故发生的区域、地点或

装置的名称；事故可能发生的季节和造成的危害程度；事故前可能出现的征兆等。

② 应急组织与职责。主要包括基层单位应急自救组织形式及人员构成情况；应急自救组织机构、人员的具体职责，应同单位或车间、班组人员工作职责紧密结合，明确相关岗位和人员的应急工作职责。

③ 应急响应。主要包括以下内容：

a. 事故应急响应程序。根据可能发生的事故类别及现场情况，明确事故报警、各项应急措施启动、应急救护人员的引导、事故扩大及同企业应急预案的衔接的程序。

b. 现场应急响应措施。针对可能发生的火灾、爆炸、危险化学品泄漏、坍塌、水患、机动车辆伤害等，从操作措施、工艺流程、现场处置、事故控制，人员救护、消防、现场恢复等方面制定明确的应急响应措施。

c. 报警电话及上级管理部门、相关应急救援单位联络方式和联系人员，事故报告的基本要求和内容。

（4）注意事项

主要包括佩戴个人防护器具方面的注意事项；使用抢险救援器材方面的注意事项；采取救援对策或措施方面的注意事项；现场自救和互救注意事项；现场应急响应能力确认和人员安全防护等事项；应急救援结束后的注意事项；其他需要特别警示的事项。

8.7.5.3 应急救援预案编制的原则

（1）以人为本、减少危害

应急救援应把保障员工和公众的生命和健康作为首要任务，调用所需资源，采取必要措施，最大限度地减少事故及其造成的人员伤亡和危害。

（2）居安思危，预防为主

高度重视安全生产，加强安全检查与检测，对事故隐患及时进行评估、治理，防患于未然。

（3）统一领导、分级负责

在急救援指挥中心的统一领导下，建立健全应急体制，落实应急职责，实行应急分级管理制度，充分发挥各级应急机构的作用。

（4）依法规范，加强管理

依据国家法律法规和企业管理制度，在应急工作中，本着对国家、社会、员工和公众高度负责的态度，加强应急管理，使应急工作规范化、制度化、法制化。

（5）整合资源、协同应对

整合企业现有应急资源，实行区域联防制度，充分利用社会应急资源，实现组织、资源、信息的有机整合，形成统一指挥、反应灵敏、功能齐全、协调有序、运转高效的应急管理机制。

（6）依靠科技、提高素质。

高度运用应急科学技术，充分发挥专家队伍和专业人员的作用，提高处置应急指挥水平；加强宣传和培训教育和演练工作，提高广大员工自救、互救和应对各类突发事件的综合素质。

8.7.5.4 应急救援预案编制的依据

应急救援预案制订的依据主要有：

① 法律、法规和政府规定。《中华人民共和国安全生产法》《中华人民共和国职业病防

治法》《中华人民共和国消防法》《中华人民共和国防震减灾法》《危险化学品安全管理条例》以及《国家安全生产事故灾难应急预案》等。

② 本行业有关管理规定、技术规范和标准等。

③ 应急救援对象的实际情况。

8.7.5.5 应急预案的编制程序

（1）编制准备

编制应急预案应做好以下准备工作：

① 全面分析本单位危险因素、可能发生的事故类型及事故的危害程度。

② 排查事故隐患的种类、数量和分布情况，并在隐患治理的基础上，预测可能发生的事故类型及其危害程度。

③ 确定事故危险源，进行风险评估。

④ 针对事故危险源和存在的问题，确定相应的防范措施。

⑤ 客观评价本单位应急能力。

⑥ 充分借鉴国内外同行业事故教训及应急工作经验。

（2）成立应急预案编制工作组

结合本单位部门职能分工，成立以单位主要负责人为领导的应急预案编制工作组，明确编制任务、职责分工，制定工作计划。

（3）收集资料

收集应急预案编制所需的各种资料（相关法律法规、应急预案、技术标准、国内外同行业事故案例分析、本单位技术资料等）。

（4）危险源与风险分析

在危险因素分析及事故隐患排查、治理的基础上，确定本单位的危险源、可能发生事故的类型和后果，进行事故风险分析，并指出事故可能产生的次生、衍生事故，形成分析报告，分析结果作为应急预案的编制依据。

（5）应急能力评估

对本单位应急装备、应急队伍等应急能力进行评估，并结合本单位实际，加强应急能力建设。应急能力评估时，主要回答以下几个问题：

① 在紧急情况下谁该做什么，什么时候做，怎么做？

② 整个应急过程由谁负责，管理结构应该如何适应这种情况？

③ 如何通报紧急情况，谁负责通知？

④ 可获得哪些外部援助，什么时候能到达？

⑤ 在什么情况下站内和站外人员应该进行避难或疏散？

⑥ 如何恢复正常操作？

（6）编制应急预案

针对可能发生的事故，按照有关规定和要求编制应急预案。在应急预案编制过程中，应注重全体人员的参与和培训，使所有与事故有关人员均掌握危险源的危险性、应急响应方案和技能。应急预案应充分利用社会应急资源，与地方政府预案、上级主管单位以及相关部门的预案相衔接。

（7）应急预案评审与发布

应急预案编制完成后，应进行评审。评审由本单位主要负责人组织有关部门和人员进行。外部评审由上级主管部门或地方政府负责安全管理的部门组织审查。评审后，按规定报有关部门备案，并经生产经营单位主要负责人签署发布。

8.7.5.6 应急演练

（1）术语和定义

① 情景事件。针对生产经营过程中存在的危险源或危险、有害因素而设定的突发事件。

② 情景描述。对情景事件的发生时间、地点、状态特征、波及范围以及变化趋势等要素的详细描述。

③ 应急演练。针对情景事件，按照应急预案而组织实施的预警、应急响应、指挥与协调、现场处置与救援、评估总结等活动。

④ 综合演练。根据情景事件要素，按照应急预案检验包括预警、应急响应、指挥与协调、现场处置与救援、保障与恢复等应急行动和应对措施的全部应急功能的演练活动。

⑤ 专项演练。根据情景事件要素，按照应急预案检验某项或数项应对措施或应急行动的部分应急功能的演练活动。

⑥ 现场演练。选择（或模拟）生产建设某个工艺流程或场所，现场设置情景事件要素，并按照应急预案组织实施预警、应急响应、指挥与协调、现场处置与救援等应急行动和应对措施的演练活动。

⑦ 桌面演练。设置情景事件要素，在室内会议桌面（图纸、沙盘、计算机系统）上，按照应急预案模拟实施预警、应急响应、指挥与协调、现场处置与救援等应急行动和应对措施的演练活动。

⑧ 检验性演练。不预先告知情景事件，由应急演练的组织者随机控制，参演人员根据演练设置的突发事件信息，按照应急预案组织实施预警、应急响应、指挥与协调、现场处置与救援等应急行动和应对措施的演练活动。

⑨ 研究性演练。为验证突发事件发生的可能性、波及范围、风险水平以及检验应急预案的可操作性、实用性等而进行的预警、应急响应、指挥与协调、现场处置与救援等应急行动和应对措施的演练活动。

（2）应急演练的分类及工作要求

① 分类。按照应急演练的内容分可分为综合演练和专项演练；按照演练的形式分可分为现场演练和桌面演练；按照演练的目的可分为检验性演练和研究性演练。

② 应急演练工作要求。应急演练工作必须遵守国家相关法律、法规、标准的有关规定；应急演练应纳入本单位应急管理工作的整体规划，按照规划组织实施；应急演练应结合本单位安全生产过程中的危险源、危险、有害因素、易发事故的特点，根据应急预案或特定应急程序组织实施；根据需要合理确定应急演练类型和规模；制定应急演练过程中的安全保障方案和措施；应急演练应周密安排、结合实际、从难从严、注重过程、实事求是、科学评估；不得影响和妨碍生产系统的正常运转及安全。

（3）应急演练的基本内容

① 预警与通知。接警人员接到报警后，按照应急预案规定的时间、方式、方法和途径，迅速向可能受到突发事件波及区域的相关部门和人员发出预警通知，同时报告上级主管部门或当地政府有关部门、应急机构，以便采取相应的应急行动。

② 决策与指挥。根据应急预案规定的响应级别，建立统一的应急指挥、协调和决策机构，迅速有效地实施应急指挥，合理高效地调配和使用应急资源，控制事态发展。

③ 应急通讯。保证参与预警、应急响应与救援的各方，特别是上级与下级、内部与外部相关人员通讯与联络的畅通。

④ 应急监测。对突发事件现场及可能波及区域的气象、有毒有害物质等进行有效监控并进行科学分析和评估，合理预测突发事件的发展态势及影响范围，避免发生次生或衍生事故。

⑤ 警戒与管制。建立合理警戒区域，维护现场秩序，防止无关人员进入应急处置与救援现场，保障应急救援队伍、应急物资运输和人群疏散等的交通畅通。

⑥ 疏散与安置。合理确定突发事件可能波及区域，及时、安全、有效地撤离、疏散、转移、妥善安置相关人员。

⑦ 医疗与卫生保障。调集医疗救护资源对受伤人员合理检伤并分级，及时采取有效的现场急救及医疗救护措施，做好卫生监测和防疫工作。

⑧ 现场处置。在应急响应与救援过程中，按照应急预案规定及相关行业技术标准采取的有效技术与安全保障措施。

⑨ 公众引导。及时召开新闻发布会，客观、准确地公布有关信息，通过新闻媒体与社会公众建立良好的沟通。

⑩ 现场恢复。应急响应与救援结束后，在确保安全的前提下，实施有效洗消、现场清理和基本设施恢复等工作。

⑪ 总结与评估。对应急演练组织实施中发现的问题和应急演练效果进行评估总结，以便不断改进和完善应急预案，提高应急响应能力和应急装备水平。

⑫ 其他。根据相关行业（领域）安全生产特点所包含的其他应急功能。

（4）应急演练计划

① 应急演练计划的内容。应针对本部门（单位）安全生产特点对应急演练活动进行整体规划，编写应急演练年度计划，内容通常包括：演练的目的、类型、形式、时间、地点、内容、参与演练的部门、人员、演练经费预算等。

② 应急演练计划的要求。应急演练计划应以本部门、本行业（领域）或本单位安全生产应急预案为基本依据，针对可能发生的突发事件，着重提高初期应急处置和协同救援的能力。演练频次应满足应急预案的规定，演练范围应有一定的覆盖面。

（5）应急演练文件

应急演练文件包括应急演练方案、应急演练评估指南和评估记录、应急演练安全保障方案等。

1）应急演练方案

应急演练方案是指导应急演练实施的详细工作文件，通常包括应急演练需求分析；应急演练的目的；应急演练的目标及规模；应急演练的组织与管理；情景事件与情景描述；应急行动与应对措施预先设定和描述；各类参演人员的任务及职责。

2）应急演练评估指南和评估记录

应急演练评估指南是对评估内容、评估标准、评估程序的说明，通常包括：

相关信息：应急演练目的和目标、情景描述，应急行动与应对措施简介等；评估内容：应急演练准备、应急演练方案、应急演练组织与实施、应急演练效果等；评估标准。应急演练目标实现程度的评判指标，应具有科学性和可操作性；评估程序：为保证评估结果的准确性，针对评估过程做出的程序性规定。

应急演练评估记录是根据评估标准记录评估内容的照片、录像、表格等，用于对应急演练进行评估总结。

3）应急演练安全保障方案

应急演练安全保障方案是防止在应急演练过程中发生意外情况而制定的，通常包括：可能发生的意外情况；意外情况的应急处置措施；应急演练的安全设施与装备；应急演练非正常终止条件与程序。

8.7.5.7 应急演练的实施

① 熟悉演练方案。召开会议，重点介绍有关应急演练的计划安排，了解应急预案和演练方案，做好各项准备工作。

② 安全措施检查。确认演练所需的工具、设备、设施以及参演人员到位。对应急演练安全保障方案以及设备、设施进行检查确认，确保安全保障方案的可行性，安全设备、设施的完好性。

③ 组织协调。应在控制人员中指派必要数量的组织协调员，对应急演练过程进行必要的引导，以防出现发生意外事故。组织协调员的工作位置和任务应在应急演练方案中作明确规定。

④ 开展应急演练。应急演练总指挥下达演练开始指令后，参演人员针对情景事件，根据应急预案的规定，紧张有序地实施必要的应急行动和应急措施，直至完成全部演练工作。

⑤ 应急演练评估和总结。应急演练讲评：应急演练结束后应立即进行讲评。评估人员对应急演练目标的实现情况、参演队伍及人员的表现、应急演练中暴露的主要问题等进行讲评，并出具评估报告：对于规模较小的应急演练，评估也可以采用口头点评的方式。应急演练总结：应急演练结束后，应撰写评估总结报告，重点对应急演练组织实施中发现的问题和应急演练效果进行评估总结，也可对应急演练准备、策划等工作进行简要总结分析。应急演练评估总结报告通常包括：本次应急演练的背景信息；对应急演练准备的评估；对应急演练策划与应急演练方案的评估；对应急演练组织、预警、应急响应、决策与指挥、处置与救援、应急演练效果的评估；对应急预案的改进建议；对应急救援技术、装备方面的改进建议；对应急管理人员、应急救援人员培训方面的建议。

① 注意事项。应急演练过程要力求紧凑、连贯，尽量反映真实事件下采取预警、应急处置与救援的过程。应急演练应遵照应急预案有序进行，同时要具有必要的灵活性；应急演练应重视评估环节，准确记录发现的问题和不足，并实施后续改进；应急演练实施过程应作必要的评估记录，包括文字、图片和声像记录等，以便对演练进行总结和评估。

② 应急演练后续行动。应急演练资料的归档与备案：应急演练活动结束后，将应急演练方案、应急演练评估报告、应急演练总结报告等文字资料以及记录演练实施过程的相关图片、视频、音频等资料归档保存；对主管部门要求备案的应急演练资料，演练组织部门(单位)将相关资料报主管部门备案。

③ 应急预案的修改完善。根据应急演练评估报告对应急预案的改进建议，由应急预案编制部门按程序对预案进行修改完善。

④ 应急管理工作的持续改进。应急演练结束后，组织应急演练的部门(单位)应根据应急演练评估报告、总结报告提出的问题和建议，督促相关部门和人员，制订整改计划，明确整改目标，制订整改措施，落实整改资金，并应跟踪督查整改情况。

8.7.6　应急响应

8.7.6.1　应急响应的基本原则

① 及时性原则。包括及时撤离人员、及时报告上级有关主管部门、及时拨打报警电话和及时进行救助等。

② 先撤人、后排险的原则。即在发生事故或出现紧急险情之后，应首先将处于危险区域内的一切人员先撤出危险区域，然后再有组织地进行排险工作。

③ 先救人、后排险的原则。当有人受伤或死亡，应先救出伤员和撤出亡者，然后进行排险处理工作，以免影响对伤员的及时抢救和对伤员、亡者造成新的伤害。

④ 先防险、后救人的原则。在险情和事故仍在继续发展或险情仍未消除的情况下，必须先采取支护等安全保险措施，然后救人，以免使救护者受到伤害和使伤员受到新的伤害。救人要求“急”，同时也要求“稳妥”，否则，不但达不到救人的目的，还会使救助者受伤。

⑤ 先防险、后排险的原则。在进入现场进行排险作业时，必须采取可靠的保护措施，以免排险人员受到伤害。

⑥ 先排险、后清理的原则。只有在控制事故继续发展和排除险情以后，才能进行事故现场的清理工作。但这一切，都必须遵守事故的处理程序规定和得到批准以后，才能进行。

⑦ 保护现场的原则。在事故调查组未决定结束事故原状之前，必须全力保护好现场的原状，以免影响事故的调查和处理工作。

8.7.6.2　应急响应的内容

应急响应主要包括以下内容：

① 事故应急响应程序。根据可能发生的事故类型及现场情况，明确事故报警、各项应急措施启动、应急救护人员的引导、事故扩大及同企业应急预案的衔接程序。

② 现场应急响应措施。针对可能发生的火灾、爆炸、危险化学品泄漏、坍塌、水患、机动车辆伤害等，从操作措施、工艺流程、现场处置、事故控制、人员救护、消防、现场恢复等方面制定明确的应急响应措施。

③ 报警电话及上级管理部门、相关应急救援单位联络方式和联系人员，事故报告的基本要求和内容。

8.7.6.3　应急响应的的基本任务

事故应急救援的总目标是通过有效的应急救援行动，尽可能地降低事故的后果，包括人员伤亡、财产损失和环境破坏等。事故应急救援的基本任务包括下述几个方面：

① 立即组织营救受害人员，组织撤离或者采取其他措施保护危害区域内的其他人员。

② 迅速控制事态，并对事故造成的危害进行检测、监测，测定事故的危害区域、危害性质及危害程度；及时控制住造成事故的危险源是应急救援工作的重要任务。

③ 消除危害后果，做好现场恢复。

④ 查清事故原因，评估危害程度。

8.7.6.4　应急响应过程

应急一般包括接警、相应级别确定、警报、应急启动、救援行动、扩大应急、应急结束和恢复生产等几个过程。

（1）接警

事故发生后，报警信息应迅速汇集到应急救援指挥中心并立即传送到各专业部门。重特大事故应按规定向上级应急指挥中心和领导报告。接警时应做好事故的详细情况记录和联系方式等。

（2）响应级别确定

应急救援指挥中心接到警报后，应立即建立与事故现场的地方或企业应急机构的联系，根据事故报告的详细信息，对警情做出判断，并初步确定相应的响应级别。

（3）警报

相应级别确定后，应立即按规定程序发布预警信息和警报。如果事故不足以启动应急救援体系的最低响应级别，通知应急关闭。

（4）应急启动

应急响应级别确定后，相应的应急救援指挥中心按所确定的相应级别启动应急程序，如通知应急救援指挥中心有关人员到位、开通信息与通信网络、调配救援所需的应急资源（包括应急队伍和物资、装备等）、派出现场指挥协调人员和专家组等。

（5）救援行动

现场应急指挥中心迅速启用，救援中心应急队伍及时进入事故现场，积极开展人员救助、工程抢险等有关应急救援工作，专家组为救援决策提供建议和技术支持。

（6）扩大应急

当事态仍无法得到有效破控制，须向上级救援机构（场外应急指挥中心）请求实施扩大应急响应。

（7）应急结束和恢复生产

救援行动完成后，进入后期处置阶段。包括现场清理、人员清点和撤离、警戒解除、善后处理和恢复生产等。

8.7.6.5 应急响应级别

重大事故应急救援体系应根据事故的性质、严重程度、事态发展趋势和控制能力实行分级响应机制，对不同的响应级别，相应地明确事故的通报范围、应急中心的启动程度、应急力量的出动和设备、物资的调集规模、疏散的范围、应急总指挥的职位等。典型的响应级别通常可分为3级：

① 一级紧急情况。必须利用所有有关部门及一切资源的紧急情况，或者需要各个部门同外部机构联合处理的各种紧急情况，通常要宣布进入紧急状态。在该级别中，做出主要决定的职责通常是紧急事务管理部门。现场指挥部可在现场做出保护生命和财产以及控制事态所必需的各种决定。解决整个紧急事件的决定，应该由紧急事务管理部门负责。

② 二级紧急情况。需要两个或更多个部门响应的紧急情况。该事故的救援需要有关部门的协作，并且提供人员、设备或其他资源。该级响应需要成立现场指挥部来统一指挥现场的应急救援行动。

③ 三级紧急情况。能被一个部门正常可利用的资源处理的紧急情况。正常可利用的资源指在该部门权力范围内通常可以利用的应急资源，包括人力和物力等。必要时，该部门可以建立一个现场指挥部，所需的后勤支持、人员或其他资源增援由本部门负责解决。

8.7.7 事故后期处理

8.7.7.1 事故评估

事故结束后，应立即对事故进行后果评估，包括人员健康、环境和财产的影响。特别是要考虑事故对环境可能造成的后果。要依据事故地区相关地质信息并实施监测。

8.7.7.2 事故医疗

要对接触危险化学品的人员进行监控，以利于后期诊断和治疗。配合医疗机构控制事故对健康和环境的影响，共享对事故对健康可能造成影响方面的信息，努力促进医疗救治和健康追踪。

8.7.7.3 事故归档和上报

事故发生后，要综合事故情况完成记录并归档。企业管理部门应按照程序或规定向政府管理部门报告事件情况。安全责任人要按规定向上级部门报告伤亡事故、重大事故及其他需要上报的等级事故。

8.7.7.4 事故调查

事故调查是为了查明事实，汲取经验教训，而不是为了追究责任。调查的重点是确定导致事故发生的一连串事件中的根本原因、教训，以及避免此类事故再次发生的整改措施。调查分为信息准备、现场记录、现场模拟和报告建议 4 个部分。调查可以成立调查小组，明确调查步骤。对事故的调查要及时、迅速，分析准确透彻。企业对事故要积极整改，信息共享，达到避免相同事故的发生。

8.8 含油污水处理

油库含油污水处理是指把油库作业中产生的含有油的污水用沉淀、气浮、吸附等方法进行油水分离的处理过程。油库含油污水指标一般为含油 200～300mg/L 。

8.8.1 含油污水来源及危害

油库含油污水是指受到油品污染的废水。其主要来源有水陆运输油品的压舱水、洗舱水和顶水卸油的水，储存过程中清洗油罐和设备形成的污水、罐底积水、洒漏油品冲刷或与雨水混合形成的污水，质量检验过程清洗样品瓶或器具形成的污水。含油污水对水和土壤有严重的污染，对人及其他动物植物有显著的毒害作用，因而不能直接排放，需进行处理，使排放水中污染物浓度小于国家规定的最高允许浓度，否则容易造成环境污染。

油库用简单的沉淀池对含油污水静置，油水重力分离后排放或不处理直接排放，达不到国家规定的要求。对油库含油污水进行处理，不仅能防止环境污染，改善作业条件，而且有利于油库安全生产，能回收有利用价值的油品，减少经济损失。因此，建立油库含油污水处理设施是十分必要的。

8.8.2 油库污水的特性指标

油库含油污水水质的特性可以用一些物理及化学指标来表示。主要包括：水色、pH 值、生化需氧量、化学耗氧量、悬浮物及石油类含量等。通过这些指标的分析化验，就可以对污水的性质有较全面的评价，以便制定合理的处理方案。

（1）色度

清洁的水是透明无色的，遇有污染常常改变颜色，色素虽不一定有害，但带有颜色的水使人厌恶。如碱洗水呈乳白色，汽油罐清洗水呈棕色，重柴油罐清洗水呈偏黑的深色。

（2）pH 值

pH 值范围从 0～14，表示溶液的酸碱性。由于 pH 值有效地表示出溶液的化学及生物特性，因此排放水的 pH 值有一定的范围，一般为 6～9。生物有机体只能在接近中性的条件下生存，超出一定范围将引起毒害。pH 值越低的污水，酸性较强，对设备有较大的腐蚀作用。

（3）五天生化需氧量

生化需氧量，即 BOD_5，是表示利用微生物的作用氧化污水中有机物所需的氧量. 其量纲常用单位体积污水所消耗的氧量来表示。生物需氧量越高，表示污水中有机物越多。但由于有机物在培养下氧化作用相当迟缓，促使有机物全部氧化，需要很长时间，这在实用上是很困难，帮规定以培养 5 天的结果作为测定生化需氧量的标准时间，通称为五天生化需氧量。

（4）化学耗氧量

化学耗氧量，即 COD，是表示污水中利用化学氧化剂氧化有机物所需的氧量，量纲也是以单位体积污水所耗的氧量来表示，通常采用重铬酸钾或高锰酸钾作氧化剂，污水的耗氧量越多，表示所含有机物越多。

化学耗氧量不能反映被微生物氧化分解的有机物量，而生化需氧量基本上能反映出有机物进入水体后，微生物氧化分解的有机物量，比较符合实际。在污水处理中，采用生化需氧量作为有机的指标较为合适。但生化需氧量的测定时间较长，实际应用中，常用化学耗氧量来代替。

（5）石油类

油类排入水体后，将浮飘在水面，形成一层薄膜，阻止大气中的氧气溶于水中，从而影响水体的自净作用，造成水体污染。污水中石油类通常以浮油、乳化油和溶解油 3 种状态存在于水中。浮油是含油污水中的分散油，一般指在 2h 静置状态下可浮到水面的油珠，直径在 100～150μm，在污水中呈悬浮状态，可以依靠它与水的密度差而很容易从水中分离出来。浮油是含油污水中的主要组分，约占油污水中总油量的 60%～80%。乳化油则是以较小的颗粒存在于水中。这些油粒的直径一般为 6～7μm，最大的约为 15μm，最小的为 0.5μm。乳化状态较稳定。乳化油必须先经过破乳处理转化为浮油，然后再加以分离。溶解油即在水中呈溶解状态的油品，溶解度一般为 5～15mg/L，溶解油占含油量的百分比一般小于 5%。此类污水的处理方法视溶解油的种类及物理化学性质来决定。

（6）悬浮物

污水中的物质，根据它的物理情况，分为可沉物和浮漂物，胶体物和溶解物等几类。在水质分析中，通常用过滤的方法将杂质分为悬浮物和溶解物。截留在滤纸上的为悬浮物，能通过滤纸的为溶解物。悬浮物会阻塞土壤的孔隙，形成河底淤泥，悬浮物可用沉淀设备去除，去除率是衡量沉淀效果的重要指标。沉淀设备中沉淀下来的物质，如果主要是有机物，常称污泥，如果主要是无机物质，则称为沉渣，油罐污水经沉淀后，有大量的污泥。污泥的成分复杂，一般含油在 12%～15%，含泥在 15%～22%，含水在 70% 左右，密度在 1.2～1.8，并且不易沉淀也不易上浮。含油污泥之所以稳定不易沉淀，原因在于其表面带有负电荷，胶体悬浮物颗粒之间相互产生排斥作用，阻碍互相凝聚沉淀。

8.8.3 含油污水排放标准

由于污水来源途径不同，各种污水的成分是有所差别的。油罐底水及清洗水一般含油量较多，悬浮物较多，含硫量及含铅量也高，石油以乳化油的形式存在占较多成分，且污水带有一定颜色。油轮的压舱水及洗舱水含油量约在100~5000mg/L，沉淀物较多，石油多以浮油形式存在于水中。油罐或专门的装置中脱水时形成的污水，含油量可达7600~11200mg/L，机械杂质为7400~9560mg/L。

为保证水体清洁，排入水体的污水，应控制其污染物的数量。若污染物较多，超过了水体的自净能力时，水体就不能保持正常状态，生态平衡受到破坏，形成恶劣的自然环境。我国《污水综合排放标准》(GB 8978)，对含油污水的水质指标范围和排放水标准如表8-11所示。

表8-11 油库含油污水的指标范围与排放标准

项目		污水成分	允许排放标准	
			一级	二级
色度		混浊，浮油，呈褐色或铁锈色	50	80
pH值		4.5~9	6~9	6~9
含油量/(mg/L)	轻污染	50~2000	5	10
	重污染	1500~60000		
五天生化需氧量(BOD_5)/(mg/L)		150~670	20	30
化学耗氧量(COD)/(mg/L)		72~274	60	120
悬浮物(SS)/(mg/L)		600~850	70	150

8.8.4 含油污水处理方法

油库污水未经处理，直接排入水体，虽然由于水体的自净作用，会减小污水直接造成的污染，日积月累难免会带来严重危害。根本的解决方法是对油库污水进行处理，使排放水达到排放标准。

油库污水处理最主要的目的是去除污水中的油分。故其处理方法取决于油污水中石油的存在状态。处理油库含油污水的方法，广泛采用的是物理方法和化学方法，即隔油、沉淀、浮选、混凝、吸附、生化等等。

(1) 隔油

隔油就是去除污水中可浮油的处理方法，主要用于对污水中浮油的处理，它是利用水中油品与水密度的差异与水分离并加以清除的过程。油品相对密度一般都小于1。如果油珠粒径较大，呈悬浮状态，则可利用重力进行分离，这类设备通称为隔油池。隔油池的种类很多，普遍采用的是平流隔油池和斜板隔油池。

1) 平流式隔油池

平流式隔油池的构造如图8-2所示，污水自进水管流入，经水槽进入澄清区。由于池内水平流速很小，进水中的轻油滴在浮力作用下上浮，并且聚集在池的表面，通过设在池面的集油管和收油机收集浮油，浮油一般可以回用。相对密度大于1的固体杂质则沉到池底。

污水在池内停留时间一般为1.5~2h，水平流速很低，一般为2~5mm/s，最大不超过10mm/s，以利于油品的上浮和泥渣的沉降。池长与池深之比不小于4。

平流隔油池一般不少于2个，除油率一般为60%~80%。粒径150μm以上的油珠均可除去。它的优点是构造简单，运行管理方便，除油效果稳定。缺点是体积大、占地面积大、处理能力低、排泥难，出水中仍含有乳化油和吸附在悬浮物上的油分，一般很难达到排放要

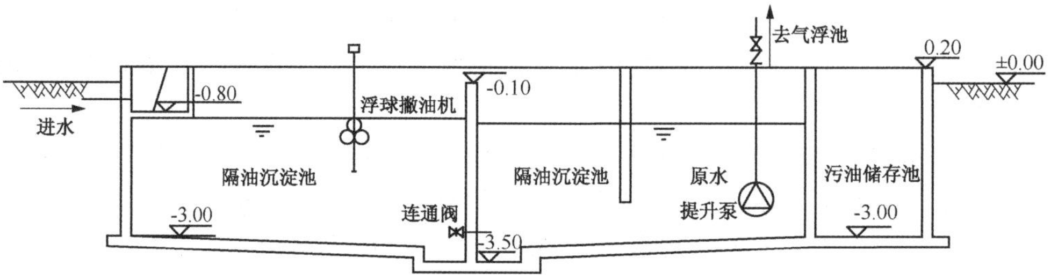

图 8－2　平流式隔油池

求。这种隔油池可去除的最小油珠粒径一般不低于 100～150μm。

隔油池的进水端一般采用穿孔墙进水，在出水端采用溢流堰。

2）斜板隔油池

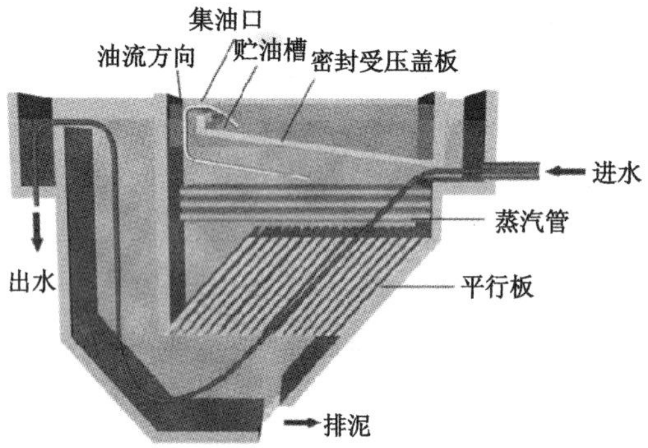

图 8－3　斜板隔油池

为了提高单位池容积的处理能力，隔油池也采用斜板形式，如图 8－3 所示。池内斜板大多数采用聚酯玻璃钢波纹板，板间距为 20～50mm，倾角不小于 45°，斜板采用异向流形式，污水自上而下流入斜板组、油粒沿斜板上浮。而泥渣则滑落至池底。池内增加斜板提高了单位池容的分离面积，即使污水处理量增大数倍，板间水流仍然处于层流状态。斜板隔油池所需停留时间为平流隔油池的 1/2～1/4，约 30min。斜板隔油池去除油滴的最小直径为 60μm。

为了防止油类物质附着在斜板上，应选用不亲油材料做斜板，但实际上比较困难，所以，在斜板隔油池的运行中也常有挂油现象，应定期冲洗，防止斜板间堵塞。污水含油量大时，可采用较大的板间距(或管径)，含油量小时，间距可以减小。

在含油污水的处理中，为进一步处理出水中残油，通常应用加压溶气气浮作为隔油后的补充处理。

（2）沉淀

悬浮物(SS)是衡量水体水质好坏的一项重要指标，也是水处理的一项重要考核指标。沉淀是去除悬浮物的重要手段之一，它是利用水中悬浮颗粒与水的密度差进行分离的基本方法。当悬浮物的密度大于水时，在重力作用下，悬浮物下沉形成沉淀物。沉淀法可以去除污水中的砂粒、化学沉淀物、混凝处理所形成的絮体和生物处理的污泥，也可用于沉淀污泥的浓缩。

沉淀主要用于去除粒径在 20～100μm 以上的可沉固体颗粒，对胶体粒子(粒径约为 1～100nm)和粒径为 100～1000nm 的细微悬浮物来说，由于布朗运动、水合作用，尤其是微粒间的静电斥力等原因，它们能在水中长期保持悬浮状态，因此不能直接用承力沉降法分离，而必须首先投加混凝剂来破坏它们的稳定性，使其相互聚集为数百微米以至数毫米的絮凝体，才能用沉降、过滤和气浮等常规固液分离法予以去除。

自由沉淀是沉淀的常用方法。在沉淀过程中，水中悬浮物颗粒浓度低，颗粒呈离散状态，彼此互不聚合、粘合或干扰，各自完成沉淀过程，颗粒在下沉过程中的形状、尺寸、密度、不发任何变化。在污水中悬浮物的浓度不太高、颗粒多为无机物时常发生自由沉淀。

（3）气浮

气浮法是利用高度分散的微小气泡作为载体吸附油粒或悬浮物，使其视密度小于水而上浮到水面，进而实现固液或液液分离的过程。气浮法也称为浮选法。

在污水处理中，气浮法广泛应用于：①分离地面水中细小悬浮物、藻类及微絮体；②分离回收含油污水中的悬浮油和乳化油；③代替二次沉淀池，分离和浓缩剩余活性污泥，特别适用于那些易于产生污泥膨胀的生化处理工艺中。

气浮法具有以下特点：①气浮池的表面负荷率可达到12$m^3/(m^2 \cdot h)$，较一般沉淀池大得多[沉淀池仅为1.0～3.0$m^3/(m^2 \cdot h)$]；停留时间为0.5h以内(沉淀池为1～3h)，池深2m左右，因此池子的基建投资小、占地少，在用地紧张的场合下较适用。②气浮池有预曝气作用，出水和浮渣含氧量都较高，有利于后续处理或再用，泥渣不易腐化。③能够有效地分离那些不能或难于沉淀的悬浮物，如油污低浊含藻的水杂。气浮法处理效率高，有时还可去除原水中的浮游生物，出水水质好。④浮渣含水率低。一般在96%以下，比沉淀池污泥体积少2～10倍，这对污泥的后续处理有利，而且表面刮渣也比池底排泥方便。气浮法也有其缺点：如溶气水减压释放器易堵塞；工艺过程复杂，操作繁琐且要求高，运行费用高等。

气浮分离效率与气泡量、气泡粒径及是否加药剂等因素有关。对一定量的空气，若气泡粒径小，表面积大，吸附油机会多，浮选效率高。

溶解空气浮选是最常用的方法。利用增加气体压力，使其更多地溶入水中，然后通过溶气释放器的卸压喷射完成气体的释放产生众多的微气泡。浮选主要用于去除水体中的乳化油，浮选设备常被安放在初级除油设备后面作为二级治理设备。

1）溶气气浮

气浮过程包括气泡产生、气泡与颗粒(固体或液滴)附着以及上浮分离等连续步骤。实现气浮法分离的必要条件有2个：①必须向水中提供足够数量的微细气泡；②必须使颗粒(固体或液滴)呈悬浮状态或具有疏水性质，从而附着于气泡上浮升。浮选法对于去除污水中的乳化油有特殊功效。

产生气泡的方法一般分2种：①溶气法，将气体压入盛有污水的溶气罐中，在水－气充分接触下，使气在水中溶解并达到饱和，然后使污水压力骤然降低，这时溶解的空气便以微小的气泡从水中析出并进行气浮，故又称加压溶气气浮。此种气泡的直径一般约为20～100μm。②散气法，主要采用多孔的扩散板曝气和叶轮搅拌产生气泡，因此气泡直径较大，约在1000μm左右。实践表明：气泡的直径越小，能除去的污染物颗粒就越细，净化效率也越高。故在目前工业污水处理中，多采用溶气法，该法气泡微小、大小均匀、密度高，气泡上升速度慢，水力状况稳定，特别适用于松散和细小的悬浮颗粒分离。通常将加压溶气气浮作为隔油后的深化处理。

溶气气浮装置由溶气泵、溶气罐、溶气释放器和气浮池等组成。气浮工艺流程，按加压情况分为部分污水加压溶气气浮、全部污水加压溶气气浮和部分回流水加压溶气气浮3种。目前较常用的是部分回流水加压溶气气浮工艺流程，见图8－4。

溶气泵将污水送入溶气罐，同时注入空气，在0.3～0.4MPa压力下停留几分钟，使空气溶解于污水中，成过饱和状态，然后通过减压阀将污水送入浮选池。由于突然减至常压，水中溶解的过饱和空气就形成许多细小气泡，油粒就黏附于气泡上而逸出水面，在水面形成泡沫，用刮渣机将其连续地排入泡沫收集槽。该流程将处理后的部分污水加压溶气，回流量一般为10%～20%，污水直接送回气浮池。部分回流加压溶气气浮不会打碎絮凝体，出水的水质稳定，加压泵及溶气罐的容量及能耗等都较小，该方法适用于含悬浮物浓度高的污水

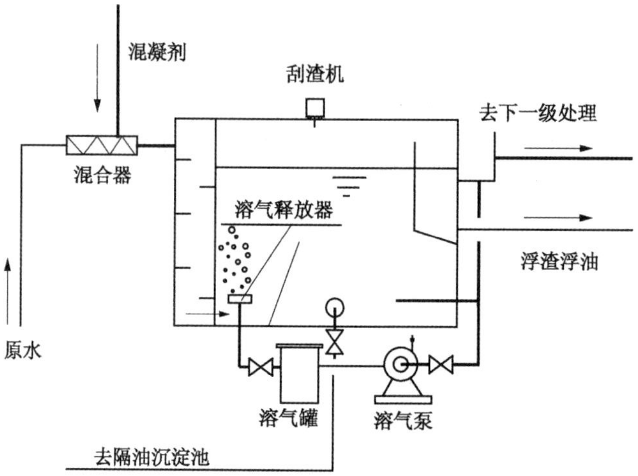

图 8－4　部分回流水加压溶气气浮工艺

处理，但气浮池的容积较大。

通常加入混凝剂可使浮选法的除油效率成倍提高。可用带有正电性胶粒阳离子型混凝剂，如聚合氯化铝、聚合硫酸铁等无机高分子混凝剂，与带负荷的乳化油进行电中和，降低其电势。同时通过连续吸附作用，使小油滴聚集粒径变大，浮出水面。利用混凝剂电中和、架桥、吸附等综合作用使小油珠及悬浮固体脱稳，聚集粒径增大的现象，俗称矾花。以油为主的矾花上浮，密度小于水的悬浮物矾花也上浮，而密度大于水的悬浮粒子则下沉到罐底，最后达到油水分离、固液分离的效果。表 8－12 对比了含浓度 60mg/L 的污水在未加混凝剂和加混凝剂浮选处理结果。

表 8－12　浮选法除油效果

浮选方式	除油率/%	
	浮油	浮化油
加混凝剂	75 ~ 95	50 ~ 90
加混凝剂	70 ~ 95	10 ~ 40

影响气浮效率的主要因素有污水流速、进气速度及单位液体所使用的气体体积、气泡大小及分散程度、水温、pH 值、化学物质等。在气浮工艺中最常使用的是空气，也可使用其他多种气体。如用惰性气体，同时还可以用真空浮选法或沸腾法、化学反应法和发酵法等产生气泡。

2）溶气气浮设备的运行管理

加压溶气气浮设备的运行管理应注意以下事项：

① 根据气浮反应池的絮凝情况及气浮池出水水质，注意调节混凝剂的投加量，特别要防止加药管的堵塞。冬季水效率低影响混凝效果时，除可采取增加投药量的措施外，还可利用增加回流水量或提高溶气压力的方法，增加微气泡的数量及其与絮粒的黏附，以弥补因水流黏度的升高而降低带气泡絮粒的上浮性能，保证出水水质。

② 经常观察气浮池池面情况，如果发现接触区浮渣面不平，局部冒出大气泡，则多半是释放器受到堵塞；如果分离区浮满面不平，池面上经常有大气泡破裂，则表明气泡与絮粒黏附不好，应采取适当措施（如投加表面活性剂等）。

③ 经常观察溶气罐的水位指示管，使其控制在一定的范围内，以保证溶气效果。避免因溶气罐水位脱空，导致大量空气窜入气浮池而破坏净水效果与浮渣层。对已装有溶气罐液位自动控制装置的，则需注意设备的维护保养。

④ 掌握浮渣积累规律，选择最佳的浮渣含水率，以及按最大限度地不影响出水水质的要求进行刮渣，并建立每隔几小时刮渣一次的制度。

⑤ 做好日常的运行记录，包括处理水量、投药量、溶气水量、溶气罐压力、水温、耗电量、进出水水质、刮渣周期、泥渣含水率等。

（4）混凝

在污水处理工艺中，混凝与溶气气浮同时进行。

污水中的微小悬浮物和胶体粒子很难用沉淀方法除去，它们在水中能够长期保持分散的悬浮状态而不自然沉降，具有一定的稳定性。混凝法就是向水中加入混凝剂来破坏这些细小粒子的稳定性，首先使其互相接触而聚集在一起，然后形成絮状物并下沉分离的处理方法。前者称为凝聚，后者称为絮凝，一般将这两个过程通称为混凝。具体地说，凝聚是指使胶体脱稳并聚集为微小絮粒的过程，而絮凝则是使微絮粒通过吸附、卷带和架桥而形成更大的聚体的过程。

混凝在污水处理中可以用于预处理、中间处理和深度处理的各个阶段。它除了除浊、除色之外，对高分子化合物、动植物纤维物质、部分有机物质、油类物质、微生物、某些表面活性物质、农药，汞、镉、铅等重会属都有一定的清除作用，所以它在污水处理中的应用十分广泛。

混凝法的优点是：设备费用低，处理效果好，操作管理简单。缺点是要不断向污水中加药剂，运行费用较高。

1）混凝剂

用于水处理的混凝剂要求混凝效果好，对人类健康无害，价廉易得，使用方便。目前常用的混凝剂按化学组成分为无机盐类和有机高分子类。

① 无机混凝剂。

无机混凝剂是目前应用最广的是铁系和铝系金属盐，主要有三氯化铁、硫酸亚铁、硫酸铝、明矾、聚合氯化铝、聚合氯化铝与聚合硫酸铝的混合物。

上述5种常用混凝剂的规格性能见表8－13。

表8－13 常用混凝剂的规格性能

名　称	分子式	密度	规　格	性　质
三氯化铁	$FeCl_3 \cdot 6H_2O$	1.50	纯度：45%	黑褐色晶体，吸水性强，极易溶于水，适用pH值4～11，腐蚀性大
硫酸亚铁	$FeSO_4 \cdot 7H_2O$	1.89	含量：≥95%	又称绿矾，淡蓝绿色晶体，吸水性强，易溶于水，适用pH值8.5～11
硫酸铝	$Al_2(SO_4)_3 \cdot 18H_2O$	1.69	精制：Al_2O_3含量≥15.7%；粗制：Al_2O_3含量≥14.5%～16.5%	淡绿色粒状晶体或粉末，易溶于水，水溶液呈酸性反应，污水中不宜存在大颗粒悬浮物
聚合氯化铝	$[Al_2(OH)_nCl_{6-n}]_m$	1.1～1.3	氯化铝含量： 固体产品：43%～46% 液体产品：8%～10%	简称PAC，固体产品为白色或黄绿色，易溶于水。液体产品为黄色、褐色或灰白色，pH值6～9
硫酸铝和硫酸钾复盐	$Al_2(SO_4)_3 \cdot K_2SO_4 \cdot 24H_2O$	1.76	纯度：98%～99% Al_2O_3含量：11%	又称明矾，无色或白色透明晶体或粉末，无臭、溶于水，水溶液呈酸性

② 有机混凝剂。

聚丙烯酰胺（PAM）使用范围最广泛的合成有机高分子絮凝剂。聚丙烯酰胺一般按0.5～1kg均匀倒于1000kg水中，并在转速60r/min的搅拌条件下搅拌溶解10～20min，溶解后加入水中并充分搅拌混合，与无机或有机混凝剂配合使用，其用量一般在1～7mg/kg［即（1～7）ppm］。

2）助凝剂

助凝剂是指与混凝剂一起使用，以促进水的混凝过程的辅助药剂。助凝剂本身可以起混凝作用，也可不起混凝作用。按其功能，助凝剂可分为pH调整剂、絮体结构改良剂和氧化剂3种。

3）影响混凝效果的因素

混凝过程是混凝剂与水及胶体和细微悬浮物之间相互作用的复杂过程。化学混凝过程与效果受到多种因素的影响，因此必须科学地控制混凝条件。影响混凝的因素主要有：药剂选用与投加、原水水质、水温、污水的pH值、搅拌强度与搅拌时间等。

① 混凝剂选用与投加。

a. 混凝剂的选择。要根据污水的具体性质而定，总的原则是所用的混凝剂必须价廉、易得，使用量少，效率高。铝盐和聚丙烯酰胺是常用的几种混凝剂。混凝剂投加量过大或过小都不利于污染物的净化，同时药剂投加量和水中污染物含量关系密切。当无机药剂与有机药剂并用时，通常是先投加无机药剂，再投加有机药剂，但当处理的胶粒在50μm以上时，常先投加有机药剂吸附架桥，再加无机药剂压缩扩散层而使胶体脱稳。高分子絮凝剂选用的基本原则是：阴离子和非离子型主要用于去除浓度较高的细微悬浮物，但前者更适用于中性和碱性水质，后者更适于中性和酸性水质，阳离子型主要用于去除胶体状有机物，pH值为酸性至中性均可。

b. 药剂投加方法。主要有重力投加法、压力投加法。重力投加法是利用重力的作用，将高位水池或罐中的药液投入管道内或水泵吸入管喇叭口处。此法操作简单，投加安全可靠，但必须设高位池或罐。压力投加法是利用水射器或计量泵将混凝剂投入处理水中。此法可确保加药量，不受加药点位置高低及管道压力限制，并可实现加药量的自动控制。

② 搅拌强度与搅拌时间。

搅拌对混合、反应、凝聚几个阶段都有影响，因此，搅拌一定要适度。混凝时的搅拌速度和时间不仅影响物质之间的接触、反应，并且将影响形成的絮体大小和结构。一般在混凝剂混合阶段，就是为了让混凝剂与污水迅速均匀地混合。要求搅拌强度大，但时间要短，搅拌时间应小于2min，以使混凝剂迅速、均匀地扩散到全部水中，创造良好的水解和聚合条件，使胶体脱稳并借助颗粒的布朗运动和湍动的水流凝聚，此阶段不要求形成大的絮凝体。

在混凝反应阶段，要求形成大而具有良好沉淀性能的絮凝体，此时过于激烈的搅拌反而会打碎已凝聚的絮状沉淀物，不利于混凝沉淀，所以此阶段搅拌的强度和水流速度应随絮凝体增大而降低。此时搅拌强度要小，但时间要长，搅拌时间一般在15～30min。

（5）吸附

利用吸附法进行污水处理，具有适应范围广、处理效果好、可回收有用物料、吸附剂可重复使用等优点。该法适用于深度处理污水的微油，一般费用较高，在污水处理中有较广泛的应用。

1）吸附法的基本概念和原理

固体表面的分子或原子因受力不均衡而具有剩余的表面能，当某些物质碰撞固体表面时，受到这些不平衡力的吸引而停留在固体表面上，这就是吸附。吸附法利用多孔性的固体物质使污水中的一种或多种物质被吸附在固体表面而去除。这种有吸附能力的多孔性物质亦称为吸附剂，被固体吸附的物质称吸附质。能作为吸附剂的固体物质必须具有较大的吸附容量和一定的机械强度及较好的化学稳定性。在水中不致溶解于水，不能含有毒物质。

溶质在固体表面上的吸附分为物理吸附和化学吸附2类。吸附剂和吸附质之间通过分子间力所产生的吸附称为物理吸附，物理吸附可以形成单分子吸附层和多分子吸附层，由于分子间力是普遍存在的，所以一种吸附剂可以吸附多种吸附质。但是物理吸附的吸附剂和吸附质之间吸附力较弱，容易解吸。当吸附剂和吸附质之间发生化学作用，由于化学键作用而产生的吸附称为化学吸附。化学吸附是一个吸热过程，温度提高将促进化学吸附，化学吸附对吸附质有选择性，只能形成单分子吸附层，吸附剂和吸附质之间的吸附作用较强，解吸较困难。

2）吸附剂

吸附剂可分为3类：炭质吸附剂、无机吸附剂和有机吸附剂。对吸附剂材料的要求是：吸油量大、吸水量小、吸油速度快，重复使用性好，压缩回弹性能好等。

① 炭质吸附剂。炭质吸附剂中以活性炭吸附油类物质效果较好。活性炭可由木材、木屑、果壳或煤粉等制备。活性炭具有很大的比表面积，它来源于内部有许多孔隙，按孔的大小可分为：微孔($\varphi<2.0$nm)，孔体积通常为0.15～0.50mL/g，过渡孔(φ为2～50nm)，孔体积通常为0.02～0.1mL/g；大孔($\varphi>50$nm)，孔体积为0.2～0.8mL/g。表面积越大吸附容量越大，空隙尺寸越大，吸附大分子的容量也越大。

② 无机吸附剂。按照其来源可分为天然、人工型吸附剂，其特点是价格便宜，再生容易。天然无机吸附剂如活化矾土、硅藻土、钙质泥岩及褐煤等。人工型吸附剂通常有木屑、胡桃壳碎末等。

③ 有机吸附剂。一般来讲，有机吸附剂的除油能力要比无机吸附剂强。目前合成树脂已大量应用于水处理行业，如离子交换树脂、吸附树脂、氧化还原树脂、粉状树脂、磁性树脂、炭化树脂、热再生树脂等。其中吸附树脂是利用树脂的吸附解吸作用对水体中的污染物进行分离、浓缩、提纯处理，已用于脱酚、除油以及各种含大分子有机杂质的污水处理。使用吸附树脂时应根据被吸附物质的形状、极性大小和体积，适当选择合适的吸附树脂。树脂吸附剂吸附溶质后用溶剂冲洗再生，一般可重复使用千次以上。

总的来讲，吸附法可以使出水含油量大大降低，采用吸附法处理含油污水，处理后的水含油量可达到5mg/L以下。此法适于水质较好的水体，且用于多级处理工艺中的后处理。

（6）生化处理

库区废水要实现达标排放，生化处理工艺后须加以好氧处理。好氧生物处理工艺是目前最常用、最有效、运行成本最低的工艺。工艺是活性污泥法的变型，由于其具有自动化程度高、抗冲击能力强、不产生污泥膨胀等特点，因此在小型的工业污水处理中应用较为合理。特别是考虑到库区废水排放具有间歇性，采用则只需间歇供氧，可有效降低运行成本。

1）好氧生物处理工艺原理

好氧生物处理特指设有一个分建或合建式生物选择器的可变容积，以序批曝气－非曝气方式运行的充放式间隙活性污泥处理工艺，在一个反应器中完成有机污染物的生物降解和泥水分离的处理功能。整个系统以推流方式运行，而各反应区则以完全混合的方式实现同步碳化和硝化－反硝化功能。

2）好氧生物处理工艺结构

好氧生物处理反应器一般生物选择区、兼氧区和主反应区。

① 生物选择区。生物选择器是按照活性污泥种群组成动力学的规律而设置的，创造合适的微生物生长条件并选择出絮凝性细菌。

在生物选择区内，通过主反应区污泥的回流并与进水混合，不仅充分利用了活性污泥的快速吸附作用，而且加速对溶解性底物的去除并对难降解的有机物起到良好的水解作用，同时可使污泥中的磷在厌氧条件下得到有效的释放。生物选择器可有效抑制丝状菌的大量繁殖，克服污泥膨胀，提高系统的稳定性。

② 兼氧区。兼氧区不仅具有辅助厌氧和兼氧条件下运行的生物选择区对进水水质水量变化的缓冲作用，同时还具有促进磷的进一步释放和强化氮的反硝化作用。

③ 主反应区。主反应区则是最终去除有机底物的主要场所，有机物的进一步降解稳定、硝化和除磷均在此进行，最终的泥、水分离和出水也在这里完成。在运行过程中，通常将主反应区的曝气强度加以控制，使反应区内混合液处于好氧状态，保证污泥絮体的外部有一个好氧环境进行硝化；活性污泥结构内部则基本处于缺氧状态，溶解氧向污泥絮体内的传递受到限制，而较高的硝酸盐浓度（梯度）则能较好的渗透到絮体内部，有效地进行反硝化，从而使主反应区中同时发生有机污染物的降解以及同步硝化和反硝化作用。

3）运行

好氧生物处理系统的运行是周期性的循环操作，操作模式由控制软件选择和指定，任何运行方式的调整只需通过调整软件中的基本操作参数来实现，具有高度的可控性和灵活性。

好氧生物处理工艺运行过程包括进水/曝气、沉淀、滗水、闲置 4 个阶段，见图 8－5。

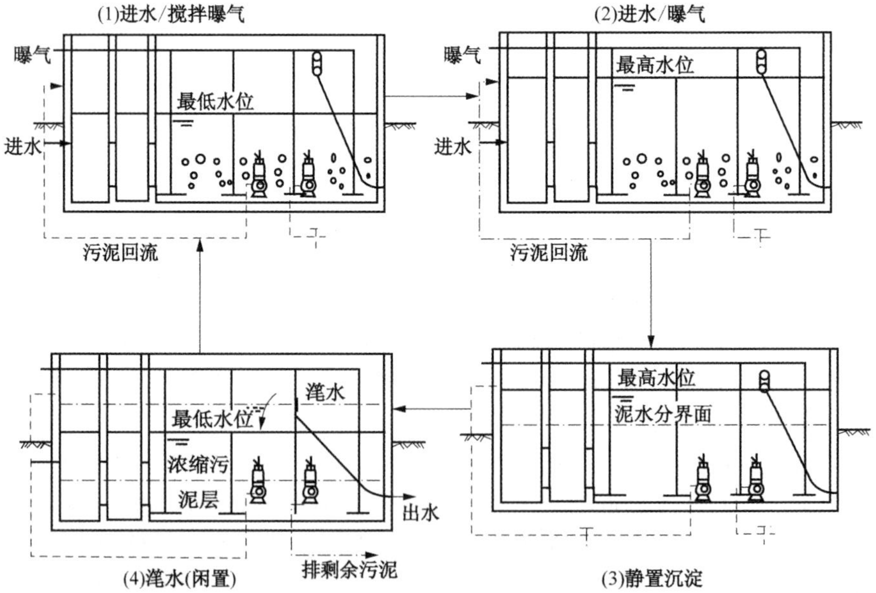

图 8－5　好氧生物处理工艺四阶段运行示意图

① 进水搅拌或曝气阶段。进水送入生物选择器，是一个操作周期的开始。曝气的时间起始点根据预先设定的程序决定，可与进水同步，也可在进水一定时间后开始，以适应不同

的进水情况。污泥回流与进水同步，污水在选择器中与回流污泥充分接触后停留一定时间，再进入主曝气区。

② 进水/曝气阶段。当反应池进水量达到设计值时，池中水位最高，污泥负荷最大，进水切换到其他反应池，该反应池进水停止，污泥回流亦停止；曝气继续，延长的时间由应达到的处理效果确定。

③ 静置沉淀阶段。系统停止曝气，污泥絮体开始自由沉淀，曝气的残余能量有利于污泥的絮凝，并且由于无水力干扰，沉淀条件较好，污泥与水的分离会较快速有效地完成。

④ 滗水(闲置)阶段。系统最终的出水由自动控制的滗水装置引出，由于能保持恒定的作用水头(压力)，并且在静态条件下操作(不存在密度流的问题)，出水水质的均匀性和稳定性有保证。实际操作时，滗水所需要的时间通常比设计的时间短，故系统在滗水完成后仍有剩余时间作闲置。

8.8.5 工艺与操作

8.8.5.1 常用污水处理工艺

油库污水处理往往是几种方法复合使用，有隔油、沉淀、混凝、吸附或隔油、沉淀、气浮、吸附等工艺。常用工艺见图 8 –6。

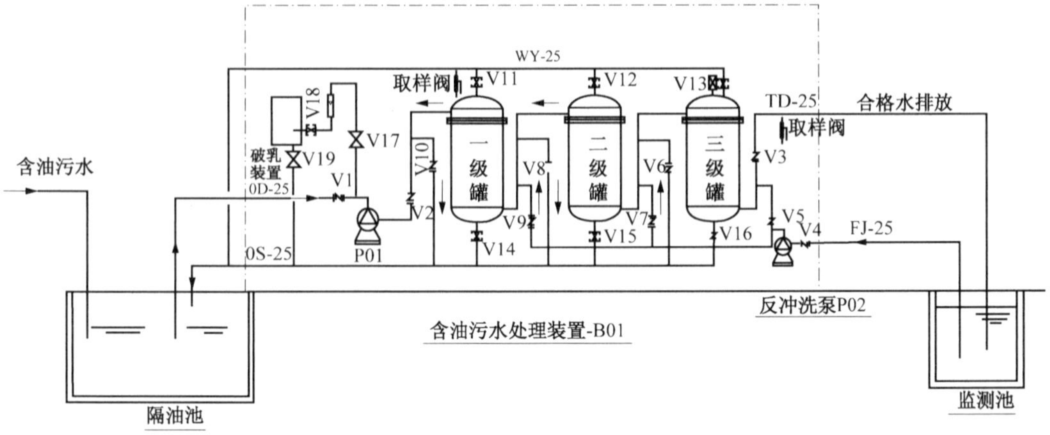

图 8 –6　常用污水处理工艺

含油污水首先经管道汇集进入调节池，经静置后，水中含油量降低，减轻后序处理负荷；调节池出水经单螺杆泵提升进入油污水分离装置，同时破乳装置启动，向含油污水注入破乳剂，污水在一级混凝沉降罐中完成混凝沉降过程，水中含油量大幅度降低，为了保证出水能合格排放，一级罐出水再经过油污水分离装置二级、三级罐的吸附过滤处理，确保合格排放；各级罐分离出来的污油进入污油回收装置，进行处理。

8.8.5.2 污水处理装置操作

以图 8 –2 所示平流式隔油池工艺为例做污水处理装置操作说明。

(1)操作

1）启动准备

① 确认所有阀门处于关闭状态。油污水分离装置控制箱面板上手动/自动选择开关指示到手动状态。

② 设备的注水。设备首次运行或者设备长期停用再次使用时，均需排净设备内部的残

留液体，寻找现场清水水源进行设备运行前的先期注水。

③ 破乳装置启动前准备。使用前应确认管路中各阀门都在关闭状，各管路、管件连接正常，无脱落，将事先调好的药液加入容量桶，调节流量计流量，以达到最佳加药量。在工作过程中，桶底不得有固体沉淀物，至少应每月清理一次，否则会影响计量的流量。流量计的流量在出厂前已调好，正常情况下可不用调节。

2）启动运行

正常情况下，开启相关阀门，将油污水分离装置控制箱面板上手动/自动选择开关切换到手动位置。启动单螺杆泵，进入正常工作状态；调整加药装置流量计，加药量为5L/h左右，观察油污水分离装置各罐体上的压力表读数，以防压力过大(正常为0.15MPa)，损害装置。在系统正常进行污水处理时，应保持其它阀门处于常闭状态。污水处理系统正常工作时，操作人员应进行现场巡视，观察泵、压力表、电器等运转是否正常，严禁脱岗。

3）排油操作

在停机前，应首先进行油污水分离装置排油操作。打开阀门V11，关闭阀门V3 、V17、V18，排油约10s后打开阀门V12，关闭阀门V11，排油约10s后打开阀门V13，关闭阀门V12，排油约10s后停螺杆泵，关闭阀门V13、V1、V2，排油过程结束。

4）反冲洗操作

排油操作完成后，应立即进行油污水分离装置的反洗操作。打开阀门V4、V5、V6，启动反冲洗泵P02，进行三级罐反冲洗操作，运行10min，打开阀门V7、V8，关闭阀门V5、V6，压力升至0.1MPa时，启动搅拌电机，进行二级罐反冲洗操作，运行10min后，停搅拌电机，打开阀门V9、V10，关闭阀门V7、V8，进行一级罐反冲洗操作，运行10min后，停反冲洗泵P02，关闭阀门V4、V9、V10，反冲洗操作结束。

5）排污

油污水分离装置排污。分别打开罐底排空阀门V14、V15、V16，各排污10s,。此项操作可根据污水水质而定，每月进行一次即可。破乳装置排污。打开破乳装置的排空阀门V19，将残留药液排净，关闭排空阀门V19。

（2）注意事项

① 为了保证系统稳定运行，含油污水在调节池内要有足够的静置时间，一般至少要静置24h以上。严禁边进水边启动污水处理系统。

② 为了防止污水的性质发生变化，含油污水在调节池停留时间也不宜太长，一般以不超过15d为佳。严禁其它污水如生活污水混入调节池。

③ 温度太低可能影响设备处理效果，水温在10℃以上系统运行效果最好。严禁环境温度低于0℃时启动污水处理系统。当环境温度低于0℃时应将污水处理系统内所有设备、管路内污水排净，防止设备、管路冻裂，造成设备安全事故。

8.9 油气回收系统

8.9.1 吸附法油气回收

8.9.1.1 原理

吸附法是利用活性炭、硅胶或活性纤维等吸附剂对油气/空气混合气的吸附力的大小，实现油气和空气的分离。油气通过活性炭等吸附剂，油气组分吸附在吸附剂表面，然后再经过减压脱附或蒸汽脱附，富集的油气用真空泵抽吸到油罐或用其他方法液化；而活性炭等吸附剂对空气的吸附力非常小，未被吸附的尾气经排气管排放。

（1）吸附的概念

当流体与固体两相组成一个体系时，在两相界面处的组成与相内部的组成是不同的。处在两相界面处的组分产生了浓缩，这种现象称为吸附。吸附过程是利用某些固体能够从流体中选择性地凝聚一定的组分在其表面上的能力。

吸附过程是非均相过程，气体或液体为被吸附物，与固相吸附剂接触。流体分子从流体相被吸附到固体表面，从吸附开始到吸附平衡状态，意味着系统的自由能降低，而表示系统无规则程度的熵也是降低的。吸附过程是个放热过程，其所放出的热量就成为吸附物在此固体吸附剂表面上的吸附热。所以在实际应用中要注意这一现象产生的局部温度上升危险，防止发生燃烧等事故。

在物质的聚集态中，分子间存在着一种较弱的吸引力，它比化学键弱得多，作用能的大小一般只有每摩尔几千焦至几十千焦。这种力叫范德华引力。范德华引力是存在于分子间的一种不具有方向性和饱和性，作用范围在几百个皮米（10^{-12}m）之间的力，它对物质的沸点、熔点、气化热、熔化热、溶解度、表面张力、黏度等物理化学性质有决定性的影响。

物理吸附或称“范德华吸附”，是由气相或液相分子与固体表面分子间的吸引力造成的，是一种可逆过程。从分子运动观点来看，这种吸附在固体表面的分子，由于分子运动也会从固体表面脱离而逸入气体或液体中，但本身并不发生任何化学变化。随着温度升高或气相压力降低，被吸附物质的分压达到平衡时，被吸附分子就不易积蓄在固体表面上，而越来越多地逸入气体或液体中去。工业吸附操作就是利用这种可逆性，借助操作条件的改变，使吸附的物质脱附，达到吸附剂的再生，回收吸附物质达到分离混合物的目的。见表 8－14。

表 8－14　吸附的分类

吸附性质	物理吸附	化学吸附
吸附力	范德华力	化学键力
吸附热	较小、近于液化热	较大、近于反应热
选择性	无选择性	有选择性
吸附层	单分子或多分子层	单分子层
吸附速度	较快	较慢
吸附温度	低于吸附质临界温度	远高于吸附质沸点

（2）吸附剂的选取

吸附剂的选取是非常重要的，它直接影响着吸附操作是否可行和有效。一般应具备吸附率高、比热容及传热系数大、压降小、使用寿命长、机械强度高等特点。目前常用的有活性炭（Activeted Carbon，简称 AC）及其改进型。

常见的吸附剂主要有活性炭、硅胶、活性纤维、活性白土、活性氧化铝和树脂。比较吸附剂吸附能力的重要指标是比表面积，即单位质量的吸附剂的表面积，一般用 m^2/g 为单位。如活性炭的比表面积为 1000～3000m^2/g，即表示每克活性炭所形成的表面积为 1000～3000m^2。其他常用吸附剂硅胶比表面积为 350m^2/g，活性氧化铝比表面积为 250 m^2/g。从目前技术上看活性炭的吸附能力较好。在实际应用中，活性炭已经大量应用，硅胶和活性纤维也有应用。炭纤维吸附回收化工产品蒸汽，使用效果良好。炭纤维的特点是吸附容量大，解吸容易。但解吸要采用蒸汽吹扫，以回收解吸下来的有机物。硅胶作为吸附材料，虽然产生吸附热，但在高浓度时没有发生火灾的危险。目前硅胶在国外有应用实例，往往与活性炭复合使用。

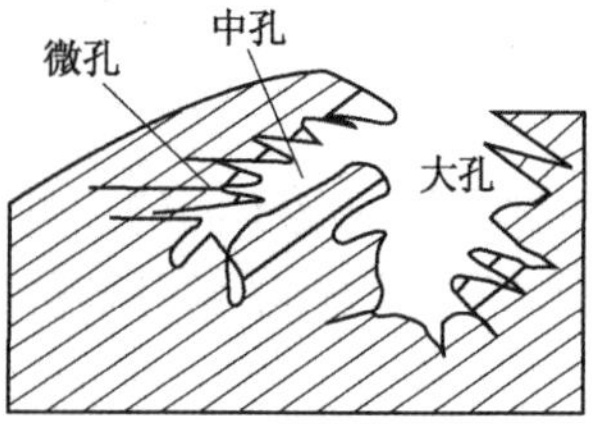

图 8－7　活性炭孔隙示意图

一般活性炭的孔径分为微孔、中孔和大孔 3 种。所谓微孔即孔径小于 2nm 的孔隙，中孔即孔径在 2～50nm 的孔隙，大孔即孔径大于 50nm 的孔隙。微孔对于吸附作用来说最为重要。结构如图 8－7 所示。

（3）活性炭的生产工艺

我国活性炭的原料主要是煤、木屑以及果壳和果核等，品种从原来的粉状活性炭为主转为颗粒活性炭居首。

由于原料和生产工艺的不同，所制得的活性炭产品质量和性能存在较大的差异。以木屑为原料，采用氯化锌法生产的活性炭主要为过渡孔和大孔，孔径分布较宽，机械强度差。而由椰壳等果壳或果核为原料制得的活性炭机械强度则较高。

活性炭的生产工艺＝炭化＋活化

传统活性炭制备技术是单纯的化学活化法或物理活化法。化学活化法主要有氯化锌活化法、磷酸活化法、氢氧化钾活化法。以煤为原料，KOH 为活化剂制得的活性炭具有高度发达的微孔，比表面积高达 3000m^2/g。物理活化法又称气体活化法，主要有水蒸汽活化法、CO_2活化法、空气－CO_2活化法。

在化学活化法的基础上添加催化剂和添加剂，为增强机械强度，在原料中加入胶黏剂，采用微波加热技术替代传统的炭化活化方式，形成微波－化学活化法

8.9.1.2　工艺方法

当空气－碳氢化合物的混合气体通过活性炭的吸附罐，碳氢化合物被吸附到活性炭巨大的吸收表面，而空气或惰性气体则通过吸附器的顶端排放到空气中。每张碳床按大小吸附规定数量的油蒸汽，在所用的活性碳床完全饱和之前，将油气转换到另一个吸附塔内的活性碳床上。通过高真空的方式使近饱和的活性碳床重新利用。分离后的高浓度油气进入吸收塔与从上喷淋的成品汽油接触后，约 70% 的油气被汽油吸收，吸收后的尾气再进入吸附罐。见图 8－8 和图 8－9。

活性碳吸附回收系统的工艺主要包括 3 个过程：活性炭的吸附、利用真空再生、在液体（汽油）中的再吸收。

（1）吸附

吸附分离过程是利用混合物中各组分与吸附剂之间结合力强弱的差别，即在吸附剂与流体相间分配不同的性质，使混合物中难吸附组分与易吸附组分实现分析。它的特点是合适的吸附剂对各组分的吸附有很高的选择性。

（2）脱附（再生）

脱附过程是吸附过程的逆过程，促进脱附的条件有：

① 提高温度（热再生）。

② 抽真空以降低压力（变压脱附）。

③ 降低吸附剂周围组分的浓度（空气吹扫）。

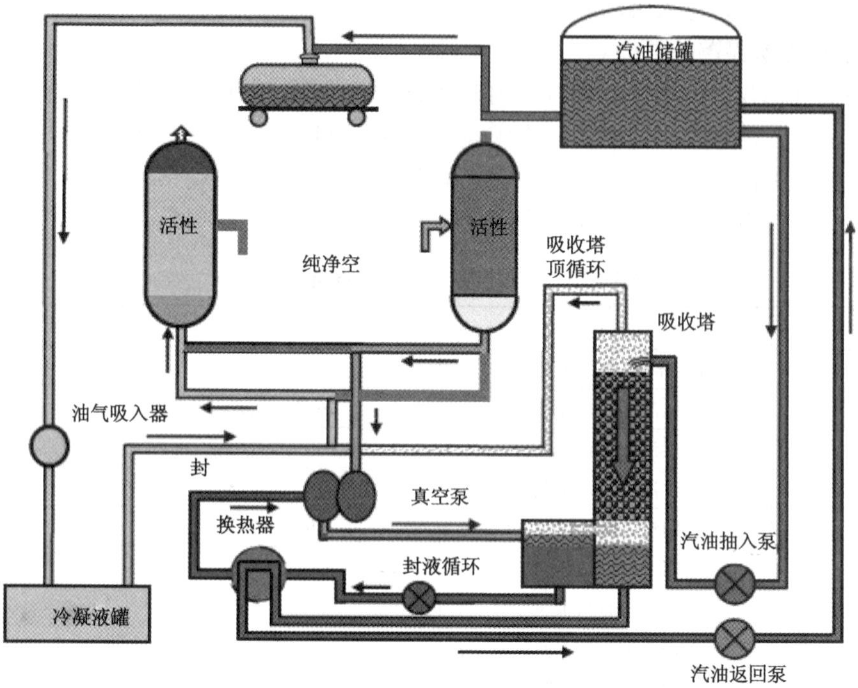

图 8－8　使用液环真空泵的活性炭油气回收工艺流程示意图

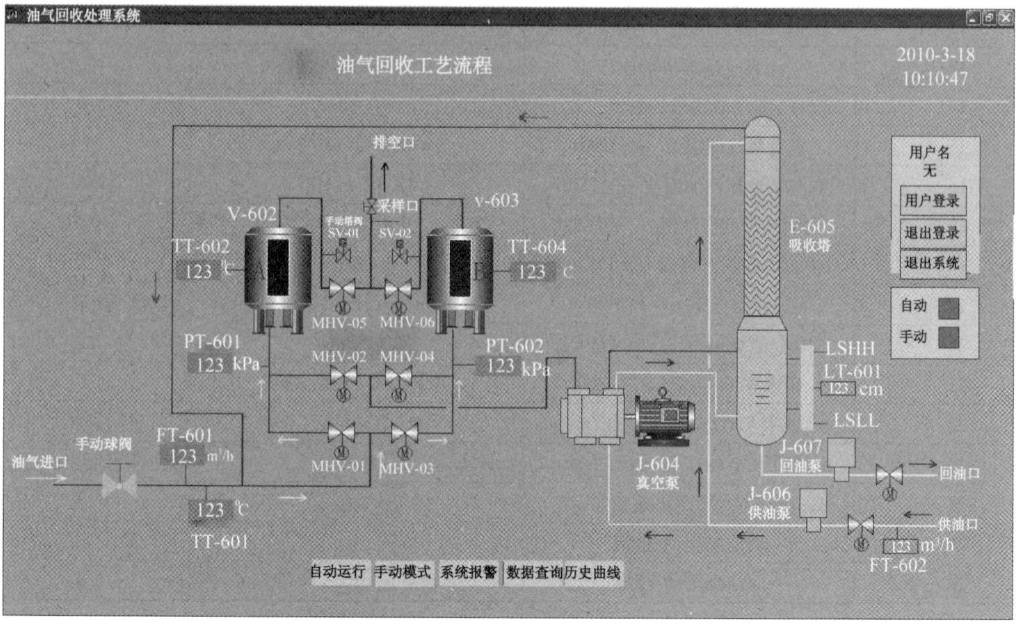

图 8－9　使用干式真空泵的活性炭油气回收工艺流程图

近些年来国内外普遍采用真空解吸进行脱附，鉴于真空度要求较高，经营费用高，故还辅以微量热处理来进行深度脱附以达到良好的解吸再生效果，又降低了操作费用和能耗。

（3）再吸收

分离后的高浓度油气进入吸收塔与从上喷淋的成品汽油接触后，约 70% 的油气被汽油吸收，吸收后的尾气再进入吸附罐。

8.9.1.3 操作参数设置的要点

活性炭油气回收法的优点是可以达到较高的处理效率；排放浓度低，可达到很低的值。缺点是工艺复杂，需要二次处理；吸附床容易产生高温热点，存在安全隐患；三苯易使活性炭失活，活性炭失活后存在二次污染问题；国产活性炭吸附力一般只有7%左右，而且寿命不长，一般2年左右要换一次，换一次活性炭成本很高。见表8－15。

表8－15 活性炭吸附法装置设备运行参数

项目	描述	正常	实际
1	PC屏幕上的警报状态	无	无
2	供油(入口)温度	26.7～32.2℃	30℃
3	供油(入口)压力		0.76
4	供油(入口)流量		0.56
5	回流(出口)温度	26.7～35℃	30℃
6	回流(出口)压力		0.57
7	回流(出口)流量		0.56
8	吸收塔内的汽油油面高度	中线	中线
9	能听见/看见的泄油	无	无
10	非正常噪音	无	无
11	排放量水平(CEM)	$<25g/m^3$	0
12	元件控制开关位置——主控面板	自动	自动
13	真空泵润滑油位	中线	中线
14	装汽油罐车的数目	0～6	0
15	真空泵汽油温度——TI500	<65.6℃(150℉)	37℃
16	真空泵冷却汽油温度——TI207	<43.3℃(110℉)	37℃
17	汽油冷却剂汽油流——FIT204	0.75～3gpm	0.76
18	护套冷却剂汽油流——FIT207	3～8gpm	6
19	过滤器分压——PIT400	<5PSIG	11
20	真空能级——压力计PI300	0～29inHg	20
21	碳床V200温度——TI200	<46.1℃(115 °F)	37℃
22	碳床V200温度——TI300	<46.1℃(115 °F)	37℃
23	真空泵C301轴承	温和	温和
24	真空泵C301震动	无	无
25	供油泵震动/泄漏	无	无
26	回油泵震动/泄漏	无	无

(1) 故障判断与处理

1) 紧急停机处理

检查急停按钮，设备现场JBOX1防爆接线箱旁的红色急停按钮以及控制柜上的急停按钮，确认置换2个急停按钮处于松开位置，然后根据图纸检查控制柜内PLC输入模块上对应输入点(防爆接线箱旁的急停按钮为M02上的%10013、控制柜上的急停按钮为M02上的%10015，具体以实际图纸为准)，对应的指示灯是否点亮。如果2个急停按钮都已经松开，而 PLC 上对应输入指示灯不亮，则应考虑更换急停按钮或者更换模块输入点。

（2）液位超常（高、低）处理

首先查看 PC 屏幕上的液位百分比读数 LT300 是否溢出，如果溢出，则需要检查液位仪传感器或者 PLC 模拟量输入模块；若读数在正常量程范围内，则到设备现场查看吸收塔上的液位仪磁翻板，观察两者读数是否一致或者接近，同时检查设备至储油罐的回油管线是否保持畅通，确认无误后，到控制舱内将操作模式转换开关置为“停止”，供油泵及真空泵的转换开关置为“停止”，将回油泵控制转换开关置为“手动”，按下“复位”按钮，待回油泵及电动阀开启后，观察吸收塔的液位，待液位降至 70% 左右，将回油泵控制转换开关置为“停止”，关闭回油泵和电动阀，等待 1min 后将 3 台泵的转换开关置为“自动”，再将操作模式开关置为“自动”，按下“复位”按钮，则系统继续正常运行。

（3）炭床（吸附罐）过热处理

① 查看 PC 屏幕上的对应的温度显示读数是否溢出，如果溢出，则需要检查乃至更换温度传感器或者 PLCRTD 输出模块。

② 如果读数在正常量程范围内，则到现场查看温度表，核实两者读数是否一致或者接近。用手谨慎触碰相应管道，确认没有误报警停机。

③ 如果确认炭床温度过高，要等温度降低至正常范围后再开机。

（4）设备过热处理

① 真空泵：

查现场冷却油管线上的温度值及表是否正常；

查冷却油进出口阀门是否打开；

吸收塔是否油位正常，补油泵是否正常；

查机油是否正常（量和质）。

② 补油和回油泵：

查现场冷却油管线上的温度值及表是否正常；

查机油是否正常（量和质）；

查冷却油进出口阀门是否打开；

吸收塔是否油位正常，补油泵是否正常。

（5）“淹塔”事故分析与处理

活性炭吸附法作为油气回收方法目前占有市场率，应用范围最广的油气回收方法，其在运行过程中难免会出现故障。其中活性炭罐“淹塔”现象是其中一种情况。所谓活性炭“淹塔”故障主要是指在该油气回收方法调试阶段或运行阶段液态汽油进入活性炭罐所引发的一系列问题，活性炭罐“淹塔”现象不仅影响油气回收系统的正常运行，造成油品的浪费，会影响活性炭罐中活性炭寿命，甚至进而产生其他不利的安全因素。

活性炭吸附法油气回收共有 2 条路径可以进入活性炭罐内部。

第一种是由装车挥发油气气相管线进入：在铁路、公路或船舶装载过程中，由于鹤管气相管线与液相管线密封不严或者是由于发车过程中操作不慎导致液相汽油进入气相管路。虽然大多油气回收装置气相管路入口前有气液分离罐，然而气液分离罐容积较小，仍有较多液相汽油进入吸附罐的可能性，从而导致吸附罐“淹塔”事故的发生，为此有时气液分离罐上需增加液位报警器，当液位达到一定高度时可及时报警，消除隐患。

第二种可能是由二次返回管线进入吸附罐内造成“淹塔”现象发生。在正常情况下，回油泵根据吸收塔内液位自动改变频率使其液位维持在正常范围之内。在调试、单调或回油阀门关闭等情况下，吸收塔内汽油可能由储罐内“倒流”至吸附罐内。其中由于真空泵出口安装有单向阀，通过真空泵出口倒流至吸附罐的可能性较小，而通过二次返回管线倒流至吸附罐的可能性较大。

在第一种“淹塔”可能发生的情况下，即气相管线被液态汽油堵住，气体无法进入吸附罐内，油罐车会发生“憋车”事故，同时气液分离罐若有液位报警器，则液位报警器报警。此时应立即停止向油罐车发油，同时及时排出气相管线、气液分离罐及 2 个吸附罐内汽油，判断吸附罐内汽油是否已经淹至活性炭，是否进入真空泵等设备。排净吸附罐中液体时，应通过吸附罐底部的“导淋口”等排净吸附罐中的汽油；通过真空泵出口的手阀排净真空泵内可能存在的汽油；通过“油泵”排净凝液罐、气相管路内的所有汽油。在利用专业设备排净所有汽油之后，利用真空泵对 2 个活性炭罐交替进行深度解吸作业至恢复正常为止。

在第二种“淹塔”可能发生的情况下，通过吸收塔上液位计即可获知，若液位计高于最高量程时，则吸收塔内汽油有可能通过二次返回管线进入至吸附罐内。首先利用回油泵向储罐内“打油”使吸收塔内液位恢复正常水平，同时利用专业设备回收吸附罐内汽油。最后排出所有汽油及设备恢复正常后，利用真空泵交替对两个吸附罐进行深度解吸作业使其恢复正常为止。

（6）活性炭着火爆炸事故

活性炭在处理酮类等容易氧化的溶剂时，通过氧化热的蓄积、升温，而且可能还由于活性炭的附加催化作用，而发生活性炭着火的事故。因此，对有害物质的成分，在采用前要进行检查。在活性炭填充层中，由于层内的氧化而加热了的空气上升，上部的温度便逐渐升高。由于温度越高氧化速度越快，因此填充层越高，其蓄热、着火的可能性越大。

使用活性炭时，发生事故的主要原因是积蓄热量导致。另一方面，活性炭表面具有催化机能。吸附硝酸时，由于分解而产生大量的氮氧化物引起中毒；水处理使用的活性炭上吸附的微生物，通过分解作用生成硫化氢而引起中毒以及生成甲烷而引起爆炸也是有可能的。为此，制定了以下各种安全措施：

① 在多数活性炭火灾中，通过大量放水的方法灭火是最有效的。另一方面，应该指出的是，为了冷却高温的活性炭而通过水蒸气时，具有水在活性炭表面分解产生氢气的危险性。

② 在活性炭罐不同床层上有一定插深的现场显示温度计及远传报警温度计是非常有必要的。分别设置报警温度和连锁停车温度值，立即停止油气回收系统的运行，避免油气进一步进入吸附罐，直至吸附罐温度降低到正常温度为止。

8.9.2 冷凝法油气回收

（1）原理

冷凝法是采用冷却方法降低挥发油气的温度，使油气中的轻油成分凝聚为液体而排出洁净空气的一种回收方法。该方法适用于高浓度油气的回收。

（2）工艺方法

冷凝法是利用制冷技术将油气的热量置换出来，实现油气组分从气相到液相的直接转换。它是利用烃类物质在不同温度下的蒸汽压差异，通过降温使油气中一些烃类蒸汽压达到过饱和状态，过饱和蒸汽冷凝成液态的回收油气的方法。一般采用多级连续冷却方法降低油气的温度，使之凝聚为液体回收，根据挥发气的成分、要求的回收率及最后排放到大气中的尾气中有机化合物浓度限值，来确定冷凝装置的最低温度。

冷凝法又可分为冷凝压缩法和直接冷凝法，直接冷凝法是将油气直接冷凝成液体回收，这种方法在低温下操作，安全性好，设备少，运行费用低，经济效益较好，是近年来优先选用的方法。见图 8 – 10 。

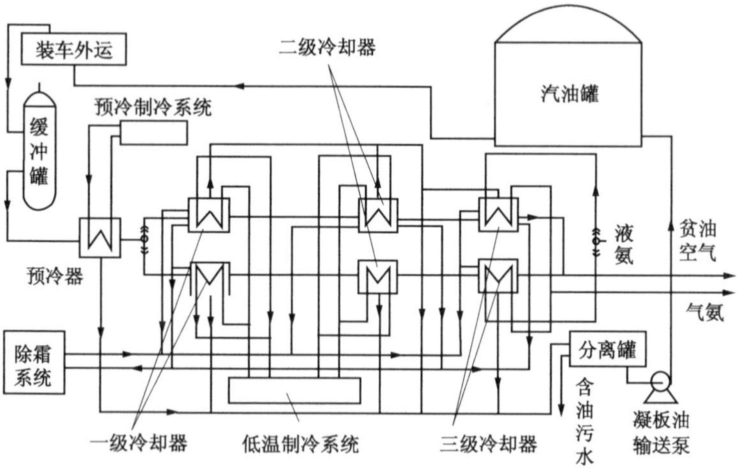

图 8 – 10　冷凝法工艺流程示意图

（3）操作参数设置的要点

冷凝法回收装置的冷凝温度一般按预冷、机械制冷、液氮制冷等步骤来实现。预冷器是一单级冷却装置，其运行(冷凝)温度在油气各成分的凝固温度以上，使进入回收装置的油气温度从环境温度下降到 4℃左右，使油气中的大部分水汽凝结为水，油气离开预冷器后，进入机械制冷级，可将气体温度冷却至 – 30 ~ – 50℃，根据需要设定，可回收油气中近一半的烃类物质。油气进入深冷级，可冷却至 – 73℃，根据不同的要求设定温度和进行压缩机的配置。若需要更低的冷却温度，则机械制冷级之后，连接液氮制冷，这样可使油气回收率达到 99% 。单级机械制冷装置的工作温度范围为 – 35 ~ 10℃，串级机械制冷装置压缩由浅冷(高温)级和深冷(低温)级组成，其工作温度为 – 73 ~ – 40℃，有液氮制冷的深冷装置工作温度可达到 – 184℃。

在常压、常温条件下，冷凝温度为 – 45℃回收率 80% 左右，当冷凝温度达到 – 65℃时，摩尔浓度削减率可达 85% 以上。冷凝温度为 – 70℃回收率大于 90% 。采用机械制冷至 – 73℃，典型的油气回收率在 90% ~ 95% 。冷凝至 – 95℃，出口气体的烃浓度≤35g/m^3。见图 8 – 11。

各厂家技术存在一定差异，所以工艺流程和工艺参数不尽相同。以一个厂家的冷凝法油气回收装置为例，汽油油气通过一级制冷达到 5℃左右，将油气中部分水分凝析出来后送入集液罐。脱掉部分水分的油气经过二级制冷达到 – 30℃，汽油油气到 – 30℃时 90% 可以液化，收集后送回到集液罐。剩余油气经过三级制冷到 – 80℃，油气中 99% 的碳氢化合物均被液化，收集后送回到集液罐。收集到的液体被泵送到指定的储罐。经过三级冷凝后排出的达标尾气被重新加热到 10℃后排放。压缩机的废热被收集起来贮存在一个液体加热罐内，用来加热尾气及用于除霜。在加热尾气的过程中，被 – 80℃尾气冷却后的冷媒又被用到二级制冷上，这样既可以提高效率，又能减少能耗，由此形成了最优化的冷凝工艺，又由于使用

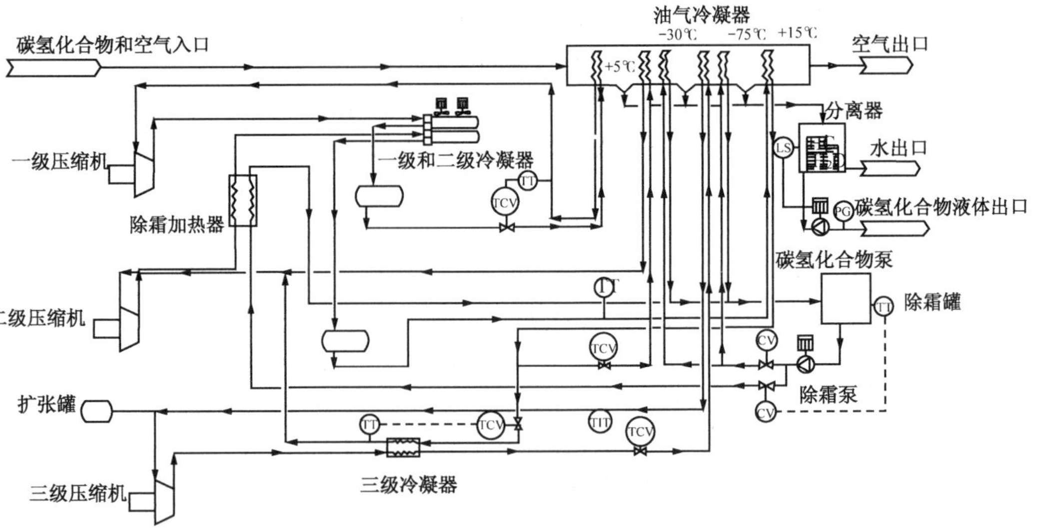

图 8－11　某厂家生产的冷凝法油气回收装置工艺图

的是用乙烯、丙烯作制冷剂的高效率压缩机，因此这种冷凝油气回收技术能耗很低，平均处理 $1m^3$ 汽油油气耗能 0.1kW，是目前已知能耗最低的油气回收技术。当油气量超过设计的一倍时，也能至少回收 90% 油气。

（4）故障判断与处理

1）缺油故障

压缩机是高速运转的复杂机器，保证压缩机曲轴、轴承、连杆、活塞等运动件的充分润滑是维持机器正常运转的基本要求。为此，压缩机制造商要求使用指定牌号润滑油，并要求定期检查润滑油油位和颜色。然而，由于制冷系统设计、施工和维护方面的疏忽，压缩机缺油、油焦化变质、回液稀释、制冷剂冲刷、使用劣质润滑油等造成运动件润滑不足的情况比较常见。润滑不足会引起轴承面磨损或划伤，严重时会造成抱轴、活塞卡在气缸内以及由此而引起的连杆弯曲、断裂事故。

在压缩机工作时，大量制冷剂气体在被排出的同时也夹带小部分润滑油，称之为跑油或奔油。奔油不可避免，通过回油可以减少润滑油的损失。压缩机安插油位的油压安全保护装置在缺油时会自动停机，保护压缩机不受损坏，同时可通过视油镜观察油位。缺油会引起严重的润滑不足，缺油的根本原因不在于压缩机奔油多少和快慢，而是系统的回油不好。安装油分离器可以快速回油，延长压缩机无回油运转时间。蒸发器和回气管路设计必须考虑到回油。避免频繁启动、定时化霜、及时补充制冷剂、及时更换磨损的活塞组件等维护措施有助于回油。

回液和制冷剂迁徙会稀释润滑油，不利于油膜的形成：油泵故障和油路堵塞会影响供油量和油压，导致磨损面缺油；磨损面高温会促使润滑油分解，是润滑油失去润滑能力。这 3 方面问题引起的润滑不足也常常造成压缩机损坏。缺油的根源在于系统。因此，只更换压缩机或某些配件不能从根本上解决缺油问题。

2）异常声音

压缩机在正常运行的情况下，只能听见吸/排气阀片的正常起落声。运行时可以用螺丝刀进行听诊，若有其他异常声音，则应识别是外界传入声音或是压缩机本身发出的声音。若为外界声音则应切断与外界联系，以避免产生不必要的振动；若为压缩机本身声音，则应考虑以下两个方面的因素：

1）由于压缩机本省零部件松动或损坏产生的声音

① 异声从气缸内传出：这种声音一般是活塞与缸盖相撞或阀片损坏落入气缸在缸内碰撞产生的声音。活塞撞击缸盖多是余隙太小的缘故；排气阀片局部断裂落入气缸，活塞往下运动时碎片在活塞与阀板中间造成撞击。

② 异声从曲轴中传出：连杆大头轴瓦与曲柄销，前后主轴颈之间的配合间隙，因磨损而过大，在曲柄旋转时产生撞击而发出声音；连接螺杆、螺母松动，连接螺钉的锁紧装置失效会造成螺母松动，连杆大头上、下轴瓦松开的危险。在压缩机运转时，曲轴在大小轴瓦中上、下冲击并发出敲击声，很容易将大、小轴瓦敲坏，这时应及时停车检修，换保险，轴瓦损坏要调换。

③ 油泵轴承、齿轮磨损后有松动，齿轮啮合间隙增大，以致相互撞击，而发出敲击声，油压下降严重的应立即停车以免发生咬轴事故，拆开齿轮油泵检查，测量轴承、齿轮径向和端面间隙，进行适当调整，发现齿面有严重剥蚀的应调换齿轮。

2）外部传动件发出的异常声

① 采用皮带传动的机组，飞轮的键和键槽的配合间隙过大而发出的异常声音。

② 采用弹性联轴器的压缩机，弹性圈是用橡胶做成，严重磨损会发出“咯吱、咯吱”的金属摩擦声。因此，需调换弹性圈。

（3）压缩机排气温度升高

压缩机排气温度升高伴随着冷凝温度和冷凝压力同时升高，蒸发温度也随之改变，使压缩机的冷气吸入量减少、输入系数降低、功耗增加、润滑油分解、碳化、润滑作用减退、加剧压缩机磨损、阀片易损坏。若温度高到一定程度还会使轴瓦熔化，产生咬剎以及电器方面的事故等，甚至使全封闭机组电机绝缘线损坏。造成温升过高的影响因素主要由以下几种：

① 制冷剂过多或过少。制冷剂过多，多余的制冷剂占去部分冷凝器容积，使排气压力升高，排气温度随之升高：压缩机需要压缩的制冷剂过多，吸、排气温度和压力均升高，冷室温度很难将下去。遇到这种情况只有将多余的制冷剂取出；制冷剂过少，使冷量不足，吸、排气压力低，吸气温度也低，但压缩比增大，排气温度会升高。处理时应识别是制冷剂加的过少还是系统有泄露。如果是加的过少，可直接添加。一般系统容易泄露的地方主要是接点（焊接点、管接头、法兰连接处等）、填料密封处（阀芯、轴封）、管子支撑点（由于振动磨损）。

② 装置内有空气。空气在常温下不能凝成液体，要占用冷凝器的部分体积，并具有一定的分压力，形成气体层阻碍传热，使冷凝温度和冷凝压力均升高，致使压缩机的排气温度、压力升高，吸气压力也升高。空气进入系统有 2 条途径：一是添加制冷剂或从吸入阀的多用孔道加油时操作不当，空气进入系统或检修后系统中的空气没有排干净，只要将空气排出即可；二是低压段有渗漏点，空气从渗漏点渗入系统，必须找出渗漏点后再排放空气。

③ 进、排气阀门泄漏或损坏，压缩气体在缸内来回压缩会使排气温度升高。气缸封闭不严或纸箔中筋被击穿，高、低压气互串也会使排气温度猛然升高，使冷冻油工作恶化。另外排气管堵塞，会使排气压力升高，吸气管堵塞会使吸气压力降低都会增大压缩比，增加热阻，使排气温度有所上升。气缸余隙增大，压缩终了时气缸余留气体增多，使吸入气体少，吸气温度高，从而使排气温度高。

（4）压缩机频繁启动或不停机

当制冷系统在保护极限左、右摆动时，引起保护电路频繁动作，从而使压缩机停、开机频繁。而制冷系统达不到极限或保护器触点粘连时，保护器不能动作，压缩机也就长期运转不停机，具体原因和处理办法如表 8－16 所示。

表 8－16　压缩机频繁启动或不停机故障分析

压缩机频繁启动	压缩机不停机
电源电压不稳。应检查线路找出原因，采取调压稳压或专线供电等措施	冷气外泄或负荷太大，不能达到所需的制冷温度，造成压缩机长期运转
热继电器失控或损坏不到过载就切断电源	环境温度高或压缩机制冷效率低
压缩机阀门泄漏，使吸、排气压力不稳	制冷系统堵塞或冷凝器蒸发器换热差
制冷系统制冷剂太多使冷凝和蒸发温度升高，制冷剂吸热能力减小从而降低制冷能力，压缩机长期运转，同时工作电流也会增大，也可能使过载保护器频繁动作。制冷剂太少不够蒸发吸热要降低一定温度势必运行时间长。同时压缩机内冷却效果差而使电机发热，也可能引起过载保护器频繁动作。因此制冷剂太多太少都是有害的，应取出或添加制冷剂	
感温包安装位置不正确或反应失真，会使压缩机停开频繁或长期运行。温控器的开关接点粘连不能跳开断电，会使压缩机长期运行。感温包应靠近蒸发器安装，拆检温控器	

（5）冷媒泄漏

冷媒泄漏不仅会造成制冷剂渗出或外界空气渗入，影响制冷机组的正常运行，而且还会造成经济损失、污染环境。特别是当冷热交换部分产生泄漏时，蒸发器内的水会通过泄漏的管孔进入制冷系统，从而沿管道进入压缩机，使压缩机报废。而且在大型制冷机组系统安装或装配过程中焊接点和连接头较多，泄漏在所难免，需要求调试人员对系统认真检漏，查出并排除各泄漏点。

检漏方法有压力检漏、肥皂水检漏、浸水检漏、卤素灯和卤素仪检漏和真空检漏。

压力检漏是检查和寻找泄漏点最有效的方法。制冷系统中检漏压力与所使用的制冷剂种类、制冷系统的冷却方式和管段位置有关。对于高压系统，检漏压力约为设计冷凝压力的 1.25 倍；低压系统的检漏压力应近似于夏季温度条件下饱和压力的 1.20 倍。在这种情况下，制冷装置无论在运行或停车时都能防止制冷剂泄漏。对于某些制冷系统，如果预先定有验收或检漏标准，应按规定压力进行检漏。显然，检漏压力不能任意提高，否则将可能损坏设备，造成意外事故。制冷系统中的检漏压力应该逐步提高，每升高 0.2～3 MPa 时，就应对易漏部位进行一次检查，一旦发现泄漏点，应立即停止升压。在排除泄漏时，通常应放出泄漏部位的高压气体。特别是补焊情况下，一定要放出高压气体，切不可在高压条件下烧焊，以免发生管路爆破事故。

肥皂水检漏是目前使用最普遍的检漏方法，特别是中、大型工业冷水机制冷系统基本上都利用这种方法寻找泄漏点。检漏结束后，应将所涂的肥皂水擦干，以防腐蚀。浸水检漏的灵敏度高于肥皂水检漏，这种方法通常用于小型氟利昂冷水机组，浸水检漏后，应立即用压缩空气将制冷机组表面吹干，防止腐蚀金属；卤素灯和卤素仪检漏是检查氟利昂冷水机组系统的 2 个专用装置。系统经压力检漏合格后，还须进行真空检漏，因为有些部件可能存在单向泄漏，只有经过压力和真空检漏均符合要求后，才能确保制冷系统的密封性。

真空泵抽空：制冷系统应该用真空泵抽空，特别是封闭式压缩机的制冷系统，一定要用真空泵抽空。这不但能使系统降至极低(即极高的真空度)，去除系统中的空气和水分，而且能保护压缩机和电机。制冷系统的绝对压力一般要抽至 700 Pa 以下，24 h 后应基本保持不变(保压)。应该指出，真空泵长期使用后，系统中的水蒸气可能进入真空泵的润滑油中，影响其抽空能力，因此润滑油需经常更换。

8.9.3 薄膜法选择渗透油气的回收

8.9.3.1 原理

利用特殊高分子膜对烃类有优先透过性的特点，让油气和空气混合气在一定压力的推动下，使油气分子优先透过高分子膜，而空气组分则被截留排放，富集的油气返回油罐。

其溶解/扩散机理为气体分子在膜的高压侧溶解于膜中，并在膜的两侧分压差驱动下在膜中扩散，并从低压侧脱逸。溶解/扩散膜利用不同组分在膜材料中溶解/扩散的速度具有很大差异，从而将各组分分离。以硅橡胶膜为例，给出了不同组分在膜中溶解/扩散而透过的速度差异。

膜是指分隔两相界面，并以特定的形式限制和传递各种化学物质的阻挡层。膜分离技术是基于化学物质通过膜的传递速度的不同，以膜两侧的化学势梯度为推动力，从而使不同化学物质通过膜而达到分离效果。

油气的回收是通过处理汽油气和空气的混合气体，将其中的空气（主要是氧气和氮气）排放掉而使汽油气返回汽油贮罐的过程中实现的。膜分离技术的基本原理是利用了高分子膜对油气的优先透过性的特点，让油气/空气的混合气在一定的压差推动下经膜的“过滤作用”使混合气中的油气优先透过膜得以“脱除”回收，而空气则被选择性的截留。膜片为复合结构，由3层不同的材料构成。表层为致密的硅橡胶层，很薄，厚度小于1μm，起分离作用。中间层的材料为聚丙烯腈，最下层为无纺布，这两层结构疏松，主要起支撑作用，以增强膜片的机械强度。

油气与空气混合气体经过压缩机压缩至0.390～0.686MPa，同时经过换热，然后混合油气进入吸收塔，进入吸收塔的油气温度在5～20℃之间，油气在吸收塔内与成品汽油传质，约70%的烃蒸气在这一过程中被回收。吸收塔的尾气再经过薄膜将烃蒸气与空气分离，分离后的油气返回压缩机入口与装卸产生的油气一起重复上述工艺过程，空气排入大气。膜分离法回收率可以达到95%。

8.9.3.2 工艺方法

膜分离油气回收装置是专门为油库的油气排放量身定制，该装置通过检测油罐的压力来控制回收系统的间歇式工作。当油罐压力升高到一定值时，膜分离装置自动启动。罐内油蒸汽排入膜分离装置，油气优先透过膜，在膜的渗透侧富集，再经真空泵返回油罐。脱除油气后的净化空气则直接排入大气。随着油罐上部混在油气中的空气排放，油罐压力不断下降。当油罐的压力降到正常水平，装置将自动停止运行，如此往复，完成油气回收过程。

薄膜分离法是传统的压缩、冷凝法与选择性渗透薄膜技术的结合，见图8－12和图8－13。

目前使用的技术中比较成熟的分离薄膜大多数是固相膜，从薄膜分离材料看，可分为高分子有机材料、无机材料和有机－无机杂化材料三大类。理想的气体薄膜分离材料应该同时具有高的渗透性，良好的透气选择性，高的机械强度，优良的热和化学稳定性以及良好的成膜加工性能。

有机蒸气膜分离过程主要依靠不同气体分子在膜中的溶解扩散性能的差异，可凝性有机蒸气（如烷烃、芳香烃、卤代烃等）与惰性气体（如氢气、氮气、甲烷等）相比，被优先吸附渗透，从而达到分离的目的。目前常见的烃类 VOCs 分离用复合膜由3层结构组成，如图8－14所示：

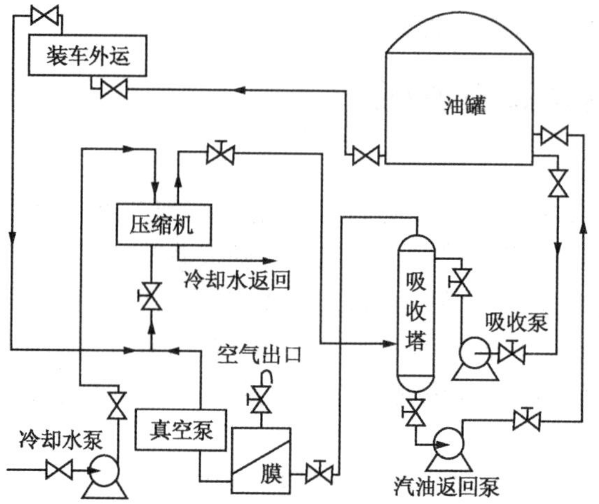

图 8－12　膜分离法油气回收工艺示意图

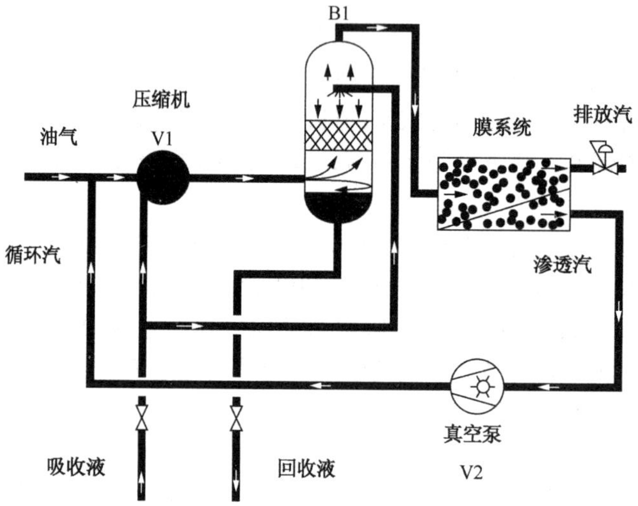

图 8－13　膜分离法油气回收工艺局部示意图

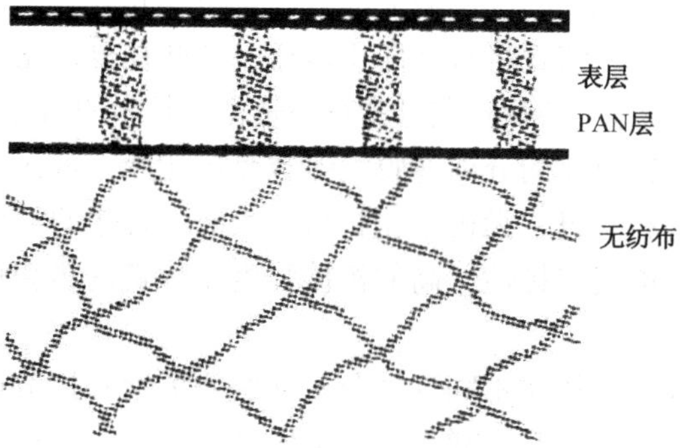

图 8－14　固相膜片结构示意图

底层为无纺布材料，如聚酯等起支撑作用；中间为耐溶剂的多孔膜来增强分离层强度，由聚砜(PSF)、聚醚亚酰胺(PEI)、聚丙烯腈(PAN)树脂或聚偏氟乙烯制成；表皮涂覆一层橡胶高分子无孔材料作为分离层。常用的分离涂层材料是聚二甲基硅氧烷(PDMS，国内通常简称为硅橡胶)，它对很多有机蒸气具有独特的选择透过性(高选择性)和较高的通量(高渗透性)。对于一些特殊的分离任务，也可以使用聚辛基甲基硅氧烷(POMS)，POMS 有很高的选择性，但渗透通量较低。

从薄膜的组件形式看，有板框式和螺旋卷式 2 种。板框式薄膜组件优点是操作方便，平板膜片容易更换而且无需粘合即可使用，其缺点是装填密度较低。螺旋卷膜组件的主要优点是比板框式组件装填密度高，由于隔网作用，气体分布和交换效果良好，其缺点是渗透气流程较长，膜必须粘接而且难以清洗等。

8.9.3.3 操作参数设置的要点

(1) 主要设备

油气回收装置由膜组件、真空泵、管道、阀门和仪表组成。

1) 膜组件

操作压力为 0 ~ 0.025kg/cm^2，操作温度为环境温度，介质为油气。

膜组件执行油气与空气分离功能，采用德国 Borsig 公司生产的组件，见图 8 – 15。膜组件包括膜片和外壳，经过欧洲 PTB(联邦物理技术研究所)安全防爆认证。认证结果是当膜组件内部为 0 区时，膜组件不会发生爆炸。

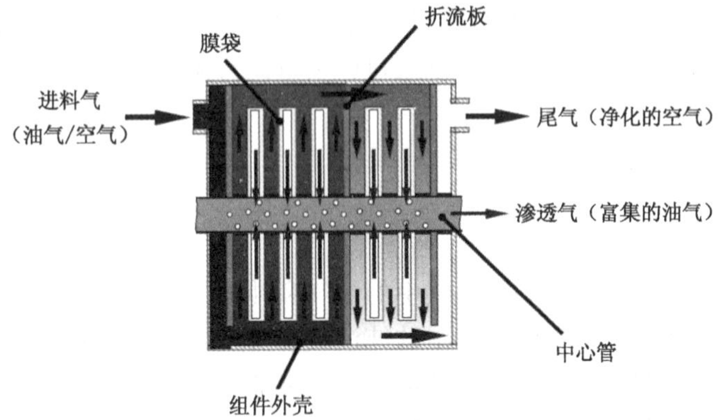

图 8 – 15　膜组件结构图

2) 真空泵

操作压力为 –0.9 ~ 0.8kg/cm^2，介质为油气。

一般采用油润滑的旋片式真空泵，该泵在国外的油气回收领域中已经广泛应用，该真空泵已经通过欧洲 ATEX 防爆认证。

真空泵用于抽吸渗透侧气体返回地下储油罐。与加油机内部的二次回收装置用的真空泵的功能、操作条件等相同。

3) 管道、阀门、仪表等

装置内部管道、阀门均采用不锈钢制作，可有效避免锈渣堵塞膜组件；仪表选型均不低于后处理装置整体防爆认证级别。

(2) 工艺流程说明

加油过程中产生的油气通过二次回收系统返回到汽油储罐中时，油罐内的压力会升高。当油罐内的压力升高到一定值时，膜回收系统会自动启动。油罐内油气[如：25%(体积)]

进入膜分离装置，油气优先透过膜，在膜的渗透侧富集[如30%～40%(体积)]，再经真空泵返回油罐，脱除油气后的净化空气则直接排入大气。随着油罐上部混在油气中的空气的排放，油罐的压力不断下降。当油罐的压力降低到设定值时，膜回收系统将自动停止运行。如此往复，完成油气回收过程。

在昼夜更替时，由于环境温度及气压变化较大从而引起罐内压力波动，油罐压力升高到一定值时，膜回收系统自动启动。随着油罐上部混在油气中的空气的排放，油罐的压力不断下降。当油罐的压力降低到设定值时，膜回收系统将自动停止运行。

综上所述，油气在三次回收装置内始终是以气体存在，没有液相。膜只是对油气和空气进行了分离，而对油气的回收是在地下贮罐内实现的。

(3) 故障判断与处理

膜系统运行过程常见的故障是由膜元件被污染或损坏所致；其次是密封件损坏或预处理系统中保安过滤器中有污染物等产生；第三是膜系统的进料超出所定的工艺条件，如进料气体的温度、压力、pH值及流量等。

若发生了问题，应该采用适宜的寻找故障的技术，并与膜制造商和/或系统设计者切磋商量适宜的消除问题的措施。对不能控制的结垢、污染或堵塞，则需经常清洗膜以保持膜的性能。在膜装置中，这些物质不可逆的积累将导致流体分布不均和产生浓差极化，这将造成膜通量与盐截留率的减退，有时会使膜材料发生降解。这些会导致昂贵的膜单元的更换。已开发出的用于恢复因结垢或污染造成的不良的膜性能的技术，若能及早地识别出膜需清洗，则这些技术是非常有效的。清洗剂可用以从膜装置中将微粒、胶体、生物和有机物移出。通常的做法是将清洗液按正向流动，低压下通过膜装置进行循环，直至污染物被去除。很少推荐进行反洗。

8.9.4 吸收法油气的回收

(1) 原理

溶剂吸收法油气回收原理是利用油气中的空气和纯油气在常温、常压下在专用吸收剂中溶解度不同的特性，用吸收剂吸收油气中的纯油气，实现油气中纯油气与空气的分离，然后将吸收纯油气的专用吸收剂输送到真空环境下，把纯油气将从吸收剂中解吸析出来，实现纯油气与吸收剂的分离及吸收剂的再生。再通过成品油将解吸的纯油气吸收，达到油气转化为成品油的目的。

(2) 工艺方法

采用适当的液体吸收剂处理气体混合物，对挥发气体进行吸收，以达到净化气体的目的。挥发气体吸收过程无化学反应，为物理吸收，工艺分为非循环和循环过程两种。

非循环过程，主要特点是吸收剂不予再生，即没有吸收质的解吸过程。此种方法是先使挥发气体至凝缩油罐，分液后进入吸收塔，在塔内挥发气体中油的成分被吸收剂(如汽油、轻柴油或专用吸收剂)吸收。吸收了挥发气体的吸收剂如果是轻柴油，用泵送回装置回炼。轻柴油吸收挥发气体后直接送回催化裂化装置加工处理。此装置投资少，操作简单，是国内目前吸收法中最简单的一种，但装置存在吸收剂用量大、尾气浓度难以控制、只能适宜在有催化裂化装置的炼油厂内部使用等特点，长岭炼油厂就有一套用柴油做吸收剂的回收装置。

循环吸收过程中的吸收剂需要再生，吸收剂一般是专用吸收剂，要用真空减压或其他的办法使吸收剂解吸再生，再生后的吸收剂可重复使用，解吸出来的高浓度挥发气体仍要经过油品(轻柴油或冷汽油)的再吸收。循环吸收的主要特点是吸收剂封闭循环，在循环中对吸收剂进行再生，因此流程中需要设置吸收剂的解吸装置，如图 8 –16 所示。

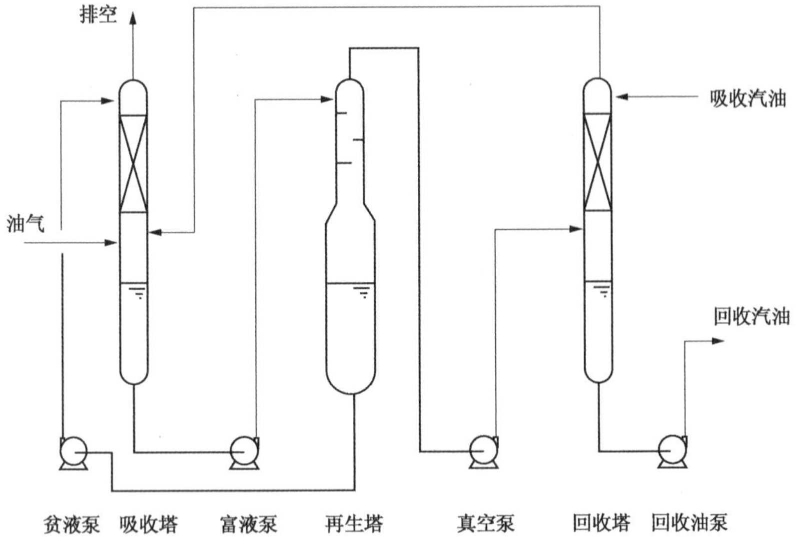

图 8 –16　挥发气体循环吸收流程图

循环吸收包括 2 种形式，即常压常温吸收法与常压低温吸收法。

常压常温吸收法是在常压常温下，利用馏出轻组分的汽油(或废油)、煤油系溶剂、轻柴油、特制有机溶剂等易吸收油气的吸收液，在吸收塔内与混合气喷淋接触以溶解吸收其中的油气。该方法有 2 种回收类型，一是富吸收液可以再生，装置可设计为一个独立完整的系统，适用范围广，但吸收液性能要求严格；另一是富吸收液要送回炼油装置再加工处理。

常压低温吸收法是使用冷冻机将吸收液冷却到低温，然后送到吸收塔对混合气进行喷淋吸收。吸收液一般用产品汽油来直接回收油气。为了达到较高回收率，吸收液(汽油)的冷却温度要控制在约 –30℃以下，如图 8 –17 所示。此时，系统需要制冷系统、低温钢材及保温处理，投资及运行费用较高。该方法还应注意结冰(即要预冷脱水及适时除霜)。如果使用其他高效吸收剂，可适当提高操作温度，但要增加解吸、回收工艺，加上制冷环节，装置投资剧增。

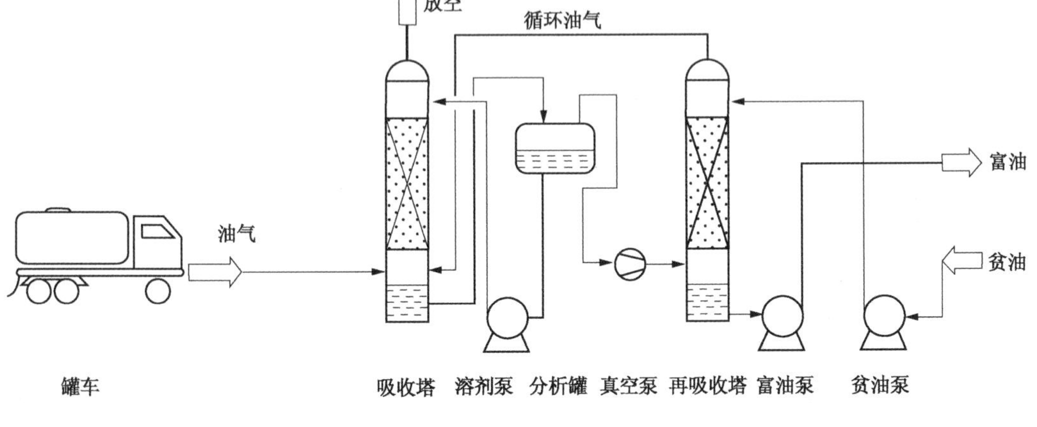

图 8 –17　溶剂吸收法油气回收工艺流程示意图

（3）操作参数设置的要点

① 真空泵进口压力对尾气油气浓度影响。真空泵入口压力降低，真空泵解吸能力增加，因此解吸出的吸收液纯度提高，较高纯度的吸收液使其吸收效果明显增加，从而使吸收塔尾气中油气体积分数显著降低。然而真空泵压力不能过低，否则对设备的要求必然相当严格，势必增加投资成本，从经济角度考虑是不可取的。

② 吸收塔理论塔板数对尾气中油气浓度的影响。吸收塔理论踏板对油气回收系统尾气中油气浓度有重要影响。塔板数过低则尾气浓度将较高，系统回收率较低，塔板数若过高则势必增加塔的尺寸，从而增加系统投资，因此选择合适的塔板数至关重要。经过对比以及从回收效率和经济性多方面考量吸收塔理论塔板数以不高于 13 块为宜。

③ 吸收塔进液量对尾气中油气体积分数的影响。在进气流量、吸收塔理论塔板数、真空泵进口压力一定的情况下，吸收塔进液量对尾气中油气体积分数大小起决定性影响。显然吸收塔进液量越大则尾气中油气体积分数越低，相应的油气回收率也越高，然而进液量同时也会使进油泵能耗等增加，当进液量达到一定程度时，油气回收率及尾气中油气体积分数减少的幅度较小时，可建议此时的进油流量为合适流量。

（4）故障判断与处理

吸收法油气回收的主要设备如管道泵、真空泵等在吸附法中也已用到。常见故障与处理方法可参考吸附法中主要设备故障分析与处理。

目前油气回收主要采用第二代真空泵，即干式真空泵，对于以前的吸收法油气回收主要采用水环式真空泵，其主要常见故障及处理如下：

1）管道积水

真空泵入口与解吸罐相连，难免存在水蒸气的可能。当真空泵停运时，蒸汽在管道内凝结成水，堆积在进口阀前。当再次启动真空泵时，水进入真空泵，容易引起电流过大。如果水量过大，将会危及电机的运行安全。

为了避免上述危害，启动前应手动打开进口阀进行排水。对于 2 台真空泵一用一备的情况，应合理地设计启动顺序，防止类似情况发生。

2）补水不足

水环式真空泵的工作水来自汽水分离器，泵体和汽水分离器的压差保证了运行中损耗的工作水能够及时得到补充，从而维持水环的正常厚度。一旦补水量不足或补水管路出现堵塞，水环将会遭到破坏，泵的叶轮轮毂和水环之间将不能形成有效的工作腔室，泵的出力将会降低，从而影响机组的真空。为了保证运行安全，汽水分离器设置了来自不同水源的 2 个补水回路，在一路故障的情况下可以手动切至另一回路。同时设置了汽水分离器的高、低液位报警，故障时可以及时发现和处理。真空泵应定期检修，采用恰当的方法吹扫内部管道，保证整个补水回路的顺畅。

3）大气喷射器故障

为了防止杂质进入真空泵损坏叶轮，大气喷射器的进口设置了进气滤网。当滤网堵塞时，进入大气喷射器的空气量不足，设计流动特性被破坏，真空泵的安全和凝汽器的真空都会受到影响。为此大气喷射器的进气端设置了一个三通阀，一端通过滤网和大气相连，另一端直接和汽水分离器上部相连，当滤网堵塞时可以把三通阀切至汽水分离器，从真空泵的排气口直接提取气体来运行，提升了真空泵的安全性能。

8.9.5 油气回收装置设备选型

8.9.5.1 装置的处理能力确定

油气回收处理装置的油气处理能力宜按下式确定：

$$Q = K \cdot \Sigma q \tag{8-2}$$

式中 Q——汽油装车设施计算排气量，m^3；

K——汽油发油鹤管同时工作系数，可取 $K = 0.6 \sim 1.0$；

Σq——所有汽油发油鹤管排气量之和。

8.9.5.2 装置的原理确定

目前，油气回收使用最多的为吸附法，适合小分子油气或有机物的回收。冷凝法随着技术的发展，能耗水平大大降低，其对大分子物质的回收效果令人满意。膜分离的处理能力和使用成本还使之推广受到限制。吸收法不适合作为单一的方法使用，可以与其他3种方法组合使用，取得较好的效果。

8.10 直接作业环节风险控制

用火、临时用电、进入受限空间、破土等作业，很容易发生涉及人身安全的伤害事故，因为这些作业都是由人直接实施和参与，所以统称为直接作业。直接生产作业由于生产现场多、危险性较大、涉及人员多。因此加强直接作业环节的风险控制，促进直接作业环节安全措施落实，保证作业安全进行，是生产的实际需要。

8.10.1 用火作业安全管理

用火作业系指在具有火灾爆炸危险场所内进行的施工过程。用火作业前，应针对作业内容进行危害识别，制定相应的作业程序及安全措施，将安全措施填入许可证内。

8.10.1.1 用火作业分级

（1）一级用火作业

① 储存收发易燃、可燃液(气)体的罐区、泵房、装卸作业区(铁路、公路、码头)、桶装仓库用火。

② 加油(气)站的罐区(储气瓶)、加油(气)区、液态烃泵房、压缩机房、接卸站区用火。

③ 输油(气)管道、隔油池、污水处理设施用火。

④ 易燃、可燃液体和气体的罐车、油轮、驳船等爆炸危险性区域的用火。

（2）二级用火作业

① 从易燃易爆及有毒储罐、泵房、装卸区等拆除的容器、管线、附件，已运到安全地点并经吹扫处理检验合格的用火。

② 罐区、泵房、装卸作业区等的非防爆区域及防火间距以外的区域用火。

③ 发电机房、配电间、消防泵房、化验室、储存收发润滑油的储罐、桶装油品仓库、灌装、收发区域等火灾危险性区域的用火。

（3）三级用火作业

范围是在油库、加油站内，除一、二级以外的用火均属三级用火。

（4）固定用火作业

是除特级、一级、二级用火范围外，从没有火灾危险性区域划出固定用火作业区。在二级以上用火区域内，不得设固定用火作业区。

8.10.1.2　许可证的办理

一级、二级用火作业由用火单位填写许可证，报各单位二级单位安全监督管理部门、生产部门审查合格后，由主管安全生产领导签发。三级用火作业由用火单位填写许可证，报基层单位负责人签发。固定用火作业区的设定应由用火单位提出申请，报各单位二级单位安全监督管理部门进行审查批准。

8.10.1.3　用火作业的安全措施

① 在正常运行生产区域内，凡可用可不用的用火一律不用火，凡能拆下来的设备、管线均应拆下来移到安全地方用火，严格控制一级用火。

② 各级用火审批人应亲临现场检查，督促用火单位落实防火措施后，方可审签许可证。

③ 一张用火作业许可证只限一处用火，实行一处（一个用火地点）、一证（用火作业许可证）、一人（用火监护人），不能用一张许可证进行多处用火。

④ 许可证有效时间为一个作业周期，最多不超过5d；若中断作业超过1h后继续用火，监护人、用火人和现场负责人应重新确认。固定用火作业区，每半年检查认定1次。

⑤ 用火分析。当可燃气体爆炸下限大于4 %时，分析检测数据小于0.5 %为合格；可燃气体爆炸下限小于4 %时，分析检测数据小于0.2 %为合格。

⑥ 在用火前应清除现场一切可燃物，并准备好消防器材。用火期间，距用火点30 m内严禁排放各类可燃气体，15 m内严禁排放各类可燃液体。

8.10.1.4　用火作业过程的安全监督

（1）“三不用火”

即没有经批准的用火作业许可证不用火、用火监护人不在现场不用火、防护措施不落实不用火。各单位安全监督管理部门有权随时检查用火作业情况。在发现违反用火管理制度或危险用火作业时，有权收回许可证，停止用火，并根据违章情节，由各单位安全监督管理部门对违章者进行严肃处理。

（2）用火监护人职责

① 用火监护人应有岗位操作合格证；了解用火区域或岗位的生产过程，熟悉工艺操作和设备状况；有较强的责任心，出现问题能正确处理；有处理应对突发事故的能力。

② 应参加由安全监督管理部门组织的用火监护人培训班，考核合格后由安全监督管理部门发放用火监护人资格证书，做到持证上岗。

③ 在接到用火作业许可证后，应在安全技术人员和单位领导的指导下，逐项检查落实防火措施；检查用火现场的情况；用火过程中发现异常情况应及时采取措施；监火时应佩戴明显标志；用火过程中不得离开现场，确需离开时，由监护人收回用火许可证，暂停用火。

④ 当发现用火部位与许可证不相符合，或者用火安全措施不落实时，用火监护人有权制止用火；当用火出现异常情况时有权停止用火；对用火人不执行“三不用火”又不听劝阻时，有权收回许可证，并向上级报告。

8.10.1.5　许可证管理

① 许可证是用火作业的凭证和依据，不得随意涂改、代签，应妥善保管。许可证一式四联，第一联存放在签发部门，第二联由用火作业人持有，第三联由用火监护人持有，第四

联存放在用火点所在操作控制室或岗位。

② 一级用火作业许可证在省级公司安全监督管理部门备案；二级用火作业许可证由市级分公司安全监督管理部门存档；三级用火作业许可证由市级分公司安全监督管理部门备案。许可证保存期限为 1 年。

8.10.1.6　用火操作指南

（1）组织领导

① 根据各类设备设施使用周期和检修要求制订计划和作业方案。

② 明确现场安全监督、消防管理、数据测试、用火作业工作人员的职能，做到分工明确，责任到人。

③ 作业前应对作业人员进行安全和有关操作技术的岗前教育，经考核合格后方准上岗 。

④ 建立应急预案及安全防范措施，定期进行培训和演练。

⑤ 与承包商或作业人员签订安全协议书 。

（2）作业准备

① 作业前检查提示：不准酒后上岗，不准无证上岗；按规定着装；雷雨大风天气，严禁动火施工作业。

② 准备好防爆工具、灯具，照明灯具不超过安全电压，作业设备必须进行静电接地保护，对相通油罐的管线进行封堵、隔离。

③ 安全技术人员负责检查复核作业现场，确认作业条件，落实安全措施。

④ 由专业人员测试油气浓度，测试点不少于 3 点，距地面为 0.2m 浓度测试时应使用规格型号相同的 2 台以上仪器。

⑤ 检查人或执行人逐项对照作业票防护措施，确认作业条件后签字，办理作业票手续。

⑥ 用火作业票只限一处用火点、实行一点一证一人，不准一张作业票多点使用 。

⑦ 明火作业区域和非明火作业区域必须进行隔离，安全距离符合要求。

⑧ 现场配备足够的消防器材，严禁附近有易燃易爆物。

（3）用火作业

① 凡能拆下来的设备、管线要拆下来移到安全地方用火，压力容器卸压后方可动火，带电设备需断电或拆下后进行动火，不得带电动火作业。

② 用火作业过程中，如果油气浓度超过规定值，必须立即停止作业，用火作业许可证同时废止。

③ 用火点周围(最小半径 15m)的下水井、地沟，电缆沟等必须清除易燃物并进行覆盖处理。

④ 高处作业 2m 以上必须采取防火花飞溅措施，大于 5 级风时禁止作业。

⑤ 凡是生产、储存、输送可燃物料的设备、容器及管道上用火，应首先切断物料来源，并加好盲板，经彻底吹扫、清洗。

⑥ 油罐动火必须进行用火试验，与相邻油罐需搭建隔离墙。

⑦ 用火负责人、监护人必须对用火现场进行巡视检查。

（4）作业完毕

① 切断电源、水源、气源，拆除临时电源、隔离管线、盲板，恢复设备运行。

② 动火及监护人对现场进行复核检查，确认无火源、火种、做到人离火灭。

③ 清理现场，整理器材及工具，对用火设备进行验收。

④ 整理用火作业许可证及相关记录、存档管理。

8.10.2 临时用电安全管理

是指在正式运行电源上所接的一切临时用电。临时用电票签发前，配送电单位应针对作业内容进行危害识别，制定相应的作业程序及安全措施。将本次作业需执行的安全措施填入临时用电作业许可证内。

8.10.2.1 许可证办理程序

① 施工单位负责人持《电工作业操作证》、施工作业单等资料到配送电单位办理许可证。配送电单位在销售企业一般为油库或加油(气)站等。

② 配送电单位负责人应对作业程序和安全措施进行确认后签发许可证。

③ 施工单位负责人应向施工作业人员进行作业程序和安全措施交底。

④ 作业完工后，施工单位应及时通知配送电单位停电，并作相应确认后，拆除临时用电线路。

⑤ 在运行的生产装置、罐区和具有火灾爆炸危险场所内不允许随意接临时电源。确属装置生产、检修施工需要临时用电时，在办理许可证前，按规定办理“用火作业许可证”。

8.10.2.2 作业安全措施

① 检修和施工队伍的自备电源不能接入公用电网。

② 安装临时用电线路的电气作业人员，应持有电工作业证。

③ 临时用电设备和线路应按供电电压等级和容量正确使用，所用电气元件应符合国家规范标准要求，临时用电电源施工、安装应严格执行电气施工安装规范，并接地良好。

④ 在防爆场所使用的临时电源，电气元件和线路应达到相应防爆等级要求，并采取相应的防爆安全措施。

⑤ 临时用电设施应做到一机一闸一保护，移动工具、手持式电动工具应安装符合规范要求的漏电保护器。

⑥ 配送电单位应将临时用电设施纳入正常电器运行巡回检查范围，确保每天不少于2次巡回检查，并建立检查记录和隐患问题处理通知单，确保临时供电设施完好。对存在重大隐患和发生威胁安全的紧急情况时，配送电单位有权紧急停电处理。

⑦ 临时用电单位应严格遵守临时用电规定，不得变更地点和工作内容，禁止任意增加用电负荷或私自向其他单位转供电。

⑧ 在临时用电有效期内，如遇施工过程中停工、人员离开时，临时用电单位应从受电端向供电端逐次切断临时用电开关，待重新施工时，临时用电单位应对线路、设备进行检查确认后，方可送电。

8.10.2.3 许可证管理

① 许可证一式三联，第一联由签发部门留存，第二联交配送电执行人，施工单位持第三联。

② 许可证有效期限为1个作业周期。

③ 用电结束后临时用电作业许可证第三联交由交配送电执行人注销。

④ 许可证保存期为1年。

8.10.2.4 临时用电作业操作指南

（1）作业准备

① 负责人会同安全人员对相关班组和作业人员进行安全教育。

② 根据用电作业范围、办理临时用电作业票，易燃易爆场所还应办理用火作业票。临时用电作业票有效期应与用火作业票一致。

③ 作业人员按要求穿戴好防护用品。

④ 在爆炸危险区域使用临时电源、电气元件和线路要达到相应的防爆等级要求。

⑤ 临时用电线路架空时，不能采用裸线，严禁在树上或绞手架上架设电线，穿越道路的用电线路应穿钢管保护。

⑥ 现场临时用电配电盘、配电箱要有防雨措施。

⑦ 用电设备悬挂安全标志，作业现场配置消防器材，严禁存放易燃易爆物。

（2）作业

① 安装临时用电线路的作业人员必须具有电工操作证。

② 在装置内架空高度不得低于2.5m，采用暗管埋设及地下电缆线路，必须设有专门标识及安全标志，电缆埋深不得小于0.7 m。

③ 行灯电压不得超过36V，在特别潮湿的场所，行灯电压不得超过12V。

④ 临时用电设施必须安装符合规范要求的漏电保护器，移动工具、手持式电动工具应一机一闸一保护，禁止任意增加用电负荷。

⑤ 临时用电的单相和混用线路应采用 TN－S 系统。

⑥ 对临时用电设施要有专人维护管理，每天必须进行巡视检查。

⑦ 严禁在雷雨大风天气进行临时用电作业 。

（3）作业完毕

① 用电结束后及时断电、验电，临时施工用的电气设备和线路应立即拆除恢复原有状态。

② 供电部门和用电部门共同对现场进行检查验收签字。

③ 清理作业现场、清点工具、器材，填写相关作业记录。

8.10.3 进入受限空间作业安全管理

“受限空间”是指在所辖区域内炉、塔、釜、罐、仓、槽车、管道、烟道、下水道、沟、井、池、涵洞、裙座等进出口受限，通风不良，存在有毒有害风险，可能对进入人员的身体健康和生命安全构成危害的封闭、半封闭设施及场所。

办理许可证前，生产及施工单位应针对作业内容对受限空间进行危害识别，分析受限空间内是否存在缺氧、富氧、易燃易爆、有毒有害、高温、负压等危害因素，制定相应作业程序、安全防范和应急措施，并将危害识别内容填入许可证。

8.10.3.1 许可证办理程序

① 进入受限空间作业单位负责人，应持施工任务单，到二级单位办理许可证。二级或基层单位主管安全的负责人对作业程序和安全措施进行确认后，签发业许可证。

② 进入受限空间涉及用火、临时用电、高处等作业时，必须遵守有关安全规定，办理相应的作业许可证。

③ 进入受限空间作业完毕后，生产单位与施工单位现场安全负责人在许可证完工验收

栏中签字确认。

8.10.3.2 技术交底

（1）生产单位交底

进入受限空间作业前，生产单位必须向施工单位进行现场检查交底，生产单位有关专业技术人员会同施工单位的现场负责人及有关专业技术人员、监护人，对需进入作业的设备、设施进行现场检查，对进受限空间作业内容、可能存在的风险以及施工作业环境进行交底，结合施工作业环境对许可证列出的有关安全措施逐条确认，并将补充措施确认后填入相应栏内。

（2）施工单位交底

施工单位负责人应向施工作业人员进行作业程序和安全措施交底，并指派作业监护人；生产单位与施工单位现场安全负责人对受限空间作业的全过程实施现场监督。

8.10.3.3 作业安全措施

① 生产单位与施工单位现场安全负责人应对现场监护人和作业人员进行必要的安全教育。其内容应包括所从事作业的安全知识、紧急情况下的处理和救护方法等。

② 制订安全应急预案，其内容包括作业人员紧急状况时的逃生路线和救护方法，监护人与作业人员约定联络信号，现场应配备的救生设施和灭火器材等。现场人员应熟知应急预案内容，在受限空间外的现场配备一定数量符合规定的应急救护器具(包括空气呼吸器、供风式防护面具、救生绳等)和灭火器材。出入口内外不得有障碍物，保证其畅通无阻，便于人员出入和抢救疏散。

③ 进入受限空间作业实行“三不进入”。当受限空间状况改变时，作业人员应立即撤出现场，同时为防止人员误入，在受限空间入口处应设置“危险！严禁入内”警告牌或采取其他封闭措施。处理后需重新办理许可证方可进入。

④ 在进入受限空间作业前，应切实做好工艺处理工作，将受限空间吹扫、蒸煮、置换合格；对所有与其相连且可能存在可燃可爆、有毒有害物料的管线、阀门加盲板隔离，不得以关闭阀门代替安装盲板。盲板处应挂标识牌。

⑤ 为保证受限空间内空气流通和人员呼吸需要，可采用自然通风，必要时采取强制通风，严禁向内充氧气。进入受限空间内的作业人员每次工作时间不宜过长，应轮换作业或休息。

⑥ 进入受限空间作业应使用安全电压和安全行灯。进入金属容器(炉、塔、釜、罐等)和特别潮湿、工作场地狭窄的非金属容器内作业，照明电压不大于12V；需使用电动工具或照明电压大于12V时，应按规定安装漏电保护器，其接线箱(板)严禁带入容器内使用。作业环境原来盛装爆炸性液体、气体等介质的，应使用防爆电筒或电压不大于12V的防爆安全行灯，行灯变压器不得放在容器内或容器上；作业人员应穿戴防静电服装，使用防爆工具，严禁携带手机等非防爆通讯工具和其他非防爆器材。

⑦ 取样分析应有代表性、全面性。受限空间容积较大时，应对上、中、下各部位取样分析，保证受限空间内部任何部位的可燃气体浓度和氧含量合格(当可燃气体爆炸下限大于4%时，其被测浓度不大于0.5%为合格；爆炸下限小于4%时，其被测浓度不大于0.2%为合格；氧含量19.5%~23.5%为合格)，有毒有害物质不得超过国家规定的“车间空气中有毒物质最高容许浓度”指标(H_2S最高允许浓度不得大于$10mg/m^3$)，分析结果报出后，样品至少保留4h。受限空间内温度宜在常温左右，作业期间至少每隔4h复测1次，如有1项不

合格，应立即停止作业。

⑧ 作业人员；作业人员所带的工具、材料须登记，禁止与作业无关的人员和物品工具进入受限空间。

⑨ 在特殊情况下，作业人员可戴供风式面具、空气呼吸器等。使用供风式面具时，必须安排专人监护供风设备。

⑩ 发生人员中毒、窒息的紧急情况，抢救人员必须佩戴隔离式防护面具进入受限空间，并至少有 1 人在受限外部负责联络工作。

⑪ 作业停工期间，应在受限空间的入口处设置“危险！严禁入内”警告牌或采取其他封闭措施防止人员误进。作业结束后，应对受限空间进行全面检查，确认无误后，施工单位和生产单位双方签字验收。

⑫ 上述措施如在作业期间发生异常变化，应立即停止作业，经处理并达到安全作业条件后，方可继续作业。

8.10.3.4　作业监护人的资格和权限

① 作业监护人应熟悉作业区域的环境和工艺情况，有判断和处理异常情况的能力，掌握急救知识。

② 作业监护人在作业人员进入受限空间作业前，负责对安全措施落实情况进行检查，发现安全措施不落实或不完善时，有权拒绝作业。

③ 作业监护人应清点出入受限空间的作业人数，在出入口处保持与作业人员的联系，严禁离岗。当发现异常情况时，应及时制止作业，并立即采取救护措施。

④ 作业监护人应随身携带许可证。

⑤ 作业监护人在作业期间，不得离开现场或做与监护无关的事。

8.10.3.5　作业人员职责

① 持有效的许可证方可施工作业。

② 作业前应充分了解作业的内容、地点(位号)、时间和要求，熟知作业中的危害因素和安全措施。

③ 许可证中所列安全防护措施须经落实确认、监护人同意后，方可进入受限空间内作业。

④ 作业人员在规定安全措施不落实、作业监护人不在场等情况下有权拒绝作业，并向上级报告。

⑤ 服从作业监护人的指挥，禁止携带作业器具以外的物品进入受限空间。如发现作业监护人不履行职责，应立即停止作业。

⑥ 在作业中发现异常情况或感到不适应、呼吸困难时，应立即向作业监护人发出信号，迅速撤离现场，严禁在有毒、窒息环境中摘下防护面罩。

8.10.3.6　许可证管理

① 许可证是进入受限空间作业的依据，不得涂改；确需修改，须经签发人在修改内容处签字确认。若许可证中安全措施、气体检测、评估等栏目内容填满后，应另加附页。许可证和附页应妥善保管，保存期为 1 年。

② 许可证一式四联，第一联由生产单位安全技术人员留存备查，第二联由作业负责人持有，第三联由监护人持有，第四联存放在作业点所在的操作控制室或岗位。

③ 许可证中各栏目，分别由相应责任人填写，其他人不得代签；作业人员、监护人姓

名应与许可证一致。

④ 许可证的有效期为作业项目一个周期。当作业中断4h以上再次作业前，应重新对环境条件和安全措施进行确认；当作业内容和环境条件变更必须重新办理许可证。

8.10.3.7 进入受限空间作业操作指南

（1）组织领导

① 根据检修要求制定作业方案。

② 成立工作领导小组，做到统一指挥、统一领导。

③ 明确现场安全监督、消防管理、数据测试、作业等工作人员的职能，做到分工明确、责任到人；建立应急预案及安全防范措施，定期进行培训和演练。

④ 作业前应对作业人员进行安全和有关操作技术的岗前教育，经考核合格后方准上岗；与承包商签订安全协议书 。

（2）作业前准备

① 作业前检查提示：不酒后上岗；按规定着装；准备好医疗急救用品，配备消防器材，消防员现场监护。

② 备好防爆工具、灯具，照明灯具不超过安全电压，作业设备必须进行静电接地保护。

（3）实施作业许可

① 安全技术人员负责检查复核作业现场，确认作业条件，落实安全措施。

② 由专业人员测试气体浓度，测试点不少于3点，测试点距地面为0.2m，油气浓度测试时应使用规格型号相同的两台以上仪器。

③ 检查人或执行人逐项对照作业许可证防护措施，确认作业条件后方可签字，办理作业许可证手续。

④ 在作业许可证规定的有效时间内，若作业条件发生变化时，应重新办理审批手续，作业许可证不得超期使用。

（4）作业

① 作业场所设置安全棚栏或界标，安全员负责对现场进行监护，领导跟班作业。

② 戴好防毒面具，不符合健康条件者严禁进入受限空间作业。

③ 清点人员、工具，检查罐内无遗留物，及时拆除电气设备撤离作业现场，做好作业记录。

8.10.4 破土作业安全管理

破土作业系指油库、加油(气)站内部地面、埋地电缆、电信及地下管道区域范围内，以及交通道路、消防通道上开挖、掘进、钻孔、打桩、爆破等各种破土作业。破土作业前，应针对作业内容，进行危害识别，制定相应作业程序及安全措施，并将安全措施填入许可证。

8.10.4.1 许可证办理程序

① 许可证由施工单位填写。

② 工程主管部门组织电力、电信、生产、机动、公安保卫、消防、安全等有关部门、破土施工区域所属单位和地下设施主管单位联合进行现场地下情况交底，根据施工区域地质、水文、地下供排水管线、埋地燃气(含液化气)管道、埋地电缆、埋地电信、测量用的永久性标桩、地质和地震部门设置的长期观测孔、不明物、沙巷等情况向施工单位提出具体

要求。

③ 施工单位根据工作任务、交底情况及施工要求，制定施工方案，落实安全施工措施。

④ 施工方案经施工主管部门现场负责人和建设基层单位现场负责人签署意见，有关部门确认签字后，由二级单位主管领导审批。

⑤ 破土作业涉及用火、临时用电、进入受限空间等作业时，应办理相应的作业许可证。

8.10.4.2 破土作业安全措施

① 破土前，施工单位应按照施工方案，逐条落实安全措施，并对所有作业人员进行安全教育和安全技术交底后方可施工。破土作业涉及电力、电信、地下供排水管线、生产工艺埋地管道等地下设施时，施工单位应安排专人进行施工安全监督。

② 破土开挖前，施工单位应做好地面和地下排水工作，严防地面水渗入作业层面造成塌方。破土开挖时，应防止邻近建(构)筑物、道路、管道等下沉和变形，必要时采取防护措施，加强观测，防止位移和沉降；要由上至下逐层挖掘，严禁采用挖空底脚和挖洞的方法。在破土开挖过程中应采取防止滑坡和塌方措施。

③ 作业人员在作业中应按规定着装和佩戴劳动保护用品。

④ 对施工过程中，出现的下列情形，应及时报告建设单位，采取有效措施后方可继续进行作业：

a. 需要占用规划批准范围以外场地。

b. 可能损坏道路、管线、电力、邮电通信等公共设施。

c. 需要临时停水、停电、中断道路交通。

d. 需要进行爆破的。

⑤ 在道路上(含居民区)及危险区域内施工，应在施工现场设围栏及警告牌，夜间应设警示灯。在地下通道施工或进行顶管作业影响地上安全，或地面活动影响地下施工安全时，应设围拦、警示牌、警示灯。

⑥ 在施工过程中，如发现不能辨认物体，不得敲击、移动，应立即停止作业，并报建设单位，待查清情况、采取有效措施后，方可继续施工。

⑦ 在雨期和解冻期进行土方工程作业时，应及时检查土方边坡，当发现边坡有裂纹或不断落土及支撑松动、变形、折断等情况应立即停止作业，经采取可靠措施并检查无问题后方可继续施工。

⑧ 在破土开挖过程中，出现滑坡、塌方或其他险情时，要做到：

a. 立即停止作业。

b. 先撤出作业人员及设备。

c. 挂出明显标志的警告牌，夜间设警示灯。

d. 划出警戒区，设置警戒人员，日夜值勤。

e. 通知设计、工程建设和安全等有关部门，共同对险情进行调查处理。

8.10.4.3 许可证管理

① 许可证一式三联，第一联交由建设单位留存，第二联交施工单位，第三联交现场施工管理人员随身携带。

② 一个施工点、施工周期应办理一张作业许可证。

③ 许可证保存期为 1 年。

8.10.4.4 破土作业操作指南

（1）组织领导

① 成立破土施工领导小组，根据工作任务和交底情况及施工要求制订施工方案，落实安全施工措施，明确现场安全监督、消防管理、数据测试、施工作业等工作人员的职能，做到分工明确、责任到人。

② 作业前应对作业人员进行安全和有关操作技术的岗前教育，经考核合格后方准上岗。

③ 建立应急预案及安全防范措施，定期进行培训和演练。

④ 与承包商或作业人员签订安全协议书 。

（2）作业前准备

① 作业前检查提示：不酒后上岗；穿戴好劳动保护用品。

② 安全员检查复核作业现场，确认作业条件，落实安全措施；检查人或执行人逐项对照作业票防护措施，确认作业条件后签字，办理作业票手续。

③ 准备电、气、水、地埋电缆等走向图纸及资料，并于施工单位进行现场地下情况交底。

④ 爆炸危险区域破土，须专业人员对施工点进行油气浓度测试。

⑤ 施工单位负责人和安全监护人，对破土作业区域进行检查复核，确认无误后破土作业。

（3）破土作业

① 施工现场设置围栏和警示牌，重点作业区域有专人进行监督。

② 在施工过程中，如发现不能辨认物体时，不得敲击、移动应立即停止作业。

③ 在坑、沟、槽、井、地道内施工时，必须保持通风良好，并对有毒气体和易燃物进行检查检测。

④ 破土开挖时，对邻近建筑物、道路、管道等下沉和变形地带进行防护。

⑤ 破土时由上而下进行，防止滑坡和塌方，出现险情时立即停止作业，撤离人员和设备，并设专人警戒值勤。

⑥ 施工负责人和安全监护人，认真巡查作业现场。

（4）作业完毕

① 回土填实坑、沟、管道等地面恢复原来状态。

② 及时撤离机械设备和施工工具，拆除围栏和警示标志等，清理作业现场。

③ 对电信、电缆、管道等地埋设施进行打桩，标明其走向和深度。

③ 整理作业票及相关记录，归档管理 。

8.10.5 高处作业安全管理

高处作业是指在坠落高度基准面 2m 以上（含 2m），有坠落可能的位置进行的作业。进行 15m（含 15m）以上的高处作业，应办理“高处作业许可证”。凡经高处作业特殊培训的岗位人员，在正式巡检路线进行正常高处检查的人员等不需办理高处作业许可证。

进行高处作业前，应针对作业内容进行危害识别，制定相应的作业程序及安全措施，将安全措施填入许可证内。

8.10.5.1 许可证办理程序

① 施工单位负责人持施工任务单，到基层单位办理许可证。基层单位负责人应对作业

程序和安全措施进行确认后，签发许可证。

② 施工单位负责人应向施工作业人员进行作业程序和安全措施的交底，基层单位与施工单位现场安全负责人对高处作业的全过程实施现场监督。

③ 高处作业完工后，基层单位与施工单位现场安全负责人应在许可证完工验收栏签字。

8.10.5.2 作业安全措施

① 基层单位与施工单位现场安全负责人应对作业人进行必要的安全教育，其内容包括所从事作业的安全知识、作业中可能遇到意外时的处理和救护方法等。

② 应制订应急预案，其内容包括作业人员紧急状况下的逃生路线和救护方法，现场应配备的救生设施和灭火器材等。现场人员应熟知应急预案的内容。

③ 高处作业人员应使用与作业内容相适应的安全带，安全带应系挂在施工作业处上方的牢固构件上，不得系挂在有尖锐棱角的部位。安全带系挂点下方应有足够的净空。安全带应高挂低用。在进行高处移动作业时，应设置便于移动作业人员系挂安全带的安全绳。

④ 劳动保护服装应符合高处作业的要求。对于需要戴安全帽进行的高处作业，作业人员应系好安全帽带。禁止穿硬底和带钉易滑的鞋进行高处作业。

⑤ 高处作业严禁上下投掷工具、材料和杂物等。所用材料应堆放平稳，必要时应设安全警戒区，并派专人监护。工具在使用时应系有安全绳，不用时应放入工具套(袋)内。在同一坠落方向上，一般不得进行上下交叉作业。确需进行交叉作业时，中间应设置安全防护层，其中对于坠落高度超过24m的交叉作业，应设双层安全防护。

⑥ 高处作业人员不得站在不牢固的结构物上进行作业，不得在高处休息。在石棉板、瓦棱板等轻型材料上方作业时，必须铺设牢固的脚手板，并加以固定。

⑦ 高处作业应使用符合安全要求、并经有关部门验收合格的脚手架，夜间高处作业应有充足的照明。

⑧ 供高处作业人员上下用的梯道、电梯、吊笼等应完好，高处作业人员上下时手中不得持物。

⑨ 在邻近地区设有排放有毒、有害气体及粉尘超出允许浓度的烟囱、设备的场合，严禁进行高处作业；如在允许浓度范围内，也应采取有效的防护措施。

⑩ 遇有不适宜高处作业的恶劣气象条件(如6级风以上、雷电、暴雨、大雾等)时，严禁露天高处作业。

8.10.5.3 作业人员的职责

① 持有经审批同意、有效的许可证方可进行15m以上(含15m)高处作业。

② 在作业前充分了解作业的内容、地点(位号)、时间和作业要求，熟知作业中的危害因素和许可证中的安全措施。

③ 对许可证上的安全防护措施确认后，方可进行高处作业。

④ 对违反本规定强令作业、安全措施不落实的，作业人员有权拒绝作业，并向上级报告。

⑤ 在作业中发现情况异常或感到不适等情况，应发出信号，并迅速撤离现场。

8.10.5.4 许可证的管理

① 许可证是进行高处作业的依据，不得涂改；如确需修改时，应经签发人在修改内容处签字确认。许可证应妥善保管，保存期为1年。

② 许可证一式两联，各单位基层单位留存第一联，施工单位作业现场负责人持有第二联。

③ 许可证的有效期为作业项目一个周期。

8.10.5.5 高空作业操作指南

（1）作业准备

① 根据设备检修计划及设备现状，制订高空作业方案。

② 一个施工点一张作业许可证。

③ 作业前应对作业人员进行安全教育，与承包商或作业人员签订安全协议书，经考核合格后方可上岗。

④ 患高血压、心脏病、贫血病、癫痫病以及其他不适于高处作业的人员，不得从事高空作业。

⑤ 按规定着装、穿戴好劳动保护用品，准备好作业工具、器具，酒后严禁上岗。

⑥ 检修电器设备时先断电、验电、放电、悬挂警示标志，恶劣天气不准作业。

⑦ 安全负责人、监护人必须亲临现场检查监督。

（2）高空作业

① 作业时要与相关班组联系，确认无误后方可进行作业。

② 必须系好安全带、戴好安全帽，禁止穿硬底和带钉易滑的鞋进行高空作业。

③ 安全带必须系挂在施工作业处上方的牢固构件上，严禁用绳子捆在腰部代替安全带。

④ 在排放有毒、有害气体及粉尘的烟囱及设备场所不得高空作业。

⑤ 在六级以上的雷雨、暴雨、大雾等恶劣气候影响施工作业时，禁止高空作业。

⑥ 高空作业要与架空电线保持规定的安全距离。

⑦ 高空作业严禁往下投掷工具，不得交叉作业。

⑧ 梯子应牢固、不得2人同时站在梯子上，不得站在不牢固的结构物上进行作业。

⑨ 作业人员要认真检查安全设施。如各项防护措施未落实到位，监护人有权制止作业。

⑩ 如果作业条件、工作范围等发生异常变化时，必须立即停止作业。

（3）作业收尾

① 清理设备上的遗留物，不准随手向下抛扔工具、物体。

② 拆除临时用电线路、人员着陆后拆除登高保护设施和临时搭建物，人员不得“溜绳”下落。

③ 清理现场、填写相关记录。

8.10.6 起重作业安全管理

起重作业是指起重机械作业。起重机械系指桥式起重机、门式起重机、装卸桥、缆索起重机、汽车起重机、轮胎起重机、履带起重机、铁路起重机、塔式起重机、门座起重机、桅杆起重机、升降机、电葫芦及简易起重设备和辅助用具（如吊篮）等。起重作业按起吊工件重量划分为3个等级，大型为100t以上；中型为40～100t；小型为40t以下。

进行起重作业前，应针对作业内容进行危害识别，制定相应的作业程序及安全措施。

8.10.6.1 管理职责

① 工程项目管理部门为起重作业的管理部门，负责对承包商起重作业单位资质、施工机械的有效合格证、操作人员《特种作业人员操作证》、施工方案、安全措施进行审查。

② 安全部门负责起重作业的安全监督检查，对操作人员的特种作业证书进行确认。

③ 施工作业现场所属管理部门负责现场起重作业的安全检查和安全措施确认。

④ 施工单位为起重作业安全管理的执行人。

8.10.6.2 安全管理内容

① 各单位应按照国家标准规定对起重机械进行日检、月检和年检。对检查中发现的起重设备问题，进行检修处理，并保存检修档案。

② 起重指挥人员、司索人员(起重工)和起重机械操作人员，应持有当地政府相关部门颁发的《特种作业人员操作证》，方可从事指挥和操作。

③ 在进行大型起重作业前，各单位安全部门应会同有关技术部门对作业方案、作业安全措施和应急预案进行风险评估和审查。

8.10.6.3 起重作业前安全检查

① 安全部门应对从事指挥、司索和操作人员进行资格确认。

② 对起重机械和吊具保护装置进行安全检查确认，确保处于完好状态。

③ 对安全措施落实情况进行确认。

④ 对吊装区域内的安全状况进行检查(包括吊装区域的划定、标识、障碍)。

⑤ 核实天气情况。

8.10.6.4 安全措施

① 起重作业时必须明确指挥人员，指挥人员应佩戴明显的标志。

② 起重指挥人员必须按规定的指挥信号进行指挥，其他操作人员应清楚吊装方案和指挥信号。

③ 起重指挥人员应严格执行吊装方案，发现问题要及时与方案编制人协商解决。

④ 正式起吊前应进行试吊，检查全部机具、地锚受力情况。发现问题，应先将工件放回地面，待故障排除后重新试吊。确认一切正常后，方可正式吊装。

⑤ 吊装过程中出现故障，起重操作人员应立即向指挥人员报告。没有指挥令，任何人不得擅自离开岗位。

⑥ 起吊重物就位前，不得解开吊装索具。

8.10.6.5 起重操作人员应遵守的规定

① 按指挥人员的指挥信号进行操作；对紧急停车信号，不论何人发出，均应立即执行。

② 当起重臂、吊钩或吊物下面有人，或吊物上有人、浮置物时不得进行起重操作。

③ 严禁使用起重机或其他起重机械起吊超载、质量不清的物品和埋置物体。

④ 在制动器、安全装置失灵、吊钩防松装置损坏、钢丝绳损伤达到报废标准等起重设备、设施处于非完好状态时，禁止起重操作。

⑤ 吊物捆绑、吊挂不牢或不平衡可能造成滑动，吊物棱角处与钢丝绳、吊索或吊带之间未加衬垫时，不得进行起重操作。

⑥ 无法看清场地、吊物情况和指挥信号时，不得进行起重操作。

⑦ 起重机械及其臂架、吊具、辅具、钢丝绳、缆风绳和吊物不得靠近高低压输电线路。确需在输电线路近旁作业时，必须按规定保持足够的安全距离，否则，应停电进行起重作业。

⑧ 停工或休息时，不得将吊物、吊笼、吊具和吊索悬吊在空中。

⑨ 起重机械工作时，不得对其进行检查和维修。不得在有载荷的情况下调整起升、变

幅机构的制动器。

⑩ 下放吊物时，严禁自由下落(溜)；不得利用极限位置限制器停车。

⑪ 用2台或多台起重机械吊运同一重物时，升降、运行应保持同步；各台起重机械所承受的载荷不得超过各自额定起重能力的80%。

⑫ 遇6级以上大风或大雪、大雨、大雾等恶劣天气，不得从事露天起重作业。

8.10.7 施工作业安全管理

施工作业是指在所辖区域内进行新建、改扩建、检修和维修等施工。

8.10.7.1 建设单位职责

① 应按照《承包商安全管理规定》对施工单位进行安全资质审查，不合格者不予录用。

② 与施工单位应按照《合同法》签订施工作业合同书或安全作业协议书，合同书或协议书中应有安全条款。

③ 负责在施工作业现场划出安全隔离作业区，施工单位根据作业内容和作业场所环境制订安全有效的作业区隔离方案。

④ 有关主管部门、安全监督管理部门和基层单位共同负责审批施工单位制订的隔离方案，并督促施工单位落实。建设单位和施工单位共同确认达到安全施工条件后，方可进行施工作业。

⑤ 进行不停产检修和维修施工作业，应制定可靠的安全措施并认真执行。

8.10.7.2 施工单位职责

① 凡与施工项目相关的工艺管线、下水井系统等，均应采取有效的隔离措施。对有毒有害及可燃介质的工艺管线必须加盲板进行隔离；对通往下水井系统的沟、井、漏斗等必须严密封堵；施工隔离区内凡与生产有关的工艺设备、阀门、管线等，均应有明显的禁动标志。

② 凡在无法实施隔离装置运行区域内进行施工作业，必须由建设单位和施工单位共同制定安全措施和施工方案，并逐条落实，检查确认达到安全施工条件后，方可进行施工作业。

③ 在施工作业现场，不得就地排放易燃易爆、有毒有害介质。

④ 遇有紧急排放、泄漏、事故处理等异常情况，应立即停止一切施工作业，及时撤离人员并报警。

⑤ 进入生产设施、装置施工现场检修和维修作业，应严格执行总部的各项管理制度。

⑥ 人员进入生产设施和装置施工现场前，应接受建设单位的安全教育，经考核合格后，由建设单位根据合同期限办理入区作业许可证。

⑦ 施工作业前，应编制施工方案、安全技术措施和进度计划，报建设单位主管部门审批，并办理施工作业许可证。施工作业涉及用火、临时用电、进入受限空间、高处等作业时，应办理相应的作业许可证。

8.10.7.3 施工现场安全管理

① 施工机具和材料摆放整齐有序，不得堵塞消防通道和影响生产设施、装置人员的操作与巡回检查。

② 严禁触动正在生产的管道、阀门、仪表、电线和设备等，禁止用生产设备、管道、构架及生产性构筑物做起重吊装锚点。

③ 施工临时用水、用风，应办理有关手续，不得使用消防栓供水。

④ 高处动火作业应采取防止火花飞溅的遮挡措施；电焊机接线规范，不得将地线裸露搭接在装置、设备的框架上。

⑤ 施工废料应按规定地点分类堆放，严禁乱扔乱堆，应做到工完、料净、场地清。

8.10.7.4 安全检查

施工作业期间，建设单位应会同施工单位组织对施工作业现场进行安全检查，发现问题及时处理。对违反安全规章制度的施工单位和个人进行处理，性质严重的予以停止作业直至辞退。

参 考 文 献

[1] 胡建华．油品储运技术[M]．北京：中国石化出版社，2006.
[2] 杨艺，王祥，齐永生．油库电气实用技术[M]．北京：中国电力出版社，2003.
[3] 刘介才．供配电技术[M]．北京：机械工业出版社，2000.
[4] 王晋生．标准电气识图[M]．北京：海洋出版社，1992.
[5] 邓洪军．无损检测实训[M]．北京：机械工业出版社，2010.
[6] 郭建新．油品销售企业员工安全培训教材[M]．北京：中国石化出版社，2005.
[7] 范继义．油罐[M]．北京：中国石化出版社，2007.
[8] 罗时金．油库自动化应用[M]．北京：中国石化出版社，2012.
[9] 秦益霖．西门子 S7－300PLC 应用技术[M]．北京：电子工业出版社，2007.
[10] 浙江大学罗克韦尔自动化技术中心．可编程控制器系统[M]．杭州：浙江大学出版社 2000.
[11] 雷玉堂．安防视频监控实用技术[M]．北京：电子工业出版社 2012.
[12] 张井岗主编．过程控制与自动化仪表[M]．北京：北京大学出版社，2007.
[13] 中国石油化工集团公司，中国石油化工股份有限公司修订．石油化工设备维护检修规程(第七册)．仪表第 2 版[M]．北京：中国石化出版社，2004.
[14] 田博．气浮装置在化工废水中的应用[J]．环境保护科学，2010；36(2)：11－13.
[15] 胡林江．石油库含油污水处理技术及排放探讨[J]．广州化工，2009；37(3)：165－167.
[16] 刘兴林，田同鑫．石油库废水的一种物化加生化处理技术[J]．化学工程与装备，2010；09.
[17] 中国计量测试学会组编．一级注册计量师基础知识及专业实务[J]．中国质检出版社，2009．
[18] 现代企业计量工作指导手册．北京：中国标准出版社出版，2008.
[19] 安全评价师考试教材．北京：中国劳动社会保障出版社，2010.
[20] 注册安全工程师考试教材．北京：中国大百科全书出版社，2012.
[21] GB 50074—2002　石油库设计规范．北京：中国计划出版社，2003.
[22] GB 19001—2008　质量管理体系要求．
[23] GB 19022—2003　测量管理体系测量过程和测量设备的要求．
[24] JJF 1059—1999　测量不确定度评定与表示．